CANoe
开发从入门到精通

杨金升　张可晨　唐新宇　编著

清华大学出版社

北　京

内 容 简 介

本书遵循由浅入深的原则，将内容分为三篇。基础篇首先介绍车载网络的相关知识，接着介绍 CANoe 开发环境和常见功能的使用，以便初学者掌握使用 CANoe 进行 般的总线仿真、测试和分析的方法；入门篇首先介绍 CANoe 开发总线仿真的基础知识，接着结合实例重点介绍总线数据库创建、面板设计，以及 CAPL 语言设计；进阶篇结合广大开发工程师可能面临的技术难题，由简单到复杂地介绍一些典型实例，以提高读者的实战技术。

图书在版编目（CIP）数据

CANoe 开发从入门到精通/杨金升，张可晨，唐新宇编著. —北京：清华大学出版社，2019（2023.11重印）
ISBN 978-7-302-52289-8

Ⅰ. ①C… Ⅱ. ①杨… ②张… ③唐… Ⅲ. ①总线–技术 Ⅳ. ①TP336

中国版本图书馆 CIP 数据核字（2019）第 025801 号

责任编辑：黄 芝 薛 阳
封面设计：谜底书装
责任校对：焦丽丽
责任印制：沈 露

出版发行：清华大学出版社
　　网　　　址：http://www.tup.com.cn, http://www.wqbook.com
　　地　　　址：北京清华大学学研大厦 A 座　　　　邮　　编：100084
　　社 总 机：010-83470000　　　　　　　　　　邮　　购：010-62786544
　　投稿与读者服务：010-62776969, c-service@tup.tsinghua.edu.cn
　　质 量 反 馈：010-62772015, zhiliang@tup.tsinghua.edu.cn
　　课 件 下 载：http://www.tup.com.cn, 010-83470236
印 装 者：三河市君旺印务有限公司
经　　销：全国新华书店
开　　本：185mm×260mm　　　　印　张：32.25　　　　字　　数：782 千字
版　　次：2019 年 5 月第 1 版　　　　　　　　　　印　　次：2023 年11月第13次印刷
印　　数：19501 ～ 21500
定　　价：89.00 元

产品编号：075252-01

前　言

中国的汽车工业正在经历轰轰烈烈的变革和创新，其发展比以往任何时代都迅速，自2009年以来，中国已经连续9年成为世界最大的汽车生产国和第一大汽车市场，稳居世界第一汽车大国地位。中国汽车的自主品牌正受到越来越多购车者的关注和认可，市场份额持续攀升，2017年的市场份额达到43%。中国品牌的强势崛起将进一步压缩海外品牌在中国的生存空间。2017年年销售量超过百万辆的就有几家自主品牌整车厂。再经几年奋起直追，继电视机、手机之后，汽车也有望成为"中国制造"的杰出代表。

在中国汽车工业的崛起过程中，我们的自主品牌也面临众多的挑战，其中比较关键的是来自技术层面的挑战。特别是很多自主品牌在积极进军和抢占高端消费市场的过程中举步艰难。我们无法摆脱对国外技术的依赖，在研发新的平台和车型时，过多地依赖国外的设计中心或供应商。

高端车型的技术门槛，其中重要的一点就体现在车载总线的创新性和复杂性上。如果想在技术上摆脱对国外设计中心或供应商的依赖，必须不断提高技术水平，充分利用现有的开发工具。CANoe作为全球汽车电子设计、开发和验证的利器，在汽车行业可谓家喻户晓。

本书结构

本书遵循由浅入深的原则，将内容分为三篇。基础篇首先介绍车载网络的相关知识，接着介绍CANoe的开发环境和常见功能的使用，以便初学者掌握使用CANoe进行一般的总线仿真、测试和分析的方法；入门篇首先介绍 CANoe 开发总线仿真的基础知识，接着结合实例重点介绍总线数据库创建、面板设计，以及 CAPL 语言设计；进阶篇结合广大开发工程师可能面临的技术难题，由简单到复杂地介绍一些典型实例，以提高读者的实战技术。

本书的具体编写分工如下：第1、2、7、16~23章由杨金升编写；第5、6、8、9、11~13章由张可晨编写；第10、14、15章由唐新宇编写初稿，张可晨整理；第3、4章由李秀娟编写；李秀娟通读了本书的全部内容，并对所有代码做了测试和验证。全书由杨金升负责策划、统稿和审阅。

关于本书中的代码

读者可以扫描二维码，下载相关源代码。每个章节的实例都给出不同版本CANoe的工程文件，以满足不同读者的需求。所有代码已经在以下版本中测试并验证通过。

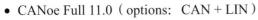

- CANoe Full 11.0（options：CAN + LIN）
- CANoe Demo 11.0（options：CAN + LIN）

- CANoe Full 10.0（options：CAN + LIN）
- CANoe Demo 10.0（options：CAN + LIN）
- CANoe Full 9.0（options：CAN + LIN）
- CANoe Demo 9.0（options：CAN + LIN）
- Visual Studio 2013（VB.NET、VC.NET、C#等代码）
- LabVIEW 2014

本书附带的资源压缩包中包含相关的源代码及附送的其他资料文件，各章的文件夹架构说明如下。

\Chapter_xx\Source	—— 本章工程源代码（含 11.0 代码及 10.0/9.0 代码压缩包）
\Chapter_xx\Additional	—— 本章相关资源
\Chapter_xx\Additional\Material	—— 本章实例需要使用的资源（如图片、模板等）
\Chapter_xx\Additional\Document	—— 本章相关参考文档
\Chapter_xx\Additional\Example	—— 本章相关参考例程

本书目标读者

（1）汽车行业的软硬件研发人员；

（2）汽车行业的测试验证人员；

（3）汽车电子相关专业的高校师生；

（4）想从事汽车电子开发和测试的工程师。

如何使用本书

（1）建议初学者由前往后阅读，尽量不要跳跃。

（2）对于有一定 CANoe 使用经验的读者，可以跳过基础篇，直接学习后面两篇。

（3）对于已经拥有 CANoe 正式版授权的读者，书中的实例可以上机动手实践，学习效果将更好。

（4）对于目前没有正式版 CANoe 的读者，可以安装 CANoe 的 Demo 版，本书绝大部分的实例都可以在 Demo 版上直接实践。

本书的约定

由于 CANoe 软件目前没有中文版，所以本书在使用一些相关名称时，部分以英文为主。英文名称第一次出现时会附上相关翻译供读者参考，例如 Option（选项）。为了避免混乱，本书需要将 CANoe 中常见的术语做如下约定。

Configuration	—— 仿真工程或工程
Measurement	—— 测量
License	—— 授权
License Option	—— 授权选项
Message	—— 报文
Signal	—— 信号

致 谢

在本书的创作过程中，得到了来自家人、朋友、同事以及清华大学出版社的鼓励和支持，在此表示衷心的感谢。特别感谢上海交通大学刘功申教授的鼓励和支持，德国同事Thomas Mehring 和中国同事黄友新等在技术上不吝指教，使本书得以顺利完成。同时，感谢 Vector（中国）的技术支持团队，在以往的技术交流中给予我们的支持和帮助。

本书虽经多次审稿修订，但限于作者的水平和条件，书中不足和疏漏之处在所难免，衷心希望读者批评指正，使之得以不断提高和完善。

欢迎读者通过清华大学出版社网站 www.tup.tsinghua.edu.cn 与我们联系，也可以通过邮件（jasonyangsz@163.com）联系作者或者加入 QQ 技术交流群（602571482），与我们进一步交流，共同进步。

仅以此书献给正在崛起的中国汽车工业！

作 者

2018 年 11 月

目 录

基 础 篇

入 门 篇

9

进 阶 篇

基础篇

第1章 车载网络概述

本章内容:
- 车载网络的起源;
- CAN 总线和 LIN 总线;
- 典型车载网络架构;
- 主要车载网络及其发展趋势。

本章通过学习车载网络的基础知识,了解常见车载网络的基本特点和主要应用,通过各种车载网络性能及特点的比较,展望未来车载网络的发展趋势。

1.1 车载网络起源

纵观汽车的发展历史,在 20 世纪 90 年代之前的一百多年里,传统汽车的电气系统中各个模块之间采用点对点的通信方式,每个模块功能也比较单一,这样必然形成庞大的布线系统。图 1.1 为典型的汽车传统布线方式示意图,各个控制模块之间连接相互交错。据统计,一辆采用传统布线方式的高档汽车中,其导线长度可达 2000m,电气节点可达 500个,而且该数字大约每 10 年将增加 1 倍。这进一步加剧了粗大的线束与汽车内有限的可用空间之间的矛盾。

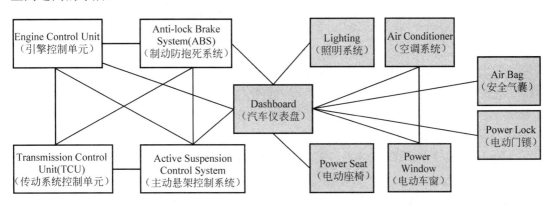

图 1.1 汽车传统布线方式示意图

随着汽车各控制模块逐步向自动化和智能化的方向发展,汽车电气系统变得日益复杂。无论从材料成本还是工作效率看,传统布线方法都无法满足现代汽车的发展和现代社会对汽车不断提高的要求。这些要求包括:极高的主动安全性和被动安全性,乘坐的舒适性,驾驶与使用的便捷性和人性化,尤其是低排放和低油耗等。

在汽车设计中，运用微处理器及车载网络技术是满足这些要求的最佳解决方法，而且已经得到了广泛的运用，这样的系统被称为 ECU（Electronic Control Unit，电子控制单元）。目前常见的 ECU 有：ABS（防抱死系统）、EBD（制动力分配系统）、EMS（引擎管理系统）、多功能数字化仪表、主动悬架、导航娱乐系统、电子防盗系统和自动空调等。各个 ECU 之间如何通过车载网络进行通信，将在 1.4 节中介绍。

1.2　CAN 总线概述

CAN（Controller Area Network，控制器局域网络）属于工业现场总线的范畴。最初 CAN 总线是由德国的 Bosch（博世）公司为汽车监测、系统控制而设计的。由于其高性能、高可靠性及独特的设计，CAN 总线越来越受到人们的重视。它在汽车领域得到最广泛的应用，世界上几乎所有的汽车制造厂商都在使用。

1.2.1　CAN 总线简史

CAN 总线的发展历史在很大程度上代表着车载网络从产生到普及的过程，以下为 CAN 总线发展的 5 个关键阶段。

1983 年，德国的 Bosch 公司开发设计了 CAN 总线协议。

1987 年，第一块 CAN 控制器芯片由 Intel 公司设计成功。

1990 年，第一辆应用 CAN 总线的量产车 Mercedes S-Class 出现。

1991 年，CAN 2.0 发布（Part A 与 Part B）。

1993 年，CAN 成为国际标准 ISO 11898（高速应用）和 ISO 11519（低速应用）。

1.2.2　CAN 总线特点

CAN 的规范从 CAN 1.2 规范（标准格式）发展为兼容 CAN 1.2 规范的 CAN 2.0 规范（CAN 2.0A 为标准格式，CAN 2.0B 为扩展格式），目前应用的 CAN 器件大多符合 CAN 2.0 规范。

CAN 总线是一种串行数据通信协议，其通信接口中集成了 CAN 协议的物理层和数据链路层功能，可完成对通信数据的成帧处理，包括位填充、数据块编码、循环冗余检验、优先级判别等工作。

CAN 总线的特点主要如下。

（1）可以多主方式工作，网络上任意一个节点均可以在任意时刻主动地向网络上的其他节点发送信息，不分主从，通信方式灵活。

（2）采用无破坏性的基于优先级的逐位仲裁，标识符越小，优先级越高。若两个节点同时向网络上传送数据，优先级高的报文获得总线访问权，优先级低的报文会在下一个总线周期自动重发。

（3）可以采用点对点、点对多及全局广播等传送方式收发数据。

（4）直接通信距离最远可达 10km（速率 5kb/s 以下）。

（5）通信速率最高可达 1Mb/s（此时距离最长 40m）。

（6）节点数实际可达 110 个。

（7）每帧信息都有 CRC 校验及其他检错措施，数据出错率极低。

（8）通信介质可采用双绞线、同轴电缆和光导纤维，一般采用廉价的双绞线即可，无特殊要求。

（9）节点在错误严重的情况下，具有自动关闭总线的功能，以切断它与总线的联系，使总线上的其他操作不受影响。

1.2.3 CAN 总线主要应用

由于 CAN 总线具有突出的可靠性、实时性、良好的通信性能以及相对合理的成本价格，使得其在汽车制造、大型仪器设备、工业控制、楼宇智能化及智能机器人等方面的应用越来越广泛。

1. 汽车制造中的应用

由于采用 CAN 总线技术，模块之间的信号传递仅需要一条或两条信号线，可以减少车身布线，进一步节省了成本。CAN 总线系统数据稳定可靠，具有线间干扰小、抗干扰能力强等特点。CAN 总线设计最初为汽车量身定做，充分考虑到了汽车上恶劣的工作环境。

在现代轿车的设计中，CAN 已经成为必须采用的装置，奔驰、宝马、大众、沃尔沃、雷诺等汽车都采用了 CAN 作为控制器联网的通信方式。目前，CAN 总线技术在我国汽车工业中已经被广泛应用。

2. 大型仪器设备中的应用

大型仪器设备是一种参照一定步骤对多种信息采集、处理、控制、输出等操作的复杂系统。过去这类仪器设备的电子系统往往是在结构和成本方面占据相当大的部分，而且可靠性不高。采用 CAN 总线技术后，在这方面有了明显改观。

有些测控领域中，很多时候一次传输的报文量很小，但数据的传输需要考虑优先级别，这时 CAN 总线就非常适合应用于这类大型仪器系统模块化之间的互相通信。

3. 工业控制中的应用

目前 CAN 总线技术作为现场设备级的通信总线，具有很高的可靠性和性价比，在工程机械上的应用越来越广泛。国际上一些著名的工程机械大公司如 CAT、VOLVO 等都在自己的产品上广泛采用 CAN 总线技术，大大提高了整机的可靠性、可检测性和可维修性，同时提高了智能化水平。而在国内，CAN 总线控制系统也开始在工程汽车的控制系统中广泛应用，在工程机械行业中也正在逐步推广应用。

4. 智能家庭和生活小区智能化中的应用

近些年，智能家庭和小区智能化发展迅速，但系统设计需要考虑功能、性能、成本、扩充能力及现代相关技术的应用等多方面。基于这样的需求，采用 CAN 技术所设计的家庭智能管理系统比较适合于远程抄表、防盗、防火、防可燃气体泄漏、紧急救援和家电控制等方面。

CAN 总线可以作为小区管理系统的一部分，负责收集家庭中的一些数据和信号，并上传到小区监控中心。每户的家庭控制器是 CAN 总线上的节点，控制系统可通过总线发送报警信号，定期向自动抄表系统发送三表数据，并接收小区管理系统的通告信息，如欠费通知、火警警报等。

5. 智能机器人技术中的应用

智能机器人技术是近年来一直备受关注的话题，也是我国开展新技术研究和新技术应用工程及产品开发的主要领域之一。把 CAN 总线技术充分应用于现有的控制器当中，将可开发出高性能的机器人生产线系统。通过对现有的机器人控制器进行硬件改进和软件开发，结合 CAN 技术和通信技术，并开发出上位机监控软件，从而实现多台机器人的网络互联，最终实现基于 CAN 网络的机器人生产线集成系统。这样做的好处有很多，例如，实现单根电缆串接全部设备，节省安装维护开销；提高实时性，信息可共享；提高多控制器系统的检测、诊断和控制性能；通过离线的任务调度、作业的下载及错误监控等技术，把一部分人从机器人工作的现场彻底脱离出来。

1.2.4　CAN-FD 协议简介

在汽车领域，随着人们对数据传输带宽要求的增加，传统的 CAN 总线由于带宽的限制难以满足这种需求。此外，为了缩小 CAN 网络（max.1Mb/s）与 FlexRay（max.10Mb/s）网络的带宽差距，Bosch 公司推出了 CAN-FD。

CAN-FD（CAN with Flexible Data rate）继承了 CAN 总线的主要特性。CAN 总线有很高的安全性，但总线带宽和数据场长度却受到制约。CAN-FD 总线弥补了 CAN 总线带宽和数据场长度的制约。CAN-FD 总线与 CAN 总线的区别主要在以下两个方面。

1. 可变速率

CAN-FD 采用了两种位速率：从控制场中的 BRS 位到 ACK 场之前（含 CRC 分界符）为可变速率，其余部分为原 CAN 总线用的速率。两种速率各有一套位时间定义寄存器，它们除了采用不同的位时间单位 TQ 外，位时间各段的分配比例也可不同。

2. 新的数据场长度

CAN-FD 对数据场的长度做了很大的扩充，DLC 最大支持 64B，在 DLC 小于等于 8B 时与原 CAN 总线是一样的，大于 8B 时有一个非线性的增长，大大提高了报文中的有效数据，使得 CAN-FD 具有更高的传输带宽。

1.3　LIN 总线概述

LIN（Local Interconnect Network，局域互联网络）是专门为汽车开发的一种低成本串行通信网络，是对现有汽车多元化网络的一个补充。LIN 是层级式机动车网络执行的一个可行性因素，能够提高质量、降低车辆成本。标准化意味着将会减少目前市场上杂乱的低端多元化解决方案，并降低汽车电子产品在开发、生产、服务及物流领域的费用。

1.3.1　LIN 总线简史

LIN 联盟最初由奥迪、宝马、克莱斯勒、摩托罗拉、博世、大众和沃尔沃等整车厂及芯片制造商创立，目的是推动 LIN 总线的发展，并且发布和管理 LIN 总线规范，制定一致性测试标准和认证一致性测试机构。目前，LIN 总线标准规范已经移交由 ISO 负责更新和发布。LIN 总线主要经历了以下几个阶段。

1998 年 10 月，在德国 Baden-Baden 召开的汽车电子会议上，LIN 总线的设想首次被提出。

1999 年，LIN 联盟成立（最初的成员有奥迪、宝马、克莱斯勒、摩托罗拉、 博世、大众和沃尔沃），图 1.2 为 LIN 联盟标识。

2000 年，LIN 联盟开始接收第一批成员。

2001 年，第一辆使用 LIN 总线的汽车下线。

2002 年，LIN 总线规范 V1.3 版本发布。

2003 年，LIN 总线规范 V2.0 版本发布。

2004 年，LIN 总线一致性测试规范发布。

2006 年，LIN 总线标准规范 V2.1 版发布。

2010 年，LIN 总线标准规范 V2.2A 发布。

图 1.2　LIN 联盟标识

2014 年，LIN 总线标准规范 V2.2A 正式成为国际标准 ISO 17987。

1.3.2　LIN 总线特点

LIN 总线是一种串行通信协议，能够有效地支持分布式汽车应用领域内的机电一体化节点控制。LIN 总线的主要特点如下。

（1）单主控器/多从设备模式，无需仲裁机制。

（2）基于通用 UART 接口几乎所有微控制器都具备 LIN 必需的硬件。

（3）从机节点不需石英或陶瓷振荡器就能实现自同步，节省了从设备的硬件成本。

（4）信号传播时间可预先计算出来的确定性信号传播。

（5）低成本单线实现方式。

（6）传输速率最高可达 20kb/s。

（7）不需要改变 LIN 从节点的硬件和软件就可以在网络上增加节点。

（8）通常一个 LIN 上节点数目小于 12 个，共有 64 个标志符。

（9）极少的信号线即可实现国际标准 ISO 9141 的规定。

1.3.3　LIN 总线主要应用

典型的 LIN 总线应用是汽车中的联合装配单元，例如，门、方向盘、座椅、空调、照明、湿度传感器和交流发电机等。对于这些成本比较敏感的单元，LIN 可以使这些机械元件如智能传感器、制动器或光敏器件得到较广泛的使用。这些元件可以很容易连接到车载网络中并得到十分方便的维护和服务。在 LIN 实现的系统中，通常将模拟信号量用数字信号量所替换，这将使总线性能得到优化。

1.4　目前典型车载网络架构

不同价位的汽车配置的总线种类和 ECU 数量的差异很大，例如，一些高端车型可能包含 360° 全景影像等。高端车型中的 ECU 因功能复杂以及数据交换量大，对总线的要求也比较高，除了上述介绍的 CAN 总线以及 LIN 总线外，还可能包括 MOST（Media Oriented System Transport，媒体导向的串行传输）、FlexRay 和 Ethernet 等总线。下面根据网络成本和复杂度的不同，仅对市场上的车载网络架构粗略的分类为紧凑型和豪华型。

1.4.1　紧凑型

紧凑型（Compact Class）总线架构也是目前国内外汽车厂商主要采用的结构类型，其典型拓扑图如图 1.3 所示，主要包括 Drive CAN（动力 CAN）、Instrument Cluster CAN（仪表 CAN）、Infotainment CAN（娱乐 CAN）、Body CAN（车身 CAN）及 Diagnostics CAN（诊断 CAN）等。根据需要可以在相关 CAN 总线上外加 LIN 总线，实现一些控制和数据传输功能。

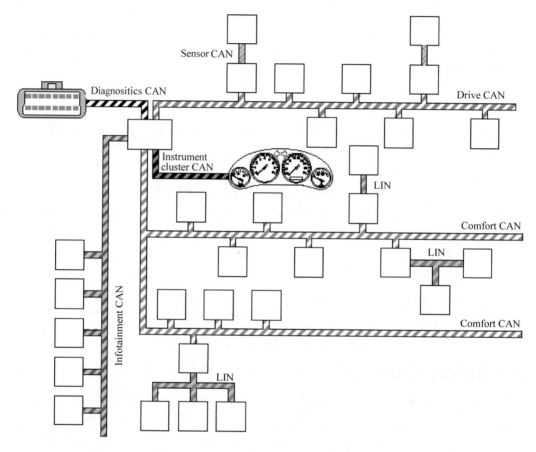

图 1.3　紧凑型车载网络系统的典型拓扑图

1.4.2　豪华型

豪华型（Luxury Class）总线架构是目前国外很多豪华车型采用的总线架构，其典型拓扑图如图 1.4 所示。该结构相对成本比较高，包括 Drive CAN、Instrument Cluster CAN、MOST 环、Body CAN、Diagnostics CAN 及 Distance Control CAN（远程控制总线 CAN）等。与紧凑型总线架构的主要区别是使用了 MOST 环和复杂的 Gateway（网关），实现了多媒体数据的快速传输，例如，可以实现将导航娱乐系统的地图或者 MP3 的封面轻松地传输给仪表盘（一般带有 7 英寸以上的 TFT）。但由于 Ethernet（以太网）总线相对 MOST

总线更加稳定和经济，目前在开发的很多豪华车型已经开始使用 Ethernet 代替 MOST。

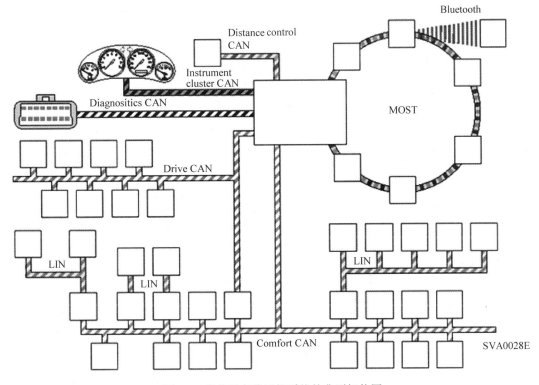

图 1.4　豪华型车载网络系统的典型拓扑图

1.5　主要的车载网络

尽管 CAN 总线在汽车行业内取得了巨大的成功，能够满足一般紧凑型车载网络的需求，但不久之后就发现其最大吞吐量只有 1Mb/s，且由于其报文时间的不确定性，使得该技术不适用某些应用。在 20 世纪 90 年代末，以 BMW 为首的几家公司创建了一个更合适多媒体应用的新网络——MOST。MOST 具有更高的带宽，为流数据和数据流同步等 CAN 未涉及的领域提供了内置方法。

2006 年，FlexRay 首次亮相并应用于 BMW X6，其网络的传输速度为 10Mb/s，具有双冗余拓扑结构和显著增强的同步能力。但 FlexRay 仍然存在明显的缺陷，相对于 CAN 更为复杂且难以实现，因此市场接受过程和预期更为缓慢。

虽然以太网在家庭和办公室环境已经应用了几十年，但由于标准的 100Mbit/s 以太网无法满足汽车 EMC 要求，且出于成本等诸多方面的考虑，以太网长期以来未被普遍认可作为一项可行的车载网络。2011 年，Broadcom 公司开发了一个专门针对车载网络的以太网变体，被称为 BroadR-Reach 单线对（2 线）以太网物理层方案，让以太网在车载网络中普及成为可能。2013 年，BMW 推出了新 X5 系列，其配备的倒车摄像头是首个实时的车载以太网应用。

表 1.1 是目前市场上主要车载网络的重要特性对比。

车载网络概述

表 1.1 主要车载网络的重要特征对比

总 线	CAN	LIN	MOST	FlexRay	Ethernet
中文名称	控制器局域网络	本地互联网络	媒体导向的串行传输	（专利名称）	以太网
英文定义	Controller Area Network	Local Interconnect Network	Media Oriented System Transport	FlexRay	Ethernet
总线类型	常规总线	常规总线	光纤	光纤/常规总线	光纤/常规总线
主要应用	普通总线	开关、门和座位等	信息娱乐	安全攸关功能、线控技术	信息娱乐系统
最大带宽	1Mb/s	20kb/s	150Mb/s	20Mb/s	100Mb/s
最大节点数	110	16	64	22	仅受交换机端口限制
网络长度	40m	40m	1280m	24m	各链路 15m
报文	循环帧	帧	循环帧/流	循环帧	帧
媒体接入机制	非破坏性仲裁	定时触发	定时触发	定时触发	全双工，无竞争
常见拓扑类型	线状	线状	环状/星状	线状/星状/混合状	星状/树状
电缆	UTP*	单线	光纤/UTP	UTP	UTP
成本	低	非常低	高	低	高
标准	ISO 11898	ISO 17987	MOST cooperation	FlexRay 联盟	IEEE 802.3
安全攸关功能	是	否	否	是	在汽车应用外的领域久经证明
可用解决方案	很多	很多	一个	少数	多，且供应商数量不断增加
错误检测功能	强	弱	强	强	强
纠错功能	重传机制	没有	没有（依赖高层协议）	没有	没有（依赖高层协议）

*：UTP（Unshielded Twisted Pair）为非屏蔽双绞线。

网络成本和总线带宽一直是制约总线发展的关键因素，图 1.5 展示了主要车载网络相对成本与总线数据速率之间的关系。

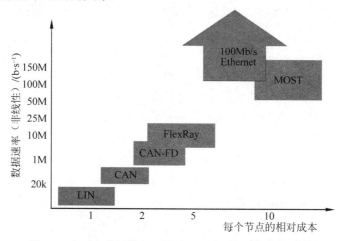

图 1.5 主要车载网络相对成本和总数据速率之间的关系

1.6　车载网络发展趋势

由 1.5 节中对几种总线的比较可以看出，以太网在诸多方面具有较强的优势，意味着以太网必将成为汽车 ECU 之间通信的基础组件。而 CAN、LIN 等传统总线，不仅价格低廉、久经考验且性能稳健，还为许多不需要过高性能的应用提供了足够的带宽。汽车中电子元件的巨大增长，也允许在汽车中使用多种网络，从而提供不同的性能、成本和特征组合。综上所述，以太网将同 CAN 和 LIN 等一起在未来相当长的一段时间内共同主宰车载网络领域，如图 1.6 所示。

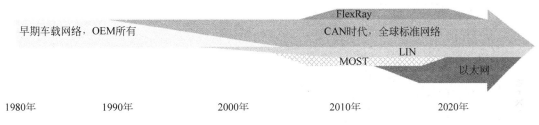

图 1.6　车载网络发展趋势

第 2 章	CANoe 概述

本章内容：

- Vector 公司及 CANoe 简介；
- CANoe 在 ECU 项目开发中的作用；
- CANoe 不同版本的区别；
- CANoe 安装和硬件接口；
- CANoe 常见授权选项简介和授权管理；
- CANoe 硬件配置。

通过第 1 章的学习，读者应该对汽车总线技术有了一定的了解，从本章开始，本书将切入正题，由浅入深地介绍 CANoe 的功能、应用及相关的开发技术。

CANoe 是 Vector 公司（如图 2.1 所示）推出的一款集总线仿真、测试、分析和诊断等功能为一体的图形化开发环境。本章将带领读者先去简单了解 Vector 公司和 CANoe 在 ECU 项目开发中的作用。接着，针对读者可能遇到的疑问，给出了 CANoe 不同版本间的差异。最后，详细介绍了如何安装和设置 CANoe，以及相关的授权选项和管理。

图 2.1　Vector 公司 Logo

2.1　关于 Vector 公司

1988 年 4 月，Eberhard Hinderer、Martin Litschel 和 Helmut Schelling 等在德国斯图加特创立了 Vector 公司（最初命名为 Vector Software，后更名为 Vector Informatik）。1992 年，公司推出了 CAN 总线分析工具——CANalyzer，很快获得成功。1996 年，在 CANalyzer 基础上增加总线仿真等功能，公司开发出第一版 CANoe，迅速赢得了市场的青睐。

在随后的二十多年间，CANoe 功能不断增加，目前已发展为多总线支持工具，支持的总线包括 CAN、LIN、FlexRay、MOST、Ethernet、AFDX、ARINC 429 和 SAE J1708，以及基于 CAN 总线协议的 SAE J1939、SAE J1587、ISO 11783、NMEA 2000、ARINC 825、CANaerospace 和 CANopen 等。

在过去的三十来年间，Vector 已经成为汽车行业整车厂和供应商进行嵌入式系统开发的合作伙伴。遍布全球 21 个国家与地区的近两千名员工，为汽车和相关行业的制造商提供专业的研发工具、嵌入式软件和技术服务。2011 年，维克多汽车技术（上海）有限公司在中国正式成立。

2.2　CANoe 简介

CANoe 是 Vector 公司推出的一款总线开发环境,全称为 CAN open environment,最初主要为汽车 CAN 总线的开发、仿真、测试和分析而设计。随着车载总线的发展,扩展加入了 LIN、FlexRay、MOST 和 Ethernet 等网络。CANoe 软件采用一个正在划行的独木舟(取英文 canoe 之意)作为图标,如图 2.2 所示。

CANoe 当前最新版本为 11.0,本书的相关功能介绍和使用的图片主要基于 CANoe 11.0。

CANoe 是网络和 ECU 开发、测试和分析的专业工具,支持总线网络开发从需求分析到系统实现的整个开发过程。CANoe 丰富的功能和配置选项被整车厂和供应商的网络设计工程师、开发工程师和测试工程师所广泛使用。在项目开发的各个不同阶段,CANoe 发挥的作用也不相同。

图 2.2　CANoe 图标

2.3　CANoe 在 ECU 项目开发中的作用

CANoe 在 ECU 项目开发中的作用,根据车载 ECU 项目的开发进度可以分为以下三个阶段。

2.3.1　第一阶段:全仿真网络系统

在开发的初期阶段,CANoe 可以用于建立仿真模型,在此基础上进行 ECU 的功能评估,这样就可以尽早地发现问题并解决问题。CANoe 主要是针对有具体数据定义的报文进行事件处理,也就是借助 CAPL 实现网络节点的行为。CAPL 是专门为 CANoe 设计的一种类似于 C 的语言,利用它可以对报文的接收、系统变量/环境变量的改变、错误的出现等事件进行处理。同时由于 CANoe 的开放性,用户可以使用现有的成熟算法、函数和模型扩充自己函数的功能。对于复杂模型,甚至还可以通过其他的建模工具(如 MATLAB)。另外,在这个阶段,可以利用所设计的完整网络仿真系统进行离线的仿真,检验各个节点功能的完整性及网络的合理性。图 2.3 为 CANoe 全仿真网络系统示意图,所有节点均为仿真节点。

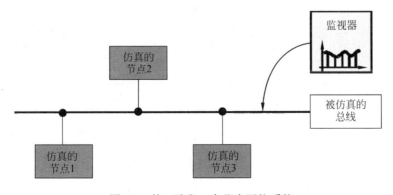

图 2.3　第一阶段:全仿真网络系统

2.3.2　第二阶段：真实节点和部分仿真节点共存

在第一阶段结束后，用户能得到整个网络的系统功能模型。接下来，用户可以将自己开发的真实 ECU 节点替换仿真系统中对应的仿真节点，利用总线接口和 CANoe 剩余的节点相连接，测试自己节点的功能，如通信、纠错等。出于这样的原因，在很多场合项目组成员习惯将 CANoe 仿真工程称为 RBS（Rest Bus Simulation，剩余总线仿真），某些地方使用 Remaining Bus Simulation。这样，每个供应商的节点可以并行开发，不受其他节点开发进程的影响。图 2.4 为 CANoe 真实节点和部分仿真节点共存的网络系统示意图，部分节点已经被真实节点替换。

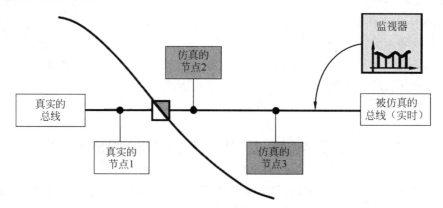

图 2.4　第二阶段：真实网络节点和部分仿真节点共存

2.3.3　第三阶段：全真实节点的网络系统

在开发的最后阶段，所有 ECU 的真实节点都被逐一地连接到总线系统中，此前的仿真节点会被逐一从总线上断开。开发者可以在真实节点的条件下，验证总线的负载情况和其他的设计要求是否满足。在这个阶段，CANoe 主要充当网络系统分析、测试和诊断的工具。在这个过程中，整个系统包括各个功能节点都能被详细地检查到。由于利用仿真节点代替真实的网络节点是最理想的状态，所以通过这两种状态的切换可以交叉检查相关功能，快速定位问题的根源。图 2.5 为 CANoe 全真实节点的网络系统示意图，所有节点已经被真实节点替换。

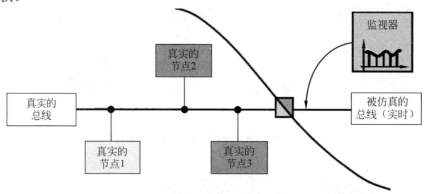

图 2.5　第三阶段：全真实节点的网络系统

2.4　CANoe 不同版本的区别

Vector 公司根据不同客户和不同项目的需求，提供不同版本的 CANoe。目前，市场上比较流行的 CANoe 付费版本是 full 和 run 版本。为了消除读者选购 CANoe 时可能遇到的困惑，下面将逐一介绍每个版本的区别。

2.4.1　CANoe pex 版本

CANoe pex 版本为 CANoe 的项目执行版，由于所支持的功能较少，真正使用的用户也比较少。

1. 主要功能

（1）使用面板进行仿真与测试；

（2）操作面板，执行 CAPL 代码（但是不支持仿真网络模型的创建、CAPL 代码的编写及面板的创建）；

（3）不提供分析窗口（如 Trace、Graphics、Statistics、Data 等窗口）；

（4）有记录功能，可以同时设置触发条件。

2. 主要应用

（1）即使用户没有总线知识背景，也可以直接使用 CANoe 提供的测试环境；

（2）只需执行工程文件，不需要分析功能；

（3）长时间测试；

（4）功能测试；

（5）EOL（End of Line，下线）测试。

2.4.2　CANoe run 版本

CANoe run 版本为 CANoe 的运行版，支持 CANoe 的大部分功能，在项目中应用比较广泛。

1. 主要功能

（1）使用面板进行仿真与测试；

（2）操作面板，执行 CAPL 代码（但是不支持仿真网络模型的创建、CAPL 代码的编写以及面板的创建）；

（3）包含所有的分析窗口（Trace、Graphics、State Tracker 和 Statistics 等）；

（4）创建配置（通道配置、数据库的导入等）；

（5）支持 IG 模块和诊断功能；

（6）支持诊断分析、测试及仿真：可以导入基于 KWP2000、UDS、K-Line 等诊断协议或者 OEM 自定义的诊断描述文件（CDD、ODX 和 MDX）。

2. 主要应用

（1）支持 ECU 开发过程中的剩余总线节点仿真；

（2）对总线数据分析；

（3）诊断测试。

2.4.3　CANoe full 版本

CANoe full 版本为 CANoe 的完整版，支持 CANoe 的全部功能，在功能复杂的 ECU 项目中主要用于仿真和测试功能的开发。

1. 主要功能

（1）包含 CANoe 最全的功能；

（2）开发网络仿真与测试模块；

（3）支持 CAPL 和.NET 编程以及面板的创建；

（4）包含所有的分析窗口（Trace、Graphics、State Tracker 和 Statistics 等）；

（5）支持 IG 模块和诊断功能；

（6）支持诊断分析、测试及仿真：可以导入基于 KWP2000、UDS、K-Line 等诊断协议或者 OEM 自定义的诊断描述文件（CDD、ODX 和 MDX）。

2. 主要应用

（1）创建并运行网络仿真与测试模块；

（2）对总线数据分析；

（3）诊断测试。

2.4.4　关于 Demo 版本 CANoe

Demo 版本主要给用户提供一个了解和体验 CANoe 软件功能的机会，同时也可以给初学者提供学习和实践的机会。

Demo 版本软件可以从 Vector 官网（https://vector.com/vi_downloadcenter_en.html）免费下载，供初学者学习使用。该软件可以演示全部功能，支持的总线选项有 CAN、LIN、MOST、FlexRay、Ethernet、WLAN（IEEE 802.11p）、IP、Car2x、ISO 11783（CANoe only）、J1939、J1587、CANopen、AFDX 和 CANaero 等。

Demo 版本的最根本限制是无法连接和操作硬件接口，其他限制还有如下几个方面。

1. 测试

（1）测试报告有 Demo Version 标识。

（2）测试用例（Test Case）不得超过 10 个。

（3）测试模块（Test Module）运行时长不得超过 60s。

（4）如果超过以上限制，测试会自动停止。

2. 仿真

（1）仿真节点不得超过 4 个（用户可以加载超过 4 个节点的工程文件，但无法运行）。

（2）Demo 版编辑的工程文件无法在 pex 或 run 版直接使用。

3. 导入/导出

最多导入 1000 条报文，回放模块也是限制在 1000 条报文。

4. Add-ons

（1）可以使用 LabVIEW 插件，但仿真节点不得超过 4 个。

（2）可以使用 MATLAB 插件，但仿真节点不得超过 4 个。

2.4.5　关于 64bit 版本 CANoe

从 CANoe 8.5 SP2 开始，Vector 向用户提供了 64bit 和 32bit 两种版本的安装程序。64bit 程序主要针对目前流行的 64bit 处理器和 64bit 操作系统。但 32bit 程序仍然可以在 64bit 的操作系统中正常使用，没有任何限制。64bit 版本可以安装在 64bit 的 Windows 7 或更新的操作系统中。

从 CANoe 11.0 版本开始，Vector 提供的 CANoe 默认版本为 64bit。

使用 64bit 版本的 CANoe，主要优势是可以使用更多的内存。32bit 版本的 CANoe，使用内存不得高于 4GB，而 64bit 版本可以使用更多内存，具体取决于 PC 中安装的内存。下列情况可能需要消耗大量内存。

（1）Trace 或 Graphic 窗口未存盘的超长数据；

（2）使用 Scope option 功能测量时；

（3）一些 CAPL 分析程序。

CANoe 的实时 kernel 仍然使用 32bit 程序，所以仿真和测试程序中的 CAPL 程序跟之前一样，最多使用大约 3GB 内存。

与 32bit 版本相比，64bit 版本主要有以下限制。

（1）旧版本 Panel Editor 创建的面板不再支持，但可以被自动转换和编辑。

（2）不再支持 Visual Basic 6.0（或更早的）创建的 ActiveX 面板。

（3）存放 License 的 USB dongle 硬件不再被支持，需要更新成新硬件 Keyman dongle。

（4）由于 64bit 版本无法加载 32bit DLL，一些扩展程序可能需要做一些调整，例如，用户自行开发的用于测量设定（Measurement Setup）的 CAPL DLL。

（5）某些授权选项（License Option）或用户定制的特殊安装包可能会受影响，需要联系 Vector 咨询。

2.5　CANoe 安装

Vector 基本每年都会推出新版本的 CANoe 软件，目前最新版本为 CANoe 11.0。为了满足用户的使用要求，Vector 允许同一台 PC 上安装多个版本的 CANoe，例如 11.0 版本、10.0 版本等。下面将介绍系统配置的要求、硬件接口卡以及安装过程。

2.5.1　系统配置要求

表 2.1 给出了安装 CANoe 11.0（64bit）的 PC 硬件配置要求，对于台式计算机，如需选用 USB 以外的接口，可以参考 2.5.2 节的主要硬件接口选择。

表 2.1　PC 硬件配置要求

组　　件	推　荐　配　置	最　低　配　置
处理器	英特尔兼容处理器，双核以上，>2GHz	英特尔兼容处理器，2 双核，1GHz
内存（RAM）	16GB	4GB
硬盘容量	≥20GB SSD	≥3GB
屏幕分辨率	Full HD	1024×768
操作系统	Windows 7 SP1/8.1/10 64bit	

2.5.2　常见硬件接口卡

图 2.6 为 CANoe 常见硬件接口卡总览，图中清晰地列出了主要硬件产品的 PC 接口以及支持的总线类别，用户可以根据实际需求选择合适的硬件。对于只要支持 CAN 和 LIN 总线的用户，可以考虑选择 VN1600 系列。用户选择硬件时，需要考虑的参数有：支持的总线、PC 接口、收发器和通道数量。对于收发器需要了解是固化的还是可选配的。对于硬件有特殊要求的用户，可以联系 Vector 销售人员进行咨询。

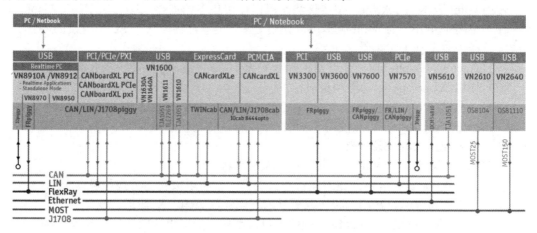

图 2.6　CANoe 常见硬件接口卡总览

2.5.3　安装过程

如果已经购买了正式版 CANoe，用户可以得到一张 DVD 安装盘。下面介绍 CANoe 的安装过程。

（1）使用安装光盘安装 CANoe，系统会自动弹出 CANoe 安装主界面，也可以双击安装文件夹下的 autorun.exe 进入该界面，如图 2.7 所示。单击 Install CANoe，将启动 CANoe 安装程序。

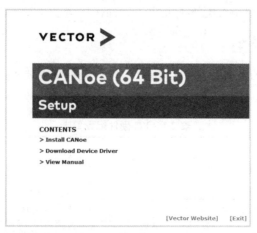

图 2.7　CANoe 安装主界面

（2）安装程序将开始搜索系统中 CANoe 的相关配置，如图 2.8 所示。

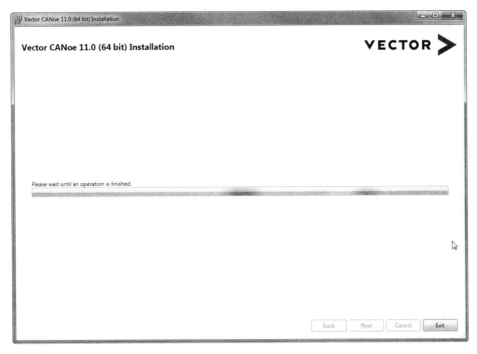

图 2.8　搜索系统中的相关设置

（3）几秒钟以后，安装程序将显示目前系统中与 CANoe 11.0 的相关信息，以及根据当前信息推荐的安装设置。图 2.9 为系统初次安装 CANoe 11.0 的默认设置。

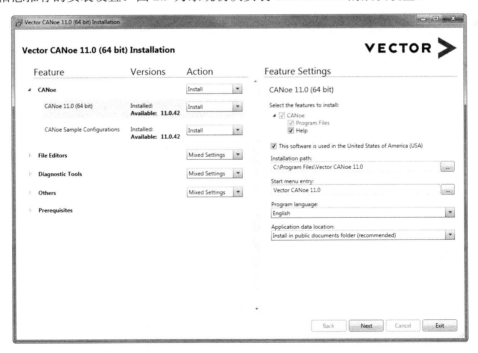

图 2.9　系统初次安装 CANoe 11.0 的默认设置

（4）单击图 2.9 中的 Next 按钮，安装程序将列出安装内容及其对应的安装路径，如图 2.10 所示。如需修改，可以单击 Back 按钮返回。若用户确认无误，可以单击 Install 按钮，将开始逐项安装，直至安装完成，如图 2.11 所示。安装完成后，可以单击 Exit 按钮退出安装程序。

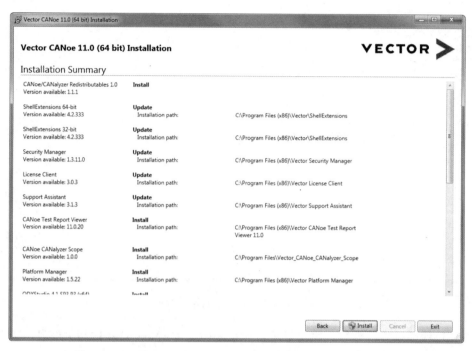

图 2.10　安装内容及其对应的安装路径

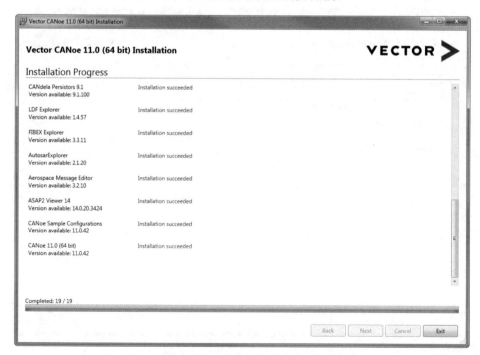

图 2.11　CANoe 安装完成界面

（5）需要说明的是，如果该台 PC 已经安装了 CANoe 11.0 版本，系统将提示已安装的软件和例程的版本信息，如图 2.12 所示。若用户需要保留已安装的 CANoe 版本，这里需要用户使用手动操作修改安装配置，相对复杂一些。对于初级用户，不建议同一操作系统中安装多个同一版本的 CANoe 软件。

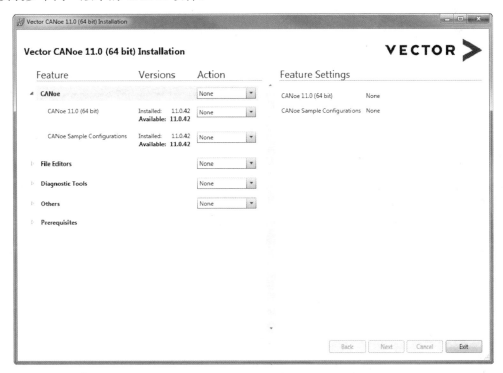

图 2.12　安装程序发现已经安装了 CANoe

CANoe 允许用户在同一台 PC 中安装不同的版本，包括版本号相同的（例如 CANoe 11.0 full、CANoe 11.0 run、CANoe 11.0 Demo，或者不同授权选项）和版本号不同的（例如 CANoe 11.0 full、CANoe 10.0 run）。对于版本号相同的，读者在安装时需要选择不同的安装路径，否则之前的版本将会被覆盖。例如，系统中已安装正式版 CANoe 11.0，若需要安装 CANoe 11.0 Demo 版本，为了保留正式版软件，可以将安装路径改为 C:\Program Files\Vector CANoe 11.0 Demo，"开始"菜单入口改为 Vector CANoe 11.0 Demo，如图 2.13 所示。

需要强调的是，如果一台 PC 安装了多个版本的 CANoe，CANoe 仿真工程文件（*.cfg 文件）默认打开方式将是其中最新的那个版本。如果 PC 中最新版本的 CANoe 有多个，默认打开方式将是其中最后安装的那个最新版本。若需使用其他版本打开仿真工程，需要手动选择。

（6）安装硬件驱动。对于使用 CANoe 正式版软件的用户，安装完毕以后，可以把相关硬件连接到计算机上，完成相关驱动的安装。硬件驱动的安装，可以通过配套的硬件驱动光盘来安装（也可以到 Vector 的官方网站下载），选择用户购买的硬件接口（Demo 版的用户无须安装驱动程序）。图 2.14 给出了如何选择安装 VN1600 系列硬件的示例，只需选中相应的硬件，单击 Install 按钮即可。

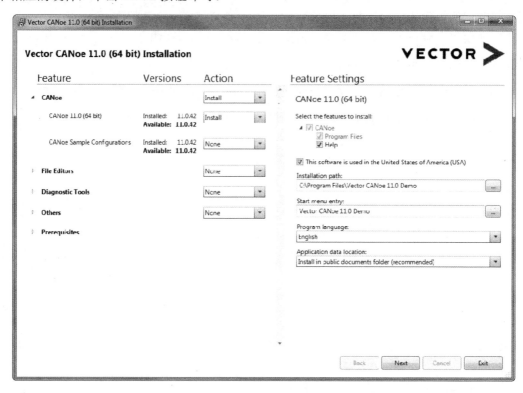

图 2.13　CANoe 安装路径选择

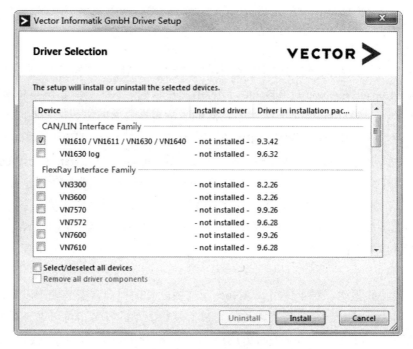

图 2.14　驱动程序安装

2.6　CANoe 常见的总线授权选项

根据项目不同的需求，用户在选购 CANoe 产品时可以选择不同的 CANoe License Option（本书称为授权选项）。表 2.2 列出了 CANoe 主要授权选项的缩写与描述。

表 2.2　CANoe 主要授权选项的缩写与描述

缩　　写	描　　述	备　　注
CF_<VariantAbbr>	Basic license for the application variant	应用软件基本 License
CAN_<VariantAbbr>	Option CAN	支持 CAN 总线
LIN_<VariantAbbr>	Option LIN	支持 LIN 总线
MOST_<VariantAbbr>	Option MOST	支持 MOST 总线
FR_<VariantAbbr>	Option FlexRay	支持 FlexRay 总线
IP_<VariantAbbr>	Option Ethernet	支持 Ethernet 总线
XCP_<VariantAbbr>	Option XCP	支持 XCP 标定协议
SCOPE_<VariantAbbr>	Option Scope	支持 CAN Scope 功能（测量 CAN 总线的电平参数）
DiVa_<VariantAbbr>	Option DiVa	支持 DiVa 功能（诊断集成和验证助手）
OptoLyzer_INTEGRATION_P_<VariantAbbr>	Option OptoLyzer Integration Package（MOST50 and MOST150）	支持 MOST50 和 MOST150 总线
J1587_<VariantAbbr>	Option J1587	支持 J1587 协议（主要用于卡车等网络控制）
MCD_3D_Client_<VariantAbbr>	Option MCD-3D Client（3D Server Integration）	支持 MCD-3D 客户端
Car2x_<VariantAbbr>	Option Car2x	支持 WLAN 协议
J1939_<VariantAbbr>	Option J1939（only with option CAN）	支持 J1939 协议（主要用于柴油系统网络控制）
ISO11783_<VariantAbbr>	Option ISO 11783（only with option CAN）	支持 ISO 11783 协议（主要用于农用车领域）
CANaero_<VariantAbbr>	Option CANaero（only with option CAN）	支持航空领域相关特殊功能
CANopen_<VariantAbbr>	Option CANopen（only with option CAN）	支持 CANopen 协议

例如，CF_COE 表示 CANoe 基本版本为 full 版本；LIN_COE 表示 CANoe 带有 LIN 总线的授权选项支持。

当带有授权的相关硬件连接到 PC 时，可以通过下列方式查看已绑定的授权选项。

一种是在 CANoe 软件中，选择 File→Options→General→License→Re-read Licenses 命令查看，如图 2.15 所示。

也可以通过控制面板→Vector Hardware Config 命令查看授权（详见 2.7 节）。

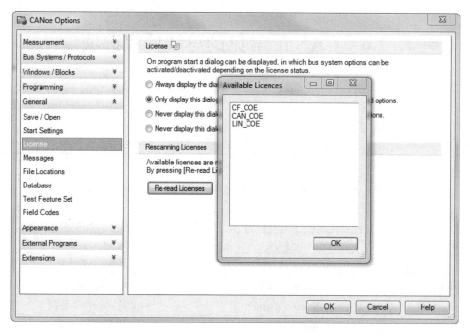

图 2.15　CANoe 中查看授权选项

2.7　CANoe 的授权管理

CANoe 目前提供以下三种管理授权的方式。

（1）基于硬件授权（Hardware-based Licensing）：单用户授权，将包含授权的硬件与 PC 相连时，软件才可以正常使用。

（2）基于软件授权（Software-based Licensing）：单用户授权，通过激活码（Activation ID）管理授权，可以进行激活与反激活的操作。

（3）池授权（Pool Licensing）：可以通过本地服务器来管理和分配用户授权。

目前国内用户主要采用第一种授权方式。连接好相关硬件，用户可以通过 Hardware→Network Hardware→Driver 打开 Vector Hardware Config 界面，通过 License→Device view 查看目前的授权，如图 2.16 所示。如果用户需要使用不同的硬件共享同一个授权，可以将授权移到 Keyman 中，图 2.16 中的就是这种情形（注：本书中出现的硬件序列号已经过处理，非真实的编号，仅供参考）。

对于正式版 CANoe 软件，运行时会检查 PC 相连的硬件或 Keyman 中的授权选项是否与运行的 CANoe 需要的授权选项有冲突或缺失，出现问题时会给出警告，如图 2.17 所示为未发现有效的授权。

一张正式版 CANoe 光盘，允许在无数台 PC 上安装，但要使用该正式版必须要连接带对应的授权选项的硬件或 Keyman。

对于使用 CANo 11.0 版本（或更新的版本）的初学者，可以在到 Vector 官网上申请一个演示版的激活码（Activation Key），使用 Vector License Clinet 在线激活演示版授权。这样即使在无正式版授权的情况下，也可以使用演示版功能。

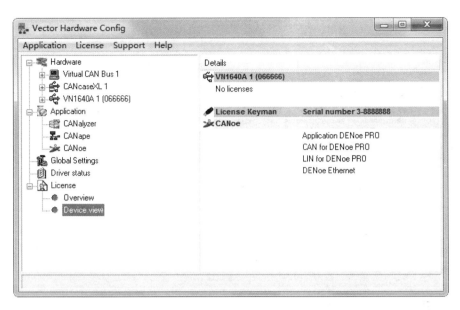

图 2.16　在 Vector Hardware Config 中查看授权选项

若用户使用的是 2018 年下半年以后购买的硬件或 Keyman，可能在 Vector Hardware Config（如图 2.16 所示）中无法查看到授权选项信息。对于这种情况。请使用 Vector License Client 查看相关信息。

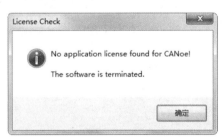

图 2.17　未发现有效的授权

2.8　CANoe 的硬件配置

CANoe 正常运行的前提条件是选择正确的授权选项，并配备正确的硬件和正确的硬件接口。作为普通用户，必须先知道如何检查硬件信息及其带有的授权选项。

2.8.1　硬件信息查看

Windows 操作系统的控制面板里，可以发现 Vector Hardware，单击该项可以查看硬件信息，如图 2.18 所示。

图 2.18 中可以看到，有一个相连的 VN5610 硬件被检测出来，与它相连的有五个接口模块：两个通道为 ETH BCM89811/BCM54810（以太网），两个通道为 CAN 1051cap（高速 CAN），一个通道为 D/A IO 口。

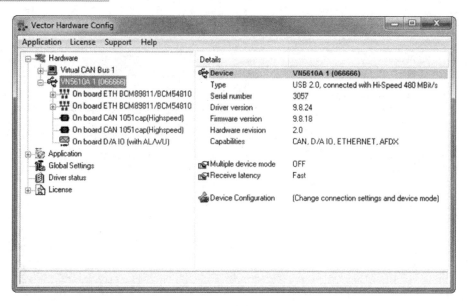

图 2.18 硬件信息查询

单击 Application→CANoe 可以查看 CANoe 的总线所使用的通道及分配情况，如图 2.19 所示。

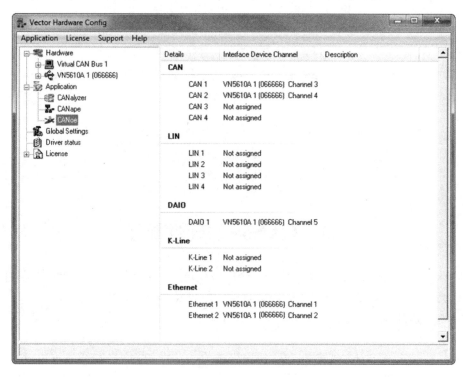

图 2.19 查看 CANoe 总线通道的分配

单击 License→Overview 可以查看可用的授权信息。单击 Device view 可以查看各个硬件中绑定的授权，如图 2.20 所示。

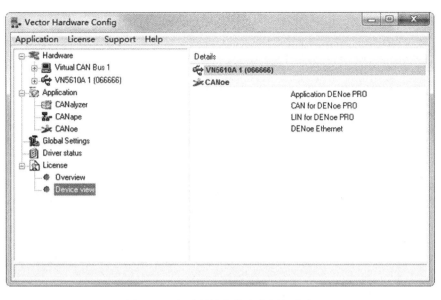

图 2.20　查看硬件中绑定的授权信息

图 2.20 中可以看出，VN5610 中含有带有 CAN 和 Ethernet Options 的 Full CANoe License。

2.8.2　硬件配置

只熟悉如何查看硬件信息和 License 信息还不够，用户还需要知道如何配置硬件。在 CANoe 界面中单击 Hardware→Network Hardware 命令，可以设置 CAN 总线接口的波特率，如图 2.21 所示。

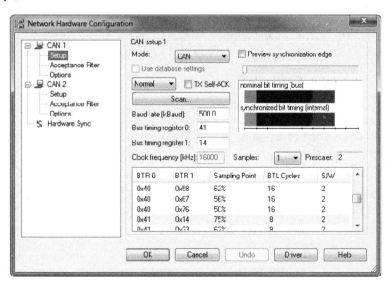

图 2.21　CAN 总线通道的波特率设定

为了能正确接收总线上的报文，还需要设置接收过滤器，如图 2.22 所示。用户可以通过配置硬件过滤器，从硬件层直接滤掉不想接收的 CAN 报文。如果当前仿真工程已关联数据库，用户可以通过 Select ID 选择过滤的报文，也可以在 ID 窗口内直接填写二进制表示的 CAN 报文 ID。Mask 表示 CAN 控制器中过滤器的掩码，CANoe 会自动填充，如用户想深入了解，可以参考相对应的 Vector Hardware 手册。

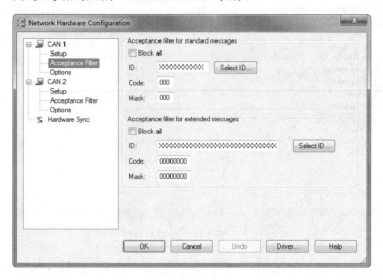

图 2.22　CAN 总线通道的过滤器设定

2.8.3　通道数量设置

在 CANoe 界面中单击 Hardware→Channel Usage 命令，也可以单击 File→Options→Measurement→General 命令打开 General 界面，该界面中允许用户设置 CAN 和 LIN 等总线的通道数量，如图 2.23 所示。

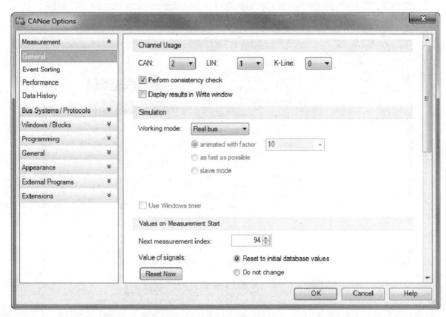

图 2.23　CAN 总线通道数量设置

第3章	**CANoe 开发环境**

本章内容：
- CANoe 主界面；
- CANoe 选项卡和功能区；
- 常用仿真、诊断和测试窗口。

CANoe 是一个高度集成的开发环境，提供多种图形化窗口，可以用于总线的实时仿真、测试和诊断，并对相关的数据实现抓取和分析。对于 CANoe 初学者，需要花一段时间熟悉 CANoe 的用户界面和开发环境。本章针对 CANoe 11.0 软件的功能区和常用窗口进行介绍，帮助初学者快速入门。由于测量和分析相关窗口的内容及其对应的功能较复杂，此部分内容将在第4章单独介绍。

3.1　CANoe 主界面

当计算机安装完 CANoe 后，用户只需选择"开始"→"所有程序"→Vector CANoe 11.0 →CANoe 11.0 系统菜单命令即可启动 CANoe。

为了快速熟悉 CANoe 的常用功能，读者可以打开 Vector 官方的自带例程，一边学习一边实践相关功能。本章将以 Easy.cfg 作为例程，其默认路径为 C:\Users\Public\Documents\ Vector\CANoe\Sample Configurations 11.0.42\CAN\Easy，可以通过双击 Easy.cfg 打开例程，此时 CANoe 主界面如图 3.1 所示。

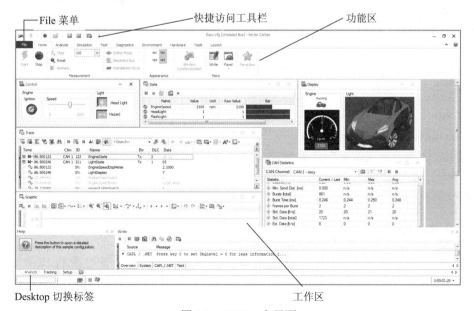

图 3.1　CANoe 主界面

单击左上角的 Start 图标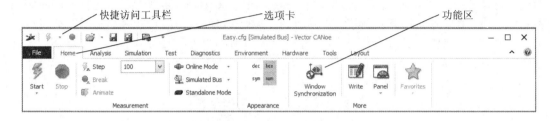，运行该仿真工程（CANoe 中称为 Start Measurement，也可以称为开始测量）。在 Control 面板中，可以通过鼠标单击按钮或拖动滑块等控件改变关联的变量或 CAN 报文的信号值，同时在 Display 面板中将动态地显示改变的变量或信号值。

3.2　CANoe 选项卡和功能区

CANoe 9.0 以上的版本中，Vector 采用 Microsoft 一个全新的 Ribbon 风格用户界面，不再使用传统的菜单和工具栏，取而代之是全新的"选项卡和功能区"用户界面。单击上部的选项卡标签，功能区将显示该选项卡的功能，读者可以由此操作相应的功能或者轻松进入相关的窗口。CANoe 选项卡和功能区界面如图 3.2 所示。

图 3.2　CANoe 选项卡和功能区界面

CANoe 主界面主要有以下功能区部分。

- File（文件）
- Home（主功能区）
- Analysis（分析）
- Simulation（仿真）
- Test（测试）
- Diagnostics（诊断）
- Environment（环境）
- Hardware（硬件）
- Tools（工具）
- Layout（布局）

CANoe 软件的最顶端是默认的快速访问工具栏（包含开始、停止、打开、保存、另存为和选项等），为用户最常用的功能，用户可以通过快速访问工具栏最右端的下拉按钮设置显示或者隐藏快速访问的功能按钮。

3.2.1　File 菜单

File 菜单主要用于工程文件的相关操作及属性设定（本书习惯将 Configuration File（*.cfg）称为仿真工程文件或工程文件，下同）。表 3.1 列出了 File 菜单选项及其功能描述。

表 3.1　File 菜单选项及功能描述

选　　项	功　能　描　述
🖫	Save（保存）：保存工程文件
🖫	Save As（另存为）：将工程文件保存到新的文件夹下或者另存为新的文件名
📂	Open（打开）：选择和打开工程文件
Last Used	Last Used（最近使用）：列出最近使用的工程文件
New	New（新建）：新建工程文件。可以根据模板创建
Configuration Overview	Configuration Overview（配置总览）：当前工程文件的详细信息
Help	Help（帮助）：显示及管理已经安装的授权选项、查看帮助文档和显示当前软件版本信息等
Sample Configurations	Sample Configuration（实例工程文件）：可以看到根据不同总线分类的例程工程文件
📁	Options（设置）：可以修改软件的设置和当前的工程文件设定
🖨	Support（技术协助）：可以将相关文件压缩并以加密的方式发送给 Vector 技术支持部门
⊠	Exit（退出）：退出 CANoe 软件

3.2.2　Home 功能区

Home 功能区主要包括测量组件、显示组件和其他组件，如图 3.3 所示。

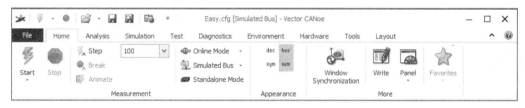

图 3.3　Home 功能区界面

表 3.2 列出了 Home 功能区的主要图标及其功能描述。

表 3.2　Home 功能区的主要图标及功能描述

图　　标	功　能　描　述
Measurement group（测量组件）	
⚡	Start（开始）： 工程文件编译完成以后，单击此图标开始运行，也可以使用快捷键 F9 🗐 Start of Measurement without Logging（开始无 Log 测量） 单击 Start 下方箭头可以选择开始运行，而不保存 Log 文件
●	Stop（停止）： 单击此图标停止测量，也可以使用快捷键 Esc
⚡	Step（单步运行）： 开始或恢复单步运行
●	Break（中断）： 暂停仿真

图 标	功 能 描 述
Measurement group（测量组件）	
	Animate（慢速回放）： 此功能需要在 Offline Mode（离线模式）下才可用，激活自动逐步数据输出，类似源离线文件的慢动作回放，而不是尽可能快地从源文件中读取数据。用户可以在 CAN.INI 文件中设置延迟时间，默认值为 300 ms
100	Step-length of time step（单步运行的时长）： 时长单位是 ms，最大时长为 60 000ms。此功能仅在 Simulated Bus 下可用，离线模式下此功能被置灰不可用
	Online/Offline Mode（实时和离线模式切换）： Online Mode（实时模式）：仿真测量建立在真实硬件连接或者仿真模式下 Offline Mode（离线模式）：使用来自记录文件（例如，BLF，ASC，MF4）的记录测量值
	Real Bus（真实总线）：工作模式在 Online Mode 下可用 Simulated Bus（as fast as possible）（仿真总线—快速） Simulated Bus（animated with factor）（仿真总线—可调）
	Standalone Mode（脱机模式）： 在脱机模式下，用户可以脱离计算机，在外部硬件中（例如 VN8900 或者 CANoe RT Server）实时执行工程文件。单击此图标可以进入脱机模式的配置窗口
Appearance group（显示组件）	
dec hex	Number Format（数字格式）： 设置数字显示为十进制或十六进制
sym num	Representation（表示方式）： 设置报文和信号在 Trace 窗口中显示为数字或对应的名称/说明
More group（更多组件）	
	Window Synchronization（窗体同步）： 测量停止时同步多个分析窗口中的分析数据
	Write Window（输出窗口）： 测量过程中的信息输出，以及 CAPL 中的提示输出。 单击此图标可打开 Write 窗口
	Panel（面板）： Panel 主要用来图形化操作或显示信号和变量，具体参看第 9 章
	Favorites（收藏夹）： 用户可以把窗口或对话框加入 Favorites。鼠标右击一个窗口或对话框，可以将该窗口加入 Favorites

3.2.3　Analysis 功能区

Analysis 功能区主要包括配置组件、总线分析组件和其他分析组件，如图 3.4 所示。

图 3.4　Analysis 功能区

表 3.3 列出了 Analysis 功能区的主要图标及其功能描述。

表 3.3　Analysis 功能区的主要图标及功能描述

图　　标	功　能　描　述
Configuration group（配置组件）	
	Measurement Setup（测量窗口）： 单击可以打开 Measurement Setup 窗口，详细内容可以参看 4.2 节
	Offline Mode Window（离线模式窗口）： 在此窗口中可以修改离线模式下播放日志文件的相关配置
	Filter（过滤器）： 在 Measurement Setup 窗口中，用户可以使用各种各样的过滤器决定哪些数据可以通过，哪些数据需要滤除掉。过滤器的增加、删除和修改都可以在 Measurement Setup 窗口中操作
	Logging（数据记录）： 用户可以记录数据，以供测量后分析或重播。记录数据的增加、删除和设定可以在 Measurement Setup 窗口中操作
Bus Analysis group（总线分析组件）	
	Trace Window（追踪窗口）： Trace 窗口的主要目的是记录和显示测量过程中的所有活动。输入模块的所有信息被接收并一行一行地显示在该窗口中
	Graphics Window（图形窗口）： 在 Graphics 窗口中，信号、变量和诊断参数可以以图形化形式显示出来（XY 图形）。用户可以将 X 轴配置成时间或其他变量
	Data Window（数据窗口）： Data 窗口用于显示信号的数值。信号的数值可以显示为物理量或者默认的原始数值，同时将数据以进度条的形式表示
	State Tracker（状态追踪）： State Tracker 窗口用来分析当前对象值和状态。特别适用于显示数字输入输出和状态信息，如终端状态或网络管理状态。用户也可以在 Measurement Setup 中添加或打开 State Tracker
	Statistics Window（统计窗口）： Statistics 窗口显示了测量过程中总线活动的数据 用户也可以在 Measurement Setup 中添加或打开 Statistics 窗口 根据不同的插件（CAN、LIN、FlexRay 等），CANoe 提供如下几种 Statistics 窗口：Bus Statistics 窗口、CAN Statistics 窗口、Frame Histogram 窗口和 LIN Statistics 窗口等
More Analysis group（更多分析组件）	
	GPS Window（GPS 窗口）： 此窗口中可以配置和记录 GPS 位置信息
	Video Window（视频窗口）： 用户可以在 Video 窗口中记录或播放视频文件
	Scope Window（示波器窗口）： 图形化显示 CAN、LIN、FlexRay 等总线信号的电平

3.2.4　Simulation 功能区

Simulation 功能区主要包括仿真组件和激励组件，如图 3.5 所示。

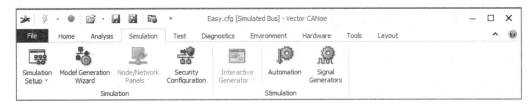

图 3.5　Simulation 功能区

表 3.4 列出了 Simulation 功能区的主要图标及其功能描述。

表 3.4　Simulation 功能区的主要图标及功能描述

图　标	功　能　描　述
Simulation group（仿真组件）	
	Simulation Setup（仿真设定窗口）： 图形化地展示了系统中所包含的网络、设备和所有的网络节点 该窗口包含 Simulation Setup 所有的参数设定
	Model Generation Wizard（模板生成向导）： 从给定的 database（总线数据库）为 remaining bus simulation（剩余总线仿真）生成仿真配置和 panels（面板）
	Node/Network Panel（节点/网络面板）： 方便在测量过程中改变该节点关联的信号值
	Security Configuration（安全配置）： 在这个对话框中，用户可以分配、删除和更新一个通道的安全配置文件。用户可以在 Security Manager 中创建安全配置文件。单击这个图标可以打开安全配置对话框
Stimulation group（激励组件）	
	IG（Interactive Generator，交互式发生器）： 使用 Interactive Generator 可以在测量进行过程中发送报文或改变特定的值
	Automation（自动时序）： 用来创建总线相关事件的发生顺序。用户可以创建系统变量、环境变量或信号的发生顺序，同时也可以发送报文并检查信号、变量的值是否正确
	Signal Generators and Signal Replay（信号发生和回放）： 用来制定信号的顺序，同时测量 ECU 的反馈

3.2.5　Test 功能区

Test 功能区主要包括测试单元组件和测试模块组件，如图 3.6 所示。

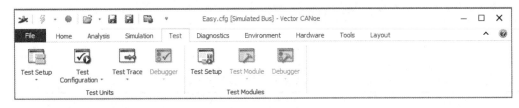

图 3.6　Test 功能区

表 3.5 列出了 Test 功能区的主要图标及其功能描述。

表 3.5　Test 功能区的主要图标及功能描述

图　　标	功　能　描　述
Test Units group（测试单元组件）	
	Test Setup for Test Units（测试单元设定）： 在该窗口下管理当前 CANoe 工程的测试设置和测试 Trace
	Test Configuration（测试设置）： 用户可以在该窗口下设置一个或多个测试序列的执行
	Test Trace Window（测试 Trace 窗口）： 在测试过程中观察和分析单个或多个测试 Trace
	Debugger（调试器）： 帮助用户在测量过程中分析程序，使用之前需要将要分析的 test unit 的 Debugger 打开
Test Modules group（测试模块组件）	
	Test Setup for Test Modules（测试模块设定）： CANoe 中一种文件夹结构的测试环境，由单个测试模块组成
	Test Module：Execution（测试模块：执行）： 用户可以通过该窗口控制 test module 的执行
	Debugger（调试器）： 帮助用户在测量过程中分析程序。使用之前需要将要分析的 test module 的 Debugger 打开

3.2.6　Diagnostics 功能区

Diagnostics 功能区主要包括诊断相关的配置组件、控制组件和工具组件。Diagnostics 功能区的组件功能需要在 Diagnostics/ISO TP Configuration 中添加相应的诊断描述文件后才可用，否则为置灰状态，如图 3.7 所示。

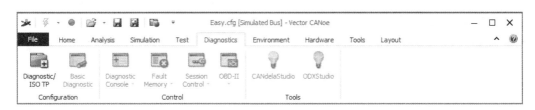

图 3.7　Diagnostics 功能区

表 3.6 列出了 Diagnostics 功能区的主要图标及其功能描述。

表 3.6　Diagnostics 功能区的主要图标及功能描述

图　　标	功　能　描　述
Configuration group（配置组件）	
	Diagnostics/ISO TP Configuration（诊断/ISO TP 设定）： 用户可以通过该选项为 ECU 添加诊断描述文件
	Basic Diagnostic Editor（基本诊断编辑器）： 用户可以通过 Basic Diagnostic Editor 为 ECU 添加简单的基于 CAN、LIN、FlexRay 和 K-Line 的诊断服务（UDS & KWP）

续表

图　标	功　能　描　述
Control group（控制组件）	
	Diagnostic Console（诊断控制台）： 可以直接向 ECU 发送单条的诊断服务请求，并分析诊断服务响应
	Fault Memory Window（故障记忆窗口）： 可以直接读出待测 ECU 中的 DTC 列表。在该窗口中也可以单个删除 DTC
	Diagnostic Session Control（诊断会话控制）： 允许用户切换 ECU 不同的诊断模式（如改变诊断模式，进行安全访问），同时也可以控制 ECU 通信状态
	OBD II Window（OBD II 窗口）： 用户可以通过此窗口执行符合 SAE J1979 车载诊断测试
Tools group（工具组件）	
	CANdelaStudio： 可以用来查看、编辑和导出 ECU 的诊断描述文件
	ODXStudio： 为用户提供类似网页浏览器的方式查看 ODX 文件。ODX 是一种用来存储诊断相关信息的复杂的数据格式

3.2.7　Environment 功能区

Environment 功能区主要包括对象组件和其他组件，如图 3.8 所示。

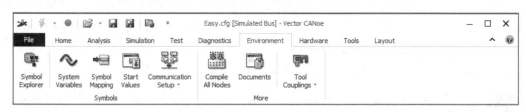

图 3.8　Environment 功能区界面

表 3.7 列出了 Environment 功能区的主要图标及其功能描述。

表 3.7　**Environment 功能区的主要图标及功能描述**

图　标	功　能　描　述
Symbols group（对象组件）	
	Symbol Explorer（对象浏览器）： 用户可以通过 Symbol Explorer 查看编辑网络中的信号、变量等。对象浏览器中的对象可以被拖曳到 CANoe 的窗口中或 CAPL 的文本编辑器中
	System Variable Configuration（系统变量配置）： 管理 CANoe 中使用的系统变量
	Symbol Mapping（对象映射）： 用户可以通过 Symbol Mapping 创建系统变量、环境变量及信号间的映射关系
	Start Values Window（初始值窗口）： 设定测量开始时系统变量、环境变量及信号的初始值

图　　标	功　能　描　述
Symbols group（对象组件）	
	Communication Setup（通信设置）： 通信设置是通信配置的中心起点，可以配置： 应用层（应用模型） 通信层（通信和定时、绑定） 传输介质（硬件、绑定） 该窗口具有交互式用户界面，单击图标、图像和文本可以打开相关对话框
More group（更多组件）	
	Compile All Nodes（编译所有节点）： 编译所有 CAPL 节点
	Documents Window（文档窗口）： 查看并编辑当前工程下所使用的所有文档
	Tool Couplings（工具关联）： 用户可以在 Tool Couplings 下打开相关工具设置，例如，启用/禁用 XIL API Server/FDX、 Simulink Integration、LabVIEW Integration 以及设置 FMI 配置等

3.2.8　Hardware 功能区

Hardware 功能区主要包括硬件相关的通道组件、VT 系统组件、传感器组件和 I/O 硬件组件，如图 3.9 所示。

图 3.9　Hardware 功能区界面

表 3.8 列出了 Hardware 功能区的主要图标及其功能描述。

表 3.8　Hardware 功能区的主要图标及功能描述

图　　标	功　能　描　述
Channels group（通道组件）	
	Channel Usage（通道配置）： 配置当前工程所用的通道数量
	Application Channel Mapping（应用通道映射）： 测量开始前，CANoe 会检测出当前错误的通道配置，并给出当前硬件条件下合理的通道 配置建议
	Network Hardware Configuration（网络硬件配置）： 通过网络硬件配置（Network Hardware Configuration）更改当前可用通道的设置

续表

图　标	功　能　描　述
VT System group（VT 系统组件）	
	VT System Configuration（VT System 配置）： 通过该选项创建或修改 VT System 的配置，增加或删除 VT 板卡
	VT System Control（VT System 控制）： 通过该选项在测量运行时改变 VT System 配置
	VT System Tools（VT System 工具）： 通过该选项打开如下配置： FPGA Manager（FPGA 管理器） Calibration Manager（校准管理器） Application Board Designer（应用板设计师） Firmware Updater（固件更新程序）
Sensors group（传感器组件）	
	Sensor Protocol Configuration（传感器协议配置）： 配置 option.Sensor 插件。创建不同类型的通道并配置特定的传感器和 ECU。可以选择连接到硬件接口的设备或 CANoe 仿真的虚拟设备
I/O Hardware group（I/O 口硬件组件）	
	Vector I/O Configuration（Vector I/O 设置）： 在该选项下配置 IOpiggy、IOcab 和 VN1630/VN1640/VN0601 IO 模块
	GPS Configuration（GPS 设置）： 在该选项下配置 GPS 接收器，接收到的数据将存储在 CANoe 的系统变量中，在 GPS 窗口中可以直接看到
	Video Window Configuration（视频窗口设置）： 通过该选项管理和配置视频窗口
	Other（其他）： 通过该选项配置连接其他测量设备，如 NI（National Instruments）

3.2.9　Tools 功能区

Tools 功能区包括网络组件和其他组件，主要是常见工具，如图 3.10 所示。

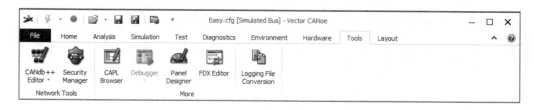

图 3.10　Tools 功能区界面

表 3.9 列出了 Tools 功能区的主要图标及其功能描述。

表 3.9　Tools 功能区的主要图标及功能描述

图　标	功　能　描　述
Network Tools group（网络工具组件）	
	CANdb++ Editor（网络数据库编辑器）: 数据库管理工具，可以创建和修改车载网络数据库
	Security Manager（安全管理器）: 用于管理和配置 Vector 工具中的安全配置文件（如 SecOC、诊断、认证等）
More group（更多组件）	
	CAPL Browser（CAPL 浏览器）: 借助 CAPL Browser，可以开发用于激励、仿真、测试和诊断的 CAPL 代码
	Debugger（调试器）: 通过 Debugger 来调试运行的程序
	Panel Designer（面板设计工具）: 使用 Panel Designer 创建图形化的面板，并可以在测量过程中改变关联到面板上对象的值
	FDX Editor（FDX 编辑器）: 通过 FDX Editor 编辑 FDX 文件
	Logging File Conversion（Logging 文件转换）: 通过 Logging File Conversion 用户可以将 Logging file 保存为另一种格式；将 Trace 窗口和 Graphic 窗口中的内容保存到文件中

3.2.10　Layout 功能区

Layout 功能区主要用于设置各子窗口的显示模式，如图 3.11 所示。

图 3.11　Layout 功能区界面

表 3.10 列出了 Layout 功能区的图标及其功能描述。

表 3.10　Layout 功能区的图标及功能描述

图　标	描　述
	重叠模式
	水平平铺模式
	垂直平铺模式
	激活窗口，使其置顶
Automatic Fit	自动调整大小：如果选中，子窗口会随主窗口大小调整而自动适应；如不选中，子窗口大小不受主窗口大小调整影响
Magnetic Windows	磁铁窗口：此功能可以更好地协助窗体的大小和位置的调整。调整窗口的时候，会自动捕捉相邻的窗口信息，在一定的范围内，会自动对齐或者自动靠紧

用户也可以通过拖曳方式或者右击子窗口顶部将子窗口移动到相应的 Desktop（桌面布局）选项卡中。

3.3 常用仿真窗口

总线仿真是 CANoe 的最重要功能之一，用户可以通过特定的仿真窗口设置仿真网络的属性、初始值和状态等。

3.3.1 Simulation Setup 窗口

在 Simulation Setup（仿真设定）窗口中，所有网络、设备和网络节点以图形化方式显示，如图 3.12 所示。此窗口右边的系统视图中可以进行仿真设置的修改（如导入 DBC 文件、添加网络、添加通道等），左边的网络视图可以进行添加、设置、激活、禁止网络节点等操作。仿真设定窗口是最常用的窗口之一，用于模拟可能在真实控制单元中出现的软件组件以及控制单元的基本传输行为。

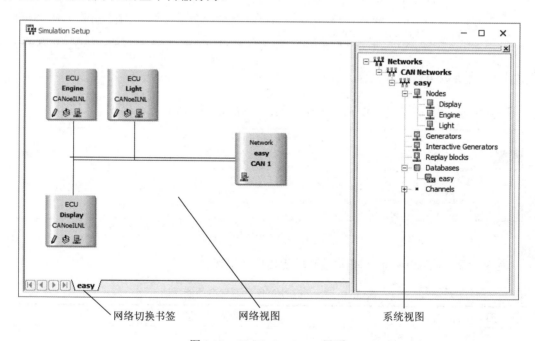

图 3.12　Simulation Setup 界面

3.3.2 Start Values 窗口

在 Start Values Window（初始值设定窗口）中，可以将一些数值赋给系统变量、环境变量和信号，如图 3.13 所示，这样在测量开始时，变量或者信号的值就被置为此窗口中设置的初始值。

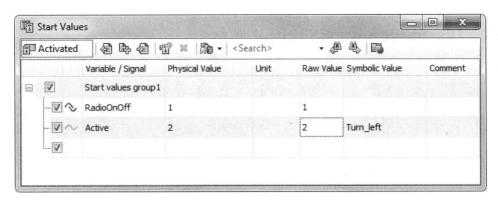

图 3.13　Start Values 窗口

3.4　常见诊断窗口

CANoe 可以支持强大的诊断功能，当用户导入诊断描述文件后，CANoe 会依据该描述文件，自动为用户生成诊断测试相关的窗口。

3.4.1　Diagnostic Console 窗口

通过 Diagnostic Console（诊断控制台）窗口可以给 ECU 发送单条诊断请求，并接收和分析 ECU 返回的诊断响应，诊断控制台窗口如图 3.14 所示。

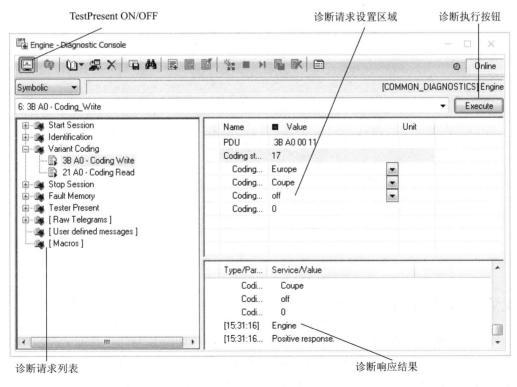

图 3.14　诊断控制台窗口

CANoe 开发环境

3.4.2 Diagnostic Session Control 窗口

通过 Diagnostic Session Control（诊断会话控制）窗口可以切换不同的诊断状态，例如，切换会话模式、安全等级和通信管理设置等，如图 3.15 所示。

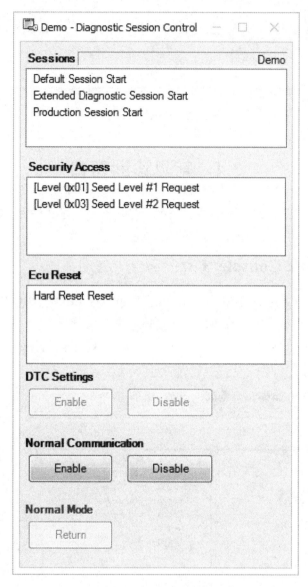

图 3.15　诊断会话控制窗口

3.4.3 Fault Memory 窗口

Fault Memory（故障记忆）窗口可以读出一个 ECU 的所有 DTC（Diagnostic Trouble Code，故障码）列表，如图 3.16 所示。用户可以逐条删除列表中的故障码。为了读出 DTC 列表，必须先加载相关的诊断描述文件（例如 CDD、ODX 或者 MDX）。

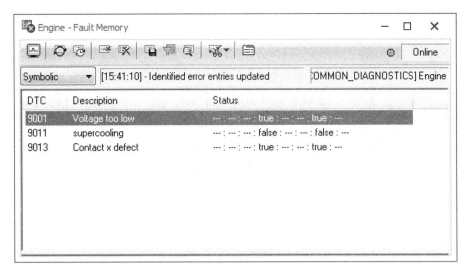

图 3.16　故障记忆窗口

3.5　常见测试窗口

CANoe 提供了 Test Unit（测试单元）和 Test Module（测试模块）以实现自动化的测试，用户可以在相对应的窗口中创建或配置它们。有关 Test Unit 和 Test Module 的用法，将在第 14 章中着重介绍。

3.5.1　Test Unit 窗口

CANoe 提供了以下三个窗口，用于 Test Unit 的设定、分析、配置和执行等操作。

（1）Test Setup for Test Units（测试单元测试设定）窗口：用于管理 CANoe 配置中的 Test Configurations 和 Test Traces 选项卡，如图 3.17 所示。

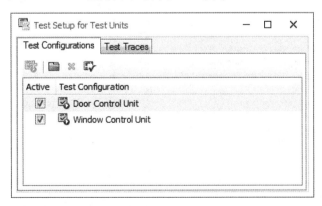

图 3.17　Test Setup for Test Units 窗口

（2）Test Trace（测试追踪）窗口：主要用于观察和分析单个或多个测试运行。执行过程中，所有执行的动作都被直接显示在这个窗口中，如图 3.18 所示。

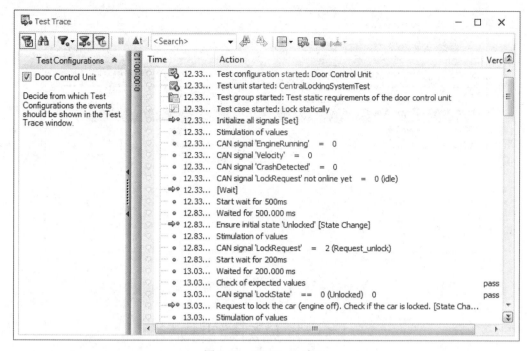

图 3.18　Test Trace 窗口

（3）Test Configuration Dialog（测试配置）窗口：一个或多个测试单元可以按照窗口中测试序列的顺序执行，如图 3.19 所示。窗口标题随着测试模块名称而变。

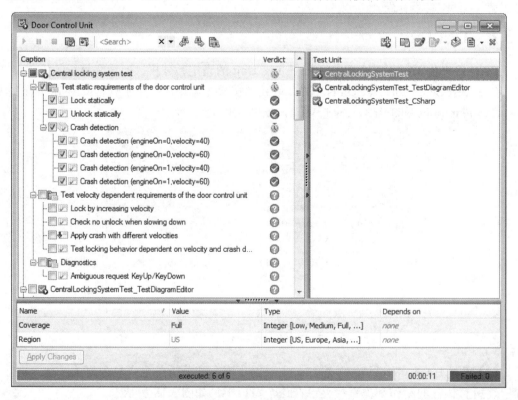

图 3.19　Test Configuration 窗口

3.5.2　Test Module 窗口

CANoe 提供了以下两个窗口，用于 Test Module 的设定和执行。

（1）Test Setup for Test Modules（测试模块测试设定）窗口：用于测试模块的创建、配置和编辑，如图 3.20 所示。

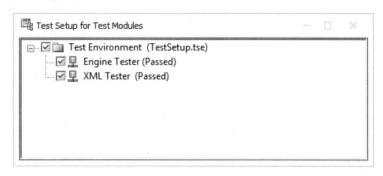

图 3.20　Test Setup for Test Modules 窗口

（2）Test Module：Execution（测试模块：执行）窗口：用于测试模块的执行、调试及测试报告查看，如图 3.21 所示。窗口标题随着测试模块名称而变。

图 3.21　Test Module：Execution 窗口

第4章 CANoe 总线测量和分析

本章内容：

- CANoe 总线测量和分析概述；
- Measurement Setup 窗口；
- 常用分析窗口；
- 测量数据记录设置和处理；
- 离线分析；
- 发生器模块。

CANoe 为用户提供了强大的总线测量和分析功能，大大方便了 ECU 开发过程中的测量、分析和验证。本章首先介绍测量和分析的常见窗口，接着介绍测量数据的记录和处理，最后介绍离线数据分析和发生器模块的使用。

4.1　CANoe 总线测量和分析概述

CANoe 的测量和分析是基于数据流方向的，从数据源到处理数据、显示数据和记录数据，数据可以根据需要被单独处理。在 Measurement Setup 窗口中，数据流以图形化的形式显示，并且可以在此窗口中对数据流进行配置。CANoe 测量和分析的数据流结构如图 4.1 所示。

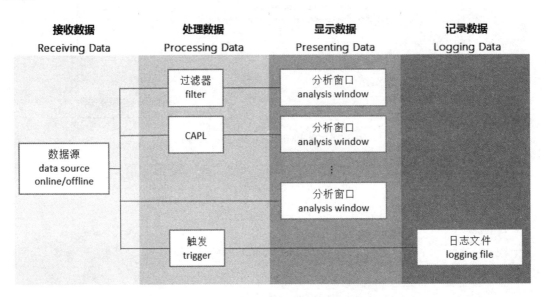

图 4.1　CANoe 测量和分析的数据流结构

接收数据：数据源可以是实时数据（online）或者离线数据（offline）。实时数据可以由仿真节点产生，也可以来自相连的硬件（例如 VN1630、CANCaseXL 等）。离线数据是一个包含记录数据的文件。

处理数据：为了更清楚地显示出用户所关心的数据，可以使用过滤器（filter）将期望显示的数据分离出来。过滤器不是必需的，用户可以根据需要添加和设置。

显示数据：CANoe 提供各种不同的分析技术，分析窗口可以显示基于总线（bus）、报文（message）或者信号（signal）的数据。有些总线有自己特定的分析窗口。

记录数据：为了便于后续的数据分析，测量数据可以按时序先后记录到 Logging 文件中。可以在 Measurement Setup 窗口中设置是否保存记录文件，为了减少 Logging 文件记录过多的无用数据，可以使用 trigger 设置触发记录的条件。

4.2　Measurement Setup 窗口

Measurement Setup（测量设置）窗口用于图形化显示和配置测量数据流，包含数据源、基本功能模块、附加功能模块、数据分析窗口和数据保存模块等，如图 4.2 所示。在各个组件之间绘制连接线和分支以便于分解数据流。两个热点之间可以添加附加功能模块，双击热点可以将热点设置为断点，阻止数据流通过。

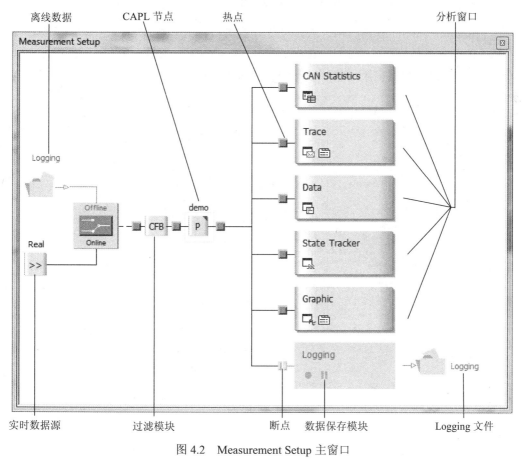

图 4.2　Measurement Setup 主窗口

4.2.1　主要功能

Measurement Setup 包含多种不同的模块和窗口，主要功能如下。

（1）Define data source（online/offline）（定义数据源）：online 的数据源可以来自仿真的总线数据或者来自硬件的真实总线数据，offline 的数据源来自 Logging Data 文件。

（2）Insert analysis windows（插入分析窗口）：数据可以根据分析需要独立地显示在不同的图形化窗口中。

（3）Insert CAPL program nodes（插入 CAPL 程序节点）：CAPL 程序节点可以用于数据过滤或者实现不同的算术运算。

（4）Insert filters（插入过滤器）：Filter 可以用于获得更便于分析的数据；它们将定义哪些数据可以通过，哪些数据将被精确过滤掉。Filter 可以在测量前或测量后激活，被过滤的对象可以是独立信号，甚至是整个总线系统的某个通道。

（5）Insert trigger conditions（插入触发条件）：像 Filter 一样，触发条件也可以减少数据量，触发用来应对总线事件，也可以跟另一个触发结合在一起。

（6）Log data（日志数据）：可以用于测量后数据分析，也可以作为 offline 的数据源或 Trace 的回放数据。

4.2.2　插入分析窗口或数据记录模块

在 Measurement Setup 窗口中，右击分支连线可以插入分析窗口，如图 4.3 所示。允许用户插入的数据分析窗口，包括 Statistics 窗口、Trace 窗口、Data 窗口、Graphics 窗口、State Tracker 窗口及数据记录模块（Logging Block）。

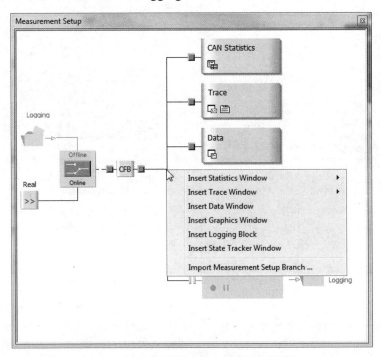

图 4.3　插入数据分析窗口或数据记录模块

4.2.3 插入功能模块

在 Measurement Setup 窗口中，右击热点（Hot Spots，即小方形块）可以插入功能模块，如图 4.4 所示。允许插入的功能模块有：Program Node（CAPL 节点）、Channel Filter（通道过滤器）、Event Filter（事件过滤器）、Variables Filter（变量过滤器）和 Trigger Block（触发模块）。双击热点可以转换为断点，该断点后面的所有模块、连线等将变为无效灰色状态。双击断点可以转换为热点，该条数据流将处于接通状态。

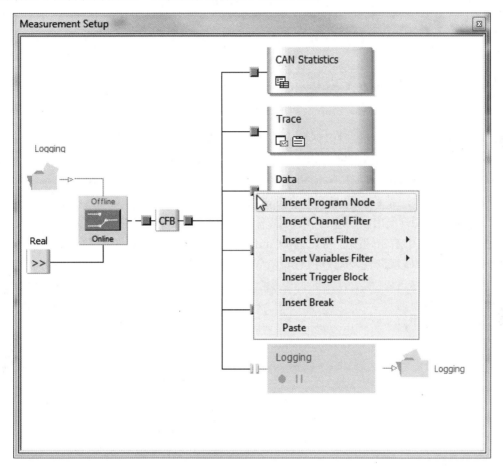

图 4.4　插入功能模块

4.3　常见分析窗口

CANoe 提供多种分析窗口，用户可以根据需要对数据进行图形化分析、统计、对比、过滤和保存等，有些分析窗口还提供个性化设置。

4.3.1　Write 窗口

Write（输出）窗口用于测量过程中的系统信息输出，以及 CAPL 中定义的提示输出，如图 4.5 所示。以下为 Write 窗口的主要功能。

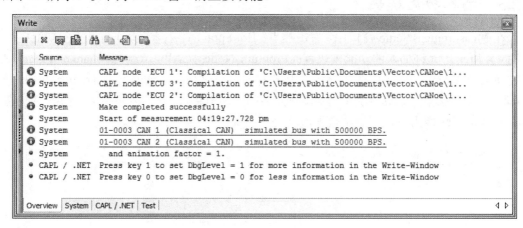

图 4.5　Write 窗口

（1）配置输出：Write 窗口根据不同的信息来源进行过滤，输出到 4 种不同的 View 中（Overview、System、CAPL/.NET 和 Test）。

（2）日志输出：Write 窗口输出可以保存在一个文件中或者复制到剪贴板。

（3）状态显示：显示未读的警告或者错误信息。

（4）CAPL/.NET 输出：可以在窗口中输出 CAPL/.NET 程序相关的信息。

在 Write 窗口中右击快捷菜单，选择 Configuration 或者单击 Write 窗口工具栏图标，可以修改 Write 的显示设置及消息保存设置，如图 4.6 所示。

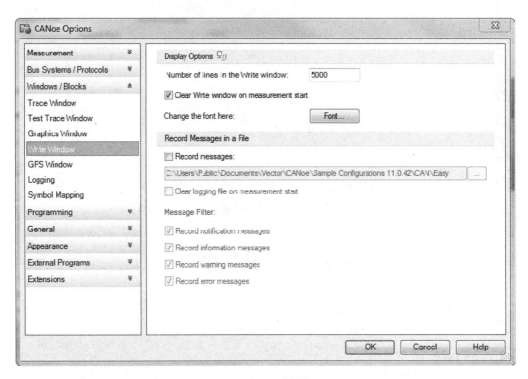

图 4.6　Write 窗口设定界面

Write 窗口是 CANoe 中最常用的窗口之一，通过其中的信息、警告、编译结果等输出，可以了解测量运行的情况。其中输出的 CAPL/.NET 等相关信息，可以方便开发工程师调试 CAPL/.NET 程序代码，提高开发效率。

4.3.2　Trace 窗口

Trace（追踪）窗口主要用于记录和显示测量过程中的所有活动，包括收发报文、错误帧、系统变量、环境变量和诊断服务等，如图 4.7 所示。在已加载了 Database 的工程文件中，Trace 窗口可以解析出每个报文和信号。Trace 窗口主要有以下功能。

（1）预定义过滤器（Predefined Filter）：单击 Trace 窗口工具栏图标🐷，打开预定义过滤器视图。这些不同形式的过滤器可以设置 Measurement Setup 的过滤器、总线系统事件（Bus Systems）过滤器、系统变量/环境变量过滤器、系统报文（System Messages）过滤器等。

（2）分析过滤器（Analysis Filter）：单击 Trace 窗口工具栏图标🐷，打开分析过滤器视图。用于减少窗口中的显示数据，可以把 Trace 中不关心的项拖曳到 Stop Filter，将关心的项拖曳到 Pass Filter。

（3）淡出无变化的数据：为了提高查看的便利性，固定时间内没有更新的数据显示将逐渐淡出。单击 Trace 窗口工具栏图标📇，将删除淡出的事件或数据。

（4）设定 marker（标识）：marker 可以将指定的事件标识出来，并与对应的时间戳相关联。设定的 maker 也可以在其他分析窗口中显示（如 Graphic 窗口）。该功能只能在 measurement 暂停或停止时设定。

（5）显示统计数据：显示报文、信号、变量等各种信息，包括当前数值、时间戳等，可以详细地以不同形式显示。

（6）日志数据：窗口输出可以部分或全部导出，也可以直接保存到指定的文件中。已保存的日志文件，也可以导入到 Trace 窗口，进行离线分析。日志数据的设定、导入、导出等相关详细介绍，参看 4.4 节。

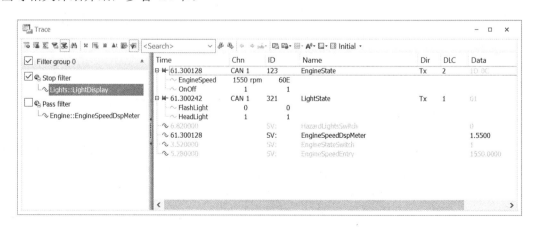

图 4.7　Trace 窗口

CANoe 总线测量和分析

与 Write 窗口类似，在 Trace 窗口中右击，在快捷菜单中选择 Configuration 或者单击 Trace 窗口工具栏图标 ▦，可以修改 Trace 的显示及数据保存设置。

4.3.3 Graphic 窗口

在 Graphic（图形）窗口中，信号、变量和诊断参数可以以图形化形式显示（XY 图形），如图 4.8 所示。用户可以将 X 轴配置成时间或其他变量。以下为 Graphic 窗口支持的主要功能。

（1）设定 marker（标识）：marker 可以将指定的事件标识出来，并与对应的时间戳相关联。设定的 maker 也可以在其他分析窗口中显示。该功能只能在 measurement 暂停或停止时设定。

（2）显示测量栏：在图例中，每个信号的全局和局部数据的最大值和最小值会自动表示出来，同一类型的信号可以比较数值的差异。

（3）显示数据统计：信号的最小值、最大值、平均值和标准偏差显示在 Graphic 窗口中。该功能只能在 measurement 停止时可用。

（4）X/Y mode：在信号列表中右击任何一条信号，都可以设置为 X 轴的变量。

（5）日志数据：Graphic 窗口中的信号可以自动保存到事先定义的 log 文件中（MDF 格式），也可以导入已保存的文件分析 signal 数据。

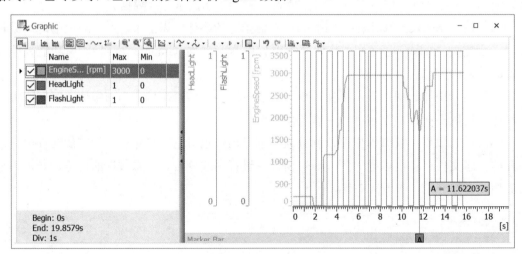

图 4.8 Graphic 窗口

4.3.4 State Tracker 窗口

State Tracker（状态追踪）窗口是用来显示比特值和一些状态值，特别适合显示数字输入量和输出量，以及状态信息，如图 4.9 所示。该功能适合用于分析状态及状态转换相关的信号和变量。以下为 State Tracker 窗口支持的主要功能。

（1）发现错误：基于状态响应时间、信号和状态切换的分析，可以有效地监控相关功能，及时发现错误。

（2）分析信息：不同的信息，如 ECU 内部通信，总线信号以及 I/O 口的状态，可以放在一起分析。

（3）设定触发：用户可以定义开始测量后的触发条件。

（4）设定 marker：可以用 marker 标识不同的时间点，两个 marker 点的时间间隔可以测量出来。

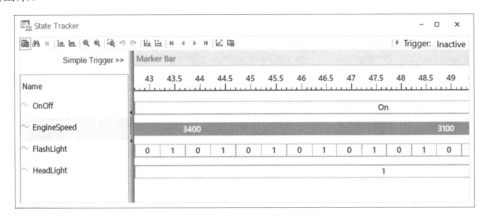

图 4.9　State Tracker 窗口

4.3.5　Data 窗口

Data（数据）窗口可以显示信号、系统变量和诊断参数的数值、单位等信息，并以不同的方式显示出来，如图 4.10 所示。

（1）显示数值：可以显示数据的原始值（Raw Value）、物理值、单位等信息。可以显示信号在全部或部分时间内的最大值和最小值。

（2）日志数据：测量过程中可记录信号并保存到 log 文件中（MDF 格式）。

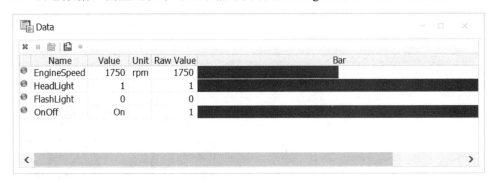

图 4.10　Data 窗口

4.3.6　Statistics 窗口

Statistics（统计）窗口用于统计 Measurement Setup 窗口运行过程中的总线（CAN、LIN、FlexRay 等）活动，可以在 Measurement Setup 窗口中插入 Statistics 功能。如图 4.11 所示为 CAN 总线活动情况，主要显示的信息包括总线负载（也可基于节点级、报文级）、突发帧、标准帧、扩展帧、远程帧、错误帧和控制器状态等。

（1）显示各个通道的统计数据：显示数据可以限定在指定的通道，或者配置为针对所有可用通道。

（2）设定刷新间隔：可以修改刷新间隔修改统计的时间间隔。

（3）暂停统计：用户可以在 Measurement 运行过程中暂停统计。

Statistic	Current / Last	Min	Max	Avg
Busload [%]	0.24	0.24	0.26	0.24
Min. Send Dist. [ms]	0.000	n/a	n/a	n/a
Bursts [total]	167	n/a	n/a	n/a
Burst Time [ms]	0.242	0.242	0.246	0.244
Frames per Burst	2	2	2	2
Std. Data [fr/s]	20	20	21	20
Std. Data [total]	335	n/a	n/a	n/a
Ext. Data [fr/s]	0	0	0	0
Ext. Data [total]	0	n/a	n/a	n/a
Std. Remote [fr/s]	0	0	0	0
Std. Remote [total]	0	n/a	n/a	n/a
Ext. Remote [fr/s]	0	0	0	0
Ext. Remote [total]	0	n/a	n/a	n/a
Errorframes [fr/s]	0	0	0	0
Errorframes [total]	0	n/a	n/a	n/a
Chip State	Simulated	n/a	n/a	n/a
Transmit Error Count	0	n/a	0	n/a
Receive Error Count	0	n/a	0	n/a
Transceiver Errors	0	n/a	n/a	n/a
Transceiver Delay [ns]	-	-	-	-

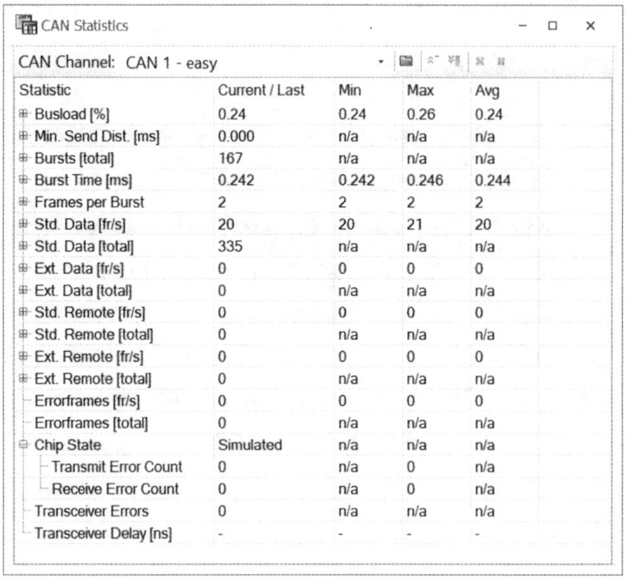

图 4.11　CAN Statistics 窗口

4.3.7　Scope 窗口

Scope（示波器）窗口需要配置额外的授权选项（CANoe Option.Scope）和对应的硬件接口，可以观察总线电平，用于分析总线协议，可以使用 EYE 图表评估信号品质。Scope 窗口如图 4.12 所示。

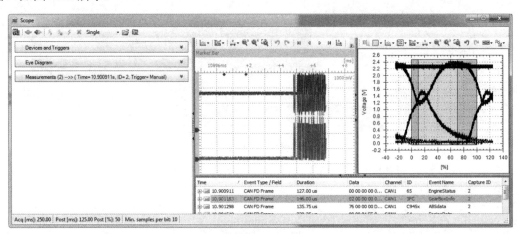

图 4.12　Scope 窗口

4.3.8　Video 窗口

Video（视频）窗口将视频捕捉集成到 CANoe 中，同时支持视频回放。用户可以根据需要，选择合适的摄像头，没有特殊要求可以选择市场上常见的 USB 摄像头。Video 窗口如图 4.13 所示。

图 4.13　Video 窗口

4.3.9　GPS 窗口

如果配置了 GPS 接收器，可以将 GPS 信息集成到 CANoe 测试系统中。GPS 窗口可以与其他分析窗口同步，支持与 GPS 相关的功能测试。GPS 窗口如图 4.14 所示。

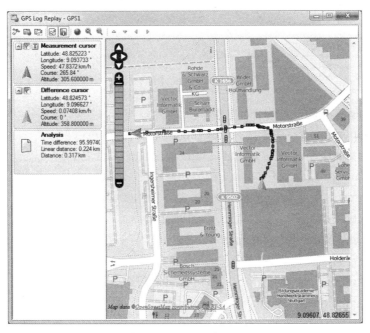

图 4.14　GPS 窗口

CANoe 总线测量和分析

4.4 测量数据记录设置及处理

为了便于对测量的结果分析，CANoe 允许用户将测量过程中的报文、信号和变量等数据记录到指定的日志文件中。本节将详细介绍如何设置数据保存，以及如何处理这些数据。

4.4.1 Logging 文件设置

新建仿真工程之后，CANoe 默认提供一路未启用的 Logging Block。在 Measurement Setup 窗口中，右击 Logging Block，选择 Logging File Configuration 命令可以打开 Logging File Configuration 对话框，如图 4.15 所示。

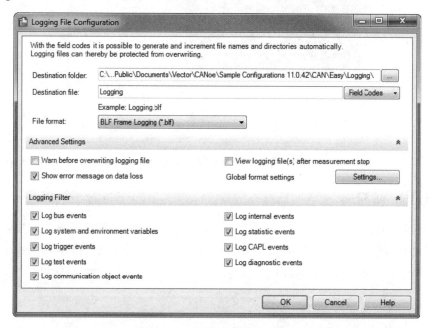

图 4.15 Logging 配置界面

由于 Logging 文件功能使用比较频繁，下面介绍如何设定这些选项。

（1）Destination folder：用于选择 Logging 文件的保存位置。

（2）Destination file：指定要保存的 Logging 文件的文件名。

（3）Field Codes：帮助用户按需求生成文件名。

（4）File format：指定 Logging File 的格式，具体参看 4.4.2 节。

（5）Advanced Settings

① Warn before overwriting logging file：选择是否在新的测量 Logging 文件与原有文件重名时弹出覆盖已有文件警告窗口。

② Show error message on data loss：选择是否在数据丢失时提醒用户。

③ View logging file(s) after measurement stop：选择是否在测量结束后自动打开已经记录的 logging 文件。

④ Global format settings：单击 Settings 按钮进入 Option 对话框。

（6）Logging Filter

① Log bus events：选择是否记录总线事件（如报文、数据帧等）。

② Log system and environment variables：选择是否记录环境变量或系统变量事件。

③ Log trigger events：选择是否记录 Start/Stop 触发事件。

④ Log test events：选择是否记录 Test Modules 和 Test Units 的信息。

⑤ Log communication object events：选择是否记录通信对象事件。

⑥ Log internal events：选择是否记录内部程序事件。

⑦ Log statistic events：选择是否记录数据统计相关的系统变量的信息。

⑧ Log CAPL events：选择是否记录 CAPL 函数 writeToLog 和 CAPL 程序中的说明。

⑨ Log diagnostic events：选择是否记录诊断相关信息。

4.4.2 Logging 文件格式

Logging 文件格式包括 ASC 格式、BLF 格式、MF4 格式、MDF 格式。

（1）ASC 格式：ASC（ASCII）格式为可读的文本文件，该格式文件可以与外部程序进行数据交换，可读性强。

（2）BLF 格式：BLF（Binary Logging Format）格式支持所有的总线信息/协议和环境变量。该格式保存文件较小，可以存储数据量较大的总线信息。

（3）MF4 格式：MF4（Measurement Data Format）格式支持所有的总线信息/协议和环境变量。CAN、LIN 和 FlexRay 总线信息以 ASAM 标准存储，其他总线系统和协议以 Vector-specific 标准存储。

（4）MDF 格式：MDF（Measurement Data Format）格式支持环境变量、统计信息、CAN 信号、LIN 信号、FlexRay 信号、GPS 信号、J1939 信号和 J1587/J1708 信号，但不支持 MOST 信号。需要注意的是，MDF 文件格式分为基于报文的和基于信号的，基于报文的格式只记录报文信息，基于信号的格式只记录信号信息。

4.4.3 Filter 设置

Filter（过滤器）主要在 Measurement Setup 窗口中使用，需要在热点处添加。Filter 的主要功能是信息过滤，用户可以通过 Filter 分离出相关的信息，过滤掉无关的信息。Filter 可以在 Measurement Setup 窗口的所有模块上使用，功能效果类似。本书以 Logging 模块为例介绍 Filter 设置，在热点处右击鼠标，如图 4.16 所示。

在弹出的快捷菜单中，有三种 Filter 选项，分别是 Channel Filter（通道过滤器）、Event Filter（事件过滤器）和 Variables Filter（变量过滤器）。

（1）Channel Filter：是一个包含许多红线绿线的方块，如图 4.17 所示，若当前工程只记录 CAN 总线和 LIN 总线信息，过滤之后其他总线信息将不会被显示或记录。

这些红线绿线代表了当前总线系统中每个通道的状态。绿色代表允许通过的通道，红色短线代表被阻止的通道。用户可以非常清晰地通过线的颜色判断当前的设置。在 Channel Filter 模块中，CANoe 只显示了 5 个通道，当用户的仿真工程所用通道数量大于 5 时，需要在设置窗口中查看。

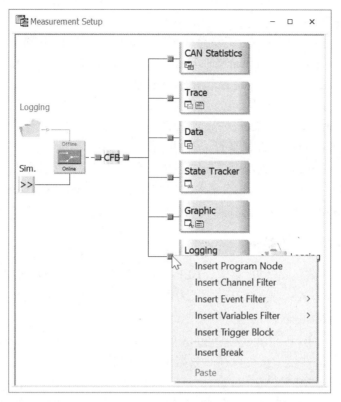

图 4.16　添加 Filter

（2）Variables Filter：用于过滤系统变量或环境变量，可以设置为通过或禁止。

（3）Event Filter：允许选择的事件过滤器种类取决于当前 CANoe 工程包含的总线种类，如当前工程包含 CAN 总线和 LIN 总线，可以插入的事件也只有 CAN 和 LIN。本节只介绍 CAN Filter，其他过滤器设置与之类似，读者可以自行尝试。CAN Filter 可以用来过滤 CAN 总线报文，插入 CFB（CAN Filter Block，CAN 过滤器模块），如图 4.18 所示。

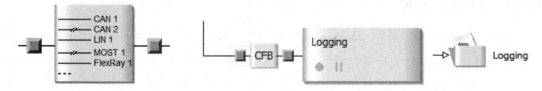

图 4.17　Channel Filter 模块设置　　　　图 4.18　Event Filter 设置模块

双击 CFB 进入 CAN Filter 设置界面，如图 4.19 所示。在此界面下，用户可以设置 Message Filter（报文过滤器）、Node Filter（节点过滤器）和 Event Filter（事件过滤器）。

4.4.4　Trigger 设置

用户可以通过 Trigger（触发）模块配置测量数据的记录条件。可以通过在热点处插入一个 Trigger 模块，或直接双击 Logging 模块打开 Trigger 配置，如图 4.20 所示。这里以 Logging 模块的 Trigger 配置为例进行介绍。需要注意的是，手动触发只适用于 Logging 模块。

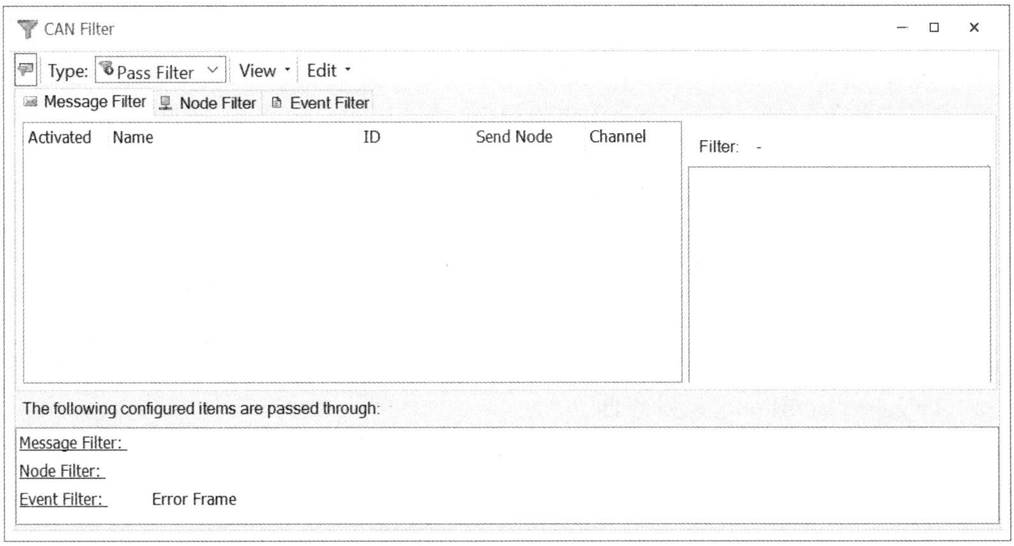

图 4.19 CAN Filter 设置界面

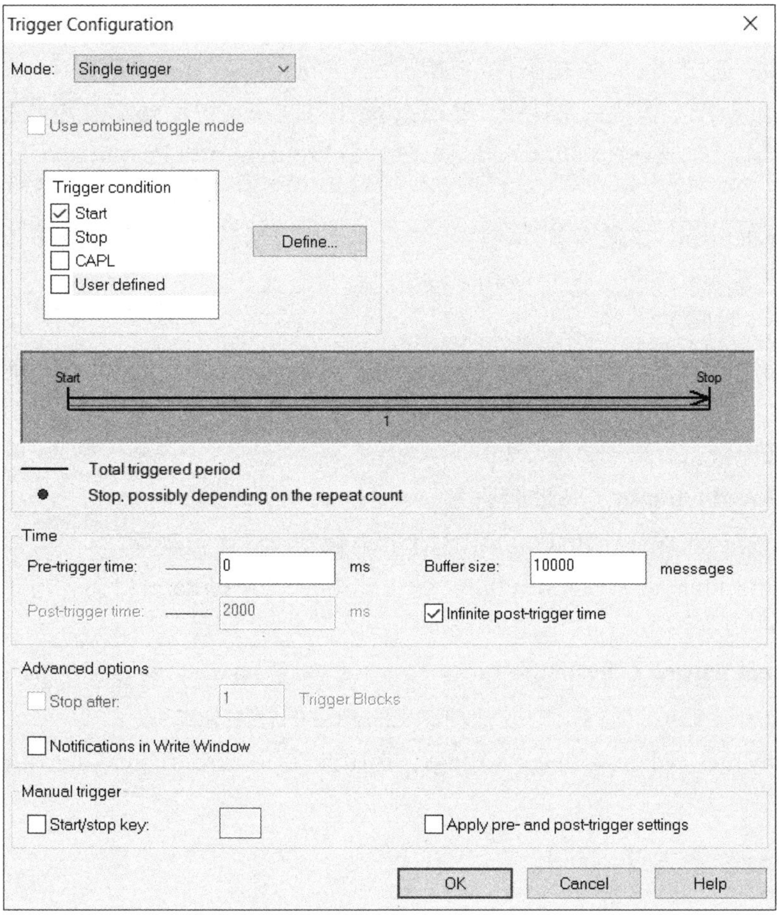

图 4.20 Trigger 触发设置

CANoe 总线测量和分析

1. Trigger Mode（触发模式）

（1）Single trigger：在 Single trigger 模式下，所有在触发条件时间段内的数据都将被记录下来。用户可以在 Time 区域内设置 Logging 的条件，如开始触发（Toggle on）、结束触发（Toggle off）和触发次数。

（2）Toggle trigger：在 Toggle trigger 模式下，用户可以定义开始触发和结束触发的方式。如果用户选中 Use combined toggle mode，那么开始和结束触发的条件可以保持一致。用户可以在 Time 区域内设置 Logging 的条件，如开始触发、结束触发和触发次数。

（3）Entire Measurement：在 Entire Measurement 模式下，所有测量数据将会被记录，因此用户无法选择触发条件和时间。

2. Trigger Condition（触发条件）

定义了基本的 Logging 条件，例如，起始点、结束点、Logging 时间段。包括以下三种触发模式。

（1）Start：选中 Start 触发条件，数据将会从测量开始记录，这种情况下 Pre-trigger 时间将变得没有意义并设置为 0，Post-trigger 时间指定了记录的时间长度。若选择了 Infinite post-trigger time，所有的数据将会从测量开始记录到测量结束，这等效于 Entire Measurement 模式。

（2）Stop：选中 Stop 触发条件，触发会在测量结束时开始。Pre-trigger 时间定义了 Logging 的时间长度。在这种情况下，Post-trigger 时间将变得没有意义并设置为 0。

（3）CAPL：该触发条件将由 CAPL 程序触发，Pre-trigger 和 Post-trigger 定义了 Logging 的时间长度。

（4）User defined：该触发条件将由用户自定义，包括总线报文或 Attribute、统计时间、环境变量的值等。用户可以通过 Define 按钮进行自定义。

3. Time（时间）

在该窗口中，用户可以定义 Pre-trigger 和 Post-trigger 的值，这两个值确定了 Logging 的时间长度。选中 Infinite post-trigger time 选项时，终止事件为无穷大，这时 Post-trigger 的值将会变成无效。

4. Advanced Options（高级选项）

（1）Stop after n Trigger Blocks：指定在 n 个触发块后停止测量。

（2）Notifications in Write Window：选中此项时，在 Write 窗口会有与 Trigger 相关的通知。

5. Manual trigger（手动触发）

（1）Start/stop key：设置一个按键控制 Logging 的开始和结束。

（2）Apply pre- and post-trigger settings：选中此项后，Pre-trigger 和 Post-trigger 的设置才有效。

4.4.5 Trace 导入和导出

在总线的分析和验证过程中，经常需要对 Trace 文件进行导入和导出操作。用户通过查看 Trace 中的报文、信号、变量以及时间戳等信息，分析其中的逻辑关系或故障原因。

1. Trace 导入

用户可以将测量记录的文件导入 Trace 窗口中进行分析，此时如果加载了 database 文件，所记录的信息可以被解析出来，方便用户分析。在 Trace 窗口中的空白处，右击并选择 Import/Export→Import 命令，如图 4.21 所示。

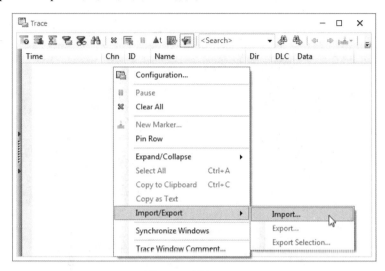

图 4.21　导入 Trace

在弹出的窗口中将文件类型选为 BLF Frame Logging Files（*.blf），并选择 Easy 仿真工程的文件夹 Logging 下的 Logging.blf 文件。为了显示完整的数据，需要单击工具栏的 Toggle display mode 切换成滚动模式，如图 4.22 所示。

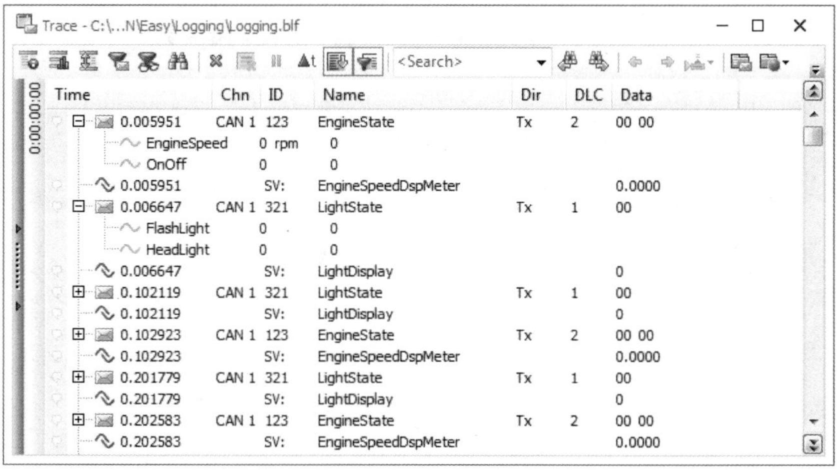

图 4.22　查看已导入的 Trace

导入完成后，在 Trace 窗口中可以看到，Logging.blf 文件中记录的数据，由于 database 文件的存在，所有记录的数据会被逐条解析出来。需要说明的是，Demo 版本的 CANoe 只允许导入 1000 条报文。

2. Trace 导出

前面讲解了将已保存的 log 文件导入 Trace 窗口中，同样地，也可以在 Trace 窗口中导出用户想要的全部或部分数据信息。

　　用户可以在 Trace 窗口中选中需要导出的内容，右击并选择 Import/Export→Export 命令，直接导出所有数据。也可以选择 Import/Export→Export Selection 命令，只导出选中的部分，如图 4.23 所示。

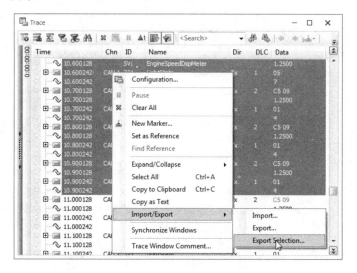

图 4.23　导出选中的 Trace

　　在弹出的 Trace Export 窗口中，可以选择保存该 Trace 的位置、名称及格式，如图 4.24 所示。

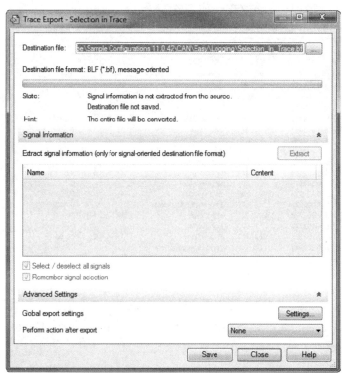

图 4.24　Trace 导出设置界面

选择保存位置和文件名时，也可以选择保存的文件格式，如图 4.25 所示。

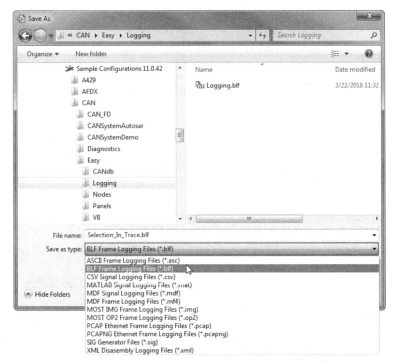

图 4.25　导出 Logging 文件格式

此处为了方便介绍下文内容，选择*.asc 格式，单击 Save 按钮可以将 Trace 保存。

4.4.6　Trace 查看和编辑

4.4.5 节中保存的 Trace 文件采用 ASC 格式，可以直接用记事本打开，如图 4.26 所示。

图 4.26　Notepad 中查看 ASC 格式 Logging

该文件不仅可以用记事本打开，使用 Excel 也可以对该文件进行查看和编辑，如图 4.27 所示。

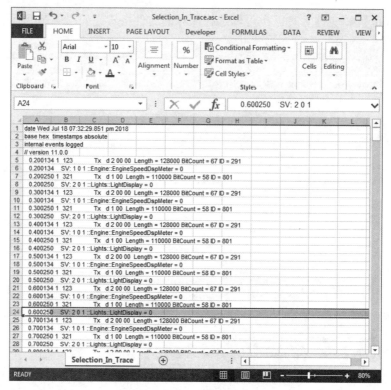

图 4.27   在 Excel 中编辑 Trace

在 Excel 中，用户可以对关注的报文、信号及事件进行加工（如添加、删除或修改），对于通过回放 Trace 分析问题有很大的帮助。例如，可以将此 Trace 文件有效报文的前 20 行删除，并按 4.4.5 节的方法重新导入 CANoe Trace 窗口，如图 4.28 所示。

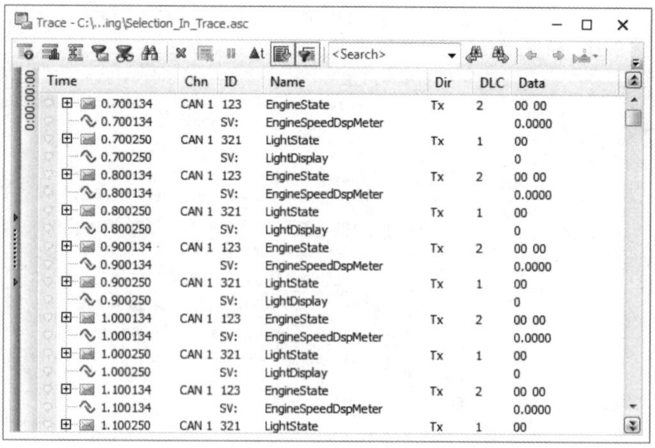

图 4.28   导入编辑过的 Logging 文件

可以看到，Trace 文件从 0.700134s 开始，删除的前 20 行不会在 Trace 窗口中出现。

4.4.7   Trace 回放

Replay Block 为用户提供了一种回放已保存的测量数据文件的方法。用户可以将已保存的数据流加入 Replay Block 里面进行回放。目前，CANoe 支持回放的总线数据有 CAN、LIN、MOST 和 FlexRay 等。CANoe 同时也支持用户编辑的 ASC 格式的 Trace 文件。在回放 Trace 之前，用户需要首先在 Simulation Setup 窗口中添加 Replay Block，与添加网络节点类似，只要选择 Insert Replay Block CAN 即可，如图 4.29 所示。

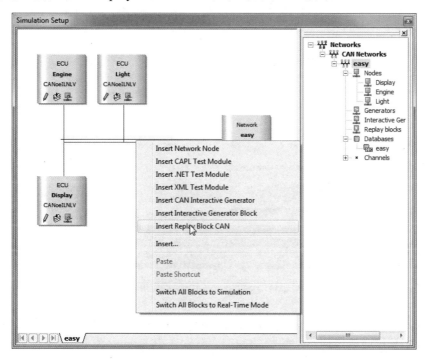

图 4.29　添加 Replay 模块

添加完毕，可以看到一个 Replay 模块，如图 4.30 所示。

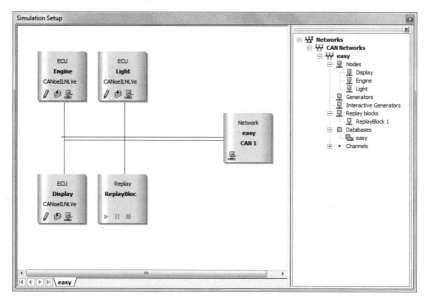

图 4.30　Replay 模块添加完毕

CANoe 总线测量和分析

双击 Replay 模块可以进入 Replay Configuration 界面，Source file 可以选择 4.4.5 节中导出的 Selection_in_Trace.asc 文件，如图 4.31 所示。

图 4.31　Replay Configuration 界面

在回放之前，需要将某些仿真节点禁掉，因为录制好的文件中已经包含这些节点发送的数据，若不禁掉会造成网络上数据的冲突。分别选中 Engine 和 Light 节点并按空格键，可以将这两个节点禁掉，如图 4.32 所示。

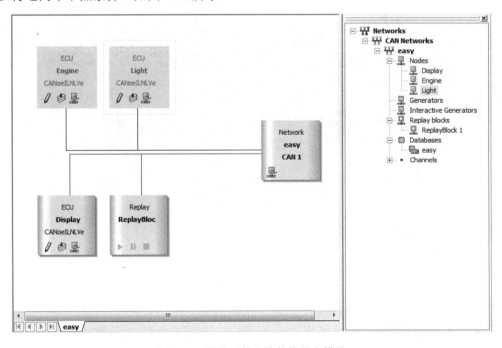

图 4.32　回放时禁止掉其他节点模块

运行仿真工程，可以看到 Replay Block 在测量开始后开始回放载入的 Logging 文件，在 Trace 记录中可以看到以前执行的操作被依次回放。用户可以通过 ▶、‖、■ 三个按钮手动控制回放的开始、暂停和结束。

4.5　离线分析

CANoe 为用户提供了两种仿真方式：Online（实时）模式和 Offline（离线）模式。这两种模式可以在 Home 功能区进行切换，也可以在 Measurement Setup 窗口中通过数据源切换模块（提供多种切换方式：双击模块、更改属性或者选中并按空格键），如图 4.33 所示。

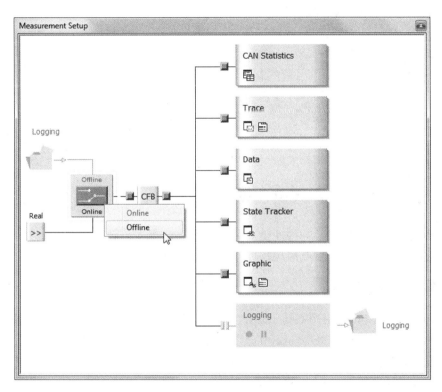

图 4.33　Online 和 Offline 模式切换

在 Online 模式下，仿真测量是建立在真实硬件连接或者仿真模式下运行的。

在 Offline 模式下，CANoe 会使用已录制的 Logging 文件，与 Trace 的回放类似。用户可以设置 Offline 模式下的文件位置以及时间参数启用 Offline 模式，如图 4.34 所示。在实际应用中，Offline 模式是经常用到的，当用户遇到复杂的问题需要进一步分析的时候，就可以将发生问题的 Logging 文件保存，在离线状态下反复回放该文件以复现并分析问题。用户可以在 Offline Mode 窗口中添加需要回放的 Logging 文件，在 Offline Mode Configuration 对话框中设置回放方式。

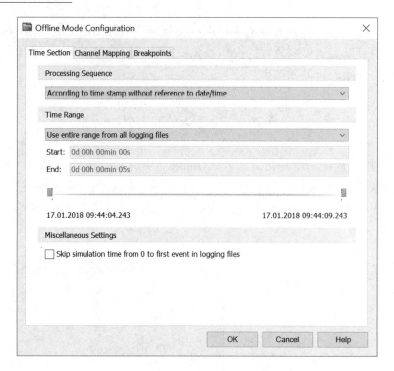

图 4.34　Offline 模式下回放配置

4.6　发生器模块

发生器模块为用户提供了一种便捷高效的方式发送报文，使用起来非常灵活。该模块主要应用在网络架构相对简单或用户需要自定义触发行为的场合。

4.6.1　CAN IG 模块

CAN IG（CAN Interactive Generator，CAN 交互式发生器）模块为用户提供了发送自定义报文的方法，可以选择 database 中已定义的报文或用户自定义的报文，通过对报文发送属性的设置，满足用户需求。在 Simulation Setup 窗口的网络视图总线上，右击并选择 Insert CAN Interactive Generator 命令插入 CAN IG 模块。如图 4.35 所示为 CAN IG 模块图标。

图 4.35　CAN IG 模块

双击打开配置窗口，可以进入 CAN IG 发生器配置界面，如图 4.36 所示。

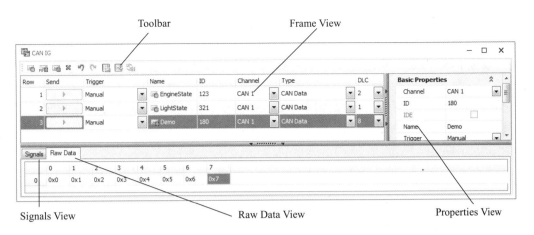

图 4.36　CAN IG 发送设置

CAN IG 窗口简单介绍如下。

（1）Toolbar：报文的添加、删除、恢复等操作，以及视图切换。

（2）Frame View：显示当前已配置的报文及其属性，报文属性也可以在此视图下配置。

（3）Properties View：显示当前选中的报文属性，也可以设置该报文的属性。

（4）Signals View：显示当前选中的报文中所含信号。若选中的报文在 database 中未定义，那么该视图会处于非活动状态。

（5）Raw Data View：配置报文的原始值。

4.6.2　IG 模块

与 CAN IG 类似，用户也可以通过 IG（Interactive Generator，交互式发生器）来自定义发送报文。不同的是，该模块不仅支持基本的 CAN 报文发送，也可根据用户的授权选项发送 LIN、FlexRay 等报文。在 Simulation Setup 窗口的网络视图总线上，右击并选择 Insert Interactive Generator Block 命令插入 IG 模块。如图 4.37 所示为 IG 模块图标。

图 4.37　IG 模块

双击 IG 模块可以打开 IG 的配置窗口，如图 4.38 所示。

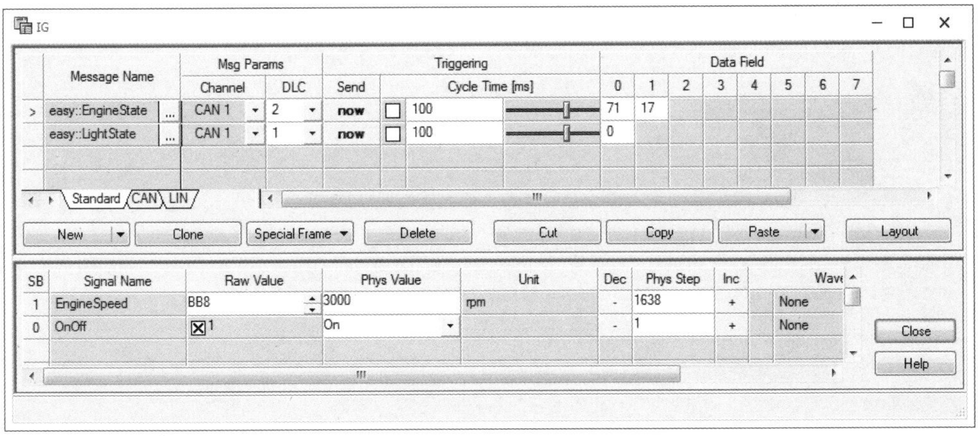

图 4.38　IG 配置窗口

CANoe 总线测量和分析

配置窗口可以分为上下两部分，上部分为发送列表，下部分为信号列表。在发送列表中可以分别配置不同的报文，每条报文所含信号会显示在信号列表当中。IG 模块配置中，可以按 Raw Value（原始值）或 Phys Value（物理值）设置信号值，大大方便了用户的操作。

另外，IG 模块允许用户更改数据库中定义的报文参数，如发送周期、数据长度（DLC）等，满足用户测试过程中的一些特殊要求。

第 5 章 CANoe 仿真工程配置及运行

本章内容:
- 配置仿真工程;
- 不同版本工程文件之间的兼容性处理;
- 仿真工程个性化设置;
- 仿真工程文件夹命名习惯。

一般用户可能不需要开发仿真工程,只需能使用项目提供的现有仿真工程,实现仿真、测试和诊断等功能。本章主要引导读者学习如何使用仿真工程,以及如何处理可能遇到的版本兼容性问题。

5.1 配置仿真工程

对于一些新手来说,在使用项目提供的 CANoe 仿真工程时,可能会遇到各种各样的问题,致使用户无法正常使用仿真工程。如果用户熟悉如何修改 CANoe 的设置和仿真工程的设置,问题就可以迎刃而解。下面将逐一介绍常见的问题及其解决方案。

5.1.1 物理通道分配问题

现象: 硬件未使用的接口通道红灯 Error 提示,Trace 窗口中显示错误帧。

原因: 逻辑通道与硬件物理通道不匹配:① 配置错误;② 配置正确,未连接。

解决方案: 需要将 CANoe 逻辑通道如 CAN 1、CAN 2 或 LIN 1 等与硬件接口所提供的物理通道如 VN1630A channel 1 正确关联。用户可以在控制面板中找到 Vector Hardware Config 工具,也可以在 CANoe 中通过 Hardware→Network Hardware→Driver 命令进入 Vector Hardware Config 界面,如图 5.1 所示。

在左侧视图中 Application 下面选择 CANoe,在右边视图中可以查看逻辑通道分配情况。在图 5.1 中,可以看到 CANoe 的逻辑通道 CAN 1 与 VN5610A 的 Channel 3 关联,CANoe 的逻辑通道 CAN 2 与 VN5610A 的 Channel 4 关联。如果发现逻辑通道分配的物理通道不合适,可以右击对应的通道,在弹出菜单中重新分配,如图 5.2 所示。

5.1.2 波特率设置问题

现象: 硬件某通道红灯 Error 提示,同时总线上出现错误帧。Trace 窗口中的显示内容如图 5.3 所示。

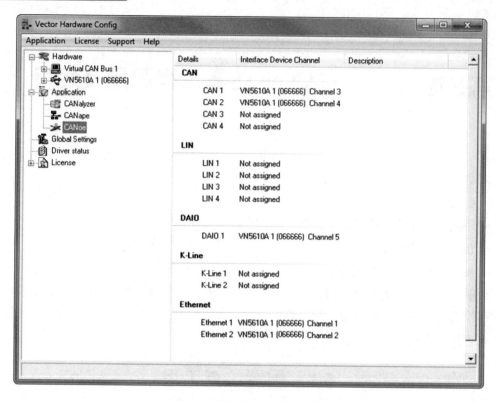

图 5.1　配置硬件的物理通道

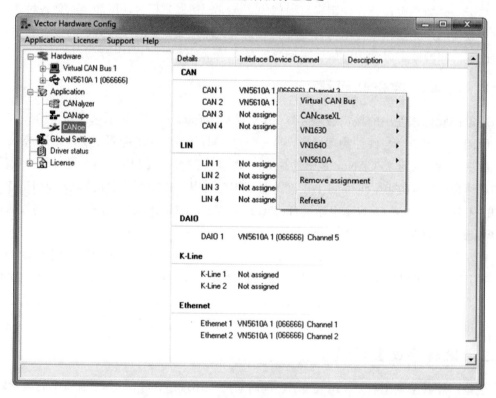

图 5.2　重新分配逻辑通道

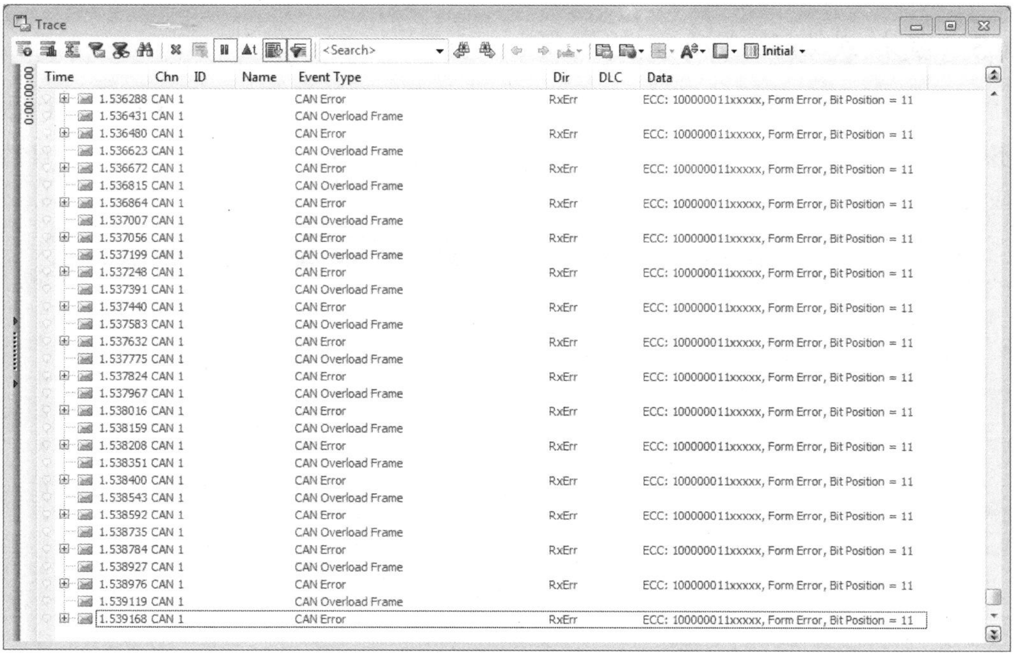

图 5.3 Trace 窗口中的错误帧

原因：波特率设置与 CAN 总线的实际波特率不匹配。

解决方案：设置正确的波特率。若用户不清楚当前网络的波特率，可以在 CANoe 中通过 Hardware→Network Hardware→Scan 功能自动检测当前 ECU 的波特率，如图 5.4 所示。用户可以通过选择 Active 或者 Passive 模式检测波特率。需要注意的是，使用 Passive 模式检测波特率需要在 CAN 上已有两个或以上 ECU 正常通信的状态下进行。

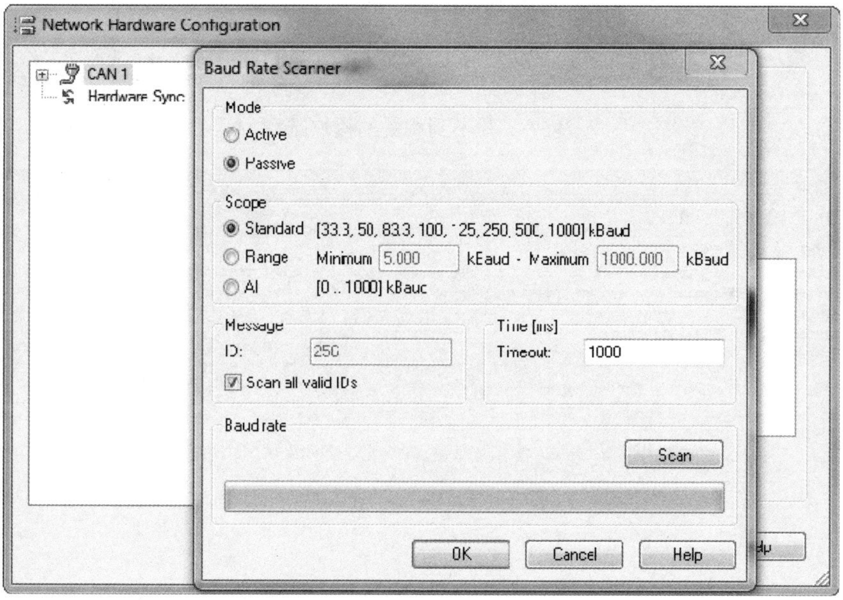

图 5.4 波特率 Scan 界面

5.1.3　授权或相关选项缺失问题

现象：CANoe 找不到相关的授权或者授权选项，测量无法运行。图 5.5 表示 CANoe 找不到 Full License，而如图 5.6 和图 5.7 显示 CANoe 可以找到 Full License，但 LIN 的选项缺失。

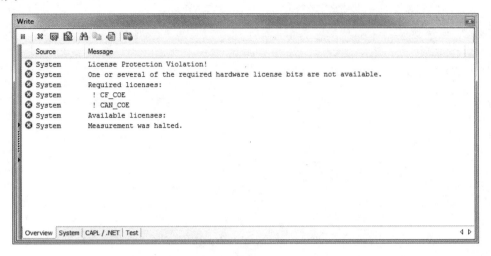

图 5.5　找不到 CANoe 的 Full License

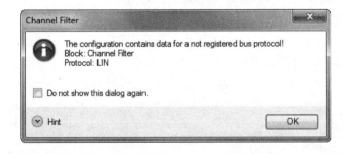

图 5.6　找不到相关的授权选项

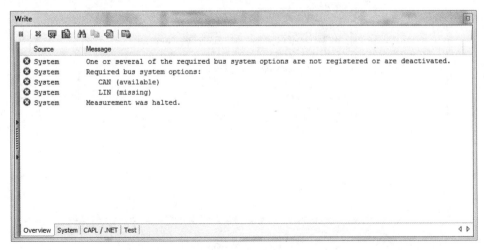

图 5.7　CANoe 找到 Full License 但缺少 LIN 选项

原因：硬件中找不到需要的授权或者相关的选项。

解决方案：

（1）连接带有正确授权的硬件接口卡或 keyman。

（2）选择安装带有正确选项的 CANoe 软件。

（3）如果可能，可以将缺少选项的相关总线禁掉。

5.1.4　虚拟通道设置问题

现象： 硬件接口卡通信灯不亮，若运行仿真工程，Trace 窗口中可以正常显示报文。

原因： 误将虚拟通道映射到逻辑通道，如图 5.8 所示。

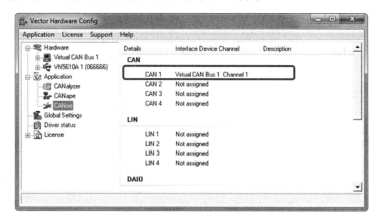

图 5.8　虚拟通道映射到逻辑通道

解决方案： 参考 5.1.1 节的设置方法。

CANoe 提供了虚拟的 CAN 通道（Virtual CAN Channel）给用户作为测试使用。安装完 CANoe 软件和硬件的驱动后，CANoe 默认为用户添加了两路虚拟 CAN 通道。虚拟 CAN 通道，顾名思义，是虚拟了一个物理的通道，它拥有与物理通道相似的功能，但不会通过硬件将 CAN 报文发送到真实总线上。当用户创建并编辑了一个仿真工程后，可以将逻辑通道映射到虚拟通道上仿真真实的 CAN 总线，帮助用户调试和验证所建仿真工程的正确性。在硬件配置里面可以查看虚拟通道，如图 5.9 所示。

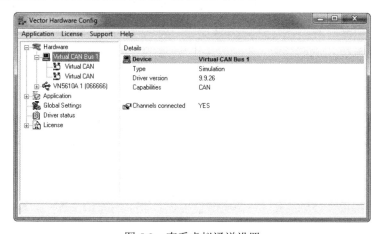

图 5.9　查看虚拟通道设置

CANoe 仿真工程配置及运行

用户也可以根据需求增加或减少虚拟通道的数量，单击 Global Settings，在右侧栏双击 Number of Virtual CAN Devices，如图 5.10 所示，将虚拟 CAN 通道数量设置为 5。

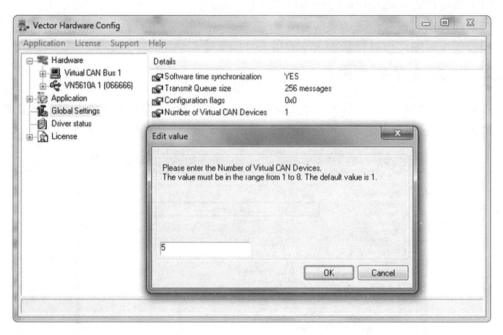

图 5.10　修改虚拟通道数量

5.1.5　硬件连接问题

现象：Trace 窗口中无法正常显示报文，或显示错误帧。

原因：

（1）硬件接口卡 CANH 和 CANL 的针脚与待测系统的 CANH 和 CANL 接反；

（2）对于高速 CAN，没有连接终端电阻；

（3）对于单线低速 CAN，没有连接地线；

（4）连接不稳定或待测 ECU 无法通信。

解决方案：确认连接的硬件接口是否有误、是否连接可靠、是否根据要求添加终端电阻等，针对问题做出相应的调整。

需要提醒的是，以上问题的现象均以 VN1630 为例，不同的硬件接口卡在指示灯的表现上有所不同。

5.2　不同版本工程文件之间的兼容性处理

通常情况下，Vector 公司每年都会推出一个新版本的 CANoe，但 CANoe 软件只允许向下兼容。也就是说，高版本的 CANoe 软件可以打开低版本的 CANoe 工程文件，但低版本的 CANoe 软件不可以打开高版本的 CANoe 直接保存的工程文件。例如，用户 A 使用

CANoe 9.0 创建并编辑的工程文件，用户 B 使用 CANoe 8.5 或更低的版本是无法打开的，会出现如图 5.11 所示的警告提示，单击 OK 按钮，CANoe 会自动为用户创建一个空的仿真工程。

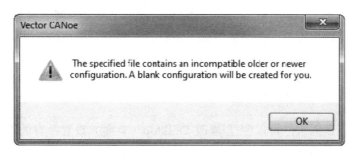

图 5.11　版本不兼容的警告提示

如果用户 B 只有低版本的 CANoe，那么就需要用户 A 在保存所创建的 CANoe 工程的时候选择适用于用户 B 的版本。以 3.1 节中的 Easy 工程为例，这里将 11.0 版本的仿真工程另存为 9.0 版本。选择 File→Save As 命令，在 Save as type 栏中选择 Configuration 9.0(*.cfg)（也可以根据需要，选择其他所需要的版本）。建议在文件名中体现该工程的版本信息，如图 5.12 所示。

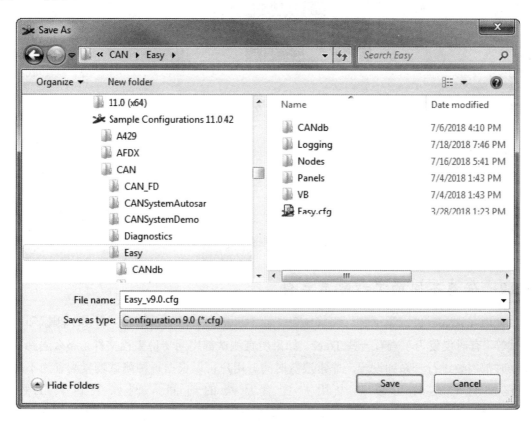

图 5.12　另存仿真工程为其他版本

5.3 仿真工程个性化设置

通常情况下，为了方便测量和分析，用户可以在 CANoc 中做一些必要的便捷化设置。仿真工程的开发人员，也可以在释放仿真工程时，根据项目需要将一些方便快捷的个性化设置添加到工程中。

5.3.1 添加/修改的 Desktop 设置

根据不同的测试需求，可以创建/修改 Desktop（桌面）设置：有的用于功能测试，有的用于诊断测试，有的用于总线分析和 Log 抓取。用户可以根据自己的需求及使用方式，在不同的 Desktop 中添加不同的面板或分析窗口。如图 5.13 所示为 Easy 仿真工程的 Desktop设置。

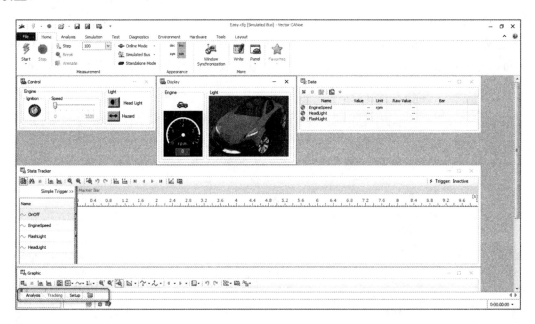

图 5.13　Easy 工程的 Desktop 设置

5.3.2 保存不同的工程配置文件

使用 CANoe 进行测试时，测试场景往往不尽相同，目的也不同，有实车测试和台架测试等，有时仅仅为了查看一些 Trace。如果所有测试都用同一份工程文件，那么遇到不同场景时都需要进行一系列设置，非常浪费时间。用户可以根据每种测试场景配置为不同的工程文件，这样可以减少用户配置环境的时间。例如某仿真工程为Project_A_CAN_Simulation，则用于台架测试的工程文件可以保存为 Project_A_CAN_Simulation_BenchTest.cfg，用于实车测试的工程文件可以保存为 Project_A_CAN_

Simulation_InCarTest.cfg。

5.4 仿真工程文件夹的命名习惯

为了用户更加清晰地管理自己的仿真工程，建议用户在开发自己的仿真工程时能够养成良好习惯，将工程中的文件分门别类地存储。仿真工程文件夹的命名习惯，可以参考表 5.1。此处使用了 Vector 的官方例程（如 C:\Users\Public\Documents\Vector\CANoe\Sample Configurations 11.0.42\CAN\CANSystemDemo）作为范例。

表 5.1 仿真工程文件夹的命名习惯

文 件 夹	描 述	备 注
工程文件夹（如 CANSystemDemo）	存放*.cfg 文件； 或者为了版本兼容，另存的其他版本 *.cfg 文件； 或者同一工程不同设定的*.cfg； 也可以放 些该仿真工程的介绍文档等	如 CANSystemDemo.cfg 文件
CANdb	存放工程中的总线数据库文件	如 Comfort.dbc 文件
CAPL Includes	存放工程中的 CAPL 文件调用的头文件	如 DoorInclFile.CIN 文件
CDD	存储诊断需要的 CDD 文件	如 CANSystem.cdd 文件
Logging	存储日志文件	如 CANSystem_CAN1.blf 文件
Macros	存储宏文件	如 MacroDiagnostics.asc 文件
Nodes	存储 CAPL 文件或编译好的文件	如 Gateway.can 或 Gateway.cbf 文件
Panels	存储面板设计文件或相关的图片资源	如 Dashboard.xvp 文件
Scripts	存储 VBS 脚本文件	如 CANoe Environment.vbs 文件
SystemVariables	需要导入的系统变量	如 NMTester.xml 文件
Testmodul	测试模块文件	如 EngineTester.can 文件
Exec32	需要调用的 DLL 文件或插件等	如 capldll.dll 文件
VB、C#或 VC	相关的编程代码或工程文件	

一般来说，最常见的文件夹是 CANdb、Nodes、Panels 和 Logging 等，用户也可以根据自己的需要定义。

这里简单介绍一下 CANoe 官方例程：CANoe 安装完成后，用户可以在计算机的文件夹 C:\Users\Public\Documents\Vector\CANoe\Sample Configurations 11.0.42\中找到自带的实例，例程结构如图 5.14 所示。

由于 CANoe 的 Demo 版软件所带的源码非常少，所以在本书附送的资源压缩包中也为读者提供了正式版的官方例程，读者可以通过自行研究学习这些例程（路径为：

\Chapter_05\Additional\Example\CANoe_11.0_ Example.zip）。

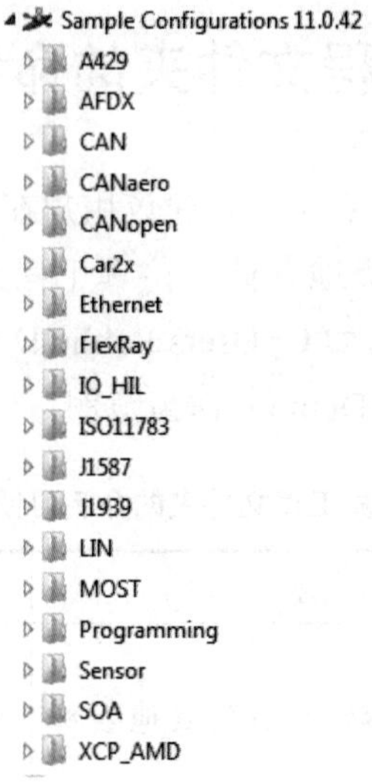

图 5.14　CANoe 官方例程文件夹结构

入 门 篇

第6章 车载总线仿真基础

本章内容：

- ECU 硬件/软件架构；
- 开发仿真工程的必要性；
- CANoe 仿真工程架构。

在正式讲解总线仿真之前，本章将首先讲解一下车载 ECU 的基础知识，为读者理解后面的章节做准备。只有对 ECU 的软硬件架构和开发流程有一定的了解，才能明白仿真工程的必要性，以及在以后的仿真工程开发中做到尽可能真实地仿真网络环境。

6.1　ECU 硬件/软件架构介绍

ECU 最初指的是 Engine Control Unit，即引擎控制单元，特指电喷引擎的电子控制系统。但是随着汽车电子的迅速发展，ECU 的定义也发生了巨大的变化，现在大多数指 Electronic Control Unit，即电子控制单元（有时也被简称为电控单元），泛指汽车上所有电子控制系统，可以是转向 ECU，也可以是调速 ECU、空调 ECU 等。

一个 ECU 主要由硬件和软件两大部分组成。硬件主要负责采集输入信号、输出控制信号、通信接口控制等。软件主要是基于嵌入式系统对输入信号进行运算，并将运算结果转换为控制信号输出。随着嵌入式开发技术的快速发展和汽车电子自动化程度越来越高，ECU 的硬件软件架构越来越复杂，功能也越来越强大。

6.1.1　硬件架构

简单来说，ECU 硬件架构主要由微处理器（Microcontroller Unit，MCU）和外围电路组成。ECU 的核心部件主要是 MCU，根据 ECU 不同的功能需求，可以选用不同型号的 MCU。随着微电子技术的高速发展，MCU 的运算能力越来越强大，功能也越来越复杂。过去微处理器多数是 8 位和 16 位，现在主流芯片都是 16 位或 32 位，甚至 64 位的。而汽车电子级的 MCU 比消费类电子的 MCU 有着更高的可靠性和安全性要求。

下面以瑞萨（Renesas）公司的一款汽车级主流芯片 V850 系列（32 位 MCU）为例进行介绍。

（1）高性能：最高可达到 200MHz 工作频率，432MIPS 高速指令执行速度。

（2）高可靠性/高安全性：市场不良率 1ppm 以下；有效工作温度范围40～125℃。

（3）低功耗：功耗比一般 32 位 MCU 节省 60%，最低功耗仅为 12mA。

（4）多路 PWM 输出：16 位。

（5）模拟输入输出 I/O 口：16 位/10 位/8 位的 A/D 转换器；8 位 D/A 2 通道。

（6）存储类外设：支持 Flash、SRAM 甚至 SDRAM；支持 4 个 DMA 通道，实现数据直接传输。

（7）计数器类外设：16 位计时器、看门狗计时器和 RTC 计时器。

（8）通信类外设：支持 CSI、UART、LIN、CAN、I2C 和 USB 等。

（9）特殊功能支持：V850E/Dx3 系列提供了仪表控制的步进电机的驱动、声音发生器和 LCD 总线等。

在 ECU 的硬件架构中，MCU 是"心脏"，但也仍然需要其他处理模块和外围电路组成整个"躯干"。图 6.1 简单概括了某车载导航的硬件架构，描述了该 ECU 的主要输入输出，以及可能需要设计的外围电路。

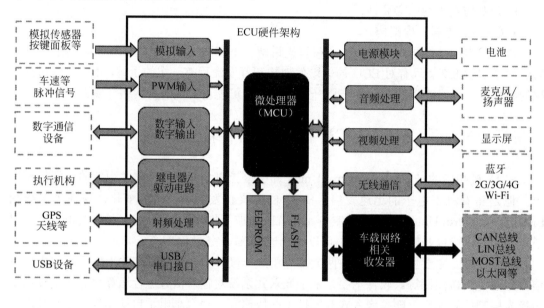

图 6.1　典型的汽车导航的硬件架构

车载导航属于功能比较复杂的电子系统，因此它的硬件架构也较为复杂。但对于功能单一的 ECU，其硬件架构的复杂度也就相对简单。图 6.2 为空调控制器（HVAC）硬件系统的一个典型的解决方案，可以看到其只包括开关面板、温度等模拟输入模块、电源处理模块以及网络通信模块。

6.1.2　软件架构

同样地，对于软件架构，不同的 ECU，功能复杂程度不一样，软件系统需要处理的信号、算法差异也很大。复杂 ECU 的系统如车载导航，需要使用 Linux/Android 等操作系统来处理很多复杂任务。图 6.3 概述了一个 ECU 的基本的软件架构。

不管从硬件架构还是软件架构的角度，不管是功能复杂的还是功能单一的 ECU，标准网络通信模块已经成为现代汽车系统中不可或缺的部分。正因为这样，车载网络以及基于车载网络的诊断的开发和测试技术，在现代汽车电子设计开发中具有广泛的应用空间。

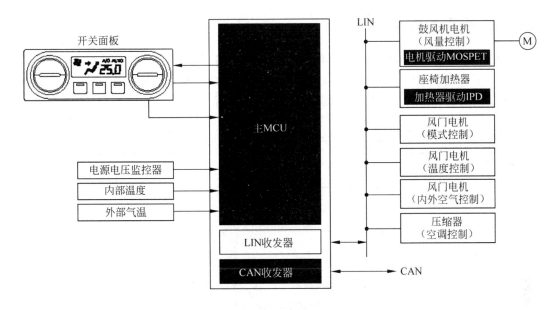

图 6.2　空调硬件架构

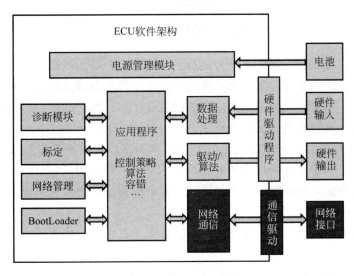

图 6.3　ECU 基本的软件架构

6.2　开发仿真工程的必要性

一般来说，整车厂的一个项目（包含一个或多个新车型）从开发到成功量产，往往需要 2～3 年的时间。每个 ECU 的开发也不是独立的，在不同的开发阶段，各个 ECU 供应商都需要向整车厂提供该阶段要求的工程样品。对于软件功能稍微复杂一些的 ECU，需要按软件开发计划在不同的时间节点提供对应的软件功能。递交的样品能否符合客户的要求，往往需要搭建一个仿真环境验证软硬件的功能，其中相对复杂的一个要求就是模拟与其他 ECU 之间的通信。

车载总线仿真基础

6.2.1 软件开发的 V 模型

RAD（Rap Application Development，快速应用开发）模型是软件开发过程中的一个重要模型，由于其模型形似字母 V，所以又称为软件开发的 V 模型，如图 6.4 所示。它通过开发和测试同时进行的方式缩短开发周期，提高开发效率。

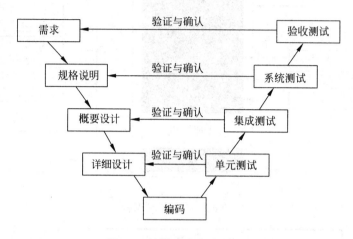

图 6.4 软件开发的 V 模型

在 V 模型中，测试过程被加在开发过程的后半部分，单元测试关注的是检测代码的开发是否符合详细设计的要求。集成测试所关注的是检测此前测试过的各组成部分是否能完好地结合到一起。系统测试所关注的是检测已集成在一起的产品是否符合系统规格说明书的要求，而验收测试则检测产品是否符合最终用户的需求。

现在很多 ECU 项目的开发过程比 V 模型复杂得多，一般需要分为 A 样品、B 样品、C 样品和 D 样品。每个样品阶段都需要经历需求分析、概要设计、详细设计、软件编码、单元测试、集成测试、系统测试和验收测试，客户的需求和更改在不停变化，软件的新增功能和成熟度也在不断叠加。

与一些消费类产品相比，车载 ECU 的软件除了具有一些嵌入式系统的特征，还有一些自己的特殊特征。

（1）安全性：数据存储、通信安全等安全功能需满足相关安全强制要求（如 ISO 26262 等）。

（2）稳定性：严格的环境测试和机械性能要求。

（3）电源管理：低功耗、电源宽范围和抗干扰等要求。

（4）EMC 要求：严格抗干扰和低辐射的要求。

（5）车载网络支持：目前常见 CAN、LIN、MOST 和以太网等。

6.2.2 仿真工程的必要性

由上面的 V 模型可以看到每个阶段都需要验证和确认，不管是 ECU 的开发工程师、测试工程师还是整车厂的工程师都需要搭建自己的测试和验证环境。由于在项目的 A 样品和 B 样品阶段，每个供应商生产的样品数量都非常有限，好多功能缺失或不稳定，这样，项目中的每个ECU供应商都无法拿到来自其他供应商的足够多的、功能稳定的真实样品搭建自己的测试环境，以满足对网络环境的完备性要求。

在这个阶段，不管从成本角度还是效率角度考虑，用户都需要一种仿真工具模拟其他ECU模块的功能，这样可以大大加快开发进度，缩短验证周期。在2.3节已经介绍了CANoe在项目开发中的作用，CANoe正是为了满足用户这样的需要。

6.3　CANoe仿真工程架构

图6.5为CANoe仿真环境的基本架构，将待测ECU、真实节点、仿真节点和测试模块等有机结合起来。

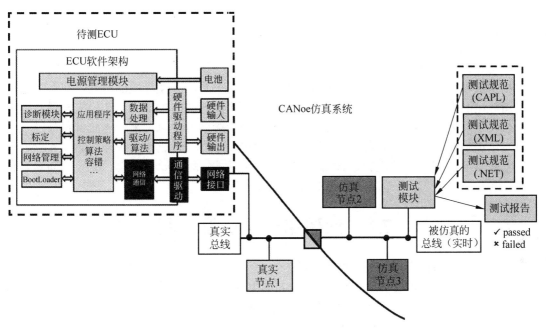

图6.5　CANoe仿真环境的基本架构

开发人员和测试人员可以通过操作仿真环境中的面板，分析图形化窗口中的数据验证待测ECU，也可以通过运行测试模块，执行相关测试用例实现自动化测试。

本书将从第7章开始，由浅入深地讲解CANoe仿真工程的相关开发工具和技术知识，帮助读者掌握如何通过CANoe实现仿真、测试、诊断等功能，以及如何通过相关编程技术提高效率，实现测试的自动化。

第7章　开发第一个 CANoe 仿真工程

本章内容：
- 创建第一个仿真工程；
- 添加 CAN 数据库；
- 定义系统变量；
- 创建面板；
- 创建网络节点；
- 运行测试与查看 Trace。

相信很多读者在学习一门新的编程语言或使用一个新的开发环境的时候，都希望通过一些图形化的操作，输入两行代码，就实现一个界面和一些简单功能。这样的一种开始方式，跳过了烦琐的编程语法及开发环境介绍，多少能给读者学习带来一丝欣喜和鼓励。

本章正是通过创建一个完整的、功能单一的仿真工程，带领读者快速熟悉 CANoe 仿真工程基本架构和开发环境。若读者需要详细了解数据库（Database）、面板（Panel）和 CAPL 相关内容，可以直接跳到后面对应的章节。

7.1　创建第一个仿真工程

本章仿真工程将模拟两个功能单一的 ECU 之间的通信，主要任务如下。
（1）创建两个节点（Switch 模块和 Light 模块）；
（2）创建两个控制面板（开关面板和指示灯面板）；
（3）通过 CAPL 代码实现两个节点间的通信。

图 7.1 为需要实现功能的示意图：当用户操作开关以后，节点 Switch 将这个动作通过 CAN 通知给节点 Light；节点 Light 收到这个 CAN 报文后，根据信号的值将指示灯点亮或熄灭。

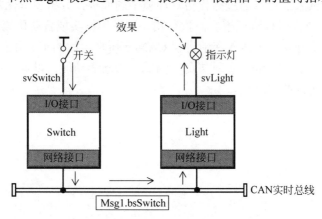

图 7.1　功能实现示意图

打开 CANoe 主界面，单击 File→New 可以看到 CANoe 提供的工程模板，如图 7.2 所示。这里双击选择模板 CAN 500kBaud 1ch，将生成一个空白的支持单通道的 CAN 总线仿真工程。将该工程命名为 FirstDemo.cfg，并将其保存在文件夹 FirstDemo 下。根据之前介绍的工程文件夹的命名习惯，在文件夹 FirstDemo 下面分别创建文件夹 CANdb、Panels 和 Nodes。

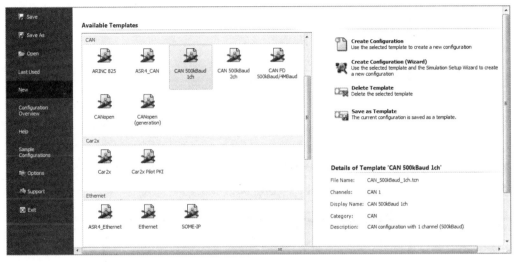

图 7.2　新建 CANoe 工程模板

7.2　添加 CAN 数据库

数据库文件在仿真工程中可以供 CAPL 和 Panel 面板调用，并在 Trace、Graphics 等分析窗口中将相关信息解析出来，将十六进制的数据转换为数据库中对应的报文和信号等，具有较强的可读性。

7.2.1　新建 CAN 数据库

现在创建一个含有报文 Msg1 和信号 bsSwitch 的数据库。

（1）单击 Tools 功能区的 🛠 图标打开 CANdb++ Editor（CAN 数据库编辑器）。

（2）在 CANdb++ Editor 界面中单击 File→Create database 并选择 CAN Template.dbc 作为模板。

（3）将新建文件命名为 FirstDemo.dbc 并保存在工程 FirstDemo 下面的文件夹 CANdb 中。

7.2.2　添加报文和信号

在 Messages 下面创建一条报文 Msg1，报文设置如图 7.3 所示，单击 OK 按钮保存。

在 Signals 下面创建一个信号 bsSwitch，信号设置如图 7.4 所示，单击 OK 按钮保存。

现在读者可以将信号 bsSwitch 拖曳到报文 Msg1 下面，这样 bsSwitch 就变成报文 Msg1 的一条信号，如图 7.5 所示。

图 7.3　创建 Msg1 报文

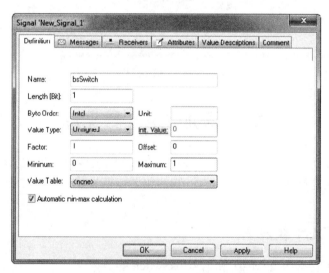

图 7.4　创建信号 bsSwitch

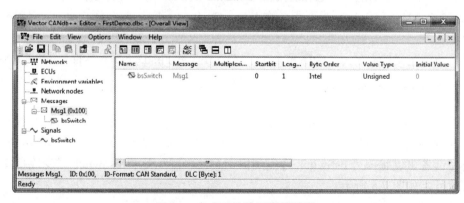

图 7.5　完成后的数据库效果图

至此，数据库已经创建完毕，可以保存工程并退出。本数据只包含一条报文和一条信号。

7.2.3 添加数据库到工程中

进入 Simulation Setup 窗口，在 System View 视图中单击 Networks→CAN Networks→CAN→Databases，右击鼠标选择 Add，如图 7.6 所示，可以将 FirstDemo.dbc 文件加入仿真工程。

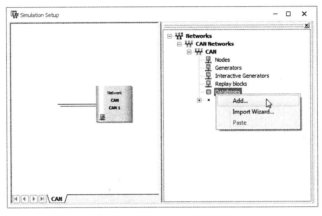

图 7.6　添加 CAN 数据库

7.3　定义系统变量

单击 Environment 功能区的 图标打开 System Variables（系统变量）配置对话框。创建一个系统变量 svLight，参数设定如图 7.7 所示。

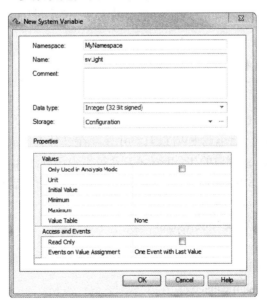

图 7.7　创建 svLight 系统变量

按相同的方法创建另一个系统变量 svSwitch，相关设置：Namespace：MyNamespace；Name：svSwitch；Data type：Integer。设置完毕后，可以在列表中看到已设置的两个系统变量，如图 7.8 所示。

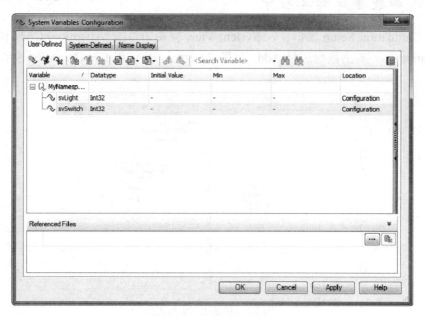

图 7.8　创建完毕的系统变量列表

7.4　创建仿真面板

CANoe 中为了方便用户模拟真实环境中的操作和显示，可以把需要的相关控制或显示控件设计在一个或多个面板中。一般用户很容易上手操作这些面板，并可以查看相关数据的图形化显示。

7.4.1　创建开关面板

下面首先创建一个开关面板，用于模拟开关操作。

（1）单击 Tools 功能区的 图标打开 Panel Designer（面板设计器）。

（2）新建一个 Panel，命名为 SWITCH，并保存在文件夹 Panels 下。

（3）在 Panel Designer 窗口的 Toolbox（工具箱）中选择添加控件 Switch/Indicator。在 Properties（属性）对话框里将相关参数设置如下，其他属性保持默认值。

① State Count：2。

② Mouse Activation Type：LeftRight。

③ Symbol Filter：Variable。

④ Symbol：svSwitch。

⑤ Namespace：MyNamespace。

（4）在开关左边添加控件 Static Text，将 Text 属性设置为 Switch。

7.4.2 创建指示灯面板

接下来创建一个指示灯面板，用于显示指示灯的状态。

（1）新建另一个 Panel，命名为 LIGHT，也保存在 Panels 文件夹下。

（2）在工具栏中选择添加控件 LED Control。在"属性"对话框里将相关属性设置如下，其他属性保持默认值。

① Display Only：True。

② Symbol Filter：Variable。

③ Symbol：svlight。

④ Namespace：MyNamespace。

（3）在开关左边添加控件 Static Text，将 Text 属性设置为 Light。

至此，本实例需要的两个面板都已创建完成，效果如图 7.9 所示。单击 File→Save All 保存全部面板，然后可以退出 Panel Editor。

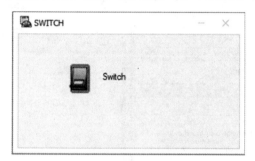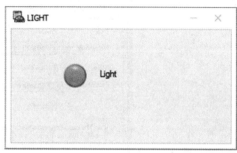

图 7.9　仿真面板效果图

7.5　创建网络节点

系统变量的变化处理以及报文发送与接收等功能需要由 CAPL 实现，接下来需要创建节点，并在节点中添加对应的 CAPL 程序。

7.5.1 添加网络节点

现在读者可以在 Simulation Setup 窗口中添加两个 ECU 节点（ECU1 和 ECU2），当开关按下后，ECU1 发送一个 CAN 报文，ECU2 收到报文后将指示灯点亮。

在 CAN1 的连线上右击，选择 Insert Network Node 命令，分别创建两个节点为 ECU1 和 ECU2。添加网络节点的方法及添加后的效果图如图 7.10 所示。

右击 ECU1，选择 Configuration 命令，可以打开 Node Configuration（节点配置）对话框。在 Node Configuration 对话框中，单击 File 按钮，为该节点创建一个 Switch.can 文件，并将 Title 改为 Switch，如图 7.11 所示。

Node Configuration 对话框是最常用的界面之一，下面将相关设定简介如下。

（1）Title（名称）：用户可以在该文本框中给 Network Node 指定名称。需要注意的是，该名称只用于在 Simulation Setup 窗口中的 System View 中显示（图标节点名称也会改变）。

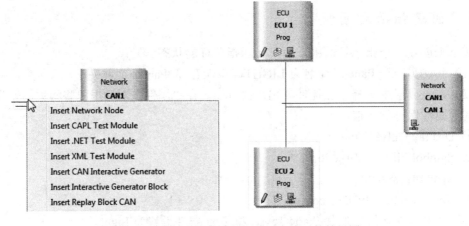

图 7.10　添加网络节点的方法及完成后的效果图

图 7.11　配置 Switch 网络节点

（2）Network Node（网络节点）：用户可以在该下拉菜单中选择 database 中已经定义的网络节点。

（3）State（状态）：用户可以将该 Network Node 设置为真实节点或仿真节点。simulated 代表仿真节点，off 代表真实节点（off 只是将该节点 Block 掉）。

（4）Execution（执行）：在 Execution 区域，用户可以指定 CAPL 程序在该节点的运行方式。①Standard：指定 CAPL 或 C#等将会在仿真工程中执行。②On hardware interface（CAPL-on-Board）：CAPL 程序可以在 Vector 的硬件接口卡上运行（VN1630 /VN3000/VN7600）。

（5）Extended（扩展）：为用户提供了 Start Delay 和 Dift/Jitter 选项，前者设置了延迟开始的时间，后者则影响了该节点的定时器。

（6）Node specification（节点规范）：用户可以在该处选择 File 区添加 CAPL 程序，也可以编辑（Edit）和编译（Compile）所添加的 CAPL 程序文件。

（7）Components（模块）：在该选项卡下，列出了该节点所用的所有模块（这里主要指动态链接库文件*.dll），用户也可以在此处添加自己所需的 dll 文件。

（8）Buses（总线）：在该选项卡下，列出了该节点可用的和已指定的总线。

使用同样的方法配置 ECU2，命名为 Light，代码文件设定为 Light.can。

7.5.2　添加 Hello World 代码

在大多数的计算机书籍中，编写的第一个小程序通常是"Hello World!"，本章也使用同样方法，使用 CANoe 的 CAPL 编写一个类似程序。双击节点 Switch 或者单击该节点的 Edit 图标，可以进入 CAPL Browser（CAPL 浏览器）。读者可以看到系统为 Switch.can 自动创建了如下空白的 CAPL 模板。

```
includes
{

}
variables
{

}
```

现在添加一个输出类似"Hello World"的代码。单击 CAPL Functions 浏览框，拖曳 System→On preStart 到代码行。添加一行 write 函数，仿真工程开始之前将在 Write 窗口输出一行"This is my first CANoe Simulation!"。

```
on preStart
{
  write("This is my first CANoe Simulation!\n");
}
```

7.5.3　添加 Switch 代码

基于上面的代码，在 CAPL Functions 浏览框，拖曳 Value Objects→On sysvar <sysvar> 到代码行，并将代码修改如下。

```
// 以下为处理系统变量 svSwitch 的响应
on sysvar sysvar::MyNamespace::svSwitch {
 // 声明一个 CAN 报文变量，用于报文发送
 message Msg1 msg;
 // 读取当前的系统变量 svSwitch 的值，并赋值给报文的信号 bsSwitch
 msg.bsSwitch = SysGetVariableInt(sysvar::MyNamespace::svSwitch);
 // 将报文输出到总线上
 output(msg);
}
```

这段代码使得节点 Switch 根据系统变量 svSwitch 的变化，修改 bsSwitch 信号值，并将更新的报文发送到总线上。单击工具栏 Compile (F9)图标 完成编译，并退出 CAPL Browser。

7.5.4 添加 Light 代码

双击 Light 节点打开对应的 CAPL 程序文件 Light.can。在 CAPL Functions 浏览框，拖曳 CAN→on message <newMessage> 到代码行，并将代码修改如下。

```
// 以下为接收到 Msg1 报文的响应
on message Msg1 {
  // 读取报文的信号 bsSwitch 值，并赋值给系统变量 svLight
  SysSetVariableInt(sysvar::MyNamespace::svLight, this.bsSwitch);
}
```

这段代码将在 Light 节点中处理收到的 CAN 报文 Msg1，根据报文中信号 bsSwitch 修改系统变量 svLight 的值，从而实现 LED 指示灯的点亮或熄灭。单击工具栏中 Compile (F9) 图标完成编译，并退出 CAPL Browser。

7.6 工程运行测试

在 CANoe 主界面单击 Start 按钮，可以在 Write 窗口中看到输出一行"This is my first CANoe Simulation!"，如图 7.12 所示。

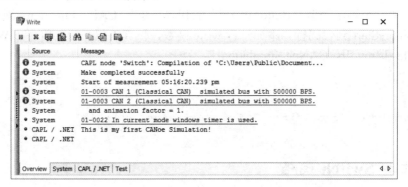

图 7.12 Write 窗口输出

在 Home 功能区下面，单击 Panel 可以将 SWITCH 和 LIGHT 面板调出。在 SWITCH 面板的 Switch 开关上，右击将开关打开，单击将开关关闭，LED 指示灯状态会随开关状态而变化，如图 7.13 所示。

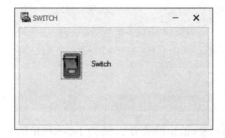 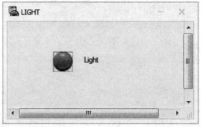

图 7.13 开关和指示灯面板

7.7　查看 Trace 信息

在操作 Switch 开关的同时，可以看到总线上的 CAN 报文中信号的变化，也可以通过 prefilter 选项查看其他信息和事件，如图 7.14 所示。

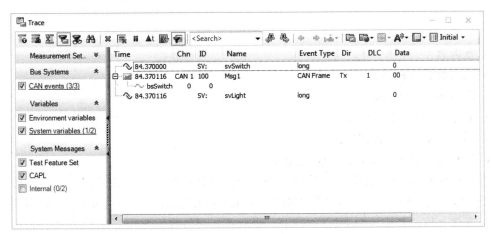

图 7.14　CAN 总线上的 Trace 内容

本章的完整工程可在本书提供的资源压缩包中可以找到（路径为：\Chapter_07\Source\ FirstDemo），供读者参考。

第8章 总线数据库设计

本章内容:
- 总线数据库概述;
- CANdb++ Editor;
- 新建 CAN 总线数据库;
- 导入 CAN 总线数据库;
- LIN 总线数据库编辑器 LDF Explorer。

在真实的整车开发过程中,整车厂一般会先设计出整车网络架构,并依据此架构及 ECU 之间的功能交互设计网络总线数据库(Database),作为重要的技术文档,可以根据需要全部或部分地公开给各个 ECU 供应商。也存在一些特殊情况,有时 ECU 供应商需要根据客户文档,自行设计一个数据库,添加自己 ECU 相关联的数据信息。本章将引导读者学习如何使用 CANdb++ Editor 创建一个 DBC 文件。

为了读者便于理解数据库、面板设计以及 CAPL,本书在第 8~10 章中贯穿一个仿真工程 X-Vehicle,通过实际例程加深理解,帮助读者轻松掌握相关内容。该工程包含三个 ECU: Engine、Door 和 Display,通过 Control 面板来仿真引擎状态切换、车速调整和车门开关的操作,同时在 Display 面板上显示相关的状态。

8.1 总线数据库概述

总线系统中,ECU 之间的通信、信息的交互以及相互之间的关系,都是通过总线数据库来管理的。总线数据库定义了总线系统中各个 ECU 所要发送和接收的报文,以及每个报文所有比特值的具体定义。

CAN 总线数据库格式是 DBC 文件,已成为行业内的标准文档格式。

8.2 CANdb++ Editor

CANoe 提供了 CANdb++ Editor(CANdb++编辑器)用来新建或编辑一个 DBC 文件。如果当前的仿真工程中包含一个或多个 DBC 文件,用户可以通过 CANoe 菜单 Tools→CANdb++ Editor 命令打开 CANdb++ Editor 软件。CANdb++ Editor 数据库编辑界面,如图 8.1 所示。

CANdb++编辑器由菜单栏、工具栏、导航区和浏览器 4 个部分组成。由于 CANdb++编辑器的功能比较简单,下面主要介绍一下 File 菜单和工具栏,其他菜单的主要功能基本上可以在工具栏找到对应的命令,本书不做单独介绍。

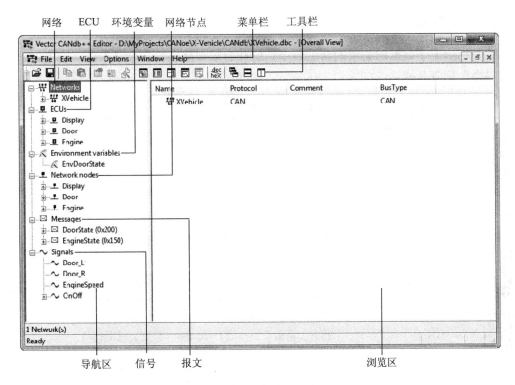

网络　ECU　环境变量　网络节点　　菜单栏　工具栏

导航区　信号　报文　　　　　　浏览区

图 8.1　CANdb++编辑器界面

8.2.1　File 菜单

File 菜单主要对数据库文件做一些常见的操作，表 8.1 给出了这些菜单选项及描述。

表 8.1　File 菜单选项及描述

菜 单 选 项	描　　述
Create Database（新建数据库）	新建一个数据库文件
Open Database（打开数据库）	打开一个数据库文件
Close（关闭）	关闭已打开的数据库文件
Save（保存）	保存当前编辑的数据库文件
Save As（另存）	另存当前编辑的数据库文件
Export（导出）	将已打开的数据库导出到另一个数据库文件（DBC 格式）中，或者将 Object List（对象列表）导出到 CSV 文件中
Import Attribute Definitions（导入属性定义表）	将一个数据库文件的属性定义表导入当前打开的数据库文件中
Consistency Check（一致性检查）	检查数据库文件中的 Object（对象）的一致性，并将结果显示在 Consistency Check 窗口中
Execute Script（执行脚本）	执行脚本文件
Exit（退出）	退出编辑器程序

总线数据库设计

8.2.2　工具栏

工具栏给出了数据库编辑的常见命令，这些命令都是来自各个菜单中，表 8.2 给出了工具栏命令列表及描述。

表 8.2　工具栏命令列表及描述

图标	对应的菜单命令	描　　述
	File→Open	打开一个数据库文件
	File→Save	保存当前编辑的数据库文件
	Edit→Copy	复制选中的 Object（对象）、User-defined attribute（用户定义的属性）、Value Table（数值表）等到剪贴板
	Edit→Paste	粘贴/插入剪贴板上的内容
	Edit→Edit	打开选中的 Object、User-defined attribute 和 Value table 编辑对话框
	Edit→Object Status	打开 Object Status 对话框，只适用于报警的或有错误消息的 Object
	Edit→Compare	比较同一类型的 Object，并在 Difference 窗口中显示
	View→Overview	打开当前的数据库的 Overview（总览）视图窗口
	View→Attribute Definitions	打开当前的数据库的 Attribute Definitions（属性定义表）窗口
	View→Value Tables	打开当前的数据库的 Value Tables（数值表）窗口
	Window→Cascade	窗口显示重叠模式
	Window→Tile Horizontal	窗口显示水平平铺模式
	Window→Tile Vertical	窗口显示垂直平铺模式

8.3　在 X-Vehicle 项目中创建 CAN 总线数据库

新建数据库文件之前，读者需要按 7.1 节的类似方法，创建一个空的仿真工程 X-Vehicle。仿真文件文件夹命名为 X-Vehicle，并在其下面创建 CANdb、Nodes、Panels 等子文件夹，以备后面使用。X-Vehicle 是一个最基本的 CAN 总线仿真工程，本章及第 9 章、第 10 章将围绕这个工程实例的创建讲解相关知识要点。

8.3.1　基于模板新建总线数据库

通常在项目的初期，ECU 供应商不能从整车厂拿到标准数据库文件，而为了保证项目的开发进度，ECU 供应商需要自行依据报文矩阵（matrix）文件创建自己的数据库文件。

在 CANdb++ Editor 主界面，选择 File→Create Database 命令新建数据库文件，此时可以查看到软件自带的数据库模板，如图 8.2 所示。

CANdb++ 提供了基于总线不同功能的数据库模板，每个模板按不同功能预设了不同的 Attribute（有关 Attribute 的功能，将在 8.3.8 节中介绍），用户可以根据总线系统所要实现的功能选择合适的模板创建数据库。

本实例选择 Vector_IL_Basic Template.dbc 作为模板，创建一个文件名为 XVehicle.dbc 的数据库（由于 CANoe 工程中不支持带符号的数据库名称，故此处不便用 X-Vehicle.dbc 命名），并将其保存到上面已创建的仿真项目 XVehicle 的文件夹 CANdb 中，如图 8.3 所示。

图 8.2　CAN 数据库模板

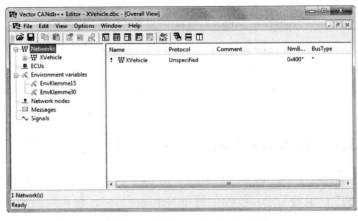

图 8.3　新建 XVehicle.dbc 文件

基于模板新建完成后，CANdb++ Editor 的导航区会自动列出当前总线网络架构和对象，包含 Networks、ECUs、Environment variables、Network nodes、Messages 和 Signals。在图 8.3 的左边是导航区，用于显示网络中所有对象之间的关系。

8.3.2　Networks

在 Networks（网络）项下，列出了当前所仿真的总线网络，不同的整车厂对整车上各个 CAN 名称定义有所不同，例如，PowerTrain CAN、Body CAN、Comfort CAN 等。数据库中的网络由一个或多个 ECU 组成，ECU 之间通过网络节点相互通信。本章将该网络名称定义为 XVehicle CAN。

右击 XVehicle，选择 Edit Network 进入总线属性编辑，如图 8.4 所示。

图 8.4　Network 属性编辑界面

总线数据库设计

在窗口中有 4 个选项卡，分别为 Definition、Nodes、Attributes 和 Comment。Nodes 和 Attributes 将在后面章节中介绍。此处将 Definition 中的 Protocol 属性改为 CAN 总线。

8.3.3　ECUs

在 ECUs（电子控制单元）项下，列出了当前网络中所含的电控单元，它们之间通过网络节点（Network Nodes）实现信息的交互。通常情况下，ECU 与网络节点是一一对应的。当 ECU 作为网关时，一个 ECU 可以包含多个网络节点。在 CAN 数据库中，双击某个 ECU 可以查看该 ECU 所对应的网络节点以及环境变量等信息。

需要提醒读者的是，在 CAN 数据库中并不能直接创建 ECU，CANdb++会在创建网络节点的同时，创建一个名称相同的 ECU。

8.3.4　Network Nodes

Network Nodes（网络节点）是 ECUs 的通信接口，各 ECU 通过 Network Nodes 实现总线上信息的发送和接收，每个 Network Nodes 包含对应的名称和地址。

在导航区右击 Network Nodes，在快捷菜单中选择新建一个名为 Engine 的网络节点，并且将节点的地址设为 0x1，如图 8.5 所示。

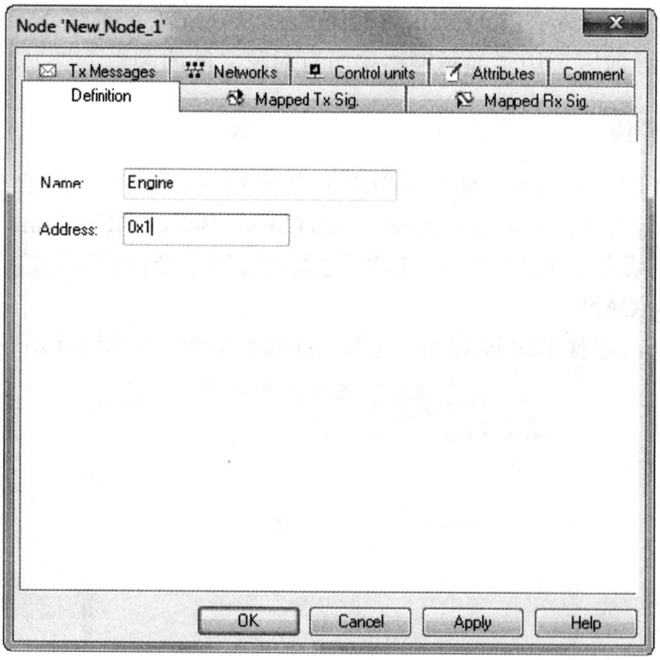

图 8.5　Network Node 创建/设定界面

用同样的方法，再创建一个名称为 Door 的节点（地址为 0x2）和一个名称为 Display 的节点（地址为 0x3），如图 8.6 所示。

图 8.6 显示了节点 Engine、Door 和 Display 创建完成后的网络状态，可以看到当定

义了一个网络节点后，CANdb++会自动添加一个相同名字的ECU，并且二者之间是相互关联的。

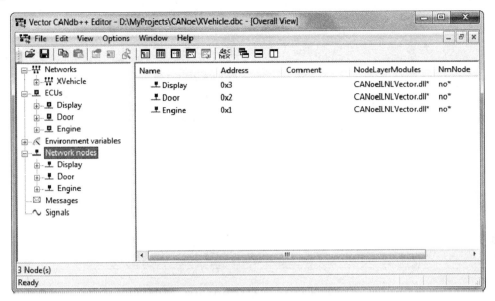

图 8.6　Network Nodes 创建完毕

8.3.5　Messages

Messages（报文）是总线上节点相互通信的数据，数据库中每个报文应包含下列属性（本实例中所用报文均为 CAN 规范文档中所定义的 CAN 2.0A 标准 CAN）。

- Name（报文名称）
- CAN ID（CAN 标识符）
- DLC（Data Length Code，数据长度）
- Type（传输类型）
- Cycle Time（周期）
- Signals（信号）
- Transmitters（发送节点）
- Receivers（接收节点）
- Layout（布局）
- Attributes（通用属性）
- Comment（说明）

在导航区栏中右击 Message 选择 New，创建一个名为 EngineState 的报文，选择标准 CAN（CAN Standard）报文，标识符为（ID）0x150，数据长度（DLC）为 2，如图 8.7 所示。

在 Transmitters 选项卡下单击 Add 按钮，将 8.3.4 节中新建的 Engine 添加到发送节点。在 Transmitters 设定界面中指定了该报文由节点 Engine 发送，如图 8.8 所示。

图 8.7　Message 创建/设定界面

图 8.8　Transmitters 设定界面

用同样的方法，创建名为 DoorState 的报文，选择标准 CAN（CAN Standard）报文，标识符（ID）为 0x200，数据长度（DLC）为 1，发送节点为 Door。

创建完成后，在左边导航区中，EngineState 与 DoorState 报文已经被添加到节点 Engine 和 Door 下，在右边栏中显示了这两个报文的属性，如图 8.9 所示。

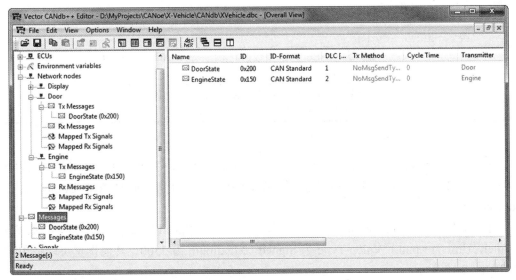

图 8.9 Message 设置完毕界面

8.3.6 Signals

Signal（信号）是总线通信的最小单元，数据库中一个信号由下列属性组成。

- Name（信号名称）
- Length[Bits]（信号长度）
- Byte Order（字节顺序）
- Value Type（数据类型）
- Unit（物理单位）
- Init.Value（初始值）
- Factor（加权）
- Maximum（最大值）
- Minimum（最小值）
- Value Table（数值表）
- Messages（报文）
- Receivers（接收节点）
- Attributes（通用属性）
- Value Descriptions（数值描述）
- Comment（说明）

CANdb++中，信号的数据类型分为 4 种：Signed、Unsigned、IEEE Float 和 IEEE Double，具体描述参看表 8.3。

表 8.3 信号数据类型

类　型	描　述
Signed	有符号整型数据，范围：$-2^{信号长度-1} \sim 2^{信号长度-1}-1$
Unsigned	无符号整型数据，范围：$0 \sim 2^{信号长度}-1$

续表

类　　型	描　　述
IEEE Float	32 位 IEEE 浮点型数据，范围：$3.4 \times 10^{-38} \sim 3.4 \times 10^{38}$（有效数字 7 位）
IEEE Double	64 位 IEEE 双精度型数据，范围：$1.7 \times 10^{-308} \sim 1.7 \times 10^{308}$（有效数字 15 位）

注：表中的信号长度为该信号占有的比特数。

接下来，将创建 4 个信号：引擎速度（EngineSpeed）、引擎状态（OnOff）、左车门开关状态（Door_L）和右车门开关状态（Door_R），并分别关联到报文 EngineState 与 DoorState 中。

在左侧栏中右击 Signal 选择 New，创建信号 EngineSpeed，Length 为 15b，Byte Order 为 Intel，Unit 为 r.p.m.，Value Type 为 Signed，Maximum 为 5500，其他设置可以使用默认值，如图 8.10 所示。

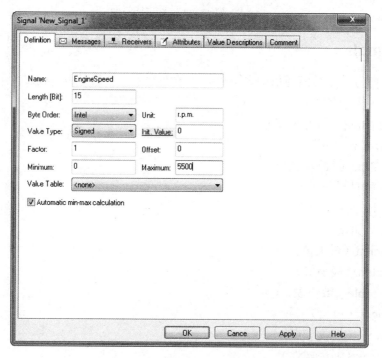

图 8.10　创建信号 EngineSpeed 并设置属性

需要指出的是，对于 Byte Order（字节顺序）将在 8.3.10 节单独讲解。在图 8.10 中，Factor 和 Offset 定义了 raw value 与 physical value 之间的关系。raw value 是 CAN 报文发到总线上的十六进制数据，physical value 是信号所代表的物理量的值，例如，车速、转速、温度等。图 8.10 中的 Init.Value、Minimum 和 Maximum 均为 physical value。

raw value 与 physical value 之间的关系为：physical value = ([raw value]×[Factor]) + [Offset]。

在 Message 选项卡中单击 Add 按钮将该信号关联到报文 EngineState 中，如图 8.11 所示。

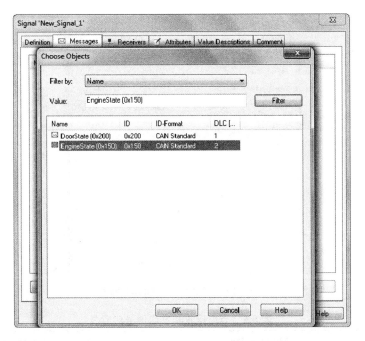

图 8.11　将信号 EngineSpeed 关联到报文 EngineState 中

相同方法，按表 8.4 属性，添加信号 OnOff、Door_L 和 Door_R，并将其关联到报文 EngineState 和 DoorState 中。

表 8.4　信号列表及属性设置

Signal （信号）	Message （所属报文）	Value Type （数值类型）	Length （长度）	Startbit （开始位）/b	Unit （单位）	Init Value （初始值）	Factor （加权）	Offset （偏移）	Min （最小值）	Max （最大值）
EngineSpeed	EngineState	Signed	15	0	r.p.m.	0	1	0	0	5500
OnOff	EngineState	Unsigned	1	15	—	0	1	0	0	1
Door_L	DoorState	Unsigned	1	0	—	0	1	0	0	1
Door_R	DoorState	Unsigned	1	2	—	0	1	0	0	1

需要说明的是，此处 Byte Order 均采用默认设置 Intel。信号的 Startbit 需要在对应的报文属性中的 Signal 选项或者 Layout 选项下设置。

前面本书曾将 EngineState 和 DoorState 报文分别关联到节点 Engine 和 Door，并作为这两个节点的发送报文。对于节点的接收报文，CANdb++中以信号为单位，需要将 EngineSpeed、OnOff、Door_L 和 Door_R 分别关联到相应的节点上。注意，此时相应的报文也会关联到对应节点上，且报文应该交叉接收。

单击左侧栏中的 Network Nodes，右击 Display，选择 Edit Node，在弹出的对话框中，选择 Mapped Rx Sig.选项卡，单击 Add 按钮，将信号 EngineSpeed 添加到其中，如图 8.12 所示。

同样的方法，将节点 Display 和 Door 的接收信号，根据表 8.5 设置节点的接收信号（发送信号仅参考）。图 8.13 为设置完毕后的效果图。

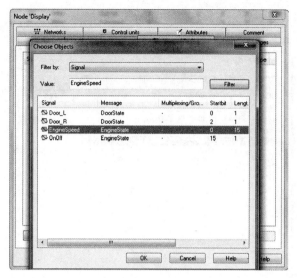

图 8.12　添加信号 EngineSpeed

表 8.5　节点接收和发送信号对应表

Node （节点）	Mapped Rx Sig. （接收信号）	Mapped Tx Sig. （发送信号）
Display	Door_L，Door_R，EngineSpeed，OnOff	—
Door	EngineSpeed，OnOff	Door_L，Door_R
Engine	—	EngineSpeed，OnOff

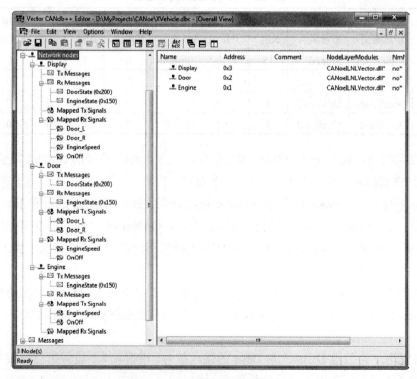

图 8.13　信号接收设置完毕效果

8.3.7 Environment Variable

Environment Variable（环境变量）是 ECU、面板和 CAPL 程序相连接的媒介。例如，在 CAPL 程序中，通过改变或监控某一环境变量的值可以触发特定的动作，同样，环境变量的值也可以与面板上控制控件或显示控件相关联。与系统变量相比，环境变量仅在 CANdb++中定义。本实例使用的 DBC 模板，会自动创建两个环境变量 EnvKlemme15 和 EnvKlemme30，不需要可以直接删除。

在 CANdb++的导航区中，右击 Environment Variable，选择 New 命令创建一个名为 EnvDoorState 的环境变量，属性设置如图 8.14 所示。

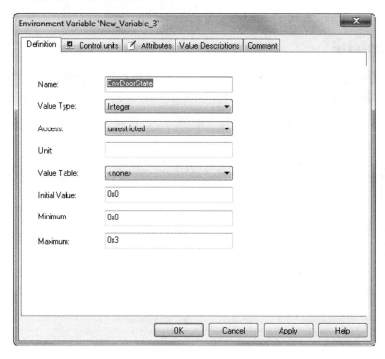

图 8.14　环境变量 EnvDoorState 的创建和设置

本实例中，其余选项卡（Control units、Attributes、Value Descriptions 和 Comment）中的属性设置保持不变。Definition 选项卡中环境变量各属性说明如表 8.6 所示。

表 8.6　环境变量属性

属　　性	说　　明
Name（名称）	环境变量名称
Value Type（数值类型）	Integer：32 位有符号整型 String：ASCII 字符串 Float：64 位浮点型 Data：指定长度字节数

续表

属 性	说 明
Access（权限）	Unrestricted：所有 ECU 都有读写权限 Read：指定 ECU 有读取权限 Write：指定 ECU 有写权限 Read/Write：指定 ECU 可以读写
Unit（单位）	环境变量所代表的物理量的单位
Value Table（数值表）	用来文字化地指定信号或环境变量的值所代表的含义
Initial value（初始值）	环境变量的初始值（若最大值和最小值都是 0，初始值可为任意值）
Minimum 和 Maximum（最大值和最小值）	有效物理量的最大值和最小值

8.3.8　Attribute

Attribute（属性）定义了 Vector CAN 工具的通用属性，有预定义属性和用户自定义属性。在 CANdb++主界面上，单击工具栏中 ▦ 图标进入 Attribute Definitions 界面，也可以通过 View→Attribute Definitions 打开。图 8.15 可以查看 XVehicle 数据库所包含的 Attribute。

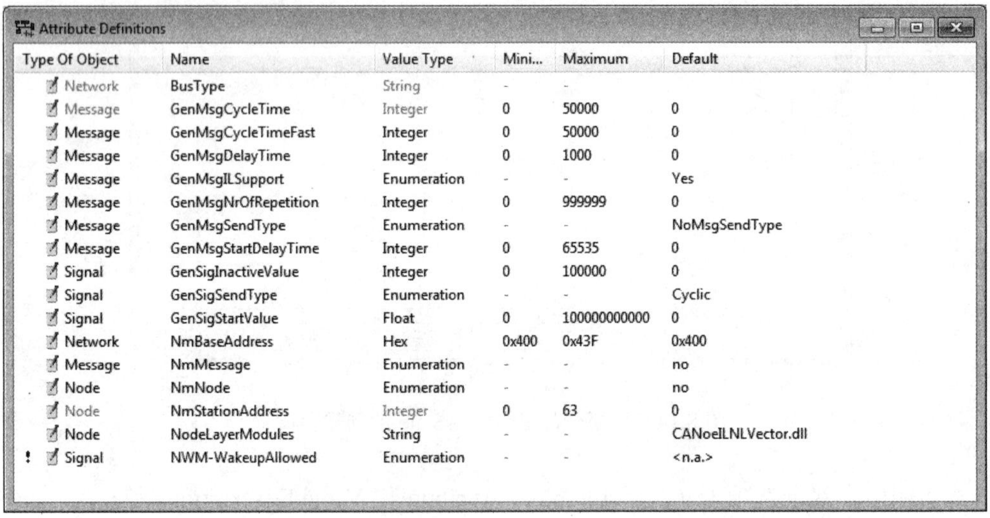

Type Of Object	Name	Value Type	Mini...	Maximum	Default
Network	BusType	String	-	-	-
Message	GenMsgCycleTime	Integer	0	50000	0
Message	GenMsgCycleTimeFast	Integer	0	50000	0
Message	GenMsgDelayTime	Integer	0	1000	0
Message	GenMsgILSupport	Enumeration	-	-	Yes
Message	GenMsgNrOfRepetition	Integer	0	999999	0
Message	GenMsgSendType	Enumeration	-	-	NoMsgSendType
Message	GenMsgStartDelayTime	Integer	0	65535	0
Signal	GenSigInactiveValue	Integer	0	100000	0
Signal	GenSigSendType	Enumeration	-	-	Cyclic
Signal	GenSigStartValue	Float	0	100000000000	0
Network	NmBaseAddress	Hex	0x400	0x43F	0x400
Message	NmMessage	Enumeration	-	-	no
Node	NmNode	Enumeration	-	-	no
Node	NmStationAddress	Integer	0	63	0
Node	NodeLayerModules	String	-	-	CANoeILNLVector.dll
Signal	NWM-WakeupAllowed	Enumeration	-	-	<n.a.>

图 8.15　Attribute Definitions（属性定义表）

图 8.15 中列出了基于模板创建的 XVehicle 数据库所有的属性。需要注意的是，在 Type of Object 栏中指定了每个 Attribute 的作用对象，例如，Network、Message、Signal 和 Node 等。以报文周期 GenMsgCycleTime 为例，双击打开该 Attribute，如图 8.16 所示。

可以看到，该 Attribute 的作用对象为 Message，整型数据，数值范围为 0～50 000。

返回 CANdb++主窗口，在导航区中双击之前创建的 EngineState 报文并切换到 Attributes 选项卡，如图 8.17 所示。

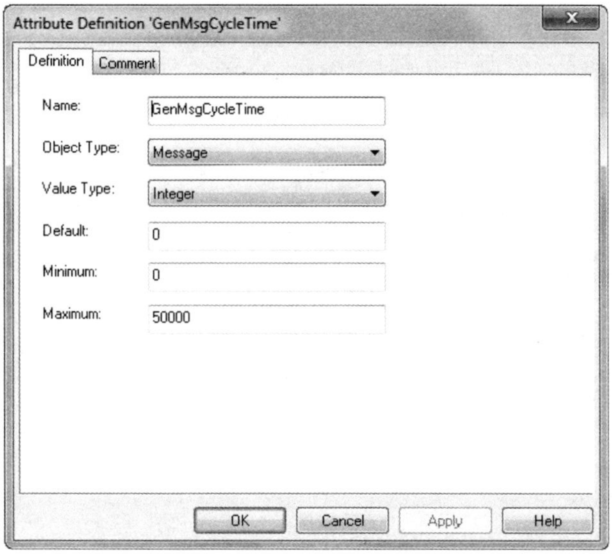

图 8.16 Attribute 设定界面

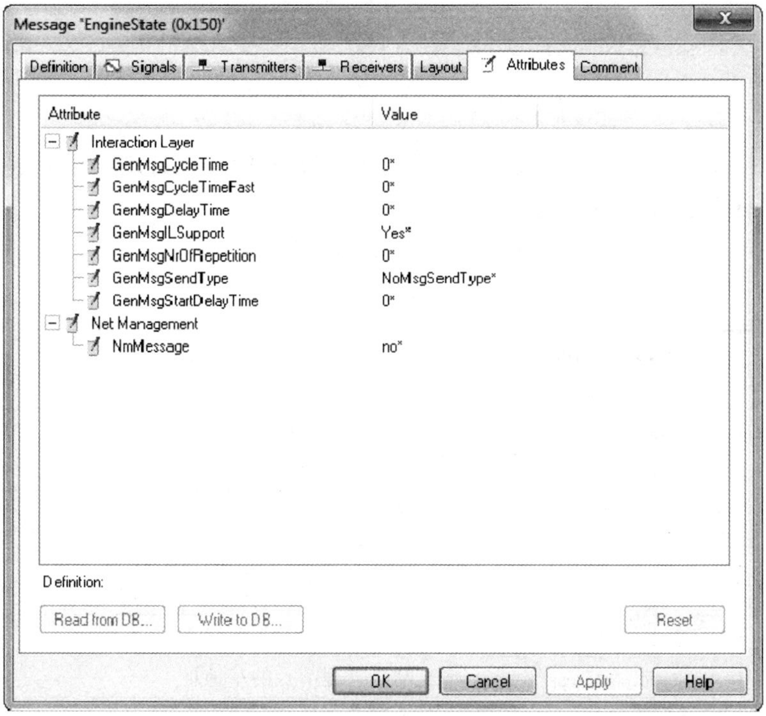

图 8.17 修改报文的 Attributes 界面

在图 8.17 中可以看到，Attributes 选项卡中显示 Message 对象的 Attribute 列表。将上面提到的 GenMsgCycleTime 改为 100，此报文的周期就被改为 100，同时需要将此报文的 GenMsgSendType（报文发送类型）相应地改为 Cyclic（周期性的），修改完毕如图 8.18 所示。

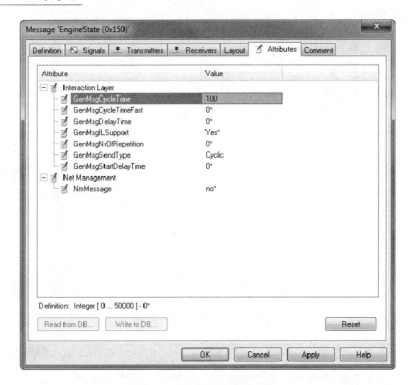

图 8.18　设定报文发送周期

此时，该报文就成为周期性发送的报文，周期为 100ms。同样地，读者需要将 DoorState 报文也改为周期性报文，周期为 200ms。

表 8.7 列出了数据库常见属性及其简单描述，供读者参考。

表 8.7　数据库常见属性及描述

Object Type（对象类型）	Data Attribute（数据库属性）	描　　述
Network	BusType	包含的总线类型或网络协议
	NmBaseAddress	定义网络管理报文的基地址
	NmMessageCount	定义网络管理报文的数量
	GenNWMSleepTime	定义同时睡眠节点的睡眠时间
Node	NodeLayerModules	列出了当前仿真工程节点所使用的动态链接库文件（*.dll）
	NmNode	定义该节点是否参与网络管理
	NmStationAddress	定义网络管理节点的基地址
	GenNodSleepTime	定义不同节点的睡眠时间
Message	NmMessage	指定报文是否是网络管理报文
	GenMsgStartDelayTime	指定系统开始后首帧报文的延迟发送时间
	GenMsgSendType	定义报文的发送类型
	GenMsgNrOfRepetition	定义事件型报文的重复周期
	GenMsgILSupport	指定该报文是否需要交互层的支持
	GenMsgFastOnStart	指定交互层启动后到周期报文开始发送的时间间隔

Object Type （对象类型）	Data Attribute （数据库属性）	描　　述
Message	GenMsgDelayTime	定义两帧报文之间传输的最小间隔
	GenMsgCycleTimeFast	定义快速报文的周期
	GenMsgCycleTime	定义报文的发送周期
Signal	NWM-WakeupAllowed	定义信号是否参与网络管理
	GenSigStartValue	定义信号的初始值
	GenSigSendType	定义信号的发送类型
	GenSigInactiveValue	定义信号的无效值

8.3.9　Value Table

Value Table（数值表）用来文字化地指定信号或环境变量的值所代表的含义，例如，前面创建的信号 OnOff，0 代表 Off 状态，1 代表 On 状态。

在 CANdb++工具栏上，单击 Value Tables 图标 ⊞ 进入 Value Tables 界面，在空白处右击，选择 New，创建一个名为 VtSig_Eng_Status 的 Value Table，在 Value Descriptions 选项卡中，单击 Add 按钮，新增两个值，如图 8.19 所示。

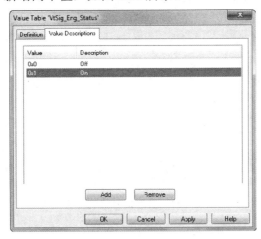

图 8.19　Value Table 设定界面

Value Table 创建完毕后，可以将对应的信号或环境变量关联到数值表。在 CANdb++主窗口中，双击信号 OnOff，在 Definition 选项卡中将 Value Table 选择为上面创建的 VtSig_Eng_Status，如图 8.20 所示。

此时，在 Value Descriptions 选项卡中，可以看到此信号值所代表的含义，如图 8.21 所示。同样方法，为 Door_L 和 Door_R 创建 Value Table：

Name：VtSig_Door_Status；Value Description：0：Close；1：Open

为环境变量 EnvDoorState 创建 Value Table 的过程与上述基本一致，设置如下。

Name：VtEnv_Door_Status；Value Description：0：BothDoorClose；1：LeftDoorOpen；2：RightDoorOpen；3：BothDoorOpen

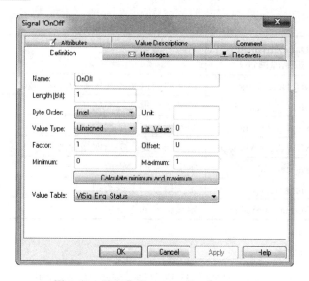

图 8.20　设置信号 OnOff 的 Value Table

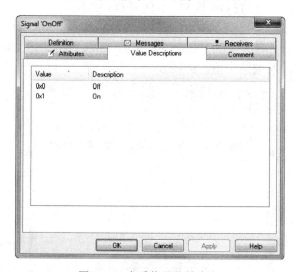

图 8.21　查看信号值的含义

8.3.10　Byte Order

数据库中信号 Byte Order（字节顺序）分为 Motorola 和 Intel 两种数据格式（也称为大端模式和小端模式），两种格式的字节顺序排列如下。

Motorola 模式（大端模式）

MSB	…	…	LSB

Intel 模式（小端模式）

LSB	…	…	MSB

MSB：最高有效字节；LSB：最低有效字节。

位排列顺序在两种模式下是一致的，如下。

msb	...	...	...	...	...	...	lsb

msb：最高有效位；lsb：最低有效位。

现以一个长度为 15b，起始位置为 0 的信号 EngineSpeed 为例，Byte Order 为 Intel 模式时，该信号的排列方式如表 8.8 所示。

表 8.8　Intel 模式下信号 EngineSpeed 的位排列顺序

7	6	5	4	3	2	1	0
←—	—	—	—	—	—	—	lsb
	msb	—	—	—	—	—	—

单击报文 EngineState 的 Layout，可以清晰地查看该报文下的信号排列分布，如图 8.22 所示。

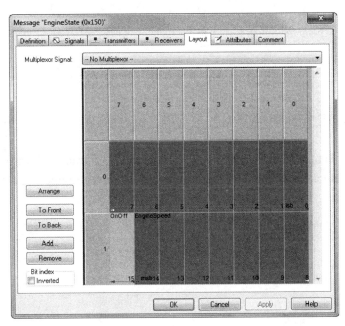

图 8.22　Intel 模式下报文 EngineState 的信号 Layout 分布图

若将该信号改为 Motorola 模式，该信号的排列方式如表 8.9 所示。

表 8.9　Motorola 模式下信号 EngineSpeed 的位排列顺序

7	6	5	4	3	2	1	0
msb	—	—	—	—	—	—	—
←—	—	—	—	—	—	lsb	

如将该报文中的两个信号 EngineSpeed 和 OnOff 的 Byte Order 改为 Motorola 模式，则对应的 Layout 如图 8.23 所示，读者可以体会出两种顺序模式的差异。

总线数据库设计

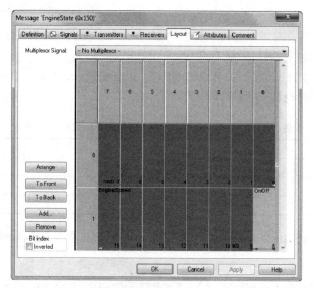

图 8.23　Motorola 模式下报文 EngineState 的信号 Layout 分布图

8.4　导入数据库文件

CAN 数据库创建完成后，就可以将其导入已经创建的项目文件中。下面将该 XVehicle 数据库导入前面已创建的 X-Vehicle 项目中。

在 Simulation Setup 的系统视图中，右击 Database 选择 Import Wizard 命令，在弹出的对话框中选择 XVehicle 数据库，并将节点 Display、Door 和 Engine 添加到 Assigned nodes 中，如图 8.24 所示。

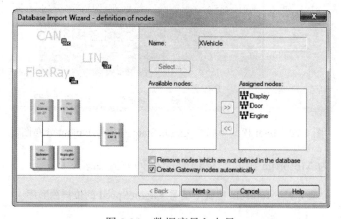

图 8.24　数据库导入向导

单击 Next 按钮直到出现 Finish 按钮，即可完成 XVehicle 数据库的导入，最终在 Simulation Setup 窗口中可以看到数据库中创建的 Display、Door 和 Engine 三个仿真节点，如图 8.25 所示。

至此，数据库已经被成功创建和导入，读者可以将项目保存下来，本书将在第 9 章和第 10 章继续在此项目的基础上创建面板并添加 CAPL 编程。读者可以在本书提供的资源压缩包中找到本章例程的工程文件路径为：\Chapter_08\Source\X-Vehicle\。

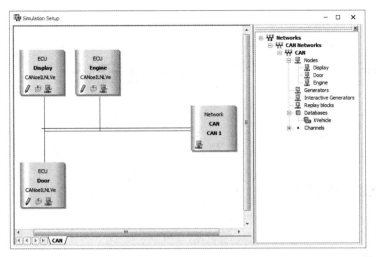

图 8.25　数据库导入完成的效果图

8.5　LIN 总线数据库编辑器 LDF Explorer

　　LDF Explorer 是可视化的 LIN 总线数据库编辑器，支持 LIN 1.3、2.0、2.1、2.2、J2602 和 ISO 17987:2015 版本。用户使用 LDF Explorer 创建或修改 LDF 文件时，不需要关心 LDF 格式的具体细节。LDF Explorer 的主界面如图 8.26 所示。

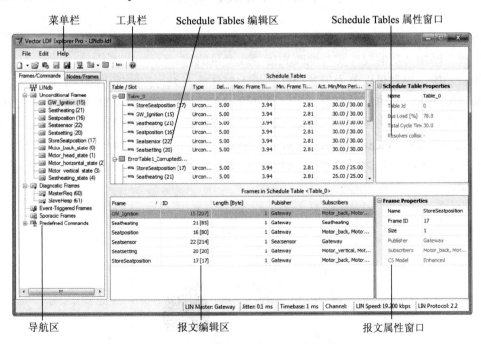

图 8.26　LDF Explorer 的主界面

　　如何创建 LDF 文件将在第 13 章的实例中重点介绍。

第9章 | Panel 设计

本章内容:
- Panel 概述及设计环境;
- 控件;
- 多帧图片;
- 系统变量;
- 在 X-Vehicle 项目中创建仿真 Panel。

CANoe 的仿真环境之所以深受广大用户的欢迎,其中一个主要原因是其支持非常直观的图形化仿真 Panel(面板)功能。即使没有任何编程经验,也没有使用 CANoe 经验的用户,仍然可以快速掌握已开发的仿真环境的使用,仿真和验证产品的功能。本章将在第 8 章基础上,带领读者学习如何设计仿真 Panel,并将控件与相关信号或变量关联起来。

9.1 Panel 概述

Panel(面板)是 CANoe 的一个重要功能,为总线仿真提供了图形化的界面。用户可以在面板上添加合适的控件实时地改变信号或变量的值。

根据功能,控件可以分为控制控件和显示控件两大类。控制控件可以关联信号、系统变量和环境变量。在仿真系统中,控制控件可以实时地改变所关联的信号或变量的值。显示控件可以实时地显示信号、变量以及诊断参数的值。本节将使用例程 C:\Users\Public\Documents\Vector\CANoe\Sample Configurations 11.0.42\CAN\CANSystem-Demo 进行讲解。打开这个例程,面板如图 9.1 所示,这是一个典型的面板,包含控制控件和显示控件。

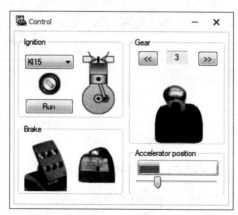

图 9.1　典型的仿真面板

9.2 Panel 设计环境介绍

图 9.2 为 Panel 设计的开发环境，用户可以通过 CANoe 主界面下的 Tools→Panel
Designer（面板编辑器）进入此设计界面，Panel Designer 界面同样是采用选项卡和功能区
风格。下面先介绍 Panel 设计界面中的功能区和主要窗口。

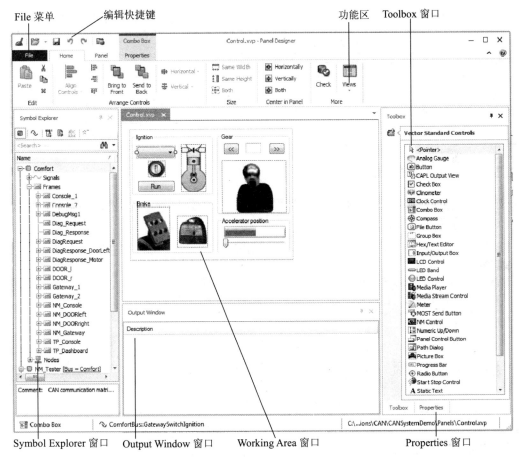

图 9.2　Panel 设计环境

9.2.1 File 菜单

表 9.1 为 Panel Designer 的 File 菜单的图标及功能描述，主要提供面板文件操作和设定
等功能。

表 9.1　File 菜单的图标及功能描述

图 标	描 述
	New（新建）：新建一个面板
	Open（打开）：打开一个面板文件
	Import（导入）：导入老版本的面板文件

图　标	描　　述
 Save（保存）：保存当前编辑的面板文件	
Save As（另存）：另存当前编辑的面板文件	
Save All（全部保存）：保存所有已打开被修改的面板文件	
Add to Configuration（添加到仿真工程）：将当前的仿真面板添加到仿真工程中	
Options（设定）：将打开 Options 对话框，对控件、面板和网格的通用设定做配置	
Close（关闭）：关闭当前面板	
Close All（全部关闭）：关闭当前打开的全部面板	
Help（帮助）：打开帮助文档	
About（关于）：显示编辑器当前版本信息	
Exit	Exit（退出）：退出编辑器程序

9.2.2　Home 功能区

Home 功能区提供一些面板设计的常用操作，方便控件的复制、剪切和粘贴，以及控件尺寸和位置调整等，如图 9.3 所示。

图 9.3　Home 功能区

表 9.2 列出了 Home 功能区的图标及其功能描述。

表 9.2　Home 功能区的图标及功能描述

图　标	描　　述
Edit Group（编辑组件）	
Paste（粘贴）：控件粘贴操作	
Cut（剪切）：控件剪切操作	
Copy（复制）：控件复制操作	
Delete（删除）：控件删除操作	
Arrange Controls Group（位置调整组件）	
	下拉选项中提供以下操作。 Left：水平左对齐 Center：水平中对齐 Right：水平右对齐 Top：垂直上对齐 Middle：垂直中对齐 Bottom：垂直下对齐

图 标	描 述
	Bring to Front：将控件置于最上层
	Send to Back：将控件置于最底层
	调整选中控件的水平间隔。 Make Equal：水平等间隔 Remove：去除水平间隔
	调整选中控件的垂直间隔。 Make Equal：垂直等间隔 Remove：去除垂直间隔
Size Group（大小调整组件）	
	Width：等宽操作
	Height：等高操作
	Both：等宽等高操作
Center in Panel Group（居中面板组件）	
	Horizontally：调整选中控件到面板的水平中间位置
	Vertically：调整选中控件到面板的垂直中间位置
	Both：调整选中控件到面板的水平和垂直中间位置
More Group（更多组件）	
	Check Symbols：检查面板中需要关联变量的控件是否关联了有效变量，相关错误信息会显示在 Output Window 窗口
	打开/关闭相关窗口或者重置窗口位置。 Toolbox：打开/关闭工具栏窗口显示 Symbol Explorer：打开/关闭数据库组件浏览器显示 Properties：打开/关闭属性窗口显示 Output Window：打开/关闭输出窗口显示 Reset Window Positions：恢复所有窗口到默认的位置

9.2.3 Panel 功能区

Panel 功能区提供修改面板的属性，方便用户调整面板的尺寸、背景颜色或图片等，如图 9.4 所示。

图 9.4　Panel 功能区

表 9.3 列出了 Panel 功能区的图标及其功能描述。

表 9.3　Panel 功能区的图标及功能描述

图　　标	描　　述
General Group（一般组件）	
Name	面板名称
Background Group（背景组件）	
Color	设定面板的颜色
Image File	设定面板的背景图片，设置完毕后，面板自动调整到图片的大小
Border Group（边框组件）	
▢　▢　▢	设置面板的边框类型： ▢ 3D 边框 ▢ 单边框 ▢ 无边框
Size Group（大小调整组件）	
Width	面板宽度（像素）
Height	面板高度（像素）
（图标）	宽度/高度比例锁定开关
（图标）	恢复图片原始尺寸显示
More Group（更多组件）	
（图标）	打开属性窗口

9.2.4　Properties 功能区

Properties（属性）功能区是一个动态变化的功能区，提供的功能取决于当前选定的控件。图 9.5 为当前控件为 Switch/Indicator 时的 Properties 功能区。由于 Properties 的功能区中显示的内容主要来自 Properties 窗口（9.2.8 节），此处不做深入讨论。

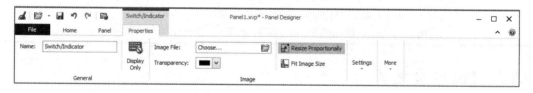

图 9.5　Properties 功能区

9.2.5　Toolbox 窗口

Toolbox（工具箱）窗口显示了当前可用的所有控件，用户可以用按住鼠标左键拖曳或者双击相应控件添加到当前编辑的面板上。Toolbox 如图 9.6 所示。本书将各控件的介绍安排在 9.3 节。

9.2.6　Symbol Explorer 窗口

Symbol Explorer（对象浏览器）显示当前可用的所有对象（如信号、系统变量和环境变量），如图 9.7 所示。用户可以通过按住鼠标左键拖曳，使之与当前编辑的面板中的某个控件关联起来。

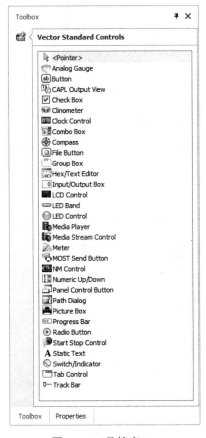

图 9.6　工具箱窗口

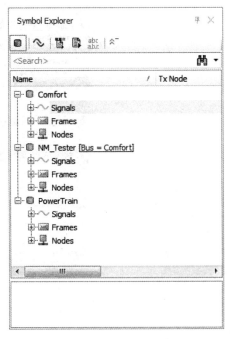

图 9.7　Symbol Explorer 窗口

9.2.7　Working Area 窗口

Working Area（工作区）窗口可以进行面板编辑。当新建或打开多个面板时，工作区顶部会显示所有打开的面板名称，如图 9.8 所示。

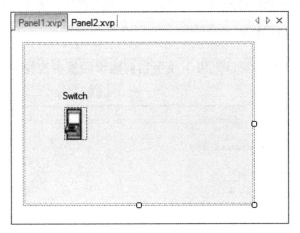

图 9.8　Panel 设计工作区

9.2.8　Properties 窗口

Properties（属性）窗口列出了当前选中的控件可编辑的所有属性，该窗口的底部会显示出当前属性的简短描述，以帮助用户了解属性的定义，如图 9.9 所示。

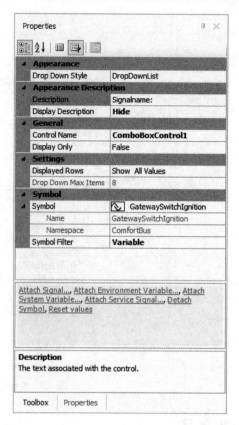

图 9.9　控件属性设置窗口

需要指出的是，CANoe 提供 Main Properties 和 Properties 两种视图窗口，读者可以根据需要切换视图。Main Properties 提供了常见的属性设置项，便于用户快捷操作。

9.2.9　Output Window

Output Window（输出窗口）用于显示当前编辑面板中控件的错误或警告信息，如图 9.10 所示。

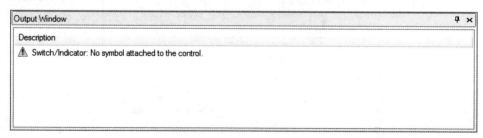

图 9.10　Output Window

9.3 控件介绍

CANoe 支持的控件种类非常多，表 9.4 列出了 CANoe 11.0 支持的控件列表及简介。前面提到控件可以根据功能分为控制控件和显示控件，但根据控件的特殊性也可以简单分为两大类：一类为 Windows 界面的常见控件，如 Button、Check Box、Combo Box、Group Box、Picture Box、Progress Bar、Radio Button、Static Text、Track Bar、Tab Control 等，用户只要稍微摸索一下，就可以熟练使用；另一类为 CANoe 特有的控件，如 Analog Gauge、Hex/Text Editor、Input/Output Box、Meter、Switch/Indicator 等，能够更专业地支持仿真、测量等相关功能。

表 9.4　CANoe 控件列表及简介

图　标	名　称	功　能
	Pointer（鼠标指针）	鼠标指针
	Analog Gauge（模拟仪表）	显示特定的变化范围
	Button（按钮）	触发事件
	CAPL Output View	输出来自 CAPL 的文本信息
	Check Box（复选按钮）	显示或选择当前选项
	Clinometer（角度测试仪控件）	显示横坡和纵坡
	Clock Control（时钟控件）	显示时间或用作秒表
	Combo Box（组合框控件）	显示或选择数据库的 value table 定义值
	Compass（指南针控件）	显示方向和速度
	Group Box（分组控件）	将面板控件分组
	Hex/Text Editor（编辑框控件）	输入和显示十六进制和文本格式的数据
	Input/Output Box（输入输出控件）	输入或显示文本
	LCD Control（LED 显示控件）	显示浮点数
	LED Band（LED 条）	定义面板的高亮区域
	LED Control（LED 指示灯控件）	切换和显示两种自定义状态
	Media Player（媒体播放器控件）	播放媒体文件
	Media Stream Control（媒体流控件）	播放流媒体
	Meter（仪表控件）	显示自定义值的范围
	MOST Send Button（MOST 发送按钮）	触发 MOST 报文
	NM Control（网络管理控件）	显示和编辑网络管理状态
	Numeric Up/Down（数值增加减少控件）	在自定义范围内设定一个值
	Panel Control Button（面板控制按钮控件）	测量时打开面板
	File Button（文件按钮控件）	测量时打开文件
	Path Dialog（路径对话框控件）	指定文件打开 / 保存的路径
	Picture Box（图像控件）	显示静态图片控件
	Progress Bar（进度条控件）	显示自定义范围内的值

续表

图　　标	名　　称	功　　能
◉	Radio Button（单选按钮控件）	选择或显示当前选项
🖋	Start Stop Control（开始/结束按钮控件）	开始 / 结束测量
A	Static Text（静态文本控件）	显示标签文字
⊘	Switch/Indicator（开关/指示灯控件）	切换或显示当前状态
⬛	Tab Control（标签控件）	提供多个选项卡分别放置控件
▼—	Track Bar（滑动条控件）	在自定义范围设定一个值

接下来，本书将针对第二类控件中最常用的控件 Switch/Indicator、LED Control、Input/Output Box、Hex/Text Editor、Analog Gauge 和 Meter，逐一做详细介绍。

9.3.1　Switch/Indicator 控件

Switch/Indicator（开关/指示灯）控件是 CANoe 的面板设计中最常用的控件之一。图 9.11 为 Switch/Indicator 默认的风格，是比较常见的传统按钮开关。

表 9.5 列出了 Switch/Indicator 控件的所有属性。由于该控件提供了 Image、Display Only 等属性，允许用户修改其外观和行为。该控件既可以作为控制控件，也可以作为显示控件，若将属性 Display Only 设置为 True，该控件就不再响应鼠标的行为，这时可以作为指示灯使用。其实，在项目的使用过程中，只要将它的 Image 属性替换成多帧图片（将在 9.4 节介绍），可以呈现出用户期望的各种开关、旋钮或指示灯，完全可以替代 Button、LED Control 等控件。在本书后面的章节中，将多次使用到 Switch/Indicator 控件，读者可以体会其强大功能。

图 9.11　Switch/Indicator 控件默认风格

表 9.5　Switch/Indicator 控件属性列表及描述

属　　性	描　　述
Appearance（外观）	
Board Style（边框风格）	用于设置控件的边框：None；FixedSingle；Fixed3D
Image（图片）	用于设置开关/指示灯的图片（含有多帧图片），不同状态对应不同图片
Is Proportional（是否按比例）	用于设置控件是否按原比例缩放。设置为 False 时，可以 X/Y 方向任意缩放
Transparent Color（透明色）	用于根据图片的背景色，设置屏蔽掉该颜色，实现背景透明的效果。默认为蓝色
General（一般设置）	
Control Name（控件名称）	用于设置控件名称
Display Only（只作显示）	用于设置该控件是否只作显示，不响应鼠标单击。该控件用作开关时，设置为 False；用作指示灯时，设置为 True
Is Visible at Runtime（运行时是否可见）	用于设置工程运行时该控件是否显示
Tab Index（切换顺序号）	用于设置 Tab 键切换控件焦点的顺序

属　　性	描　　述
Layout（布局）	
Location（位置）	用于设置控件位置
Size（大小）	用于设置控件大小
Settings（设定）	
Button Behavior（按钮行为）	用于设置按钮对鼠标单击的响应行为，设置为 True 时：鼠标按键释放对应第一个状态值；鼠标按键按下时对应第二个状态值（操作自动释放）。设置为 False 时：单击鼠标，状态切换一次（操作保持）
Epsilon	用于设定数值在靠近多少的范围内，可以当成对应的值处理，一般设置为 0
Mouse Activation Type（鼠标激活类型）	设置控件是否响应鼠标右键按键，设置为 LeftRight 时，左键增加状态值，右键减少状态值，适合三种或以上的状态开关；设置为 Left 时，只响应鼠标左键，状态值循环改变，适合两种状态的开关。也可以根据用户习惯设置
Show Initial Picture（显示初始状态图片）	设置控件是否显示图片中的初始状态图片
State Count（状态数）	设置控件支持的多少种状态切换
Switch Value Start（切换开始值）	设置控件开始切换的初始值，即设置工程运行时控件的初始值
Switch Values（切换数值）	设置控件切换各种状态数值列表
Switch Values Increment（数值切换增加值）	设置控件切换每次数值增加值，默认为 1
Symbol（标识）	
Symbol（标识）	用于关联控件数值与信号、系统变量或环境变量等
Symbol Filter（标识过滤器）	用于选择控件数值过滤设置：Signal（信号）；Variable（变量）

9.3.2 LED Control 控件

如图 9.12 所示，LED Control 一般用作显示控件（也可以作为控制控件，但不建议），主要用来显示两种状态——熄灭和点亮，与常见的 LED 指示灯功能相同。LED Control 的颜色和形状，可以通过属性设置，若要显示得更加个性化，可以用 Switch /Indicator 控件代替。表 9.6 列出了 LED Control 控件的属性列表及描述。

图 9.12　LED Control 控件

表 9.6　**LED Control 控件的属性列表及描述**

属　　性	描　　述
Appearance（外观）	
LED Color Off（LED 熄灭颜色）	用于设置 LED 熄灭时的显示颜色
LED Color On（LED 点亮颜色）	用于设置 LED 点亮时的显示颜色

属　　性	描　　述
General（一般设置）	
Control Name（控件名称）	用于设置控件名称
Display Only（只作显示）	用于设置该控件是否只用作显示，不响应鼠标单击。该控件用作开关时，需要设置为 False；用作指示灯时，需要设置为 True
Is Visible at Runtime（运行时是否可见）	用于设置工程运行时，该控件是否显示
Tab Index（切换顺序号）	用于设置 Tab 键切换控件焦点的顺序
Layout（布局）	
Location（位置）	用于设置控件位置
Size（大小）	用于设置控件大小
Settings（设置）	
Display Frame（显示边框）	用于设置控件是否显示边框
Epsilon	用于设定数值在靠近多少的范围内，可以当成对应的值处理，一般设置为 0
Is Proportional（是否按比例）	用于设置控件是否按原比例缩放。设置为 False 时，可以 X/Y 方向任意缩放
LED Style（LED 风格）	用于设置 LED 形状：Ellipse（椭圆形）、Rectangle（矩形）、Triangle Up（上三角形）、Triangle Down（下三角形）、Triangle Left（左三角形）和 Triangle Right（右三角形）
Off Value（熄灭数值）	用于设置 LED 熄灭对应的数值
On Value（点亮数值）	用于设置 LED 点亮对应的数值
Symbol（标识）	
Symbol（标识）	用于关联控件数值与信号、系统变量或环境变量等
Symbol Filter（标识过滤器）	用于选择控件数值过滤设置：Signal（信号）；Variable（变量）

9.3.3　Input/Output Box 控件

图 9.13 为 Input/Output Box 控件的默认风格，左边为控件的文字标签，右边为输入或输出的文本框，可以作为输入控件，也可以作为输出控件。

为了满足测量需要，其支持多种数值显示形式：Decimal（十进制）、Hexadecimal（十六进制）、Binary（二进制）、Double（双精度浮点数）、Science（科学计数）、Symbolic（数值表征）。表 9.7 列出了 Input/Output Box 控件的属性列表及描述。

图 9.13　Input/Output Box 控件

表 9.7　**Input/Output Box 控件的属性列表及描述**

属　　性	描　　述
Alarm Settings（报警设置）	
Alarm Display（报警显示）	用于设置报警显示方式：None（无）、Attributes（来自数据库级属性定义）、DBValues（数据库中环境变量或信号的上下限定义）和 UserDefinedValue（用户定义）

属　　性	描　　述
Lower Limit（下限值）	用于设置报警的下限值，Alarm Display 设置为 UserDefinedValue 时有效
Lower Limit Background Color（下限报警的背景颜色）	用于设置下限报警的背景颜色，Alarm Display 设置为 UserDefinedValue 时有效
Lower Limit Text Color（下限报警的文字颜色）	用于设置下限报警的文字颜色，Alarm Display 设置为 UserDefinedValue 时有效
Upper Limit（上限值）	用于设置报警的上限值，Alarm Display 设置为 UserDefinedValue 时有效
Upper Limit Background Color（上限报警的背景颜色）	用于设置上限报警的背景颜色，Alarm Display 设置为 UserDefinedValue 时有效
Upper Limit Test Color（上限报警的文字颜色）	用于设置上限报警的文字颜色，Alarm Display 设置为 UserDefinedValue 时有效
Appearance（外观）	
Box Background Color（文本框的背景颜色）	用于设置文本框的背景颜色
Box Border Style（文本框的边框风格）	用于设置文本框风格：None、FixedSingle 和 Fixed3D
Box Font（文本框的字体）	用于设置文本框的字体
Box Text Align（文本框文字对齐）	用于设置文本框的字体对齐方式
Box Text Color（文本框文字颜色）	用于设置文本框的字体颜色
Appearance Description（外观——描述）	
Background Color（背景颜色）	用于设置文本框文字标签的背景颜色
Border Style（边框风格）	用于设置文本框文字标签的边框风格
Description（标签）	用于设置文本框文字标签的文字内容
Display Description（显示标签）	用于设置文本框是否显示文字标签
Font（字体）	用于设置文本框文字标签的字体
Text Color（字体颜色）	用于设置文本框文字标签的字体颜色
General（一般设置）	
Control Name（控件名称）	用于设置控件名称
Display Only（只作显示）	用于设置该控件是否只作显示，不响应鼠标单击。该控件用作输入控件时，需要设置为 False；用作显示控件时，需要设置为 True
Is Visible at Runtime（运行时是否可见）	用于设置工程运行时，该控件是否显示
Tab Index（切换顺序号）	用于设置 Tab 键切换控件焦点的顺序
Layout（布局）	
Location（位置）	用于设置控件位置
Size（大小）	用于设置控件大小
Settings（设置）	
Decimal Place（十进制设置）	用于设置小数点后面位数，仅限于 Double 数据类型
Send On Focus Lost（失去焦点发出）	用于设置失去焦点以后，是否发出数值
Show Leading Zeros（显示 0 开头）	用于设置十六进制或二进制时是否在数值前显示0，如001F

129

第 9 章

续表

属　　性	描　　述
Value Interpretation（数值显示形式）	用于设置数值显示形式：Text（文本）、Decimal（十进制）、Hexadecimal（十六进制）、Binary（二进制）、Double（双精度浮点数）、Science（科学计数）、Symbolic（数值表征）
Value Type（数值类型）	用于设置显示 RawValue（原始数值）还是 PhysicalValue（物理量值）
Symbol（标识）	
Symbol（标识）	用于关联控件数值与信号、系统变量或环境变量等
Symbol Filter（标识过滤器）	用于选择控件数值过滤设置：Signal（信号）；Variable（变量）

9.3.4　Hex/Text Editor 控件

图 9.14 是 Hex/Text Editor 控件的默认形式，可以显示两个区域：Hex 区域和 Text 区域，主要用于需要操作 String、Data 和 Integer-Array 等变量。表 9.8 列出了 Hex/Text Editor 控件的属性列表及其描述。

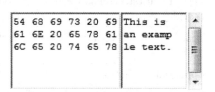

图 9.14　Hex/Text Editor 控件

表 9.8　Hex/Text Editor 控件的属性列表及描述

属　　性	描　　述
Appearance（外观）	
Background（背景颜色）	用于设置控件的背景颜色
Font（字体）	用于设置字体大小风格等
Text Color（文字颜色）	用于设置控件说明文字颜色
General（一般设置）	
Control Name（控件名称）	用于设置控件名称
Display Only（只作显示）	用于设置该控件是否只作显示，不响应鼠标单击。该控件用作输入控件时，需要设置为 False；用作显示控件时，需要设置为 True
Is Visible at Runtime（运行时是否可见）	用于设置工程运行时，该控件是否显示
Tab Index（切换顺序号）	用于设置 Tab 键切换控件焦点的顺序
Layout（布局）	
Location（位置）	用于设置控件位置
Size（大小）	用于设置控件大小
Settings（设置）	
Columns/letters per line（每行显示字符数量）	用于设置 Hex/Text 区域，一行显示的字节数/字符数
Editor Layout（编辑器布局）	用于设置编辑布局：HexAndTextfield（显示 Hex 和文本区域）、OnlyHexfield（只显示 Hex 区域）和 OnlyTextfield（只显示文本区域）
Fixed Length（指定显示长度）	用于设置显示数据或字符的长度，尾部多余的部分将不再显示
Start Offset（开始偏移位置）	用于设置从第几个字节或字符开始显示

属　性	描　述
Text Field Interpretation（文本区域解析形式）	用于设置文本区域的数值解析形式：Ascii Encoding（ASCII 码）、Decimal（数值）。Decimal 格式仅适用 Data 和 Integer-Array 型变量
Symbol（标识）	
Symbol（标识）	用于关联控件数值与信号、系统变量或环境变量等
Symbol Filter（标识过滤器）	用于选择控件数值过滤设置：Signal（信号）；Variable（变量）

9.3.5　Analog Gauge 控件

图 9.15 为 Analog Gauge 默认的形式，主要用于关联一些模拟物理量，比较直观地模拟汽车内的一些常见的仪表，典型的应用如速度、温度、油量等显示，是仿真面板最常用的控件之一。如果设定了上下限数值，Analog Gauge 可以在刻度上标识出不同的刻度颜色。表 9.9 列出了 Analog Gauge 控件的属性列表及其描述。

图 9.15　Analog Gauge 控件

表 9.9　Analog Gauge 控件的属性列表及描述

属　性	描　述
Appearance（外观）	
Background（背景颜色）	用于设置控件的背景颜色
Border Style（边框风格）	用于设置控件的边框：None；FixedSingle；Fixed3D
Display Text（显示文字）	用于设置控件是否显示文字：True/False
Display Value（显示数值）	用于设置控件是否显示数值：True/False
Font（字体）	用于设置字体大小风格等
Layout Style（布局设置）	用于设置表头类型：CenterStyle（居中型）；LeftStyle（左半型）；RightStyle（右半型）
Scale Angle（指针允许转动角度）	用于设置指针允许转动的角度
Text（文字）	用于设置控件说明文字
Text Color（文字颜色）	用于设置控件说明文字颜色
Appearance Arrow（外观——指针）	
Arrow Center Color（指针中心颜色）	用于设置指针中心颜色
Arrow Center Radius（指针中心半径）	用于设置指针中心半径
Arrow Color（指针颜色）	用于设置指针颜色
Arrow Position（指针开始位置）	用于设置指针开始指示数值
Arrow Width（指针宽度）	用于设置指针宽度
Appearance Frame（外观——边框）	
Display Frame（显示边框线）	用于设置是否显示周围边框线
Display Margin（显示边缘线）	用于设置是否显示刻度外边的边缘线
Margin（边缘距离）	用于设置边缘线到边框的距离
Margin Color（边缘线颜色）	用于设置边缘线颜色

属　　性	描　　述
Appearance Ticks（外观——刻度）	
Automatic Adjustment（自动调整）	用于设置主刻度是否自动计算调整
Display Main Ticks（显示主刻度）	用于设置主刻度是否显示
Display Sub Ticks（显示分刻度）	用于设置分刻度是否显示
Main Ticks Length（主刻度长度）	用于设置主刻度长度，分刻度长度总是主刻度长度的一半
Main Ticks Number（主刻度数值）	用于设置主刻度最大数值，只有 Automatic Adjustment 为 False 时有效
Ticks Color（主刻度颜色）	用于设置主刻度颜色
General（一般设置）	
Control Name（控件名称）	用于设置控件名称
Is Visible at Runtime（运行时是否可见）	用于设置工程运行时，该控件是否显示
Layout（布局）	
Location（位置）	用于设置控件位置
Size（大小）	用于设置控件大小
Settings Range（设置范围）	
Display Lower Range（显示下限范围）	用于设置是否标识下限范围颜色
Display Mean Range（显示均值范围）	用于设置是否标识均值范围颜色
Display Upper Range（显示上限范围）	用于设置是否标识上限范围颜色
Lower Range Color（下限颜色）	用于设置下限范围颜色
Lower Range Limit（下限范围）	用于设置下限值
Mean Range Color（均值颜色）	用于设置均值范围颜色
Upper Range Color（上限颜色）	用于设置上限范围颜色
Upper Range Limit（上限范围）	用于设置上限值
Symbol（标识）	
Maximum（最大值）	用于设置控件支持的最大值
Minimum（最小值）	用于设置控件支持的最小值
Symbol（标识）	用于关联控件数值与信号、系统变量或环境变量等
Symbol Filter（标识过滤器）	用于选择控件数值过滤设置：Signal（信号）；Variable（变量）

9.3.6　Meter 控件

Analog Gauge 控件可以满足用户仿真仪表的基本功能，但如果要实现非常逼真的仪表效果，往往需要使用定制的表盘。这时候，用户就需要使用 Meter 控件，图 9.16 为 Meter 的基本形式，在仿真面板上最终显示的只是一个指针。用户可以使用一个 Picture Box 控件作为仪表的表盘，然后将 Meter 控件叠加在其上面，如图 9.17 所示。本书在后面的实例中将使用 Meter 实现这样的效果。表 9.10 列出了 Meter 控件的属性列表及描述。

图 9.16　Meter 控件　　　　图 9.17　Meter 控件叠加在 Picture Box 控件上的效果图

表 9.10　**Meter 控件的属性列表及描述**

属　　性	描　　述
Alarm Settings（报警设置）	
Alarm Display（报警显示）	用于设置报警是否显示
Lower Limit（下限值）	用于设置下限数值
Lower Limit Color（下限颜色）	用于设置下限显示颜色
Upper Limit（上限值）	用于设置上限数值
Upper Limit Color（上限颜色）	用于设置上限显示颜色
Appearance（外观）	
Needle Color（指针颜色）	用于设置指针显示颜色
Needle Shape（指针形状）	用于设置指针显示形状：FineLine（线性）、TrangleWideFilled（宽三角指针）、TrangleWideOutline（宽三角镂空指针）、TrangleSlimFilled（窄三角指针）、TrangleSlimOutline（窄三角镂空指针）、ClockFilled（钟表指针）、ClockOutline（钟表镂空指针）和 TrangleWithPoint（带中心三角指针）
Pivot Distance %（枢轴距离）	用于设置指针末端到枢轴距离（指针长度的%）
Sweep Angle From（转动起始角度）	用于设置指针转动起始角度
Sweep Angle To（转动终止角度）	用于设置指针转动终止角度
General（一般设置）	
Control Name（控件名称）	用于设置控件名称
Is Visible at Runtime（运行时是否可见）	用于设置工程运行时，该控件是否显示
Layout（布局）	
Location（位置）	用于设置控件位置
Size（大小）	用于设置控件大小
Symbol（标识）	
Maximum（最大值）	用于设置控件支持的最大值
Minimum（最小值）	用于设置控件支持的最小值
Symbol（标识）	用于关联控件数值与信号、系统变量或环境变量等
Symbol Filter（标识过滤器）	用于选择控件数值过滤设置：Signal（信号）；Variable（变量）

9.4　多帧图片简介

133

为了实现按钮和指示灯状态的动态显示，CANoe 允许用户将相关控件的图片设置为多帧图片，这些多帧图片由若干格式相同的图片拼在一起。用户可以在文件夹 C:\Users\

Public\Documents\Vector\CANoe\Sample Configurations 11.0.42\Programming\Bitmap_ Library 中找到 CANoe 提供的官方素材库，如图 9.18 所示。文件夹 Automotive 下的图片为汽车面板的指示灯和按钮的常用类型图片，文件夹 Global 下的图片为更加通用的图片。

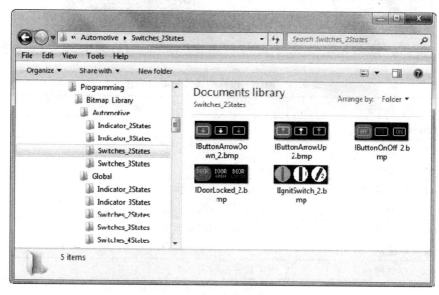

图 9.18　CANoe 官方提供的 Panel 设计素材

　　由于按钮或指示灯的状态数量不同，需要图片的帧数也不同，下面举例说明。

　　lBlinkerRight_2.bmp：如图 9.19 所示，可以用于指示两种状态，0 对应显示图中第二帧图片，1 对应显示第三帧图片（第 1 帧为初始图片，一般不会被显示，有时用于初始状态显示）。

　　lIgnit_3.bmp：如图 9.20 所示，可以用于指示三种状态，0 对应显示图片中第二帧图片，1 对应显示第三帧图片，2 对应显示第 4 帧图片。

图 9.19　两种状态多帧图片

图 9.20　三种状态多帧图片

　　CANoe 允许将某种颜色设定为透明的，如上面 lIgnit_3.bmp 可以通过设定蓝色为透明色，该蓝色在仿真面板上将不显示。

　　用户可以根据自己的喜好，使用相关图片制作工具来设计自己的多帧图片，让仿真工程的仿真面板更逼真、更专业。

9.5　系统变量简介

　　为了实现完整的面板功能，很多控件需要与 System Variables（系统变量）关联起来。因此，本书此处简单介绍一下系统变量：系统变量是一种特殊的变量，用来描述某种特殊状态（例如某种事件触发）或者记录测量数据。一般分为系统定义的和用户自定义的系统变量两种，它们的作用域都是在各自的 Namespace（命名空间）内。

　　系统定义的系统变量即系统自动创建的变量，用户不能进行编辑、删除、导出、移动等操作。该类系统变量通常包括：静态变量、VT 系统变量、COM 的外部变量、CAPL 的外部变量、动态链接库的外部变量等。

　　用户自定义的系统变量，可以进行添加、编辑和删除等操作。该类系统变量可以根据仿真工程的需要，由用户自行定义。

　　为了实现 X-Vehicle 仿真工程的功能，下面将在第 8 章的工程基础上添加系统变量。在 CANoe 主界面中选择 Environment→System Variables，如图 9.21 所示。

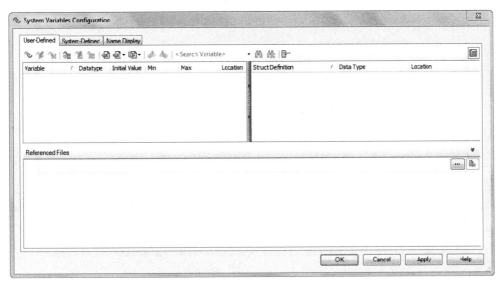

图 9.21　创建系统变量界面

　　在左上侧窗口中单击鼠标右键选择 New，新建一个 EngineStateSwitch 的系统变量，如图 9.22 所示。

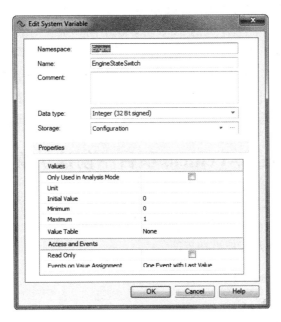

图 9.22　在 Engine 的 Namespace 下添加 EngineStateSwitch 系统变量

Panel 设计

图 9.22 中，Namespace 中的 Engine 代表一组系统变量的名称。使用同样的方法创建其他两个系统变量：EngineSpeedDspMeter 和 EngineSpeedEntry，创建完毕后如图 9.23 所示。

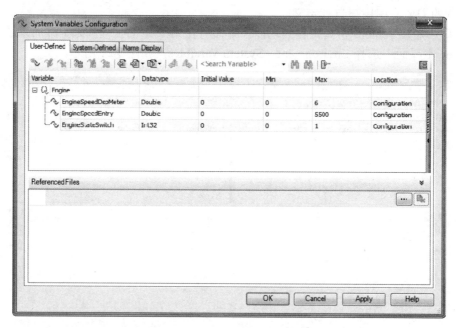

图 9.23　系统变量创建完毕的效果图

另外，同一 Namespace 下的系统变量可以导出到一个脚本文件（*.xml）或者系统变量文件（*.vsysvar）中。其他工程如需使用相同的系统变量定义，可以通过图 9.23 中的 Referenced Files 来配置，通过单击 Import 按钮来导入。

这里必须强调的是，尽管不同的 ECU 可以调用同一系统变量（自定义类型），但从仿真层面来说，不建议在不同的 ECU 中调用同一系统变量。因为不同的 ECU 之间主要通过总线进行交换数据，若它们之间无直接的数字/模拟输入输出的硬线相连，不存在直接交换数据或信号的可能，否则可能出现仿真面板上的控制和显示一切正常，但在实际总线上传输的相关报文或信号却无法满足真实节点的需要。该原则也同样适用于环境变量。

9.6　在 X-Vehicle 项目中创建仿真 Panel

仿真 Panel 的功能大体可以分为两大类：控制和显示，所以本节将在第 8 章的仿真工程 X-Vehicle 的基础上，添加两个仿真 Panel：Control 和 Display。在 CANoe 主菜单上选择 Tools→Panel Designer 进入面板设计界面。

9.6.1　添加 Control 面板

在 Panel Designer 界面上选择 File→New Panel 打开一个新的面板，默认名为 Panel1，如图 9.24 所示。本节将引导读者在这个面板上添加引擎控制和车门控制的控件。

图 9.24　空白的 Panel

根据控件的数量和大小，读者可以对 Panel 的大小做一些调整，同时添加 4 个 Group Box（组合框），经过合理规划，面板的布局效果如图 9.25 所示。

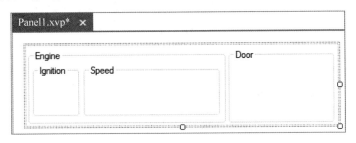

图 9.25　添加 Group Box 控件

先添加一个 Switch/Indicator 控件，用来关联引擎的开关状态，默认的控件风格如图 9.26 所示。

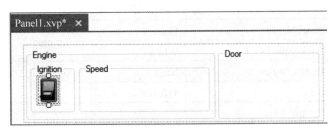

图 9.26　添加 Switch/Indicator 控件

这里，本书将设置 Switch/Indicator 按钮的图片，使它更加贴近用户的习惯。因此，本书对 CANoe 提供的素材进行加工，得到一个两种状态的按钮图片，如图 9.27 所示。

图 9.27　Ignition 按钮图片

需要说明的是，由于按钮图片的背景是蓝色，为了屏蔽这个背景色，此处需要将 Transparent Color 的属性设定为 Blue，其他属性设定请参照图 9.28。

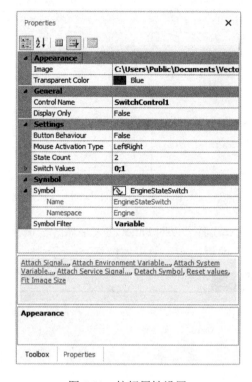

图 9.28　按钮属性设置

按照类似的方法，继续添加两个 Switch/Indicator、一个 Track Bar 和两个 Static Text，相关控件可以参考表 9.11。

表 9.11　Control 面板控件列表及属性设定

控　件	属　性	属 性 设 定	说　明
Panel 1	Panel Name	Control	仿真控制面板
	Background Color	White	
	Border Style	None	
	Size	410,105	
Group Box 1	Control Name	Group Box 1	存放引擎控制控件
	Text	Engine	
	Background Color	White	
Group Box 2	Control Name	Group Box 2	存放钥匙控制控件
	Text	Ignition	
	Background Color	White	
Group Box 3	Control Name	Group Box 3	存放车速控制控件
	Text	Speed	
	Background Color	White	

控　　件	属　　性	属 性 设 定	说　　明
Group Box 4	Control Name	Group Box 4	存放车门控制控件
	Text	Door	
	Background Color	White	
Switch/Indicator 1	Control Name	Switch/Indicator 1	钥匙控制（引擎开关）控件
	Image	ControlIgnition.bmp	
	Button Behaviour	False	
	Mouse Activation Type	LeftRight	
	State Count	2	
	Switch Value	0;1	
	Symbol Name	EngineStateSwitch	
	Symbol Namespace	Engine	
	Symbol Filter	Variable	
Track Bar 1	Control Name	Track Bar 1	车速控制滑动条控件
	Background Color	White	
	Display Minimum/Maximum	True	
	Orientation	Horizontal	
	Tick Frequency	500	
	Tick Style	BottomRight	
	Small Change	10	
	Large Change	100	
	Maximum	4000	
	Minimum	0	
	Symbol Name	EngineSpeedEntry	
	Symbol Namespace	Engine	
	Symbol Filter	Variable	
Switch/Indicator 2	Control Name	Switch/Indicator 2	左车门开关控件
	Image	lDoorOpen_2.bmp	
	Button Behaviour	False	
	Mouse Activation Type	Left	
	State Count	2	
	Switch Value	0;1	
	Symbol Name	Door_L	
	Message	DoorState	
	Symbol Filter	Signal	

控　　件	属　　性	属 性 设 定	说　　明
Switch/Indicator 3	Control Name	Switch/Indicator 3	右车门开关控件
	Image	lDoorOpen_2.bmp 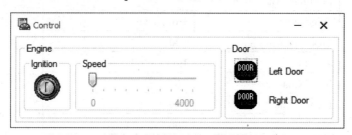	
	Button Behaviour	False	
	Mouse Activation Type	Left	
	State Count	2	
	Switch Value	0;1	
	Symbol Name	Door_R	
	Message	DoorState	
	Symbol Filter	Signal	
Static Text 1	Text	Left Door	标签
	Background Color	White	
Static Text 2	Text	Right Door	标签
	Background Color	White	

　　所有控件设置完毕，Control 面板的效果如图 9.29 所示。单击 Home 功能区中的 Check 按钮，如果有错误或者警告会在 Output 窗口中输出。

图 9.29　Control 面板的效果图

　　在 Panel Designer 主界面单击 File→Save Panel，将 Panel1 重命名为 Control 并保存到 仿真项目 X-Vehicle 的文件夹 Panels 中。

9.6.2　添加 Display 面板

　　Display 面板将用于显示引擎的开关状态、引擎速度以及车门的状态，面板中控件属 性如表 9.12 所示。为了更加形象地显示引擎和车门状态，需要制作两个多帧图片，用于 Switch/Indicator Control 控件的显示效果。

表 9.12　Display 面板控件列表及属性设定

控　　件	属　　性	属 性 设 定	说　　明
Panel 2	Panel Name	Display	仿真显示面板
	Background Color	White	
	Border Style	None	
	Size	435,225	

控 件	属 性	属 性 设 定	说 明
Group Box 1	Control Name	Group Box 1	存放引擎状态控件
	Text	Engine	
	Background Color	White	
Group Box 2	Control Name	Group Box 2	存放车门状态控件
	Text	Door	
	Background Color	White	
Switch/Indicator 1	Control Name	IgnitionState	引擎运行状态显示控件
	Image	DisplayCar.bmp	
	Display Only	True	
	Button Behaviour	False	
	Mouse Activation Type	LeftRight	
	State Count	2	
	Switch Value	0;1	
	Symbol Name	OnOff	
	Message	EngineState	
	Symbol Filter	Signal	
Analog Gauge 1	Control Name	Analog Gauge 1	车速信息显示控件
	Background Color	Black	
	Border Style	None	
	Display Text	False	
	Display Value	True	
	Scale Angle	240	
	Text	r.p.m.	
	Text Color	White	
	Arrow Center Color	White	
	Arrow Center Radius	5	
	Arrow Color	Red	
	Arrow Position	0	
	Arrow Width	3	
	Display Frame	True	
	Display Margin	True	
	Margin	5	
	Margin Color	Black	
	Automatic Adjustment	True	
	Display Main Ticks	True	

续表

控　　件	属　　性	属 性 设 定	说　　明
Analog Gauge 1	Display Sub Ticks	True	车速信息显示控件
	Main Ticks Length	15	
	Main Ticks Number	8	
	Ticks Color	White	
	Display Lower Range	False	
	Display Means Range	True	
	Display Upper Range	True	
	Lower Range Color	Green	
	Lower Range Limit	0	
	Means Range Color	White	
	Upper Range Limit	3.5	
	Upper Range Color	Red	
	Maximum	4	
	Minimum	0	
	Symbol Name	EngineSpeedDspMeter	
	Symbol Namespace	Engine	
	Symbol Filter	Variable	
Static Text 1	Control Name	Static Text 1	标签
	Background Color	Black	
	Text	r.p.m.	
	Text Align	TopLeft	
	Text Color	White	
Input/Output Box 1	Control Name	Input/Output Box 1	显示车速数值控件
	Alarm Display	None	
	Box Background Color	DimGray	
	Box Border Style	FixedSingle	
	Box Text Align	Center	
	Box Text Color	Lime	
	Background Color	Silver	
	Border Style	None	
	Description	EngineerSpeed	
	Display Description	Hide	
	Text Color	ControlText	
	Display Only	True	
	Decimal Place	0	
	Send On Focus Lost	False	
	Show Leading Zero	False	

控 件	属 性	属 性 设 定	说 明
Input/Output Box 1	Value Interpretation	Decimal	显示车速数值控件
	Value Type	PhysicalValue	
	Symbol Name	EngineSpeed	
	Message	EngineState	
	Symbol Filter	Signal	
Switch/Indicator 1	Control Name	DoorState	显示车门状态
	Image	CarDoorOpenClose.bmp	
	Display Only	True	
	Button Behaviour	False	
	Mouse Activation Type	LeftRight	
	State Count	4	
	Switch Value	0;1;2;3	
	Symbol Name	EnvDoorState	
	Symbol Filter	Variable	

所有控件设置完毕后,Display 面板的效果如图 9.30 所示。单击 Home 功能区中的 Check 按钮，如果有错误或者警告会在 Output 窗口中输出。

图 9.30　Display 面板的效果图

9.6.3　创建一个 Desktop

Desktop（桌面）允许用户创建一个配置将自己常用的某一类窗口放在一起，便于测试和观察。在 CANoe 主界面中，鼠标右键单击 Desktop 的标签，新建一个名为 CAN 的 Desktop，将 Control 和 Display 两个面板添加进去，并将窗口设定为 MDI Windows 模式。为了便于观察相关事件，同时可以添加 Write 窗口和 Trace 窗口到这个 Desktop 中，如图 9.31 所示。

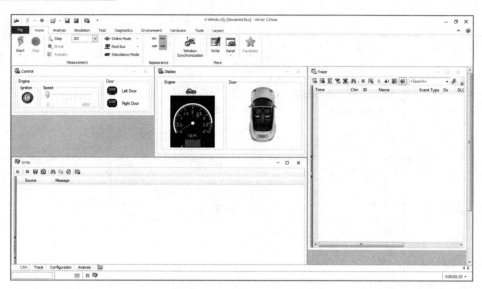

图 9.31   创建一个 Desktop

　　如果这时候用户运行工程，虽然可以运行，但会发现仿真的大部分功能都没有实现，这是因为仿真工程没有添加实现功能的 CAPL 代码。本书将在第 10 章学习 CAPL 过程中，为该工程添加相关 CAPL 程序。读者可以在本书提供的资源压缩包中找到本章例程的工程文件（路径为：\Chapter_09\Source\X-Vehicle\）。

第 10 章　CAPL 语言设计

本章内容:

- CAPL 概述;
- CAPL 开发环境——CAPL 浏览器简介;
- CAPL 基础: 数据类型, 常见运算, 流程控制, 程序结构等;
- 在实例中添加 CAPL 程序;
- 工程运行测试。

至此, 读者已经熟悉了 CANoe 仿真工程中的数据库创建和面板设计, 并能够初步搭建仿真工程。对于某些控制逻辑稍微复杂一些的仿真, 例如, 模拟远程启动空调系统时, 需要检查引擎状态等, 仅使用数据库和仿真面板还远远不够。这时 CANoe 就需要使用自带的 CAPL 通过编程来实现对应的功能。CAPL 既能够通过编程实现节点的仿真, 也可以在数据分析、测试等方面发挥很大的作用, 通过与外界系统的交互, 实现仿真、诊断和测试的自动化。本章将介绍 CAPL 的开发环境、语言基础以及如何在实例中应用 CAPL 程序。

10.1　CAPL 概述

CAPL 全称为 Communication Access Programming Language, 即通信访问编程语言。它是 Vector 公司专门为 CANoe 开发环境设计的编程语言, 在语法和概念上与 C 语言类似。借助 CAPL, 用户可以编写程序并应用到网络的各个节点上, 也可以利用 CAPL 编程加强测量分析功能, 以及搭建高效的自动化测试模块。

10.1.1　CAPL 主要用途

CAPL 可以说是 CANoe 的灵魂, 使 CANoe 满足仿真、分析、测试和诊断的各种复杂的要求, 同时使 CANoe 的功能得以不断扩展。概括起来, CAPL 的主要用途有以下几点。

(1) 使用易于理解的编程语言来仿真节点或模块;

(2) 仿真事件报文、周期报文或者附加条件的重复报文;

(3) 使用 PC 键盘模拟操作按钮等人工操作事件;

(4) 仿真节点的定时或网络事件;

(5) 仿真多个时间事件, 每个事件有自己的特定行为;

(6) 仿真普通操作、诊断或生产操作;

(7) 仿真物理参数或报文的变化;

(8) 生成错误帧, 评估模块和网络软件处理机制;

(9) 仿真模块或网络错误来评估相关的防错机制;

（10）提供网络测试、诊断等功能测试库函数。

10.1.2 CAPL 的特点

CAPL 类似 C 语言，与 C 语言在语法和结构上有很多相同之处，但也有 些其特殊的地方（主要表现在函数声明和调用）。

（1）未定义返回类型，默认为 void 类型；

（2）像 C++一样允许空的参数列表；

（3）像 C++一样允许函数重载；

（4）参数检测与 C++中一样；

（5）CAPL 提供一些自带的库函数；

（6）CAPL 编译时不对自带的关键字和自带的函数名做区分。

10.2 CAPL 开发环境——CAPL 浏览器简介

CANoe 自带了一个 CAPL 程序的开发环境 CAPL Browser（CAPL 浏览器），用户可以在 CANoe 主界面的 Tools 功能区单击 CAPL Browser 图标打开，默认创建一个新的 CAPL 程序文件，如图 10.1 所示。

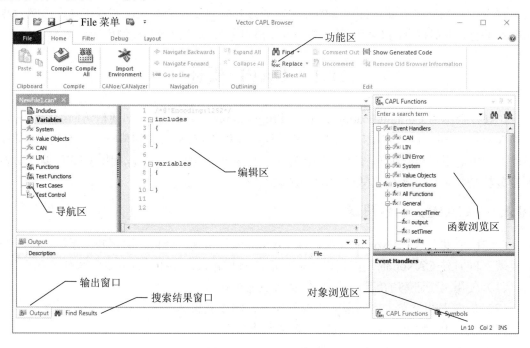

图 10.1　CAPL 浏览器

与大多数的语言开发环境类似，CAPL 浏览器主要包括：File 菜单、功能区、导航区、编辑区、函数浏览区、对象浏览区、输出窗口和搜索结果窗口等。从 CANoe 11.0 版本开始，CAPL 浏览器的界面做了很大改变，为了与 CANoe 主程序一致，也采用 Microsoft 的 Ribbon 风格用户界面，使用了功能区来代替传统的菜单。

10.2.1 File 菜单

File 菜单主要用于对代码文件的操作，File 菜单的图标及功能描述如表 10.1 所示。

表 10.1　File 菜单的图标及功能描述

图　标	描　述
	Save（保存）：保存当前文件
	Save As（另存为）：将当前文件保存到新的文件夹下或者另存为新的文件名
	Save As Encrypted（另存为加密）：将已打开的文件另存为加密的格式
	Save All（保存）：保存所有打开的文件
	Open（打开）：打开一个已存在的文件
Last Used Files	Last Used Files（最近使用文件）：列出最近使用的文件
New	New（新建）：新建文件
	Close（关闭）：关闭当前打开的文件
	Close All（全部关闭）：关闭当前所有打开的文件
	Print（打印）：设定打印机和打印当前的文件
Export	Export（导出）：将 CAPL 文件导出为 HTML 或 RTF 格式文件
	Encrypt CAPL Files（加密 CAPL 文件）：批量加密 CAPL 文件
	Help（帮助）：打开 CAPL 浏览器的帮助文件
	Info（信息）：显示 CAPL 浏览器的相关信息
	Options（选项）：配置 CAPL 浏览器的设定
	Exit（退出）：退出 CAPL 浏览器

10.2.2 功能区

CAPL 浏览器共有 4 个功能区：Home 功能区、Filter 功能区、Debug 功能区和 Layout 功能区。

1. Home 功能区

Home 功能区提供一些 CAPL 编程的常用功能，包括代码编辑以及编译等操作，如图 10.2 所示。

图 10.2　Home 功能区

表 10.2 列出了 Home 功能区的图标及功能描述。

表 10.2　Home 功能区的图标及功能描述

图　标	描　述
Clipboard Group（剪贴板组件）	
	Paste（粘贴）：将剪贴板的内容粘贴到光标当前位置处

图　标	描　述
✂	Cut（剪切）：将当前选中的内容剪切掉，并移至剪帖板
📋	Copy（复制）：将当前选中的内容复制至剪帖板
✖	Delete（删除）：删除选中的内容

Compile Group ⚏（编译组件）

🖫	Compile（编译）：编译当前文档
🖫	Compile All（全部编译）：编译当前打开的所有 CAPL 文档

CANoe/CANalyzer Group ✳（CANoe/CANalyzer 组件）

✳	Import CANoe/CANalyzer Environment（导入 CANoe/CANalyzer 环境）：导入 CANoe/CANalyzer 环境

Navigation Group ▣（导航组件）

⇨	Navigate Forward（向前导航）：跳转至下一个函数或事件
⇦	Navigate Backwards（向后导航）：跳转到上一个函数或事件
▶▬	Go to Line（行跳转）：跳转到指定的代码行

Outlining Group ⩔（外观组件）

⩔	Expand All（全部展开）：展开当前文件的所有部分
⩚	Collapse All（全部折叠）：折叠当前文件的所有部分

Edit Group ✎（编辑组件）

🔍	Search（查找）： 🔍快速查找 🔍在文件中查找
ab→ac	Replace（替代）： ab→ac快速替代 🔍在文件中替代
🗐	Select All（全部选中）： 选中当前文件的所有文字内容
🗐	Comment Out（注释）： 注释选中的内容或选中的行
🗐	Uncomment（去除注释）： 去除选中的内容或选中行的注释
⦃≡	Show Generated Code（显示生成的代码）： 打开/关闭文本编辑区的自动生成代码
📇✖	Remove Old Browser Information（去除老版本浏览器信息）： 去除当前文件中的老版本浏览器信息

2．Filter 功能区

Filter 功能区主要用于管理 CAPL 函数库，可以在函数浏览器中屏蔽掉不需要的函数库，如图 10.3 所示。

图 10.3　Filter 功能区

表 10.3 列出了 Filter 功能区的图标及功能描述。

表 10.3　**Filter 功能区的图标及功能描述**

图　标	描　述
Filter Group ⛛（过滤组件）	
⛛	Configuration（配置）： ⛛重置 Filter 配置 ⛛开启所有 Filter ⛛关闭所有 Filter

3.　Debug 功能区

Debug 功能区提供一些 CAPL 编程的常用功能，包括代码编辑以及编译等操作，如图 10.4 所示。

图 10.4　Debug 功能区

表 10.4 列出了 Debug 功能区的图标及功能描述。

表 10.4　**Debug 功能区的图标及功能描述**

图　标	描　述
Breakpoints Group ⬤（断点组件）	
⬤	设置一个新断点或者删除一个已存在的断点
🔖	导航到上一个断点
🔖	导航到下一个断点
⬤	激活所有断点
⬤	禁止掉所有断点
⬤	删除掉所有断点
CAPL Runtime Errors Group 🔲（CAPL 运行时错误）	
🔲	根据编号查找运行时错误
🔲	显示所有可能的运行时错误
Bookmarks Group 🔖（书签组件）	
▭	添加一个书签或删除一个存在的书签
🔖	导航到上一个书签
🔖	导航到下一个书签

续表

图　　标	描　　述
	激活所有书签
	禁止所有书签
	删除所有书签

这里需要说明的是，断点组件只能在 debug 模式开启的情况下进行操作，具体参看 11.2 节。

4. Layout 功能区

Layout 功能区主要用于设置各子窗口的显示模式，如图 10.5 所示。

图 10.5　Layout 功能区

表 10.5 列出了 Layout 功能区的图标及功能描述。

表 10.5　Layout 功能区的图标及功能描述

图　　标	描　　述
Group Files（文件组件）	
	水平分屏模式
	垂直分屏模式
	取消分屏
	创建水平分组/垂直分组显示
	激活窗口，使其置顶
Group Windows（窗口组件）	
	打开/关闭可用窗口以及窗口位置重置

10.2.3　导航区和编辑区

编辑区的左侧部分是一个导航区，用户可以便捷地查看各种变量、事件、函数的声明和定义，单击这些对象，可以快速跳转到编辑区对应的代码段。编辑区为一个文本编辑器，是用户编写代码的区域。

10.2.4　函数浏览区

函数浏览区可以快速浏览所有 CANoe 提供的事件触发机制和库函数，可以在 Filter 功能区中设定函数库的显示和关闭。为了避免干扰，可以通过 Filter 屏蔽掉不常用的函数库。

10.2.5　对象浏览区

用户可以在对象浏览区中查找此源码文件关联的网络对象、系统变量、诊断类以及相应的诊断服务，如图 10.6 所示。用户需要注意：编辑 CAPL 程序时需要从 CANoe 仿真的内部去打开编辑器，否则对象浏览区将无法找到对应的对象。

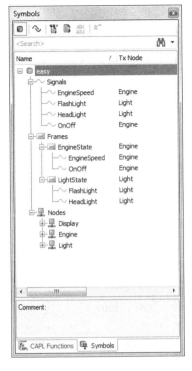

图 10.6　对象浏览区

10.2.6　输出窗口

编译过程中产生的错误信息、编译警告以及最终结果会显示在输出窗口，如图 10.7 所示。

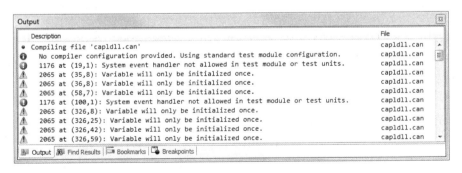

图 10.7　输出窗口

10.3　CAPL 基础——数据类型

与学习其他编程语言类似，本书将先从讨论 CAPL 中的数据类型开始。由于 CAPL 是

CAPL 语言设计

一门类 C 的语言，因此其基本数据类型跟 C 语言大多类似，但也有一些特殊的地方。

10.3.1 变量的声明与定义

在程序运行过程中，其值可以被改变的量称为变量。变量可以用于保存用户输入的数据，也可以保存程序运行时产生的中间结果或最终结果。下面介绍如何定义变量名，以及如何定义全局变量和局部变量。

1. 变量名

变量名的命名规则与 C 语言类似，必须注意遵循合法性、有效性和易读性的原则。合法性主要体现在以下几条。

（1）在名称中只能使用字母字符、数字和下画线（_）；

（2）名称的第一个字符不能是数字；

（3）区分大小写字符；

（4）不能将 CAPL 关键字用作名称；

（5）不能将 CAPL 的函数名和对象名用作变量名。

关键字是计算机语言中的词汇，如 int、byte、long 均为 CAPL 的数据类型，也是 CAPL 的关键字。由于这些关键字都是 CAPL 专用的，因此不能用作他用。根据关键字的作用，可以将 CAPL 中关键字分为以下几类。

（1）数据类型关键字，如 int，byte，long。

（2）控制语句关键字，如 if，else。

（3）存储类型关键字，如 static，extern。

（4）其他关键字，如 const，message。

下面列举一些合法的和不合法的变量名称。

```
int volume;              // 合法
int Volume;              // 合法
byte resp_code;          // 合法
long 123voltage;         // 不合法！因为首字符为数字
char byte;               // 不合法！因为 byte 是 CAPL 的一种数据类型关键字
```

虽然函数名和对象名不属于关键字，CAPL 也不允许将它们用作变量名，因为使用同一个名称用作函数名和变量名会把编译器搞糊涂。比如 abs，它是 CAPL 的一个库函数，用来返回参数的绝对值，如果在程序中同时定义了一个 abs 变量，这时编译器无法有效辨别，编译将无法通过。

对于有效性，主要是指变量名的字符长度最好不要超过 32 个，编译系统只能识别前 32 个字符，也就是说，前 32 个字符相同的两个不同变量将被编译系统认为是同一个变量。

对于易读性，主要是指在 CAPL 编程中提倡使用有一定含义的变量名，能做到"见名知意"。如果变量表示 ECU 的供电电压，可以将其命名为 voltage_of_power 或 VoltageOfPower，而不要将其命名为 i 或者 po。

必须强调的是，与 C 语言不同，CAPL 语言中为了用户使用的方便灵活，编译器不区分 CAPL 自带的关键字和函数名的大小写，例如 DWORD、dword 和 Dword 在代码中使用效果一样，所以以用户定义变量时也需要避免此类情况。

这里需要指出的是，以上命名规则同样适用于函数名、数组名、结构体等。

2. 全局变量与局部变量

在 CAPL 中，全局变量需要被声明在 variables 部分，同时可以使用直接赋值方法进行初始化。如果没有初始化，编译器会执行自动初始化，默认值为 0。全局变量的作用域包括整个 CAPL 文件以及与此文件有链接的其他 CAPL 文件。

与 C 语言不同，局部变量在 CAPL 中总是被静态地创建。这意味着初始化只在程序体启动时执行，当再次进入程序时，局部变量被假定是上一次跳出程序时的值。局部变量的作用域，仅限于当前函数体范围内，即该函数的大括号范围内。

10.3.2 简单变量

下面简单介绍最常见、最简单的三种变量类型——整型、字符和浮点数。

1. 整型

整数就是没有小数部分的数字，如 3、201、-3412 和 0。根据数值的大小不同，CAPL 提供了以下几种整型，如表 10.6 所示。

表 10.6 整数类型

整型	有/无符号	长度	范围	备注
byte	unsigned	1B	0～255	字节，8 位，无符号
word	unsigned	2B	0～65 535	字，16 位，无符号
dword	unsigned	4B	0～4 294 967 295	双字，32 位，无符号
qword	unsigned	8B	0～18 446 744 073 709 551 615	整型，64 位，无符号
int	signed	2B	−32 768~32 767	短整型，16 位
long	signed	4B	−2 147 483 648～2 147 483 647	长整型，32 位
int64	signed	8B	−9 223 372 036 854 775 808 ～9 223 372 036 854 775 807	整型，64 位

2. 字符

区别于 C 语言，CAPL 未将 char 类型（长度 1B）归类至整型中，这是因为在 CANoe 中提供了 byte 类型。如果数据是具体数值则应使用 byte，而对于字符，则应用 char（字符串使用 char 数组）。char 类型和 byte 类型之间可以直接转换，例如：

```
byte data1 = 100;
char ch1 = 'd';
ch1 = 0x62;
data1= 's';
```

3. 浮点型

CAPL 提供两种浮点型变量：float 和 double，如表 10.7 所示。

表 10.7 浮点型

浮 点 型	长 度	范 围	描 述
float	8B	$1.7 \times 10^{-308} \sim 1.7 \times 10^{+308}$	单精度
double	8B	$1.7 \times 10^{-308} \sim 1.7 \times 10^{+308}$	双精度

10.3.3 复合类型

CAPL 与 C 语言类似，除了支持第 10.3.2 节中介绍的简单变量外，同时也支持复合类型变量，如数组、结构和枚举。它们的声明方法与 C 语言基本一致。

1. 结构

CAPL 中可以简单地按照 C 语言的方法来声明结构（struct），但结构名在程序中必须是唯一的。简单类型、枚举类型或者其他的结构都可以作为结构的成员。例如：

```
struct b {
    struct a a1;
    enum Colors c1;
    int p;
    long l;
};
```

结构 b 中包含：一个结构成员 a，变量名为 a1；一个枚举成员 colors，变量名为 c1；一个整型变量 p；最后还有一个长整型变量 l。

用户可以在类型定义时直接声明结构类型的变量，在这种情况下，类型的名称可以省略，也可以直接使用结构的名字来引用类型。例如：

```
struct Cost myCost;
struct { int Chinese; int Math; int English } Scores;
```

关于结构初始化，可以在变量声明期间直接初始化结构成员，不需要单独命名单个成员，编译器将按照结构定义的顺序默认初始化它们。例如：

```
struct Scores myScores = { Chinese = 79, Math = 99, English = 88 };
struct Scores myScores = { 79, 99, 88 };
```

使用 "." 操作符可以访问结构中的成员，例如，myScores.Chinese = 100。另外，结构可以作为参数传给函数，但不能作为函数的返回值。

2. 枚举

枚举（enum）类型的声明也与 C 语言中的语法完全一致，但需要注意的是，枚举的成员名必须唯一，否则将有可能代替隐藏数据库中同名的报文和信号。如果没有在声明枚举的同时对成员进行赋值，编译器将按照成员声明的顺序对成员进行初始化。即第一个成员被初始化为 0，往后依次加 1。例如：

```
enum { Apple, Pear, Banana } Fruit = Apple;
enum Colors { Red = 1, Green = 3, Blue = 9 };
```

3. 数组

数组（Array）作为一种基本的数据结构，也同样被 CAPL 支持，就像在 C 语言中一样。但为了方便使用，CAPL 支持直接用字符串初始化字符数组的行为。例如：

```
int a[3] = {1,2,3};                // 有效
char b[13] = "Hello World!";       // 有效
long c[] = {999,888,777};          // 无效，在 CAPL 中必须显示定义数组的长度
```

同样，CAPL 也支持多维数组，并且可以通过内建函数 elCount（数组名）来获得数组成员的个数。如果数组的索引超出范围，即小于零或大于等于数组长度，CAPL 将会在数组下标前提示错误。例如：

```
int v[3][3] = {{1,2,3},{4,5,6},{7,8,9}};
int a[3] = {1,2,3};
int b = elCount(a);                 // b = 3
int c = a[4];                       // 错误：超出边界范围
```

10.3.4 特殊类型

相比较前面介绍的基本数据类型，CAPL 还预定义了一些特有的、针对 CANoe 仿真的类。在这一节，将重点介绍常用的几种对象。

1. 报文

报文（CAN/LIN messages）是车载网络最基本的构成部分，CAPL 提供了各种网络相对应的报文类。这里主要介绍 CAN 报文和 LIN 报文。

使用关键字 message 来声明一个报文变量，当使用 message 声明报文变量时，默认变量为 CAN 报文变量。当有数据库支撑的时候，一个完整的声明应该包括 message ID 或者 message name。结合 database 的例子，使用 ID 0xA 或者报文名来声明一条数据库中的 EngineData 报文。例如：

```
message 0xA m1;                     // ID 0xA (hex)
message 100 m2;                     // ID 100 (dec)
message EngineData m3;             // name EngineData
```

以标识符"x"结尾的 ID 表示这是一个扩展帧 ID，例如，100x。

而"*"则表明这条报文在声明时还不含有 CAN ID。例如：

```
on message CAN1.*                  // event 机制
  {
     message *msg;                 // 使用"*"声明报文
     if(this.dir!=rx)return;       // 判断条件，只接收 RX 报文
     msg = this;                   // 将 RX 报文保存下来
  }
```

切记，使用这种方式声明报文时，一定要指定 ID 后才能将 msg 发送出去。

CAPL 提供了一系列的选择器（Selector）以保证用户能够按照自己的意图去修改 CAN message 的属性，表 10.8 列出了 CAN 报文属性及相关信息。

表 10.8　CAN 报文属性及相关信息

关键字	描　　述	数据类型	访问权限
CAN	CAN 报文传输的逻辑通道，有效值范围：1～32	word	—
MsgChannel	CAN 报文传输的逻辑通道，有效值范围：1～32	word	—

156

关键字	描　述	数据类型	访问权限
ID	CAN 报文标识符	dword	—
name	报文在 dbc 文件中的名称	char[]	readonly
DIR	报文的传输方向	byte	—
RTR	远程帧标志位	byte	—
DLC	报文的数据长度，有效值范围：0～15	byte	—
Byte(x)	数据字节位有效值范围：0～63（8～63 字节仅适用于 CAN-FD）	byte	—

例如，如果需要在 CAN1 网络上发送一条指定的报文，报文名：magicMessage；报文 ID：0x252；包含 8 个字节 0x03 3B 40 00 00 00 00 00；可以定义如下。

```
magicMessage.CAN = 1;
magicMessage.ID = 0x252;
magicMessage.DLC = 8;
magicMessage.Byte(0) = 0x03;
magicMessage.Byte(1) = 0x3B;
magicMessage.Byte(2) = 0x40;
magicMessage.Byte(3) = 0x00;
magicMessage.Byte(4) = 0x00;
magicMessage.Byte(5) = 0x00;
magicMessage.Byte(6) = 0x00;
magicMessage.Byte(7) = 0x00;
output(magicMessage);
```

相应地，CAPL 也根据 LIN 总线的特点提供了 LIN 报文的选择器，LIN 报文属性及相关信息如表 10.9 所示。

表 10.9　LIN 报文属性及相关信息

关键字	描　述	数据类型	访问权限
MsgChannel	LIN 报文传输逻辑通道，有效值范围：1～32	word	—
ID	LIN 报文标识符	dword	—
DIR	LIN 报文传输方向	byte	readonly
DLC	报文的数据长度，有效值范围：0～8；	byte	—
Byte(x)	数据字节位，有效值范围：0～7	byte	—

2. 诊断报文

CAPL 通过诊断请求（DiagRequest）和诊断响应（DiagResponse）这两种对象来实现跟 ECU 之间的诊断服务交互。有关诊断方面的内容，本书将在第 15 章着重介绍。

通常情况下，诊断服务需要首先对 Diagnostic 对象声明和初始化。

```
DiagRequest ServiceQualifier request;
DiagResponse ServiceQualifier response;
```

上述声明语句分别声明了诊断请求对象"request"和诊断响应对象"response"；并通过给出的诊断服务"ServiceQualifier"进行初始化。这种初始化将在节点仿真开始时被执行一次，并在每次诊断目标（DiagTarget）改变时被执行一次。

如果使用*来代替"ServiceQualifier"，诊断对象将被初始化为未添加诊断描述的空对象，但对象的数据必须在发送之前完成设置。

3. 系统变量

系统变量是一种特殊的变量，用来描述某种特殊状态（例如某种事件触发）或者记录测量数据。一般有系统定义和用户自定义两种，它们的作用域都是在各自的命令空间内。

9.5 节已经介绍了如何创建系统变量，这里只介绍系统变量的数据类型及描述，如表 10.10 所示。

表 **10.10** 系统变量类型及描述

整　　型	有/无符号	长度	范　　围	备　　注
Integer	signed	32b	-2 147 483 648～+2 147 483 647	32 位，有符号
Integer	unsigned	32b	0～+4 294 967 296	32 位，无符号
Integer	signed	64b	-9 223 372 036 854 775 808～ +9 223 372 036 854 775 807	64 位，有符号
Integer	unsigned	64b	0～+18 446 744 073 709 551 616	64 位，无符号
Double	—	64b	—	64 位，IEEE 双精度
String	—	—	—	字符型
Data	—	—	—	字节数据
Integer Array	—	—	—	有符号 32 位数据数组
Double Array	—	—	—	64 位 IEEE 双精度数组

4. 定时器

CAPL 提供了两种定时器变量：timer 基于秒的时间单位；msTimer 基于毫秒的时间单位，例如：

```
msTimer myTimer;         // 声明一个毫秒定时器 myTimer
Timer myTimer1;          // 声明一个秒定时器 myTimer1
```

10.4　CAPL 基础——常见运算

与 C 语言一样，CAPL 也提供了算术、逻辑和位运算的运算符，其用法也与 C 语言保持一致，如表 10.11 所示。

表 **10.11**　CAPL 常见运算

数学/关系运算符		
+, -, *, /, %	加，减，乘，除，余数（取模）	双目运算符
==, !=	等于，不等于	双目运算符
>, >=, <, <=	大于，大于等于，小于，小于等于	双目运算符
++, --	自增运算符，自减运算符	单目运算符
=	赋值运算符	
+=, -=, *=, /=, %=	加后赋值，减后赋值，乘后赋值，除后赋值，取模后赋值	

逻辑运算符		
&&, ‖	逻辑与，逻辑或	双目运算符
?:	条件运算符	三目运算符
!	逻辑非运算符	单目运算符
位运算		
~	按位取反运算符	
&, ^, ‖	按位与，按位异或，按位或	
<<, >>	左移，右移	单目运算符
<<=, >>=	左移后赋值，右移后赋值	
&=, ^=, ‖=	按位与后赋值，按位异或后赋值，按位或后赋值	

10.5 CAPL 基础——流程控制

有 C 语言基础的读者应该对 C 语言中的流程控制不陌生，流程控制分为顺序结构、选择结构和循环结构。CAPL 是基于事件的编程，顺序结构只在某个事件中有效，而选择和循环结构则在 CAPL 中起着更加重要的作用。在本节中，本书将着重介绍这两种结构中的几种流程控制语句。

10.5.1 if 条件语句

CAPL 中的 if 语句有以下两种形式。

1. if 一般格式

```
if (表达式)      语句;
```

例如：

```
if  (count < 50) count++;
```

2. if 与 else 格式

```
if (表达式) 语句1;     else      语句2;
```

例如：

```
if (x < y) min = x; else min = y;
```

10.5.2 switch 语句

在编写程序时，经常会碰到按不同情况分转的多路问题，这时可用嵌套 if-else-if 语句来实现，但 if-else-if 语句使用不方便，而且容易出错。对于这种情况，switch 语句成了最便捷的方式。

switch 语句格式为：

```
switch (表达式)
{        case 常量表达式 1:         语句 1;
         case 常量表达式 2:         语句 2;
             ...
         case 常量表达式 n:         语句 n;
         default:                  语句 n+1;
}
```

执行 switch 语句时，将变量逐个与 case 后的常量进行比较，若与其中一个相等，则执行该常量下的语句，若不与任何一个常量相等，则执行 default 后面的语句。例如：

```
switch (component) {
 case(1) :
 getValue(comp_1,value); break;
 case(2) :
 getValue(comp_2,value); break;
 default :
 write("error: wrong parameter (%d)",component); stop();
 break;
}
```

10.5.3 while 循环语句

CAPL 中 while 循环提供了以下两种格式供用户使用。

1. while 循环的一般形式为：

```
while(表达式)      语句；
```

while 循环表示当条件为真时，便执行语句，直到条件为假才结束循环，并继续执行循环程序外的后续语句。例如：

```
while(pos < msg.DLC) {
 sum_even += msg.byte(pos++);
 sum_odd += msg.byte(pos++);
}
```

2. do–while 循环

```
do
     循环体语句；
while  (表达式)；
```

do-while 循环与 while 循环的区别在于：它先执行循环中的语句，然后再判断条件是否为真，如果为真则继续循环；如果为假，则终止循环。因此，do-while 循环至少要执行一次循环语句。当有许多语句参加循环时，要用"{"和"}"将这些语句括起来。例如：

```
do {
```

```
    sum = sum += array[i];
  } while (i < 100 && sum <= 1000);
```

10.5.4 for 循环语句

for 循环语句使用最为灵活，不仅可以用于循环次数确定的情况，而且可以用于循环次数不确定而只给出循环结束条件的情况，它可以完全取代 while 语句，它的一般形式为：

for (<初始化>; <条件表过式>; <增量>)　　　语句;

下面简单说明一下。

（1）初始化：总是一个赋值语句，它用来给循环控制变量赋初值。

（2）条件表达式：是一个关系表达式，它决定什么时候退出循环。

（3）增量：定义循环控制变量，每循环一次后按什么方式变化。

这三个部分之间用";"分开，例如：

```
for (i = 0; i < 100; i++) sum += array[i];
```

上例中先给 i 赋初值 0，判断 i 是否小于 100，若是则执行语句，然后值增加 1。再重新判断，直到条件为假，即 i 大于等于 100 时，结束循环。

这里需要读者注意以下几点。

（1）for 循环中语句可以为语句体，但要用"{"和"}"将参加循环的语句括起来。

（2）for 循环中的"初始化""条件表达式"和"增量"都是选择项，即可以省略，但";"不能省略。省略了初始化，表示不对循环控制变量赋初值。省略了条件表达式，则不做其他处理时便成为死循环。省略了增量，则不对循环控制变量进行操作，这时可在语句体中加入修改循环控制变量的语句。

10.5.5 break 语句

break 语句通常用在循环语句和 switch 语句中使用。当 break 用于开关语句 switch 中的时候，可使程序跳出 switch 而执行 switch 以后的语句，如果没有 break 语句，则将成为一个死循环而无法退出。

当 break 语句用于 do-while、for、while 循环语句中时，可使程序终止循环而执行循环后面的语句，通常 break 语句总是与 if 语句连在一起，即满足条件时便跳出循环。

```
for (i = 0; i < 100; i++) {
 if (array[i] == 0) continue;
 array[i] = 1/array[i];
}
...
all_valid = 1;
len = elCount(is_valid);
for (i = 0; i < len; i++) {
  if (is_valid[i] == 0) {
  all_valid = 0;
```

```
    break;
  }
}
```

这里需要强调的是，在多层循环中，一个 break 语句只向外跳一层。另外，goto 语句在 CAPL 中不被支持，用户需要特别注意。

10.5.6　return 语句

CAPL 函数的返回值是由函数体中的 return 语句实现返回的。

return 语句的一般格式为：

return 表达式；

return 语句一般放在函数体的最后，用于结束函数的执行，返回调用函数。若它带有表达式（此表达式可以用一对小括号括起来），系统会将它转换为在函数头中定义的类型，因而要求表达式的类型与定义中的函数值类型一致。若一个不带表达式的 return 语句放在函数的最后，则可省略。

```
double sqr(double x) {
  return(x * x);
}
```

一个函数中可以有多个 return 语句，但实际运行时只能有一个 return 语句起作用。

10.6　CAPL 基础——程序结构

一个完整的 CAPL 程序由 4 部分组成：头文件 include files、全局变量声明、事件处理和自定义函数。

10.6.1　头文件

为了增强 CAPL 代码的复用性，单一的*.can 文件已无法满足需求。设想一下，在一个测试模块里有多条同类待测用例，或者同类待测用例被多个测试模块调用，如何提高代码的重用率，成为大型测试工程编程的关键。重用经过调试验证的代码也是提高测试软件开发效率的有效途径。因此，CAPL 提供了*.cin 文件（callback interface file），用户可以通过该文件搭建自定义的测试框架。比如，将基本的函数接口按照不同类型分别定义在各自的*.cin 文件中，然后再在不同的*.can 文件中包含所需要的*.cin 文件，从而形成二层引用结构。同时也可以在*.cin 中包含其他的*.cin 文件，然后在*.can 文件中包含上层*.cin 文件，进而形成多层的引用结构，从而达到提高代码复用效率的目的。

例如，基本诊断服务定义在 BaseServices.cin 中，基本函数定义在 CommonFunctions.cin 中，测试用例函数定义在 TestFunctions.cin 中，将相关的测试用例定义在测试模块文件 ECU_01.can 中，那么在各个文件中的头文件结构如下。

在 TestFunctions.cin 中：

```
includes
{
  #include "CommonFunctions.cin"
  #include "BaseServices.cin"
}
```

在 ECU_01.can 中：

```
includes
{
  #include "TestFunctions.cin"
}
```

这样，在 ECU_01.can 中可以调用三个*.cin 文件中的所有函数。如果需要编写另一个测试模块 ECU_02，只需要在 ECU_02.can 中包含 TestFunctions.cin 即可。

10.6.2 全局变量声明

CAPL 跟 C 语言一样，变量的作用域和生命周期仅限于变量声明的函数体（即大括号范围）内。CAPL 在每个程序的开始部分提供了 variables 区域给用户声明全局变量。

```
variables
{
  int i = 0;
  message 100 msg;
  msTimer myTimer;
  byte ECU_SERIAL_NUMBER[3] = {0x31, 0x32, 0x33};
}
```

在此部分声明的全局变量的生命周期从仿真开始持续到仿真结束，其作用域为整个 CAPL 文件。而在*.cin 文件中声明的全局变量在包含它的*.can 或*.cin 中视为可见。

10.6.3 事件处理

CANoe 主要是用来对 CAN 通信网络进行建模、仿真、测试和开发的一种工具，因此对实时性和逻辑关系尤为关注。作为 CANoe 的辅助语言，CAPL 采用了面向事件的机制来满足这样的需求。通俗来说就是，在什么条件下，在什么时间节点，发生了什么样的报文传递，得到了什么样的报文反馈。而这种面向事件的机制是通过 event handler 来实现的。

1. 事件起始关键字 on *

```
on  *
{
    语句；
}
```

on 后面加某种条件，一旦条件满足则执行下面函数体内的语句。函数体内的语句是实现接下来需要完成的操作。

2. 关键字 this

在 CAN 报文事件或变量事件中，可以使用关键字 this 访问数据内容。例如：

```
on message 100
{
    byte byte_0;
    byte_0 = this.byte(0);
    ...
}
```

3. 系统事件

系统事件主要用于处理 CANoe 测量系统的控制功能，主要有 on start、on preStart、on stopMeasurement、on preStop、on key <newKey> 以及 on timer，如表 10.12 所示。

表 10.12　常见系统事件

事　　件	事　件　进　程
仿真测量初始化（在开始之前）	on preStart
CAPL 程序开始	on Start
仿真测量停止	on preStop
仿真测量结束	on stopMeasurement

常见系统事件 CAPL 代码举例如下。

```
on preStart
{
    write("Measurement started!");
    msg_Count = 0;
}

on start
{
    write("start Node A");
    setTimer(cycTimer,20);
    CallAllOnEnvVar();
}

on preStop
{
    message ShutdownReq m;
    output(m);
    DeferStop(1000);
}

on stopMeasurement
{
```

```
        write("Message 0x%x received: %d", msg.id, msg_Count);
    }
```

4. CAN 控制器事件

CAN 控制器事件是对硬件接口设备中 CAN 控制器状态变化事件的响应，如表 10.13 所示。

表 10.13　CAN 控制器事件

事 件	事 件 进 程
CAN 控制器进入 Bus Off 状态	on busoff
CAN 控制器进入主动错误状态	on errorActive
CAN 控制器进入被动错误状态	on errorPassive
CAN 控制器达到报警线	on warningLimit

例如，下面的代码在侦测到 Bus Off 状态时，系统会输出信息到 Write 窗口，并复位 ECU。

```
on busOff
{
    // 在 Bus Off 状态下复位 CAN 控制器
    Write("The CAN controller is in Bus off state");
    resetCanEx(Channel);
}
```

5. CAN 报文事件

CAN 报文事件在 CAN 总线上有指定的或任意报文出现时被调用。关键字为：on message xxx。例如，下面列出了不同的 on message 事件。

```
on message 123            // 对报文 123(dec)反应
on message 0x123          // 对报文 123(hex)反应
on message MotorData      // 对报文 MotorData 反应
on message CAN1.123       // 对 CAN 通道 1 收到报文 123 反应
on message *              // 对所有报文反应
on message 100-200        // 对 CAN ID 在 100~200 间报文反应
```

6. CAN 信号事件

CAN 信号事件是在 CAN 总线上出现指定的信号时被调用（需要配合 DBC 文件使用）。关键字为：on signal xxx 或 on signal_update xxx。需要注意的是，前者只在指定信号的值发生变化时被调用，后者在每次接收到指定信号时均被调用。

```
on signal LightSwitch::OnOff
{
    STAT1=this;
}


on signal_update LightSwitch::OnOff
```

```
{
    STAT2=this;
}
```

注意，STAT1 只在最近一次 OnOff 数值改变时被赋值，而 STAT2 会记录当前 OnOff 的值。

7. 定时事件

定时器变量可以用来创建一个定时事件，SetTimer 函数用来设定时间间隔。当定时器运行到达设定的时间间隔时，将触发该事件，这时 on timer 函数中的程序块将被执行。需要提醒的是，周期性触发需要在每次触发结束后使用 SetTimer 复位。若在定时器运行中需要停止计时，可以使用 cancelTimer 函数来取消计时。

定时器事件关键字为 on timer xxx。以下代码通过定时器事件实现每 100ms 发送一次报文 0x555。

```
variables
{
  message 0x555 msg1 = {dlc=1};
  msTimer myTimer;                         // 将 myTimer 声明 ms 为单位的定时器变量
}
on start
{
  setTimer(myTimer,100);                   // 将定时值设定为 100ms，并启动
}
on timer myTimer
{
  setTimer(myTimer,100);                   // 不能遗漏，复位定时器
  msg1.byte(0)=msg1.byte(0)+1;             // 更新报文 byte(0) 数据
  output(msg1);                            // 输出报文
}
```

8. 键盘事件

在测量的过程中，通常需要由用户来触发某些事件来模拟实际测试环境的人工操作，例如，开始记录 log、改变信号或变量的值、停止测量等。利用 CAPL 提供的键盘事件可以方便地完成这些操作。键盘事件的关键字为 on key xxx。

```
        on key 'a'          // 按 a 键反应
        on key ' '          // 按空格键反应
        on key 0x20         // 按空格键反应
        on key F1           // 按 F1 键反应
        on key Ctrl-F12     // 按 Ctrl+F12 组合键反应
        on key PageUP       // 按 Page Up 键反应
        on key Home         // 按 Home 键反应
on key *                    // 按所有键反应

on key 's'
```

```
{
  Write("Logging Starts");
}
```

9. 错误帧事件

当总线上出现错误帧或者过载帧时，错误帧处理机制将被调用。下面的代码将输出总线错误码，同时将错误帧的信息输出到 Write 窗口中。

```
on errorFrame
{
  const int bufferSize = 256;
  char buffer[bufferSize];
  char cdirection[2][3] = {"RX", "TX"};
  int ndir;
  word ecc;
  word extInfo;
  int isProtocolException;

  ecc = (this.ErrorCode >> 6) & 0x3f;
  extInfo = (this.ErrorCode >> 12) & 0x3;
  isProtocolException = (this.ErrorCode & (1 << 15)) != 0;

  ndir = extInfo == 0 || extInfo == 2 ? 0 : 1;
  // 根据 extInfo 来判断错误帧传输方向：接收或发送

  if(this.CtrlType == 1){
    // CAN 控制器类型：SJA1000
    switch (ecc){
    case 0: snprintf(buffer, bufferSize, "Bit error"); break;
    case 1: snprintf(buffer, bufferSize, "Form error"); break;
    case 2: snprintf(buffer, bufferSize, "Stuff error"); break;
    case 3: snprintf(buffer, bufferSize, "Other error"); break;
    default: snprintf(buffer, bufferSize, "Unknown error code");
    }
  }
  else if(this.CtrlType == 2){
    // CAN 控制器类型：CAN Core
    switch (ecc){
      case 0: snprintf(buffer, bufferSize, "Bit error"); break;
      case 1: snprintf(buffer, bufferSize, "Form error"); break;
      case 2: snprintf(buffer, bufferSize, "Stuff error"); break;
      case 3: snprintf(buffer, bufferSize, "Other error"); break;
      case 4: snprintf(buffer, bufferSize, "CRC error"); break;
      case 5: snprintf(buffer, bufferSize, "ACK Del. error"); break;
      case 7:
```

```
    {
      switch (extInfo){
      case 0: snprintf(buffer, bufferSize, "RX NACK error (recessive error
      flag)"); break;
      case 1: snprintf(buffer, bufferSize, "TX NACK error (recessive error
      flag)"); break;
      case 2: snprintf(buffer, bufferSize, "RX NACK error (dominant error
      flag)"); break;
      case 3: snprintf(buffer, bufferSize, "TX NACK error (dominant error
      flag)"); break;
      }
     break;
    }
   case 8: snprintf(buffer, bufferSize, "Overload frame"); break;
   case 9: snprintf(buffer, bufferSize, "FDF or res recessive"); break;
                              // 协议异常事件
   default: snprintf(buffer, bufferSize, "Unknown error code"); break;
   }
 }
 else snprintf(buffer, bufferSize, "Unsupported CAN controller");
 // CAN 控制器类型：未知

 if(isProtocolException){
   write("Protocol exception on CAN%d at %fs: %s", this.can, this.time/1e5,
   buffer);
 }
 else{
   write("%s error frame on CAN%d at %fs: %s", cdirection[ndir], this.can,
   this.time/1e5, buffer);
 }
}
```

10. 环境变量事件

环境变量事件是对环境变量发生变化的响应，关键字为 on enVar xxx，例如：

```
on envVar Switch {
  // 声明一个 CAN 报文变量，用于传输
  message Controller msg;
  // 读取环境变量 Switch 的数值，并赋值给信号 Stop
  msg.Stop = getvalue(this);
  // 发送报文到总线上
  output(msg);
}
```

可以使用 getValue() 和 putValue() 读写环境变量的值，例如：

```
// 读取环境变量 Switch 的数值，并赋值给变量 val
val = getValue(Switch);
// 将数值 0 赋值给环境变量 Switch
putValue(Switch, 0);
```

11. 系统变量事件

与环境变量事件类似，系统变量事件是对系统变量发生变化的响应，关键字为 on sysVar xxx 或 on sysVar_update xxx，例如：

```
on sysVar IO::DI_0
{
  $Gateway::IOValue1 = @this;
}
on sysvar_update IO::DI_0
{
  $Gateway::IOValue2 = @this;
}
```

12. 诊断事件

诊断事件是在诊断请求或诊断响应发生时产生，常用诊断事件如表 10.14 所示。

表 10.14 诊断事件列表

事 件	事 件 进 程
当仿真的 ECU 收到某条诊断请求时	on diagRequest <newRequest>
当诊断仪发出某条诊断请求时	on diagRequestSent <newRequestSent>
当诊断仪收到某条诊断响应时	on diagResponse <newResponse>

例如：

```
on diagRequest ECU.DefaultSession_Start
{
  / 发生诊断请求事件
  Write("Default Session Switch request received")
}


on diagRequestSent ECU.HardReset
{
  // 诊断请求发送完成
  Write("HardReset service sent completely, ECU should reset")
}


on diagResponse ECU.VehicleIdentification_Number_Read
{
  // 收到相应的诊断请求的响应
  Write("VehicleIdentification_Number_Read response received successfully")
}
```

10.6.4 自定义函数

CAPL 函数致力于定义接口，形成模块化的代码以提高代码的重用性。它的语法跟 C 语言很类似，但也包含一些 C 语言所不具备的功能。

（1）当返回值类型省略时，被默认解释为 void 类型。

（2）正如 C++一样，允许函数包含一个空的形参列表。

（3）允许重载函数（即同一个函数名，但每个函数的形参列表必须不同，例如，不同的形参类型或者在形参列表中的不同次序）。读者可以研究一下 CANoe 函数库所带函数 toUpper，其功能是将字符或字符串转换为大写字母。函数原型如下。

```
char toUpper(char c);
void toUpper(char dest[], char source[], dword bufferSize);
```

（4）函数会对实参进行类型检查，如果类型不同则检查是否能够通过隐式类型转换，如不能，则无法通过编译，例如：

```
void Function1(long lpar) {}
void Function1(dword lpar) {}
void Function2(dword lpar) {}
void Function3()
{
  byte bvar;
  long lvar;
  Function1((long)bvar);      // 显式类型转换
  Function1((dword)bvar);     // 显式类型转换
  Function1(lvar);            // 类型匹配；没有转换
  Function2(bvar);            // 隐式类型转换
}
```

（5）任意维度或大小的数组都可被作为函数参数传递。例如，以下函数参数为数组，将在 Write 窗口输出一个矩阵。

```
void printMatrix(int m[][])
{
  int i,j;
  for(i=0;i<elCount(m);i++) {
    for(j=0;j<elCount(m[0]);j++){
      write("%ld", m[i][j]);
    }
  }
}
```

（6）大部分 CAPL 支持的数据类型都可以直接声明为函数参数，例如，整型、浮点型、枚举、结构、定时器以及它们的引用。但有一些类型不能被直接声明，而需要加上 * 号（注意该符号并不是 C 语言中指针的意思）。

例如，signal * s、envvarInt * ev、sysvarFloat * sv、diagRequest * dr、diagResponse * dr、int matrix[][]，以及所有来自于 database 的变量，均需要加上*号声明。

需要注意的是 message 类型比较特殊，如果该变量是用户自定义的，那么在函数参数声明时，message 和 message * 均可以，但如果该变量来自 database，那么只有 message * 可用。下面的例子是以 database 中的信号为例。

```
foo (signal * s )
{
    // 打印作为函数参数的信号的名称
    write("Signal name: %s", s.name);
}
```

10.7　CAPL 基础——常用函数库简介

CAPL 提供了一个强大的函数库，每一次发行新版本的 CANoe，都会有新的函数补充进来，以最大限度地满足用户的需求。由于 CAPL 函数非常多，而且同一函数名提供多个重载函数，下面仅按照功能划分为读者整理一些常用的 CAPL 函数及简单描述。针对一些不常用的函数，读者在需要使用的时候可自行查阅帮助文档。由于 CANoe 测试相关函数种类较多，该部分内容将在第 14 章介绍。

10.7.1　通用函数

CANoe 提供了很多通用函数，例如，与当前计算机系统、文件操作、测量过程控制等相关的函数。表 10.15 为常见的 CAPL 通用函数列表及功能描述。

表 10.15　CAPL 通用函数列表及功能描述

函　　数	功　能　描　述
getConfigurationName	返回当前工程文件名（不含后缀名）
GetComputerName	检索当前计算机的全称
GetIPAddress	检索当前默认 IP 地址
closePanel	关闭 Panel
DeleteControlContent	清空 CAPLOutputview 控件中的内容
enableControl	启用或禁用控件
getValue	得到 environment variable 的值
getValueSize	以字节形式返回 environment variable 的大小
MakeRGB	计算当前颜色值
openPanel	打开 Panel
putValue	为 environment variable 赋值
SetControlBackColor	设置 Panel 中控件的背景色
SetControlColors	设置 Panel 中控件和文字的背景色
SetControlForeColor	设置 Panel 中控件文字的颜色
SetControlVisibility	设置 Panel 中控件可视性
SetMediaFile	替换 Panel 中 Media Player 控件的媒体文件
SetPictureBoxImage	替换 Panel 中 Picture Box 的图片

函　数	功　能　描　述
GetCANMessage	返回 CAN 或 CAN-FD 报文的数据
fileClose	关闭文件
fileGetBinaryBlock	从指定文件中读取二进制内容
fileGetString	从指定文件中读取字符串
filePutString	将字符串写入指定文件中
fileRewind	重置文件内容位置至文件开始处
fileWriteBinaryBlock	写字节到指定的文件中
getAbsFilePath	得到与当前工程相对路径的文件全名
getUserFilePath	得到文件的绝对路径
Open	打开指定文件名的文件
setFilePath	设置文件的读写路径
canOffline	断开节点与总线之间的连接
canOnline	恢复总线与节点之间的连接
getStartdelay	设定该节点延迟开始的时间
stop	结束正在运行的测量
setWriteDbgLevel	设置 writeDbgLevel 函数的优先等级
writeDbgLevel	在 Write 窗口以特定等级输出信息
setLogFileName	设置 Logging 文件的文件名
StartLogging	立刻开始所有 Logging 模块
StopLogging	立刻停止所有 Logging 模块
ReplayResume	恢复运行 Replay 模块
ReplayStart	开始运行 Replay 模块
ReplayState	返回当前 Replay 模块的状态
ReplayStop	结束运行 Replay 模块
ReplaySuspend	暂停运行 Replay 模块
cancelTimer	取消正在运行的定时器
setTimer	设置一个定时器
getLocalTime	返回当前的日期和时间
sysExit	在 CAPL 程序中退出 CANoe 运行
sysMinimize	最小化或恢复 CANoe 窗口
write	在 Write 窗口中输出信息
writeClear	清除 Write 窗口中指定页面中的内容
writeConfigure	在 Write 窗口中配置指定的页面
writeCreate	在 Write 窗口中新建页面并指定名称
writeEx	在指定的窗口或 Write 窗口的页面中最后一行的末尾输出信息
writeLineEX	在指定的窗口或 Write 窗口的页面中新起一行输出信息
writeTextBkgColor	设定 Write 窗口的页面的背景色
writeTextColor	设置 Write 窗口页面中的文字颜色

10.7.2 计算函数

CAPL 提供用户常用的计算函数，可以满足仿真工程中的计算要求。表 10.16 为 CAPL 计算函数列表及功能描述。

表 10.16　CAPL 计算函数列表及描述

函　　数	功　能　描　述
arccos	计算反余弦值
arcsin	计算反正弦值
arctan	计算反正切值
_ceil	求出不小于的最小整数
_floor	求出不大于的最大整数
_Log	取自然对数函数
_Log10	取以 10 为底的对数函数
_max	取两个数值中的最大值
_min	取两个数值中的最小值
_pow	计算次方
_round	求出最近的整数
abs	求绝对值
cos	计算余弦值
exp	求 e 的次方值
random	产生随机整数
sin	计算正弦值
sqrt	计算开二次方值

10.7.3 字符串函数

字符串处理一直是编程中经常遇到的问题，CANoe 在 CAPL 中借鉴了很多 C 语言的函数，表 10.17 为 CAPL 字符串操作函数列表及功能描述。

表 10.17　CAPL 字符串操作函数列表及功能描述

函　　数	功　能　描　述
_atoi64	将字符数组转换为 64 位整数
_gcvt	将双精度转换成指定长度的字符串
atodbl	将字符串转换成双精度
atol	将字符串转换成长整数
ConvertString	将不同编码的字符串相互转换，可以支持： CP_UTF8 CP_UTF16 CP_LATIN1 CP_SHIFT_JIS

函　　　数	功　能　描　述
DecodeString	将编码的字符串解码成普通的字符串，可以支持： CP_UTF8 CP_UTF16 CP_LATIN1 CP_SHIFT_JIS
EncodeString	将普通的字符串编码成指定的字符串，可以支持： CP_UTF8 CP_UTF16 CP_LATIN1 CP_SHIFT_JIS
ltoa	将长整数转换为不同进制数的字符串
snprintf	将格式化的数据写入某个字符串中，与 C 语言中的 sprintf 相同
strlen	返回字符串的长度
strncat	在字符串的结尾追加 len 个字符
strncmp strncmp_off	字符串比较操作
strncpy strncpy_off	字符串复制操作
strstr strstr_off	用于判断字符串 2 是否是字符串 1 的子串
strtod	将字符串 s 转换为浮点数
strtol	将字符串转换为 32 位整数
strtoll	将字符串转换为 64 位整数
strtoul	将字符串转换为无符号 32 位整数
strtoull	将字符串 s 转换为无符号 64 位整数
substr_cpy substr_cpy_off	复制源字符串中子字符串给目的字符串
str_match_regex	检查字符串 s 是否与 pattern 格式匹配
str_replace str_replace_regex	字符串替换操作
strstr_regex strstr_regex_off	判断字符串中是否含有满足 pattern 格式的子串
toLower	将字符或字符串转换为小写字母
toUpper	将字符或字符串转换为大写字母

10.7.4　CAN 总线函数

CAN 总线函数包括报文事件、控制器事件和统计相关等函数。表 10.18 为 CAN 总线函数列表及功能描述。

表 10.18　CAN 总线函数列表及功能描述

函　　数	功　能　描　述
canGetDataLength	返回 CAN Message 的长度
canOutputErrorFrame	向 CAN 总线发送一帧错误帧
canConfigureBusOff	设置 CAN 总线状态为 Bus Off
GetMessageID	得到 CAN Message 的 ID
GetMessageName	得到 CAN Message 的名称
setSignalStartValues	设置在 database 中定义的 Signal 的初始值
resetCan	复位 CAN 控制器
ResetCanEx	复位指定通道的 CAN 控制器
canResetStatistics	复位 CAN 总线数据统计
BusLoad	返回当前通道的总线负载率
ChipState	返回当前 CAN 控制器状态
ErrorFrameCount	返回指定通道从测量开始错误帧的数量
StandardFrameCount	返回指定通道从测量开始标准帧的数量

注：报文事件、CAN 控制器事件此处省略，请参看 10.6.3 节。

10.7.5　LIN 总线函数

与 CAN 总线函数类似，CAPL 支持的 LIN 总线函数列表及功能描述如表 10.19 所示。

表 10.19　LIN 总线函数列表及功能描述

函　　数	功　能　描　述
getSignal	得到 Signal 值
output	应用报文头或重置 LIN 报文的响应数据
setSignal	设置要传输的 Signal 的值
linActivateGlobalNetworkManagement	开启/禁用 LIN 网络管理
linActivateSlaveNetworkManagement	开启/禁用 Slave 节点的网络管理

10.7.6　诊断函数

CAPL 对诊断测试支持的函数如表 10.20 所示，此处只选取几个常用的函数，其他与诊断相关的函数将在第 15 章着重介绍。

表 10.20　常用诊断函数列表及功能描述

函　　数	功　能　描　述
diagSetCurrentSession	设置当前 ECU 的诊断会话模式
diagInitialize	初始化诊断服务和数据
diagIsNegativeResponse	用于判断对象是否为否定响应，如果是则返回一个不等于 0 的值
diagIsPositiveResponse	用于判断对象是否为肯定响应，如果是则返回一个不等于 0 的值
diagSetPrimitiveData	用于设定诊断对象完整的原始数据
diagGetP2Extended	返回 P2ex 超时时间

函　　数	功　能　描　述
diagGetP2Timeout	返回 P2 超时时间
diagSendResponse	用于发送诊断响应给诊断仪，仅用于 ECU 仿真节点时
diagSendPositiveResponse	用于发送肯定诊断响应给诊断仪，仅用于 ECU 仿真节点时
diagSendNegativeResponse	用于发送否定诊断响应给诊断仪，并指定错误代码
diagSendRequest	用于发送诊断请求给目标 ECU
diagSendResponse	用于发送诊断响应给诊断仪，仅用于 ECU 仿真节点时
diagStartTesterPresent	用于设置 CANoe 开始向诊断目标 ECU 发送 Tester Present
diagStopTesterPresent	用于设置 CANoe 停止向诊断目标 ECU 发送 Tester Present

10.8　CAPL 基础——总线数据库的使用

CAPL 能够很好地支持总线数据库，它不仅能访问数据库中的 message 的名称、类型、标识符等属性参数，还能识别组成 message 的各个组件的描述。用户可以将已创建的 database 文件导入工程文件中，这样 CAPL 就可以直接引用 database 中所包含的 message，而不需要逐个数据地去定义所需要的 message。例如：

```
on message MessageNameInDatabase
{
  // 访问数据库中定义的 CAN 报文
  Int MsgDLC, MsgId;
  MsgDLC=this.DLC;
  MsgId=this.ID;
  this.Byte(0)=1;
  this.SignalName=1;
}
```

10.9　CAPL 基础——变量和信号的访问

CAPL 中，信号、系统变量和环境变量可以直接被访问和赋值，但赋值方式各不相同，本节将针对上述三种情况分别介绍赋值方式。

10.9.1　CAPL 中访问信号

需要指出的是，signal 在 CAPL 中代表的是总线信号交互层的表示，它不同于 message。message 是 CAPL 的数据类型，而 signal 不是。因此，不能在 CAPL 中定义一个类型为 signal 的变量。

当用户需要访问信号缓冲区并期望读到最后接收到的信号值时，可以使用$符号，例如：

```
value = $EngineSpeed;                    // 读取信号 EngineSpeed 的值
value = $EngineSpeed.raw;                // 读取信号 EngineSpeed 的 raw 数据
$EngineSpeed = 500.0;                    // 将信号 EngineSpeed 的值设为 500
if ($EngineSpeed != 500.0) write("Unequal!");
```

在一个仿真工程中，信号的定义可能会出现歧义，主要原因是含有多个总线网络，不同数据库中出现相同名称的信号名。为了区别不同的信号，CAPL 中需要增加通道（Channel）、网络（Network）、节点（Node）和报文（Message）的信息。完整的语法格式如下。

```
[(channel |network)::][[dbNode::]node::][[dbMsg::]message::][dbSig::]signal
```

用户可以使用上面的全部或部分的元素，只要能准确表示出信号的唯一性即可。例如：

```
$LightSwitch::OnOff                    // Node + Signal
$LightSwitch::LightState::OnOff        // Node + Message + Signal
$CAN1::Gateway::Status                 // Channel + Node + Signal
$PowerTrain::Gateway::Status           // Network + Node + Signal
$CAN1::Status                          // Channel + Signal
```

10.9.2　CAPL 中访问系统变量

用户可以在 CAPL 中直接访问系统变量而不需要通过函数调用（例如使用 SysGetVariableInt、SysGetVariableFloat 等获取变量值，使用 SysSetVariableInt、SysSetVariableFloat 等函数修改变量值），以下是需要采取的语法格式：

```
@Namespace::Variable
```

需要注意的是，对于 array 或 struct 类的变量，直接访问方式只能访问单个元素，例如：

```
intValue = @Namespace1::Parameter2;
@Debug::MotorValues::EngineSpeed = $EngineSpeed;
intValue = @Namespace1::ParameterArray[2];  // 访问数组变量的单个成员
@XCP::ECU_2::KL2.Curve2[0] = 1.3;  // 访问结构体中的数组变量的单个成员
```

比较通用的访问操作方式是使用以 sysGetVariable 开头和 sysSetVariable 开头的访问函数。例如：

```
// 字符串修改操作
char demo[20]={'M','u','s','i','c',' ','t','a','g'};
sysSetVariableString(sysvar::IPC::Music_tag,demo);

// Long 数组类的系统变量读取操作
long lVarArr[10];
sysGetVariableLongArray(sysvar::MyNamespace::LongArrayVar, lVarArr, elcount
(lVarArr));
```

10.9.3　CAPL 中访问环境变量

与系统变量类似，用户可以不使用函数调用通过同样的格式访问环境变量。例如：

```
intValue = @EnvLightState;
@EnvTurnSignal = $LightState::TurnSignal;
```

比较通用的访问操作方式是使用函数 getValue()和 putValue()，例如：

```
// getValue 相关操作
int val;
float fval;
char cBuf[25];
byte bBuf[64];
long copiedBytes;

// 获取环境变量 Switch（整型）的数值并赋值给整数 val 变量
val = getValue(Switch);
// 获取环境变量 Temperature（浮点型）的数值并赋值给浮点数 fval 变量
fval = getValue(Temperature);
// 读取环境变量 NodeName（字符串型）的数值，赋值给字符串 cBuf，返回复制的字符长度
copiedBytes = getValue(NodeName, cBuf);
// 读取环境变量 DiagData（字符串型）的数值，从 32 位置赋值给字符串 bBuf，返回复制的字符长度
copiedBytes = getValue(DiagData, bBuf, 32);

// putValue 相关操作
byte dataBuf[64];
// 将 0 赋值给环境变量 Switch
putValue(Switch, 0);
// 将 22.5 赋值给环境变量 Temperature
putValue(Temperature, 22.5);
// 将"Master"赋值给环境变量 NodeName
putValue(NodeName, "Master");
// 复制 dataBuf 字符串变量中的 64 个字节给环境变量 DiagData
putValue(DiagData, dataBuf, 64);
```

10.10　在 X-Vehicle 项目中添加 CAPL 程序

下面将在第 9 章 X-Vehicle 工程中对节点 Engine、Door 和 Display 分别添加 CAPL 程序。在 Simulation Setup 窗口的网络视图中，鼠标右键单击需要添加 CAPL 程序的节点，选择 Edit，如图 10.8 所示，若该节点已添加 CAPL 程序，则会直接跳出 CAPL 浏览器编辑界面。如果是首次编辑，会创建一个新的 CAPL 程序。在弹出窗口中选择要保存的路径并命名文件名称，需要注意的是 CAPL 程序文件后缀名为.can。

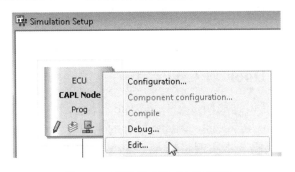

图 10.8　编辑节点的 CAPL 程序

使用上面的办法，分别为节点 Engine、Door 和 Display 创建三个 CAPL 程序 engine.can、door.can 和 display.can，并保存在文件夹 nodes 中。

10.10.1 创建节点 Engine 的 CAPL 程序

节点 Engine 主要功能：引擎开关动作时，将对应的报文 EngineState 中信号 OnOff 更新；同时，处理引擎开关状态与引擎速度的逻辑关系：引擎运行时，引擎速度允许更新；引擎关闭时，引擎速度自动设置为 0。

因此，节点 Engine 的 CAPL 程序需要实现的两个系统变量变化的事件处理函数为：on sysvar sysvar::Engine:: EngineStateSwitch 和 on sysvar sysvar::Engine::EngineSpeedEntry。

以下为节点 Engine 完整的 CAPL 代码（engine.can）。

```
// 节点 Engine 的 CAPL 程序
includes
{

}

variables
{

}
// 处理系统变量变化事件 - sysvar::Engine::EngineStateSwitch
on sysvar sysvar::Engine::EngineStateSwitch
{
 $EngineState::OnOff = @this;
  if(@this)
    $EngineState::EngineSpeed = @sysvar::Engine::EngineSpeedEntry;
  else
    $EngineState::EngineSpeed = 0;
}

// 处理系统变量变化事件 - sysvar::Engine::EngineSpeedEntry
on sysvar sysvar::Engine::EngineSpeedEntry
{
  if(@sysvar::Engine::EngineStateSwitch)
  {
    $EngineState::EngineSpeed = @this;
  }
}
```

10.10.2 创建节点 Door 的 CAPL 程序

节点 Door 主要功能是发送周期报文 DoorState，本实例中面板的车门开关控件已与报文的信号（Door_L 和 Door_R）关联，因此，信号的更新会由 CANoe 自动处理，不需要在 CAPL 程序中添加任何代码。本实例将加入一些 Write 窗口的调试输出功能，通过调用 SetwriteDbgLevel 设定函数和 writeDbgLevel 输出函数，可以输出用户关心的信息。此处加入的调试功能如下。

（1）Key'0'关闭调试信息输出；Key'1'打开调试信息输出。

（2）检查报文 DoorState 的接收方向，调试信息输出功能打开时，可以输出到 Write 窗口。理论上，节点 Door 不应该收到其他节点发送过来的报文 DoorState。

以下为节点 Door 完整的 CAPL 代码（door.can）。

```
// Door Node CAPL Program
includes
{

}

variables
{
  int gDebugCounterTX = 0;
  int gDebugCounterTXRQ = 0;
  int gDebugCounterRX = 0;

}

on start
{
  setWriteDbgLevel(0); // 设定 DbgLevel = 0 禁止输出 debug 信息
}

// 检查报文 DoorState 传输方向
on message DoorState
{
  // 检查报文 DoorState 传输方向   - TX
  if (this.dir == TX)
  {
   gDebugCounterTX++;
   if(gDebugCounterTX == 10)
   {
    writeDbgLevel(1,"DoorState TX received by node %NODE_NAME%");
    gDebugCounterTX = 0;
   }
  }
  // 检查报文 DoorState 传输方向 - TXREQUEST
  if(this.dir == TXREQUEST)
  {
   gDebugCounterTXRQ++;
   if(gDebugCounterTXRQ == 10)
   {
    writeDbgLevel(1,"DoorState TXREQUEST received by node %NODE_NAME%");
    gDebugCounterTXRQ = 0;
   }
  }
  // 检查报文 DoorState 传输方向  - RX
  if (this.dir == RX)
```

```
  {
    gDebugCounterRX++;
    if(gDebugCounterRX == 10)
    {
      writeDbgLevel(1,"Error: DoorState RX received by node %NODE_NAME%");
      gDebugCounterRX = 0;
    }
  }
}


// 处理按键'0'事件：禁止 debug 信息输出
on key '0'
{
  setwriteDbgLevel(0);
}
// 处理按键'1'事件：开启 debug 信息输出
on key '1'
{
  setwriteDbgLevel(1);
}
```

10.10.3　创建节点 Display 的 CAPL 程序

节点 Display 主要功能是对接收过来的报文 EngineState 和 DoorState 进行处理，并显示在 Display 面板上。由于引擎状态指示与信号 EngineState.EngineStateSwitch 关联了，所以 CANoe 会自动更新状态。因此，节点 Display 只须处理 on message EngineState 和 on message DoorState 事件。

以下为节点 Display 完整的 CAPL 代码（display.can）。

```
// 节点 Display 的 CAPL 程序
includes
{

}


variables
{


}

// 处理接收到报文 EnginerState 事件
on message EngineState
{
  // 如果发送方向为接收
  if (this.dir == RX)
  {
    @sysvar::Engine::EngineSpeedDspMeter = this.EngineSpeed / 1000.0;
```

```
    }
}

// 处理接收到报文 DoorState 事件
 on message DoorState
{
  // 如果发送方向为接收
  if (this.dir == RX)
  {
      @EnvDoorState = this.Door_L + this.Door_R * 2;
  }
}
```

10.11　工程运行测试

运行工程以后，操作 Control 面板中的控件，Display 面板中的控件会自动更新。按 0 键和 1 键会关闭和打开调试信息输出功能，可以在 Write 窗口中观察到相关信息的输出。Trace 窗口可以观察报文、信号、系统变量和环境变量的变化。图 10.9 为完整的 X-Vehicle 仿真工程的运行效果图。

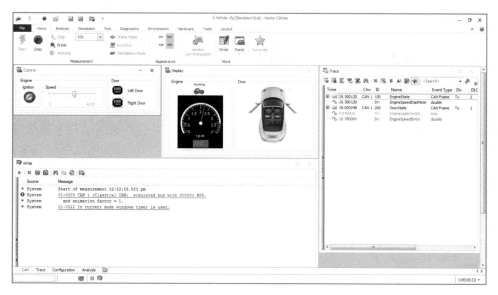

图 10.9　X-Vehicle 仿真工程的运行效果图

读者可以在本书提供的资源压缩包中找到本章例程的工程文件（路径为：\Chapter_10\Source\X-Vehicle\）。

CAPL 语言设计

第 11 章 | 仿真工程编译和调试

本章内容:
- CAPL 程序编译;
- CAPL 程序的 Debug 功能调试;
- 使用 Write 窗口调试 CAPL 程序。

CAPL 跟所有的编程语言一样,程序开发工程师也往往无法避免编程过程中出现这样那样的 bug,这时就需要在 CAPL 程序开发过程中掌握相关调试工具和调试技巧。本章将介绍条件编译设置,以及如何使用 Debugger(调试器)和 Write 相关函数进行 CAPL 代码的调试。

11.1 CAPL 程序编译

编译就是利用编译工具从源语言编写的源程序产生目标程序的过程。第 10 章中讲述的 CAPL,也是必须通过 CAPL 浏览器编译,才能成为 CANoe 能够直接执行的二进制文件。下面首先介绍一下条件编译的相关知识。

11.1.1 条件编译

一般情况下,源程序中所有的代码都参与编译,但有时也希望对其中一部分在满足一定条件时才进行编译,也就是对一部分内容制定编译的条件,这就是"条件编译"。类似于 C 语言,CAPL 也提供了预定义的条件编译。当某些函数、头文件或者全局变量区域的某些代码行只能在某些特定的条件满足时才能被编译,这时,用户可以使用以下语句来定义。

```
#if <condition>
    程序段 1
#else
    程序段 2
#endif
```

例如:

```
on message *
{
#if MEASUREMENT_SETUP
  output(this);
#endif
}
```

不同的预定义条件可以被组合在一起成为一个整体的条件,此时需要使用括号运算符和逻辑运算符,如||(或)和&&(与)。同样地,还可以在条件中使用数字和关系运算符将它们组合起来,例如,<和=。

表 11.1 列出了 CAPL 常见的预定义条件及描述。

表 11.1　CAPL 常见的预定义条件及描述

预定义条件	描　　述
MEASUREMENT_SETUP	如果此 CAPL 程序是 MEASUREMENT_SETUP 的一部分，则为真（1）；反之为假（0）
SIMULATION	如果此 CAPL 程序是 MEASUREMENT_SETUP 或者 Test Setup 的一部分，则为真（1）；反之为假（0）
ANALYSIS	如果此 CAPL 程序是 MEASUREMENT_SETUP 的一部分，则为真（1）；反之为假（0）
TEST_NODE	如果此 CAPL 程序是 CAPL 测试节点或者 test library，则为真（1）；反之为假（0）
CAPL_ON_BOARD	如果此 CAPL 程序是用来控制操作某个硬件接口，则为真（1）；反之为假（0）
TOOL_MAJOR_VERSION	CANoe 的主版本，例如，在 CANoe 7.5 SP3 环境中，则该值为 7
TOOL_MINOR_VERSION	CANoe 的子版本，例如，在 CANoe 7.5 SP3 环境中，则该值为 5
TOOL_SERVICE_PACK	CANoe 的补丁版本号，例如，在 CANoe 7.5 SP3 环境中，则该值为 3
DEBUG	如果 CAPL 的 debug 模式开启，则该值为真（1），反之为假（0）
X64	如果此 CAPL 程序属于 Measurement Setup 且使用的是 64 位 CANoe 版本，则该值为真（1）；反之为假（0）

例如：

```
#if  (TOOL_MAJOR_VERSION == 7 && TOOL_MINOR_VERSION == 5 && TOOL_SERVICE_PACK
< 2) || CANALYZER
#pragma message("This program needs at least CANoe 7.5 SP 3")
#endif
```

如果预定义的条件逻辑关系复杂，也可以使用嵌套条件#elif <条件>或者#else，例如：

```
#if TOOL_MAJOR_VERSION == 7
#if TOOL_MINOR_VERSION == 5
   write("CANoe 7.5");
#else
   write("Unknown CANoe 7.x");
#endif
#elif TOOL_MAJOR_VERSION == 8
   write("Unknown CANoe 8.x");
#else
   write("Unknown CANoe version");
#endif
```

需要注意的是，用户不能自定义条件常量，也不能从编译中排除函数声明，条件编译只能在函数体中使用。

11.1.2　编译 CAPL 程序

为了创建 CBF（CAPL Binary Format）格式的可执行文件，用户需要使用 CAPL 编译

仿真工程编译和调试

器对所编写的程序进行编译。用户可以单击工具栏中的 Compile 图标或者按 F9 键启动编译命令。如果 CAPL 程序还未命名，CAPL 浏览器会提示用户输入文件名并保存。如果程序已命名，则 *.cbf 文件的名称将直接来自源文件名。编译成功后，CBF 文件会自动保存在与 CAPL 程序文件相同的文件夹下。

任何编译过程中出现的错误或警告都会被输出到 Output 窗口中，主要包括编译过程中出现的错误的语法、拼错的关键词、数据库中的组件调用错误、系统变量找不到以及类型不匹配等错误。

11.2　CAPL 程序的 Debug 功能调试

CAPL 像其他编程语言一样，用户可以使用 Debug 功能来调试自己的代码，快速修复 bug。CAPL 的 debugger（调试器）适用于以下情况。

（1）Simulation Setup：使用 CAPL 开发的网络节点（Network Node）。

（2）Measurement Setup：使用 CAPL 开发的程序节点（Programming Node）。

（3）Test Setup for Test Modules：使用 CAPL 开发的测试模块（Test Module）。

（4）Test Setup for Test Units：使用 CAPL 开发的测试单元（Test Unit）。

本节将以 CANoe 官方例子 easy 的仿真节点（默认路径：C:\Users\Public\Documents\Vector\CANoe\Sample Configurations 11.0.42\CAN\Easy）为例来讲解如何使用 debugger。

11.2.1　设置 Debug Mode

这里必须说明的是，Debug Mode 只适用于 Simulated Bus 模式，否则在 Debugger 窗口中无法开启 Debug Mode。进入 Simulation Setup，选择节点 Light，单击鼠标右键并在菜单中选择 Debug 可以进入 Debug 窗口，如图 11.1 所示。

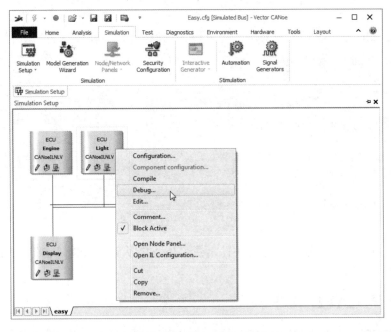

图 11.1　节点的 Debug 操作

在 Debug 窗口中，用户可以查看当前节点的 CAPL 代码，与 CAPL 浏览器的编辑区相似，但用户不能修改代码，如图 11.2 所示。

图 11.2　仿真节点的 Debug 窗口

11.2.2　Debugger 工具栏

下面简单介绍一下 Debugger 工具栏的功能，可以参考表 11.2。

表 11.2　Debugger 工具栏简介

图　　标	功　能　描　述
▶	Start/Continue Debugging：开始或继续调试，继续调试程序直到下一个断点
	Step Into：单步调试，会进入子函数
	Step Over：越过子函数，但子函数会执行。如果适用，则运行直到当前函数中的下一个命令到达为止。如果到达函数的结尾，则在下一个断点处停止程序
	Variables Window：打开/关闭 Variables 窗口区
	Watch Window：打开/关闭 Watch 窗口区
	Breakpoints Window：打开/关闭 Breakpoints 窗口区
	Open Editor：在 CAPL Browser 中打开当前源代码
	Debug Mode：开启/关闭 Debug Mode
	Available Files：打开显示源代码列表的对话框
🔍	Find：打开搜索对话框。也可以使用快捷键 Ctrl+F

11.2.3　设置调试断点

在 Debug Mode 开启的情况下，用户可以选择自己需要关注的代码行，鼠标右键单击选择 Insert/Remove breakpoint 或者使用快捷键 Ctrl + B 来插入或删除调试断点，如图 11.3

仿真工程编译和调试

所示。

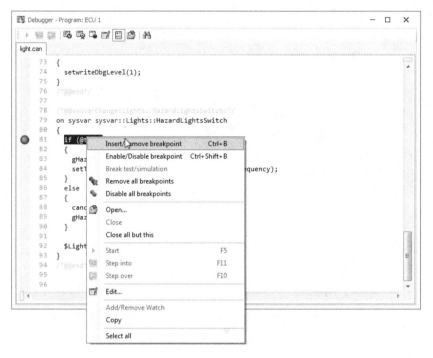

图 11.3　设置调试断点

11.2.4　变量查看

单击工具栏中的 Variables Window 按钮打开 Variables 窗口区，可以查看当前代码中各种变量（系统变量、环境变量、当前节点程序中的局部或全局变量、报文的相关参数等）的状态，如图 11.4 所示。

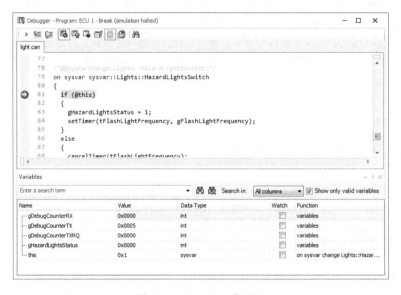

图 11.4　Variables 窗口区

在 Variables 窗口区，若将 Watch 一栏选中，可以将对应的变量添加到 Watch 窗口区。也可以在代码中，用鼠标右键单击某一变量通过快捷菜单项 Add/Remove Watch 将关注的变量加入到 Watch 窗口区。单击工具栏中的 Watch Window 图标，查看 Watch 窗口区的变量列表，如图 11.5 所示。

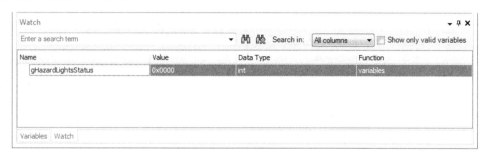

图 11.5　Watch 窗口区

11.2.5　断点查看

在工具栏中单击 Breakpoints Window 图标 打开 Breakpoints 窗口区，可以查看所有断点的列表，如图 11.6 所示。在 Breakpoints 窗口区用鼠标右键单击某个变量，用户可以对该断点进行删除、激活/禁止等操作，也可以一次性删除或禁止所有断点。

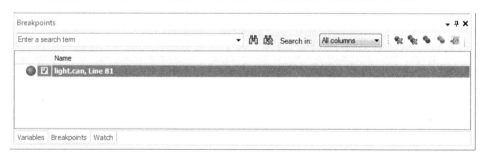

图 11.6　Breakpoints 窗口区

11.3　使用 Write 窗口调试 CAPL 程序

前面提及 Debug Mode 只适用于 Simulated Bus 模式，否则在 Debugger 窗口无法开启 Debug Mode，所以 CANoe 仿真工程开发过程中就面临一个问题：无法在真实网络相联的时候使用 Debug Mode。在此，本书建议读者可以使用 write 相关输出函数，将需要观察的变量或状态输出到 Write 窗口。

在第 10 章中简单介绍过 CAPL 通用函数中的 write、writeClear、writeConfigure、writeCreate、writeEx、writeLineEX、writeTextBkgColor 和 writeTextColor 等。其中，write 函数对调试用处最大，因为它可以按格式输出各种变量的信息。

函数原型：

仿真工程编译和调试

```
void write(char format[],…);
```

write 函数是基于 C 语言函数中的 printf，其输出格式也很相似，具体格式定义如表 11.3 所示。

表 11.3　write 函数输出格式定义

格　　式	对应的数据输出格式
"%ld","%d"	整数十进制格式显示
"%lx","%x"	整数十六进制格式显示
"%lX","%X"	整数十六进制格式显示（使用大写字母表示）
"%lu","%u"	无符号整数格式显示
"%lo","%o"	八进制整数格式显示
"%s"	显示字符串
"%g","%f"	浮点数显示：例如，%5.3f 指 5 位数字（包含小数点后面）和小数点后 3 个数字，至少显示 5 个字符
"%c"	显示一个字符
"%%"	显示%符号
"%I64d","%lld"	64 位整数的十进制格式显示
"%I64x","%llx"	64 位整数的十六进制格式显示
"%I64X","%llX"	64 位整数的十六进制格式显示（使用大写字母表示）
"%I64u","%llu"	64 位无符号整数的十进制格式显示
"%I64o","%llo"	64 位整数的八进制格式显示

为了便于读者理解，下面举个例子来说明如何使用 write 函数。

```
variables
{
  float f=123.456;            // 测试用的浮点数
}


on key 'h'
{
  write("Hello World!");      // 直接输出字符串：Hello World!
  write("f = %5.3f",f);       // 输出：f = 123.456

  write("f = %7.3f",f);       // 输出：f = 123.456
  write("f = %6.2f",f);       // 输出：f = 123.45

  write("f = %9.3f",f);       // 输出：f = ___123.456
                              // 不足 9 个字符，前面两个空格补充（用__表示）

}
on key 'q'
```

```
{
    qword q = 0x1234567890ABCDEFLL;   // 双字的十六进制数
    write("Decimal: %I64u", q); // 输出十进制：Decimal: 1311768467294899695
    write("Hexadecimal: %I64X", q);   // 输出十六进制（大写）: Hexadecimal:
    1234567890ABCDEF
}
on key 'd'
{
    dword d = 0x1234;
    int i =100;
    char ch ='d';

    write("Decimal: %u", d);        // 输出: Decimal: 4660
    write("Hexadecimal: %X", d); // 输出: Hexadecimal: 1234
    write("char: %c", i);           // 输出: Char: d
    write("char: %c", ch);          // 输出: Char: d
}
```

读者可以利用上述函数在特定位置输出变量值或字符串提示信息，来帮助自己调试 CAPL 程序。

第 12 章 　 仿真工程开发入门——CAN 仿真

本章内容:
- 总线仿真工程概述;
- 总线仿真工程开发流程及策略;
- 工程实例简介;
- 工程实现;
- 工程运行测试。

本章首先介绍总线仿真的开发流程,接着以实例的方式引导读者学习如何开发一个基本的 CAN 总线仿真工程。通过本章的学习,读者的开发水平将达到一个常规 ECU 仿真环境的开发要求。

12.1 　 总线仿真工程概述

现今,每款车型上不同 ECU 之间的功能联系越来越复杂,每个 ECU 需要处理的 CAN 信息也越来越多。整车厂在每款车型的开发初期,可以使用 CANoe 建立仿真模型,在此基础上进行每个 ECU 的功能评估。对于各个 ECU 的供应商来说,基于 CANoe 建立的仿真环境可以实现其他 ECU 的功能,加快自身产品的开发和验证。这样,也可以尽早地发现开发过程中的问题并及时解决。

总线仿真工程贯穿于 ECU 开发的整个过程,涉及需求分析、软件开发、软件测试、环境测试、硬件验证、生产检验、失效分析、客户支持等职能部门。对于功能复杂的 ECU,其对测试环境的要求也很复杂,往往更加依赖于仿真环境。

12.2 　 总线仿真工程开发流程及策略

在 ECU 模块的开发初期,项目组成员需要针对产品的功能做全面的分析,规划总线仿真的开发计划及负责人员。一般来说,总线仿真的开发人员可以来自软件组,也可以来自测试组,取决于项目的人员分配。

12.2.1 　 开发流程

CANoe 总线仿真工程的开发本身也是一种产品的开发,同样需要产品的需求分析、规划设计、代码实现、测试验证、Bug 修复以及工程释放等。在 ECU 项目的开发过程中,随着 ECU 的网络相关需求的变更,CANoe 仿真工程也需要及时更新。图 12.1 为仿真工程开发的一般流程,读者可以根据项目的实际情况做相应的调整。

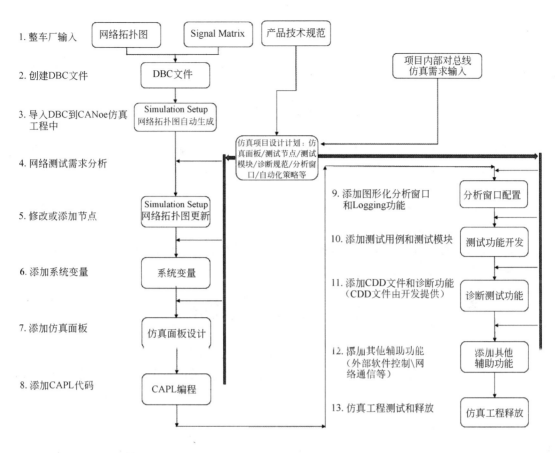

图 12.1　CANoe 总线仿真开发一般流程

　　本章主要探讨上述开发流程中 1～9 步的相关开发内容,其他部分将在本书的进阶篇中深入讨论。

12.2.2　仿真工程开发策略

　　这里需要特别说明的是:由于读者在面对不同的整车厂和不同的产品的时候,需要对需求做进一步分析并制定一些策略,否则可能所设计出来的仿真工程无法满足项目的需要。以下是作者根据多年的自身项目经验,总结出来的一些注意点。

　　(1)力争拿到整车厂的原始的 DBC 文件:可以节约大量的时间,又能确保数据库的准确性。

　　(2)做好前期产品开发文档的分析:找出与网络相关的功能、相关的报文和相关的节点。

　　(3)听取项目成员的需求:软件开发人员的需求、功能测试人员的需求、网络/诊断测试的需求、自动化测试的需求、硬件验证与环境测试的需求、现场技术支持人员的需求等。

　　(4)了解关键节点的仿真和真实节点的切换计划:了解项目的样品计划、是否在开发阶段可以得到其他 ECU 的真实节点以及整车厂是否提供测试车等信息。

　　(5)对于关键的节点,要力争拿到对应的 ECU 模块样品:因为仿真在某种情况下,可能无法替代真实节点，须尽可能避免存在的风险。

（6）简化拓扑结构，规划面板和代码设计。

① 对于关键节点，要保证其独立性，可以独立地仿真关键功能，也可以随时关闭，用真实节点代替。

② 对于次要节点（数据交换不多）或间接节点（不在同一条总线上）可将相关仿真功能放在一个面板上。

③ 对于待测节点（本项目需要开发的 ECU），可以根据项目的需要，决定是否开发相关的仿真功能，若无须做任何前期的仿真评估等，可以考虑不开发（直接在 Simulation Setup 中将该节点关闭）。

（7）根据第 3 项，发布前需要考虑工程内部人员的一些特殊要求，做好配置和兼顾不同 CANoe 版本的兼容性。

（8）发布仿真工程前，可以对代码等做一些防护措施，避免其他人员任意修改。

（9）发布仿真工程时，需要附带释放文档，并做好版本控制。

12.3 工程实例简介

本章将以某仪表项目为例。仪表单元（Instrument Panel Cluster，IPC）是汽车中一个关键的 ECU 单元，也是汽车必备的单元，所以读者对其相关的功能也比较容易理解。下面先简单介绍本章实例的相关要求。

12.3.1 网络拓扑图

本章使用的网络拓扑图如图 12.2 所示，这款车型共有三条 CAN 总线：动力 CAN、车身 CAN 和影音 CAN。它们之间通过网关（Gateway）进行串联，这也是近年来新车型中比较常见的一种网络拓扑形式。

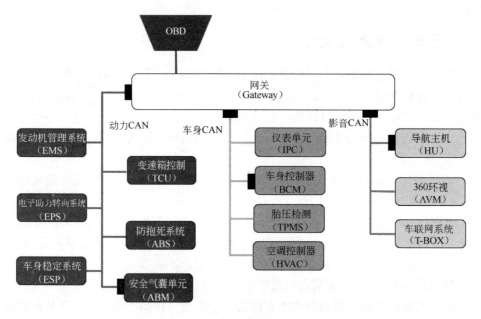

图 12.2　CAN 网络拓扑图

仪表单元为待测产品，挂在车身 CAN 上（波特率为 500kBaud），与之相连接的有网关（Gateway）、车身控制器（Body Control Module，BCM）、胎压检测单元（Tire Pressure Monitoring System，TPMS）和空调控制器（Heating,Ventilation and Air Conditioning，HVAC）等。

由于 IPC 模块挂在车身 CAN 上，为了方便讲解，本书对该 CAN 做一些分析和简化处理：将车身 CAN 上与 IPC 模块没有功能交互的模块略去，动力 CAN 过来的报文已由 Gateway 转发，也不需要在仿真中添加单独的模块，简化后的拓扑图如图 12.3 所示。

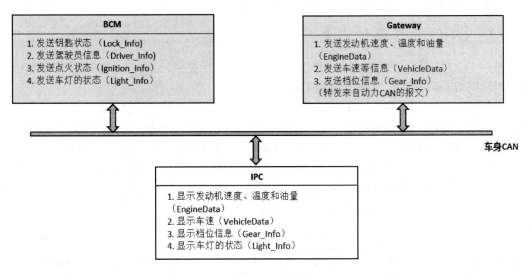

图 12.3 简化后的仿真拓扑图

简化后的拓扑图可以只保留三个仿真节点，所以读者可以在 CANoe 的 Demo 版上直接仿真。

12.3.2 实现功能

本章实例需要实现的主要功能如下。

（1）控制面板：通过调节钥匙锁车/开锁按钮、引擎钥匙旋钮、离合器档位切换、刹车模拟开关、危险警示灯按钮、左转右转按钮、引擎速度滑动条和车速滑动条等控件，模拟 IPC 需要的测试条件。

（2）显示面板：接收来自总线的报文，显示引擎信息、车速信息、离合器档位信息和车灯的状态等。

（3）添加 Automation Sequences 功能实现 Signal 和 System Variable 的自动变化。

（4）添加 Graphic 窗口和 State Tracker 追踪窗口等，便于用户分析和检测等相关活动。

12.4 工 程 实 现

下面将按照前面的仿真工程开发流程和功能需求，带领读者逐一实现各个功能。

12.4.1 创建仿真工程

在第 7 章中已经介绍了如何创建一个仿真工程，这里可以使用同样的方法。打开 CANoe，选择 File→New，在可选的模板中选择 CAN 500kBaud 1ch（波特率为 500kBaud,1 通道）。

保存该工程文件，取名为 Vehicle_System_CAN，保存在文件夹 Vehicle_System_ Simulation 下。按照 5.4 节仿真工程文件夹命名习惯，读者可以在该文件夹下创建以下几个子文件夹：CANdb、Logging、Nodes 和 Panels 等。

12.4.2 DBC 文件设计与导入

按照 ECU 的正常开发流程, DBC 文件一般由整车厂提供, 只有极少数情况下需要 ECU 供应商根据 Signal Matrix 来自行创建 DBC 文件。

在第 8 章中已经介绍了 DBC 文件的创建方法, 此处将不再重复介绍, 读者可以根据 Signal Matrix 的相关数据来创建。读者若想节约时间, 也可以直接使用本书提供的 DBC 文件（资源压缩包中的路径为：\Chapter_12\Additional\Material\Vehicle System.dbc）。

本实例将以 Vector_IL_Basic Template 为模板创建一个名称为 VehicleSystem 的 CAN 数据库。该网络的 Networks name 也将被定义为 VehicleSystem, 并将它的 Protocol 设置为 CAN。该数据库的通用属性可以根据表 12.1 的参数来设定。

表 12.1　VehicleSystem 数据库的 Attribute 列表

Type of object （对象类型）	Name （名称）	ValueType （数值类型）	Minimum （最小值）	Maximum （最大值）	Default （默认值）
Network	Bus Type	String	—	—	CAN
Message	GenMsgCycleTime	Integer	0	50 000	0
Message	GenMsgCycleTimeFast	Integer	0	50 000	0
Message	GenMsgDelayTime	Integer	0	1000	0
Message	GenMsgILSupport	Enumeration	—	—	Yes
Message	GenMsgNrOfRepetition	Integer	0	999 999	0
Message	GenMsgSendType	Enumeration	—	—	NoMsgSendType
Message	GenMsgStartDelayTime	Integer	0	65 535	0
Signal	GenSigInactiveValue	Integer	0	100 000	0
Signal	GenSigSendType	Enumeration	—	—	Cyclic
Signal	GenSigStartValue	Float	0	100 000 000 000	0
Node	ILUsed	Enumeration	—	—	Yes
Network	NmBaseAddress	Hex	0x400	0x43F	0x400
Message	NmMessage	Enumeration	—	—	no
Node	NmNode	Enumeration	—	—	no
Node	NmStationAddress	Integer	0	63	0
Node	NodeLayerModules	String	—	—	CANoeILNLVector.dll

本实例有中三个 ECU 节点，NodeLayerModules 均采用 CANoeILNLVector.dll 来提供周期性和事件驱动的报文发送方式。为了增加 DBC 文档的可读性，节点的 Comment 中可以添加相关说明或者节点名称的英文全称，如表 12.2 所示。

表 12.2　Network Nodes 列表

Node Name （节点名称）	NodeLayerModules （节点交互层模块）	Comment （说明）
BCM	CANoeILNLVector.dll	Body Control Module
Gateway	CANoeILNLVector.dll	Gateway
IPC	CANoeILNLVector.dll	Instrument Panel Cluster

对于报文和信号的创建和设置，可以按照第 8 章中的相关方法，具体参数设置可以参考表 12.3（Message 列表）和表 12.4（Signal 列表）。

表 12.3　Message 列表

Message （报文）	ID	DLC （数据长度）	Transmitters （发送节点）	Receivers （接收节点）	GenMsgILSupport （报文交互发送）	GenMsgSendType （发送类型）	Cycle Time/ms （循环周期）
Cluster_Info	0x2B1	8	IPC	Gateway BCM	Yes	Cyclic	1000
Driver_Info	0x331	8	BCM	Gateway IPC	No	NoMsgSendType	0
EngineData	0x102	8	Gateway	IPC BCM	Yes	Cyclic	50
Gear_Info	0x2CB	1	Gateway	IPC BCM	Yes	Cyclic	50
Ignition_Info	0x155	2	BCM	Gateway IPC	Yes	Cyclic	50
Light_Info	0x152	8	BCM	Gateway IPC	Yes	Cyclic	500
Lock_Info	0x318	8	BCM	Gateway IPC	Yes	Cyclic	100
VehicleData	0xA8	6	Gateway	IPC BCM	Yes	Cyclic	50

注：未列出的报文其他属性，请使用默认设置。

表 12.4　Signal 列表

Signal （信号）	Message （所属报文）	Startbit （开始位）	Length （长度）	Value Type （数值类型）	Unit （单位）	Init Value （初始值）	Factor （加权）	Offset （偏移）	Min （最小值）	Max （最大值）	Value Table （数值表）
AverageFule- Consumption	Cluster_ Info	24	10	Unsigned	L/100km	0	0.1	0	0	100	—
AverageSpeed	Cluster_ Info	40	9	Unsigned	km/h	0	0.1	0	0	300	—

Signal （信号）	Message （所属报文）	Startbit （开始位）	Length （长度）	Value Type （数值类型）	Unit （单位）	Init Value （初始值）	Factor （加权）	Offset （偏移）	Min （最小值）	Max （最大值）	Value Table （数值表）
Diagnostics	VehicleData	16	8	Unsigned	—	0	1	0	0	255	—
Driver	Driver_Info	0	2	Unsigned	—	0	1	0	0	1	VtSig_Driver
EngSpeed	EngineData	16	16	Unsigned	rpm	0	1	0	0	8000	
EngTemp	EngineData	0	7	Signed	degC	0	2	-50	-50	150	
Gear	Gear_Info	0	3	Unsigned	—	0	1	0	0	5	VtSig_Gear
GearLock	Gear_Info	3	1	Unsigned	—	1	1	0	0	1	VtSig_GearLock
KeyState	Ignition_Info	0	3	Unsigned	—	0	1	0	0	5	VtSig_KeyState
Kilometer-Mileage	Cluster_Info	0	24	Unsigned	km	0	1	0	0	20 000 000	—
LightStatus	Light_Info	2	1	Unsigned	—	0	1	0	0	1	VtSig_LightStatus
LockStatus	Lock_Info	0	2	Unsigned	—	0	1	0	0	1	VtSig_LockStatus
PetrolLevel	EngineData	8	8	Unsigned	—	0	1	0	0	255	—
VehicleLight	Light_Info	0	2	Unsigned	—	0	1	0	0	3	VtSig_VehicleLight
VehicleSpeed	VehicleData	0	10	Unsigned	km/h	0	0.5	0	0	300	—

注：以上信号均采用 Intel 的 Byte Order 设置。

为了增强报文中信号的可读性，本实例定义了 9 个数值表，具体参考表 12.5。

表 12.5　Value Table（数值表）

Name（名称）	Value description（数值说明）	备　注
VtSig_Driver	0x0:Driver1 0x1:Driver2	关联的信号：Driver
VtSig_Gear	0x0:Parking 0x1:Reverse 0x2:Neutral 0x3:Drive 0x4:Reserve	关联的信号：Gear

Name（名称）	Value description（数值说明）	备　　注
VtSig_GearLock	0x0:Gear_Lock_Off 0x1:Gear_Lock_On	关联的信号：GearLock
VtSig_KeyState	0x0:OFF 0x1:KL15 0x2:RUN 0x3:Crank 0x4:Reserve	关联的信号：KeyState
VtSig_LightStatus	0x0:OFF 0x1:ON	关联的信号：LightStatus
VtSig_LockStatus	0x0:Locked 0x1:Unlocked	关联的信号：LockStatus
VtSig_VehicleLight	0x0:OFF 0x1:Left Turn 0x2:Right Turn 0x3:Hazards	关联的信号：VehicleLight

基于以上信息，一个完整的 CAN 的 DBC 文件已经创建完成，读者可以参看 8.4 节的方法将此文件导入到已经创建的仿真工程中。导入后，相关节点将会在 Simulation Setup 窗口中被自动创建，如图 12.4 所示。

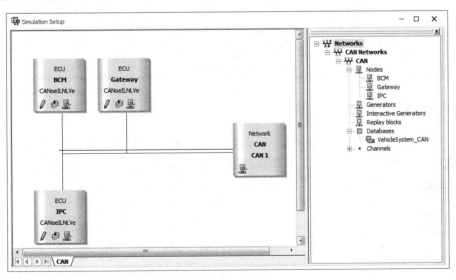

图 12.4　导入 DBC 文件后得到拓扑图

12.4.3　系统变量

9.5 节已经介绍了如何创建系统变量，读者可以采用同样的方法。表 12.6 为本实例中需要定义的系统变量列表及属性设置。

197

第
12
章

表 12.6　系统变量列表及属性设置

Namespace （命名空间）	Variable （变量）	Datatype （数据类型）	Initial Value （初始值）	Min （最小值）	Max （最大值）	Unit （单位）	Value Table （数值表）
Cluster	Gear_Status	Int32	0	0	3		0:P；1:R；2:N；3:D
	Left_Turn_Indicator	Int32	0	0	1		—
	Right_Turn_Indicator	Int32	0	0	1		—
Vehicle_Control	Brake	Int32	0	0	1		0:Inactive 1:Active
	Eng_Speed	Int32	0	0	8000	rpm	—
	Gear	Int32	0	0	3		0:P；1:R；2:N；3:D
	Hazards_Enable	Int32	0	0	1		—
	Left_Turn_Enable	Int32	0	0	1		—
	Right_Turn_Enable	Int32	0	0	1		—
	Speed_Up	Int32	0	0	200		—
	Veh_Speed	Int32	0	0	300	km/h	—
Vehicle_Key	Car_Driver	Int32	0	0	3		—
	Key_State	Int32	0	0	3		—
	Key_Unlock	Int32	0	0	1		—
	Lock_Car	Int32	0	0	1		—
	Unlock_Car	Int32	0	0	1		—

12.4.4　面板设计

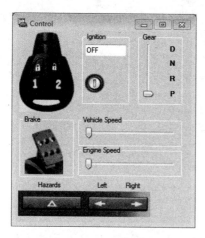

图 12.5　Control 面板效果图

本实例中需要设计两个面板，用于模拟相关操作和数据的显示。Panel 设计中所用到的素材，读者可以在本书附送的资源压缩包中找到（路径为：\Chapter_12\Additional\ Material\）。

在第 9 章中已经介绍了 CANoe 面板的创建方法，此处将创建两个面板用于该仿真实例。注意，以下列出的控件属性均为重要属性，未提及的属性将采用默认设置。

1. Panel-1：Control

Control 面板主要用于模拟来自实际中 BCM 和 Gateway 的相关操作，面板的设计效果如图 12.5 所示，相关控件的设置可以根据表 12.7 来创建和设定。

表 12.7　Control 面板的控件列表及属性设定

控　　件	属　　性	属 性 设 定	说　　明
Panel 1	Panel Name	Control	仿真控制面板
	Background Color	224,224,224	
	Border Style	FixedSingle	
	Size	305,322	
Picture Box 1	Control Name	Picture Box 1	钥匙图片
	Is Proportional	False	
	Image	key.bmp	
Switch/Indicator 1	Control Name	Lock	Lock（锁车）开关/指示
	Image	Lock.bmp	
	Is Proportional	False	
	Button Behaviour	True	
	Mouse Activation Type	Left	
	State Count	2	
	Switch Value	0;1	
	Symbol Name	Lock_Car	
	Symbol Namespace	Vehicle_Key	
	Symbol Filter	Variable	
Switch/Indicator 2	Control Name	Unlock	Unlock（开锁）开关/指示
	Image	Unlock.bmp	
	Is Proportional	False	
	Button Behaviour	True	
	Mouse Activation Type	Left	
	State Count	2	
	Switch Value	0;1	
	Symbol Name	Unlock_Car	
	Symbol Namespace	Vehicle_Key	
	Symbol Filter	Variable	
Switch/Indicator 3	Control Name	Driver1	驾驶员 ID1 开关/指示
	Image	ID1.bmp	
	Is Proportional	False	

控　件	属　　性	属 性 设 定	说　　明
Switch/Indicator 3	Button Behaviour	False	驾驶员 ID1 开关/指示
	Mouse Activation Type	Left	
	State Count	2	
	Switch Value	0;1	
	Symbol Name	Car_Driver	
	Symbol Namespace	Vehicle_Key	
	Symbol Filter	Variable	
Switch/Indicator 4	Control Name	Driver2	驾驶员 ID2 开关/指示
	Image	ID2.bmp	
	Is Proportional	False	
	Button Behaviour	False	
	Mouse Activation Type	Left	
	State Count	2	
	Switch Value	0;2	
	Symbol Name	Car_Driver	
	Symbol Namespace	Vehicle_Key	
	Symbol Filter	Variable	
Group Box 1	Control Name	IGNgroup	存放 Ignition 操作控件
	Text	Ignition	
	Background Color	224,224,224	
Input/Output Box 1	Control Name	IGNState	显示目前引擎钥匙的位置信息
	Display Only	True	
	Box Background Color	White	
	Box Text Color	Black	
	Background Color	224,224,224	
	Description	Ignition Status:	
	Display Description	Hide	
	Value Interpretation	Symbolic	
	Symbol Name	KeyState	
	Symbol Message	Ignition_Info	
	Symbol Filter	Signal	
Switch/Indicator 5	Control Name	Key	引擎钥匙的开关
	Image	IgnitionKey.bmp	
	Is Proportional	False	
	Button Behaviour	False	

控　件	属　性	属 性 设 定	说　明
Switch/Indicator 5	Mouse Activation Type	LeftRight	引擎钥匙的开关
	State Count	4	
	Switch Value	0;1;2;3	
	Symbol Name	Key_State	
	Symbol Namespace	Vehicle_Key	
	Symbol Filter	Variable	
Group Box 2	Control Name	Geargroup	存放 Gear 操作控件
	Text	Gear	
	Background Color	224,224,224	
Track Bar 1	Control Name	Gear	档位操作控件
	Background Color	224,224,224	
	Orientation	Vertical	
	Tick Frequency	1	
	Tick Style	BottomRight	
	Small Change	1	
	Large Change	1	
	Minimum	0	
	Maximum	3	
	Symbol Name	Gear	
	Symbol Namespace	Vehicle_Control	
	Symbol Filter	Variable	
Static Text 1	Text	D	标签
	Font	Bold	
	Background Color	224,224,224	
Static Text 2	Text	N	标签
	Font	Bold	
	Background Color	224,224,224	
Static Text 3	Text	R	标签
	Font	Bold	
	Background Color	224,224,224	
Static Text 4	Text	P	标签
	Font	Bold	
	Background Color	224,224,224	
Group Box 3	Control Name	Brakegroup	存放 Brake 操作控件
	Text	Brake	
	Background Color	224,224,224	

控 件	属 性	属 性 设 定	说 明
Switch/Indicator 6	Control Name	Brake	刹车开关
	Image	Brake.bmp	
	Is Proportional	False	
	Button Behaviour	True	
	Mouse Activation Type	Left	
	State Count	2	
	Switch Value	0;1	
	Symbol Name	Brake	
	Symbol Namespace	Vehicle_Control	
	Symbol Filter	Variable	
Group Box 4	Control Name	VehSpeedgroup	存放车速操作控件
	Text	Vehicle Speed	
	Background Color	224,224,224	
Track Bar 2	Control Name	VehicleSpeed	车速调节控件
	Background Color	224,224,224	
	Orientation	Horizontal	
	Tick Frequency	5	
	Tick Style	None	
	Small Change	5	
	Large Change	5	
	Minimum	0	
	Maximum	300	
	Symbol Name	Veh_Speed	
	Symbol Namespace	Vehicle_Control	
	Symbol Filter	Variable	
Group Box 5	Control Name	EngSpeedgroup	存放引擎速度操作控件
	Text	Engine Speed	
	Background Color	224,224,224	
Track Bar 3	Control Name	EngineSpeed	引擎速度调节控件
	Background Color	224,224,224	
	Orientation	Horizontal	
	Tick Frequency	120	
	Tick Style	None	
	Small Change	40	
	Large Change	40	

控　件	属　性	属 性 设 定	说　明
Track Bar 3	Minimum	0	引擎速度调节控件
	Maximum	8000	
	Symbol Name	Eng_Speed	
	Symbol Namespace	Vehicle_Control	
	Symbol Filter	Variable	
Static Text 5	Text	Hazards	标签
	Background Color	224,224,224	
Switch/Indicator 7	Control Name	Hazards	危险警示灯操作控件
	Image	Hazards.bmp	
	Is Proportional	False	
	Button Behaviour	False	
	Mouse Activation Type	Left	
	State Count	2	
	Switch Value	0;1	
	Symbol Name	Hazards_Enable	
	Symbol Namespace	Vehicle_Control	
	Symbol Filter	Variable	
Static Text 6	Text	Left	标签
	Background Color	224,224,224	
Switch/Indicator 8	Control Name	LeftTurn	左转操作控件
	Image	LeftTurnIndicator.png	
	Is Proportional	False	
	Button Behaviour	False	
	Mouse Activation Type	Left	
	State Count	2	
	Switch Value	0;1	
	Symbol Name	Left_Turn_Enable	
	Symbol Namespace	Vehicle_Control	
	Symbol Filter	Variable	
Static Text 7	Text	Right	标签
	Background Color	224,224,224	
Switch/Indicator 9	Control Name	RightTurn	右转操作控件
	Image	RightTurnIndicator.png	

续表

控 件	属 性	属 性 设 定	说 明
Switch/Indicator 9	Is Proportional	False	右转操作控件
	Button Behaviour	False	
	Mouse Activation Type	Left	
	State Count	2	
	Switch Value	0;1	
	Symbol Name	Right_Turn_Enable	
	Symbol Namespace	Vehicle_Control	
	Symbol Filter	Variable	

2. Panel-2：IPC

IPC 面板主要用于模拟实际的仪表盘显示功能，设计效果如图 12.6 所示，相关控件的设置可以根据表 12.8 来创建和设定。

图 12.6　IPC 面板的效果图

表 12.8　IPC 面板的控件列表及属性设定

控 件	属 性	属 性 设 定	说 明
Panel 2	Panel Name	IPC	仿真 IPC 显示的面板
	Background Color	224,224,224	
	Border Style	FixedSingle	
	Size	672,322	
Picture Box 1	Control Name	IPC	仪表盘图片
	Is Proportional	False	
	Image	IPC_Background.bmp	

控 件	属 性	属 性 设 定	说 明
Meter 1	Control Name	EngineTemp	引擎温度显示控件
	Needle Color	Red	
	Needle Shape	TriangleWithPoint	
	Sweep Angle From	−135	
	Sweep Angle To	−50	
	Minimum	0	
	Maximum	150	
	Symbol Name	EngTemp	
	Symbol Message	EngineData	
	Symbol Filter	Signal	
Meter 2	Control Name	EngineSpeed	引擎速度显示控件
	Needle Color	Red	
	Needle Shape	TriangleWithPoint	
	Sweep Angle From	−109	
	Sweep Angle To	69	
	Minimum	99	
	Maximum	8000	
	Symbol Name	EngSpeed	
	Symbol Message	EngineData	
	Symbol Filter	Signal	
Meter 3	Control Name	VehicleSpeed	车速显示控件
	Needle Color	Red	
	Needle Shape	TriangleWithPoint	
	Sweep Angle From	−115	
	Sweep Angle To	126	
	Minimum	7	
	Maximum	220	
	Symbol Name	VehicleSpeed	
	Symbol Message	VehicleData	
	Symbol Filter	Signal	
Meter 4	Control Name	PetrolLevel	油量显示控件
	Needle Color	Red	
	Needle Shape	TriangleWithPoint	
	Sweep Angle From	130	
	Sweep Angle To	55	
	Minimum	0	
	Maximum	255	
	Symbol Name	PetrolLevel	

控　件	属　性	属 性 设 定	说　明
Meter 4	Symbol Message	EngineData	油量显示控件
	Symbol Filter	Signal	
Switch/Indicator 1	Control Name	LeftInd	左转指示控件
	Image	LEDTurnLeft.bmp	
	Is Proportional	False	
	Button Behaviour	False	
	Display Only	True	
	State Count	2	
	Switch Value	0;1	
	Symbol Name	Left_Turn_Indicator	
	Symbol Message	Cluster	
	Symbol Filter	Variable	
Switch/Indicator 2	Control Name	RightInd	右转指示控件
	Image	LEDTurnRight.bmp	
	Is Proportional	False	
	Button Behaviour	False	
	Display Only	True	
	State Count	2	
	Switch Value	0;1	
	Symbol Name	Right_Turn_Indicator	
	Symbol Message	Cluster	
	Symbol Filter	Variable	
Input/Output Box 1	Control Name	GearInfo	档位指示控件
	Display Only	True	
	Box Font	10,Bold	
	Box Text Color	Red	
	Box Background Color	Black	
	Background Color	Black	
	Text Color	Red	
	Description	Gear Info:	
	Display Description	Hide	
	Value Interpretation	Symbolic	
	Symbol Name	Gear_Status	
	Symbol Message	Cluster	
	Symbol Filter	Variable	

控 件	属 性	属 性 设 定	说 明
Input/Output Box 2	Control Name	VehicleSpeedInfo	车速数值显示控件
	Display Only	True	
	Box Font	10,Bold	
	Box Text Color	Red	
	Box Background Color	Black	
	Background Color	Black	
	Text Color	Red	
	Description	Gear Info:	
	Display Description	Hide	
	Value Interpretation	Symbolic	
	Symbol Name	VehicleSpeed	
	Symbol Message	VehicleData	
	Symbol Filter	Signal	
Clock 1	Control Name	Clock	系统时间显示控件
	Background Color	Black	
	Display Style	24h	
	Display Seconds	False	
	Segment Color On	Red	
	Segment Strength	1	
	Mode	Clock	
	Source	PCSystemTime	
Static Text 1	Text	km/h	标签
	Font	10,Bold	
	Text Color	Red	
	Background Color	Black	

至此，两个 Panel 已经创建完成，读者可以利用这两个 Panel 模拟相关操作并显示信号或变量的改变。

12.4.5 CAPL 代码实现

在 12.4.2 节中，已经将设计好的 DBC 文件导入了 CANoe 仿真工程。现在需要对 Simulation Setup 窗口中的三个节点 IPC、BCM 和 Gateway 分别添加名为 IPC.can、BCM.can 和 Gateway.can 的 CAPL 程序文件。具体创建方法，读者可以参考第 10 章的相关内容。

1. 节点 IPC

在 IPC.can 文件中添加如下代码。

```
includes
{
```

```
    // 此处添加头文件
}

variables
{
    // 此处定义全局变量
    int busflag=0; // 目前总线的状态:0- Deactivate CANoe IL ; 1 - Activate CANoe IL
}

on preStart
{
    ILControlInit();  // 初始化 CANoe IL
    ILControlStop();  // 禁止 CANoe IL 报文发送
}

on signal_update LockStatus
{
    if(this!=busflag)
    {
        if(this==1)
        {
            ILControlStart();  // 激活 CANoe IL 报文发送
        }
        else if(this==0)
        {
            ILControlStop();   // 禁止 CANoe IL 报文发送
        }
        busflag=this;
    }
}

// 在 IPC 上显示档位的信息
on signal_update Gear
{
    @Cluster::Gear_Status= this;
}
```

在本实例中，采用仿真模式来测试 IPC，实际测试中 IPC 为待测 ECU，因此需要将该节点设置为 Inactive 状态。

在 IPC.can 中，CAPL 主要实现了报文的发送机制。当车在锁车状态时，报文不能通过 IL 层发送，解锁后周期性报文便可以通过 IL 层发送出去。主要使用了 ILControlStart() 和 ILControlStop() 两个函数，实现了节点与总线的连接。

2. 节点 BCM

在 BCM.can 中添加如下代码。

```
includes
{
  // 此处添加头文件
}

variables
{
  msTimer msTcrank;              // 定义一个毫秒定时器用于 Crank 延时
  msTimer msTIL;                 // 定义一个毫秒定时器用于关闭 IL
  int flashPeriod=500;           // Hazards 跳闪周期

  int TurnLightStatus;           // 定义转向灯状态：0 - both off; 1 - Left flash;
                                 // 2 - Right flash; 3 - Hazards on
  msTimer msTleftflash,msTrightflash;   // 定义两个定时器实现左转向和右转向
  message Driver_Info Msgdriver;        // 定义报文用于发送 Driver 信息
}


on preStart
{
  ILControlInit();        // 初始化 CANoe IL
  ILControlStop();        // 禁止 CANoe IL 报文发送
}

// 处理钥匙位置
on sysvar_update Vehicle_Key::Key_State
{
  $Ignition_Info::KeyState=@this;
  if(@this==3)
  {
    @Vehicle_Control::Speed_Up=0;
    setTimer(msTcrank,800);        // 模拟 800ms 延时
  }
}

// 通过定时器模拟 800ms 后钥匙自动回到 Run 位置
on timer msTcrank
{
  $KeyState=2;                     // 钥匙状态信号变为 Run
  @sysvar::Vehicle_Key::Key_State =2;
}
```

```
// 处理 Driver ID 改变以后，更新报文并发送
on sysvar_update Vehicle_Key::Car_Driver
{
  // 根据系统变量，更新报文
  if(@this==1)
  {
    Msgdriver.byte(0)=0;
  }
  else if(@this==2)
  {
    Msgdriver.byte(0)=0x1;
  }
  output(Msgdriver);
}


// 处理 Unlock Car 事件
on sysvar_update Vehicle_Key::Unlock_Car
{
  if(@this==1)
  {
    ILControlStart();              // 激活 CANoe IL 报文发送
    $LockStatus=1;
    @Vehicle_Key::Car_Driver=2; // driver 2 为初始值
  }
}


// 处理 Lock Car 事件
on sysvar_update Vehicle_Key::Lock_Car
{
  if(@this==1)
  {
    $LockStatus=0;
    setTimer(msTIL,1500);          // 等待 1.5s，确保其他模块关闭 IL
  }
}


ON Timer msTIL
{
  ILControlStop();   // 禁止 CANoe IL 报文发送
}
void LightOFF(void)
{
```

```
// 初始化车灯状态
$VehicleLight=0;
TurnLightStatus=0;
$LightStatus=0;
}


/////////////////////实现转向灯和危险警示灯的动态闪烁/////////////////
on sysvar Vehicle_Control::Left_Turn_Enable
{
  if(@this==1)
  {
    @sysvar::Vehicle_Control::Right_Turn_Enable=0;
    $VehicleLight=1;TurnLightStatus=1;
    settimer(msTleftflash,flashPeriod);
  }
  else
  {
    if(@Vehicle_Control::Right_Turn_Enable==0 && @Vehicle_Control::Hazards_
    Enable==0)
    {
      LightOFF();
    }
    cancelTimer(msTleftflash);
    @Cluster::Left_Turn_Indicator=0;
  }
}


on timer msTleftflash
{
  $LightStatus=!$LightStatus;@Cluster::Left_Turn_Indicator=!@Cluster::
  Left_Turn_Indicator;
  setTimer(msTleftflash,flashPeriod);
}


on sysvar Vehicle_Control::Right_Turn_Enable
{
  if(@this==1)
  {
    @sysvar::Vehicle_Control::Left_Turn_Enable=0;
    $VehicleLight=2;TurnLightStatus=2;
    settimer(msTrightflash,flashPeriod);
  }
```

```
      else
      {
        if(@Vehicle_Control::Left_Turn_Enable==0  &&  @Vehicle_Control::Hazards_
        Enable==0)
        {
          LightOFF();
        }
        cancelTimer(msTrightflash);
        @Cluster::Right_Turn_Indicator=0;
      }
    }


on timer msTrightflash
{
  $LightStatus=!$LightStatus;@Cluster::Right_Turn_Indicator=!@Cluster::
  Right_Turn_Indicator;
  setTimer(msTrightflash,flashPeriod);
}

on sysvar Vehicle_Control::Hazards_Enable
{
  if(@this==1)
  {
    $VehicleLight=3;@Cluster::Left_Turn_Indicator=1;@Cluster::Right_Turn_
    Indicator=1;
    settimer(msTleftflash,flashPeriod);setTimer(msTrightflash,
    flashPeriod);
  }
  else
  {
    $VehicleLight=TurnLightStatus;
    switch(TurnLightStatus)
    {
      case 1: // 左灯闪
        cancelTimer(msTrightflash);
        @Cluster::Right_Turn_Indicator=0;
      break;
      case 2: // 右灯闪
        cancelTimer(msTleftflash);
        @Cluster::Left_Turn_Indicator=0;
      break;
      case 0: // 左右灯关闭
```

```
        cancelTimer(msTrightflash);
        cancelTimer(msTleftflash);
        $LightStatus=0;
        @Cluster::Left_Turn_Indicator=0;
        @Cluster::Right_Turn_Indicator=0;
      break;
    }
  }
}
```

/////////////////////End - 实现转向灯和危险警示灯的动态闪烁///////////////////////

在 BCM.can 中主要实现了转向灯的动态闪烁，读者需要重点关注 Timer 定时器的用法。

3. 节点 Gateway

在 Gateway.can 中添加如下代码。

```
includes
{
  // 此处添加头文件
}

variables
{
  msTimer msTVehSpeedDown;  // 定义毫秒定时器用于 Vehicle Speed down
  msTimer msTEngSpeedDown;  // 定义毫秒定时器用于 Engine Speed down
  dword WritePage;
  int busflag=0;// 目前总线的状态:0-Deactivate CANoe IL ; 1 - Activate CANoe IL
}

on preStart
{
  ILControlInit(); // 初始化 CANoe IL
  ILControlStop(); // 禁止 CANoe IL 报文发送
  writeLineEx(WritePage,1,"--------This demo demonstrated the CAN bus
  simulation!!--------");// Write 窗口输出仿真项目提示信息
  writeLineEx(0,1,"Press <1> to start/stop CAN_logging");// Write 窗口输出
  // Logging 提示信息
}

////////////////控制 Logging_CAN 的开始与结束////////////////
on key '1'
{
  int flag;
```

```
    if(flag==0)
    {
      flag=1;
      write("CAN logging starts");
      // 开始记录并设置 pretrigger 时间为 500ms
      startlogging("CAN_Logging",500);
    }
    else
    {
      flag=0;
      write("CAN logging ends");
      // 停止记录并设置 posttrigger 时间为 1000ms
      stoplogging("CAN_Logging",1000);
    }
}
///////////////控制 Logging_CAN 的开始与结束/////////////////


on signal_update LockStatus
{
  if(this!=busflag)
  {
    if(this==1)
    {
      ILControlStart();
    }
    else if(this==0)
    {
      ILControlStop();
    }
    busflag=this;
  }
}


// 设置档位信息
on sysvar Vehicle_Control::Gear
{
  $Gear=@this;
}
// 初始化引擎数据
void EngineData_Init(void)
{
```

```
    $VehicleSpeed=0;
    $EngSpeed=0;
    $EngTemp=0;
    $PetrolLevel=0;
}
// 处理钥匙信号变化事件
on signal_update KeyState
{
  if(this==0)
  {
    EngineData_Init();          // 根据钥匙位置初始化引擎数据
  }
  if(this>0)
  {
    $PetrolLevel=255;           // 根据钥匙位置初始化油量
  }
}
// 处理系统变量更新 - Eng_Speed
on sysvar_update Vehicle_Control::Eng_Speed
{
  // Engine speed 只在 Key 为 ON 时有效
  if(@Vehicle_Key::Key_State==2)
  {
    $EngineData::EngSpeed=@this;
  }
  else
  {
    $EngineData::EngSpeed=0;
  }
}
// 处理系统变量更新 - Veh_Speed
on sysvar_update Vehicle_Control::Veh_Speed
{
  // Vehicle speed 只在 Key 为 ON 且 Drive 档位时有效
  If(((@Vehicle_Control::Gear==3)&&(@Vehicle_Key::Key_State==2))
  {
    $VehicleData::VehicleSpeed=@this;
  }
  else
  {
    $VehicleData::VehicleSpeed=0;
  }
```

```
    }
    ///////////////模拟实现车速，引擎转速，油温，油量的动态变化///////////////
    on sysvar_update Vehicle_Control::Speed_Up
    {
      if($EngTemp<90)
      {
        $EngTemp=@this*1.5;          // 油温变化因子为1.5
      }
      else
      {
        $EngTemp=90;
      }
      if($PetrolLevel<255)
      {
        $PetrolLevel=@this*8.5;  // 油量变化因子为8.5
      }
      else
      {
        $PetrolLevel=255;
      }
      $VehicleSpeed=@this;
      $EngSpeed=@this*40;              // 引擎转速变化因子为40
      if(@this>120)
      {
        @this=60;
      }
    }


    on sysvar Vehicle_Control::Brake
    {
      int i;
      if(@this==1)
      {
        $GearLock=0;
        setTimer(msTVehSpeedDown,20);
        setTimer(msTEngSpeedDown,2);
      }
      else
      {
        $GearLock=1;
        cancelTimer(msTVehSpeedDown);
        cancelTimer(msTEngSpeedDown);
```

```
  }
}

on timer msTVehSpeedDown
{
  @Vehicle_Control::Veh_Speed=@Vehicle_Control::Veh_Speed-1;
  setTimer(this,50);
  if(@Vehicle_Control::Veh_Speed<=0)
  {
    cancelTimer(msTVehSpeedDown);
    @Vehicle_Control::Veh_Speed=0;
  }
}

on timer msTEngSpeedDown
{
  @Vehicle_Control::Eng_Speed=@Vehicle_Control::Eng_Speed-40;
  setTimer(this,50);
  if(@Vehicle_Control::Eng_Speed<=0)
  {
    cancelTimer(msTEngSpeedDown);
    @Vehicle_Control::Eng_Speed=0;
  }
}
////////// End - 实现车速，引擎转速，油温，油量的动态变化///////////////
```

在 Gateway.can 中，根据 Automation Sequences 中 System variable 的变化，动态改变车速、引擎转速、油温和油量的值。该程序中车速、引擎转速、油温、油量变化因子只是为了配合 Panel 面板中可变化范围或可视化效果而增加的，读者无须纠结此处用法。

本实例中三个节点的 CAPL 实现，读者在熟练使用的基础上，可以尝试更改，这样可以较快地提升自己对 CAPL 用法的理解。

12.4.6　Automation Sequences

Automation Sequences（自动序列）为用户提供了一种创建总线序列事件的窗口。利用 Automation Sequences，用户可以方便地实现 system variables、environment variables 或者 signals 的变化事件序列，同时也可以检查/判断当前变量或信号的值。在本实例中，创建一个名为 Vehicle 的 Automation Sequences，其主要功能是改变变量的值来触发特定的功能。

在 CANoe 软件菜单栏中选择 Simulation→Automation，在弹出的菜单 Visual Sequences 下空白处单击鼠标右键并在菜单中选择 New，输入该 Sequences 的名称为 Vehicle。单击工具栏中的 Edit 图标 📝，开始编辑该 Sequence。请读者参考表 12.9 参数来设定。

表 12.9　**Automation Sequences 列表**

Command	Object	Operator	Operand	Wait/ms
Wait	1000	ms	—	0
Set	Unlock_Car	=	1	500
Set	Unlock_Car	=	0	0
Set	Car_Driver	=	0	0
Set	Key_State	=	KL15	500
Set	Key_State	=	Crank	2000
Set	Gear	=	R	500
Set	Gear	=	N	500
Set	Gear	=	D	500
Set	Brake	=	Inactive	50
Repeat	200	times		0
Set	Speed_Up	inc	1	100
Repeat End	—	—	—	0
Set	Left_Turn_Enable	=	1	3000
Set	Right_Turn_Enable	=	1	3000
Set	Right_Turn_Enable	=	0	200
Set	Hazards_Enable	=	1	3000
Set	Hazards_Enable	=	0	200
Set	Brake	=	Active	4000
Set	Brake	=	Inactive	0
Set	Gear	=	2	500
Set	Gear	=	1	500
Set	Gear	=	0	200
Set	Key_State	=	OFF	200
Set	Lock_Car	=	1	1000
Set	Lock_Car	=	0	1000

　　按照以上表格内容输入到 Automation Sequences 窗口中，在工具栏中单击 Repeat Sequence periodically 图标 和 Start Sequence on measurement start 图标 。通过激活这两个按钮，使 Vehicle 自动序列能够在开始测量后自动循环运行。

　　另外，CANoe 也支持 Macro 录制和播放，也可以实现类似的功能，单击 Automation Sequences→Macro，可以进行相关设置。

12.4.7　分析窗口设置

　　第 4 章中已经初步介绍了 Graphics 与 State Tracker 窗口，在本实例中，读者可以使用这两个窗口来帮助分析及测试。

1. Graphics 窗口

　　在 CANoe 菜单栏中选择 Analysis→Graphics→New Graphic Window，输入名称为 Signal

Observe。该窗口左边信号列表栏中单击选择 Add Signals，在弹出的窗口中选择信号 KeyState，同样地加入信号 VehicleLight 和 VehicleSpeed。此时，在左边窗口中单击任意一个 Signal，右边窗口中 Y 轴为该 Signal 的 Value Table，X 轴为时间。在 Signal Observe 窗口工具栏中单击 Select y-axis view 图标 ，在下拉表中选中 Show All Y-Axis，这样上面添加的三个 Signal 就将显示在同一窗口中，如图 12.7 所示。

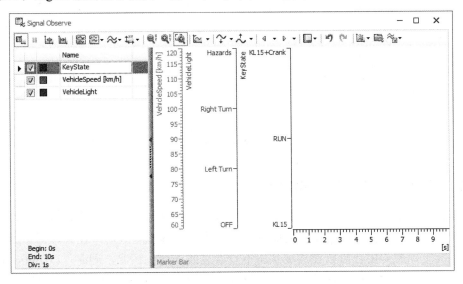

图 12.7　添加 Graphics 窗口及设置

2. State Tracker 窗口

在 CANoe 菜单栏中选择 Analysis→State Tracker→New State Tracker Window，输入名称为 Signal State。在该窗口左边信号列表栏中单击鼠标右键并在菜单中选择 Add Variables，添加系统变量 Vehicle_Control 中的 Gear 和 Brake。在该窗口左边信号列表栏中单击鼠标右键并在菜单中选择 Add Database Objects→Signals，添加信号 VehicleLight，如图 12.8 所示。当测量开始后，Gear、Brake 和 VehicleLight 的 Value Table 可以同时显示在右边栏中。

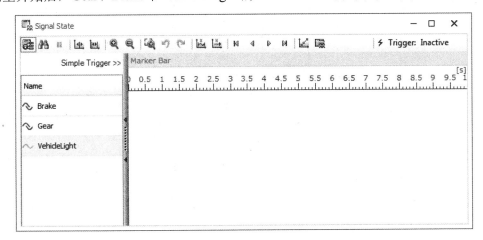

图 12.8　State Tracker 窗口及设置

3. Data 窗口

读者可以在 Data 窗口中添加信号和系统变量，此处，本书添加了 Driver、EngSpeed 和 KeyState 三个信号，以及 Left_Turn_Enable 和 Right_Turn_Enable 两个系统变量，如图 12.9 所示。

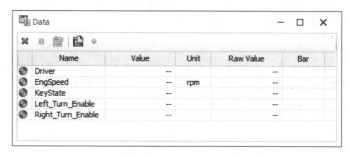

图 12.9　Data 窗口及设置

12.4.8　Trace 窗口与 Logging

在仿真项目中，Trace 窗口和 Logging 功能是十分重要的。Trace 窗口帮助用户实时查看和分析总线上的数据。Logging 记录下了整个仿真过程中的数据，在大数据量或长时间的测试情况下，使得用户可以在离线状态下查看总线的活动情况，同时，Logging 功能记录的数据可以在 CANoe 中进行回放，对于总线上问题的复现起到了十分重要的作用。

在第 4 章中已经介绍了如何在 Measurement Setup 窗口中设置 Trace 窗口、Logging 窗口的方法，这里不再赘述。此处，读者需要创建一个名为 CAN_Trace 的 Trace 模块和 CAN_Logging 的 Logging 模块，这两个模块都需要添加 CAN 通道过滤器，如图 12.10 所示。

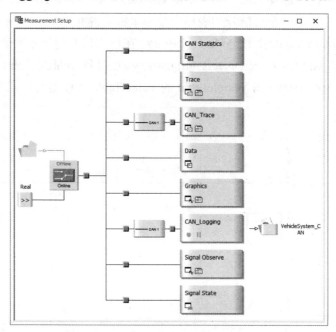

图 12.10　在 Measurement Setup 中添加 CAN_Trace 和 CAN_Logging 模块

在 12.4.5 节中，本书在节点 Gateway 的 CAPL 程序里添加了键盘事件来控制 CAN_Logging 模块开启与关闭的功能，键盘上的 1 键可以实现 Logging 功能的开启与停止，读者可以查阅相关代码。鼠标右键单击 CAN_Logging 模块选择 Configuration，在 Trigger Configuration 窗口中选择 Toggle Trigger 模式，将 Toggle on 和 Toggle off 的模式选择为 CAPL 和 User defined，设置结果如图 12.11 所示。

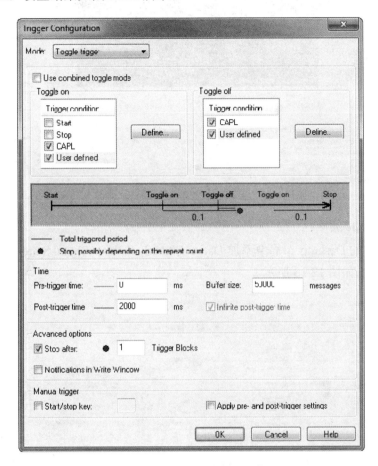

图 12.11　Trigger 设置界面

设置完成后，读者可以在 Measurement Setup 窗口中事先设置好 CAN_Logging 开关，也可以在测量过程中通过键盘上的 1 键来控制 Logging 的开始和结束。

12.4.9　Desktop 布局

CANoe 中经常需要将某一类常用的窗口布局在对应的 Desktop 中，用户只要在该 Desktop 中就可以操作相关功能，或查看相关信息。

1. 添加 CAN

在 Desktop 下添加一个名为 CAN 的 Desktop 布局，将 Control 和 IPC 两个面板加进去，并设定为 MDI Windows 模式。为了便于观察总线上的活动，可以同时添加 Write 窗口和 Test Automation Sequences 窗口，如图 12.12 所示。

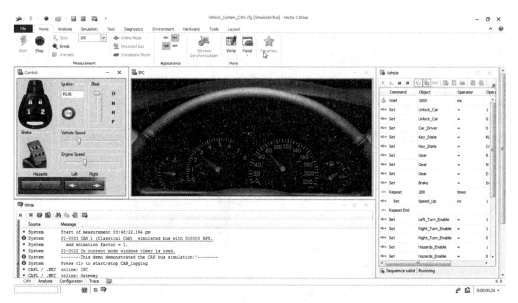

图 12.12　Desktop 布局设置——CAN

2. 设定 Analysis

在 Analysis 的 Desktop 布局中添加 Data、CAN Statistics、Signal State Tracker 和 Signal Observe 等窗口，如图 12.13 所示。

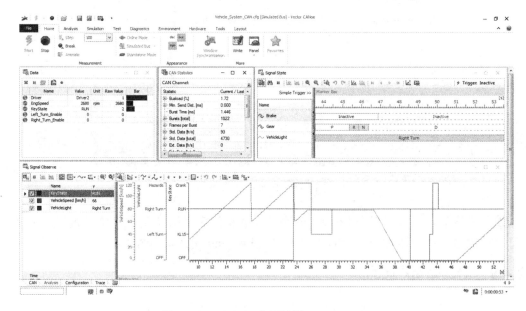

图 12.13　Desktop 布局设置——Analysis

3. 设定 Configuration

在 Configuration 的 Desktop 布局视图中保留 Simulation Setup 和 Measurement Setup 窗口，如图 12.14 所示。

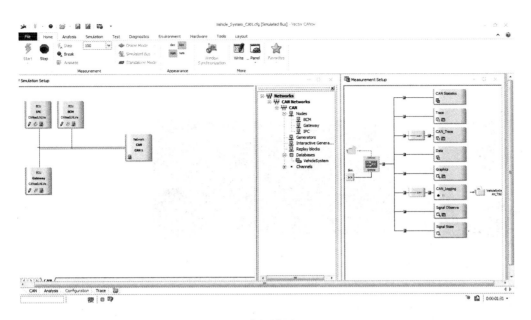

图 12.14　Desktop 布局设置——Configuration

4. 设定 Trace

在 Trace 的 Desktop 布局视图中保留 Write、CAN Trace 和 Trace 窗口，如图 12.15 所示。

图 12.15　Desktop 布局设置——Trace

12.5　工程运行测试

完成上述所有配置以后，读者就可以在 CANoe 软件中运行该仿真项目。仿真工程实现的功能随着 Automation Sequences 驱动而触发，可以观察到 Control 面板和 IPC 面板中的

仿真工程开发入门——CAN 仿真

同步变化。仿真工程的运行效果如图 12.16 所示。

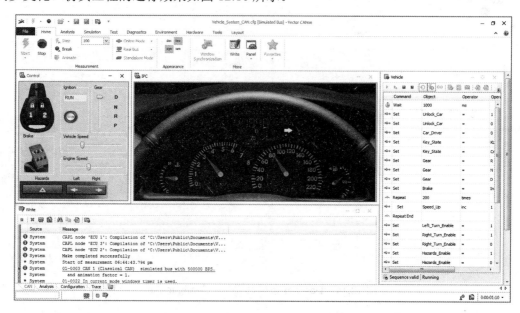

图 12.16　仿真工程运行效果图

读者也可以手动操作 Control 面板，同时结合 Trace、Graphic 和 State Tracker 等分析窗口，做一些测试和分析。按 1 键 Logging 文件开始记录 CAN Trace 中的信息，再次按 1 键，将停止 Logging 记录。

由于本章实例采用简化的拓扑结构，节点没有超过 4 个，所以在 Demo 版 CANoe 中也可以正常仿真运行。

读者可以在本书提供的资源压缩包中找到本章例程的工程文件（路径为：\Chapter_12\Source\Vehicle_System_Simulation\）。

进阶篇

第13章 仿真工程开发进阶 I——CAN+LIN 仿真

本章内容：

- 工程实例简介；
- 工程实例实现：LIN 数据库文件设计与导入；
- 工程运行测试；
- 扩展话题——关于网络管理。

从本章开始，本书将以实例的方式深入浅出地引导读者学习如何开发复杂的 CANoe 总线仿真工程，并结合项目中的常见应用，展开一些 CANoe 相关的高级编程讨论。内容涵盖了总线仿真、测试、诊断以及控制通信等相关编程技术等，可以通过这些技术实现 ECU 测试和验证的自动化，有效地降低了项目成本。

读者可以参考本教程，通过自己动手实践，逐步掌握 CANoe 相关开发技术。本书提供了每个仿真工程的源程序下载，读者可以参考，也可以通过自行修改和优化，将其应用到自己的项目中。

13.1 工程实例简介

第 1 章已经简单介绍了 LIN 总线的相关知识，由于 LIN 总线的低成本、易实现等优点，在安全性和实时性要求不高的模块中得到了广泛应用，如车窗控制、座椅调节和雨刮控制等。

13.1.1 网络拓扑图

本章实例将在第 12 章实例的基础上，添加 LIN 总线仿真部分，完整的网络拓扑如图 13.1 所示。

在网络拓扑图中，网关与座椅记忆控制模块（Seat Control Memory Module，SCMM）之间通过 LIN 总线通信，其中，网关作为 Master 节点，而座椅记忆控制模块则作为 Slave 节点。本实例中，LIN 总线的仿真采用 LIN 2.2 协议，总线波特率为 19.200kb/s。

因为节点 HU 发出的座椅调节报文通过节点 Gateway 直接转发，节点 SCMM 反馈过来的当前座椅位置也是节点 Gateway 发送给节点 HU，所以对于节点 SCMM 来说，只需要关心节点 Gateway 发过来的数据。通过分析节点 SCMM 相关的功能，本实例中将把与节点 HU 座椅相关的部分功能当成节点 Gateway 的一部分来仿真，影音 CAN 不再单独需要，节点 HU 用虚线表示，这样拓扑图简化如图 13.2 所示。

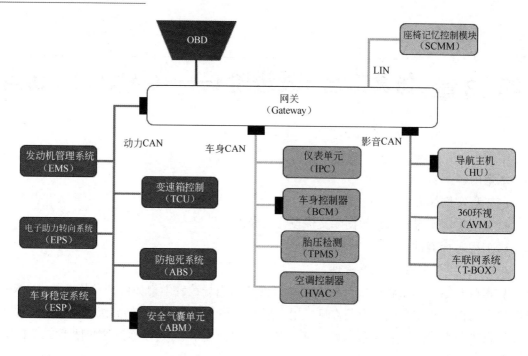

图 13.1　添加 LIN 总线后的整车拓扑图

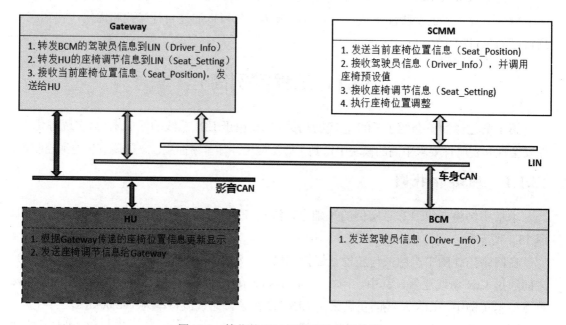

图 13.2　简化的 LIN 网络相关的拓扑图

13.1.2　实现功能

本章实例将围绕座椅调节的相关功能，实现以下三个功能。

（1）座椅位置的手动改变：通过控制面板改变 LDF 文件里面定义的座椅操作 Signal

的值（模拟在节点 HU 屏幕上设置座椅前后、左右、上下以及头部靠垫的位置）。

（2）根据 Driver 信息改变座椅设置：节点 Gateway 将当前 Driver 信息的 CAN 报文转为 LIN 报文，节点 SCMM 在接收到该报文后，自动调用预存储的 Driver 座椅位置信息。

（3）显示座椅位置：通过显示面板指示座椅的位置信息（模拟节点 HU 屏幕上座椅位置的动态变化）。

13.2　工　程　实　现

本章实例将在第 12 章仿真工程基础上，为了便于区别，需要将原工程的文件夹复制并更名为 Vehicle_System_Simulation_LIN，工程名称也另存为 Vehicle_System_LIN.cfg。下面将在此基础上通过添加 LIN 总线、面板及其 CAPL 程序来实现。

13.2.1　添加 LIN 总线支持

第 12 章的仿真实例只支持 CAN 总线，这里需要修改相关配置来支持 LIN 总线功能。读者可以在 CANoe 主界面通过 Hardware→Channel Usage，将 LIN 通道由 0 改为 1，如图 13.3 所示。

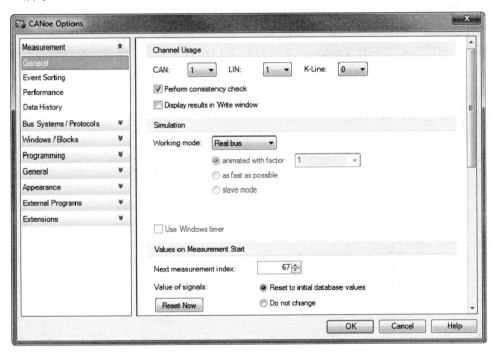

图 13.3　添加 LIN 通道

添加完毕后，将在 Simulation Setup 窗口右边的系统视图中的 Networks 下面出现 LIN Networks。鼠标右键单击 LIN Networks 在快捷菜单中选择 Add，添加一个名称为 LIN 的网络。单击 Simulation Setup 窗口左下角的网络切换书签 LIN，切换到 LIN 网络视图，可以看到一个没有任何节点的 LIN 网络，如图 13.4 所示。

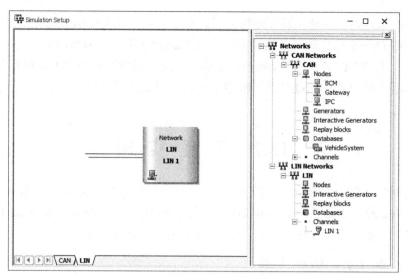

图 13.4　空白 LIN 网络拓扑图

13.2.2　数据库 LDF 文件设计与导入

与 CAN 总线类似，LIN 总线也需要一个数据库文件来管理相关的报文和信号。CANoe 利用这个数据库，可以清晰地解析出 LIN 总线上的数据信息。在 8.5 节中已经初步介绍了 LIN 总线数据库编辑器 LDF Explorer，本节将利用 LDF Explorer 来创建 LIN 总线数据库 LDF 文件。

在 CANoe 主界面的 Tools 功能区单击 LDF Explorer，可以打开 LDF 编辑器 Vector LDF Explorer Pro。在编辑器的工具栏中选择 New File 新建一个 LDF 2.2 版本的文件，如图 13.5 所示。

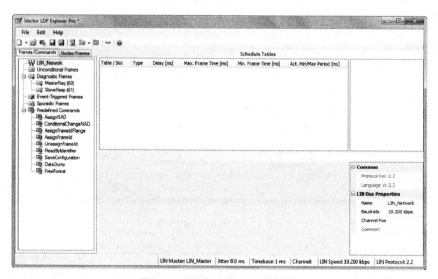

图 13.5　新建一个 LIN 数据库

图 13.5 左边导航视图区中出现新建的 LIN 网络，同时可以查看 LIN 总线的相关组件。在右下角属性菜单中，读者需要更改 LIN_Network 名称为 Seatdb，波特率保持 19.200kb/s

不变。在本实例中，将 Node/Frame 选项卡中的 LIN_Master 更名为 Gateway，将 Slave_1 更名为 SCMM。对于 Slave 节点的属性，读者需要进行更多设置，具体如图 13.6 所示。

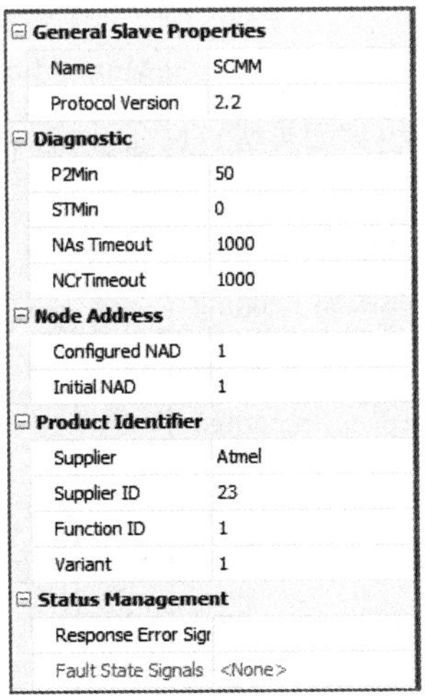

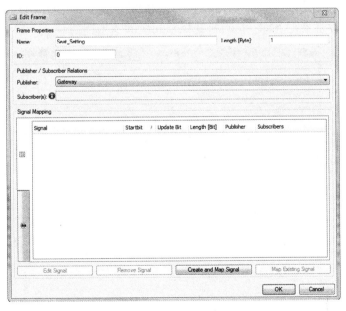

图 13.6　SCMM 属性设定

对于 Product Identifier，读者可以自行设置，此处以 Atmel 作为示例。

1.　创建报文 Seat_Setting

在 LDF Explorer 主界面的工具栏中选择 或者通过菜单 Edit→Create Frame→New Unconditional Frame 创建一条 LIN 报文，并命名为 Seat_Setting。Length 为 1B，ID 为 0，在 Publisher 中选择节点 Gateway，设置如图 13.7 所示。

图 13.7　添加 LIN 报文

与 CAN 报文类似，读者需要在 Signal Mapping 窗口中创建报文 Seat_Setting 中所包含的信号。本章实例需要在报文 Seat_Setting 中添加 8 个信号，用于表征座椅不同方向的调节开关信号。报文 Seat_Setting 的信号列表及属性如表 13.1 所示。

表 13.1　报文 Seat_Setting 的信号列表及属性

Signal Name（信号名称）	Signal Type（信号类型）	Length/b（长度）	Initial Value（初始值）	Encoding Type（编码类型）	Min（最小值）	Max.（最大值）	Factor（加权）	Offset（偏移）	Subscriber（接收节点）	Position on Frame（报文中位置）
Seat_up	Scalar	1	0	Seat_Encoding	0	1	1	0	SCMM	0
Seat_down	Scalar	1	0	Seat_Encoding	0	1	1	0	SCMM	1
Seat_forward	Scalar	1	0	Seat_Encoding	0	1	1	0	SCMM	2
Seat_back	Scalar	1	0	Seat_Encoding	0	1	1	0	SCMM	3
Seatback_forward	Scalar	1	0	Seat_Encoding	0	1	1	0	SCMM	4
Seatback_back	Scalar	1	0	Seat_Encoding	0	1	1	0	SCMM	5
Head_up	Scalar	1	0	Seat_Encoding	0	1	1	0	SCMM	6
Head_down	Scalar	1	0	Seat_Encoding	0	1	1	0	SCMM	7

　　下面将以创建一个信号 Seat_up 为例，其余信号由读者根据表 13.1 自行创建。在报文 Seat_Setting 的编辑界面，单击下面的 Create and Map Signal 按钮，可以打开 Edit Signal 对话框。在 Signal Properties 区中，修改信号 Name 为 Seat_up，Length 修改为 1。在 Encoding Type 区中，单击 Create New 按钮来创建一个新的 Encoding，并将其重命名为 Seat_Encoding。在 Multi-Range 选项卡中单击 按钮，并设置 Minimun(raw) 为 0，Maximun(raw) 为 1，Factor 为 1，Offset 为 0。在 Publish/Subscriber Relations 区中，为 Subscriber(s) 添加节点 SCMM。图 13.8 为根据信号列表中 Seat_up 的属性设置完毕的效果图。

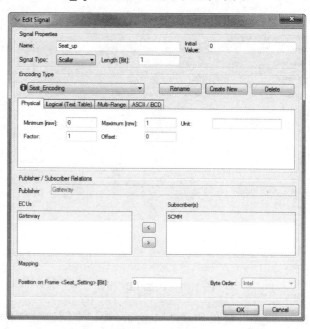

图 13.8　创建信号 Seat_up

同样的办法，读者可以在 Seat_Setting 里面再创建 Seat_down、Seat_forward、Seat_back、Seatback_forward、Seatback_back、Head_up 和 Head_down 这 7 个信号。这几个信号的属性与 Seat_up 基本一致，需要注意的是它们的 Startbit 是不一样的。将所有的信号添加设置完毕后，结果如图 13.9 所示。

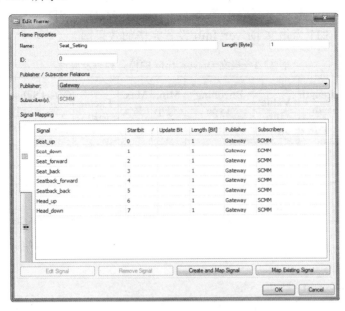

图 13.9　报文 Seat_Setting 设置完毕的效果图

在 Edit Frame 窗口中，单击左下方的▦标签切换到 bit 排列视图，可以查看报文中 Signal 的排列状况，如图 13.10 所示。

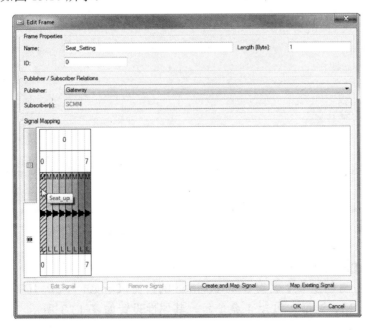

图 13.10　报文 Seat_Setting 的所有信号 Mapping 分布图

在 bit 排列视图中，将光标停留在不同的 bit 位置，可以查看出该 bit 所对应的信号。至此，一条完整的 LIN 报文就创建完成了。

2. 创建报文 Driver_Info

利用上述方法，再创建一个名为 Driver_Info 的报文，Length 为 1B，ID 为 1，在 Publisher 中选择节点 Gateway。该报文包含一条 Signal Name 为 DriverID 的信号，其属性设置如表 13.2 所示。图 13.11 为报文 Driver_Info 设置完毕的效果图。

表 13.2　报文 Driver_Info 的信号列表及属性

Signal Name （信号名称）	Signal Type （信号类型）	Length /b （长度）	Initial Value （初始值）	Encoding Type （编码类型）	Min. （最小值）	Max. （最大值）	Factor （加权）	Offset （偏移）	Subscriber （接收节点）	Position on Frame （报文中位置）
DriverID	Scalar	1	0	Driver_Info _Encoding	0	1	1	0	Seat	0

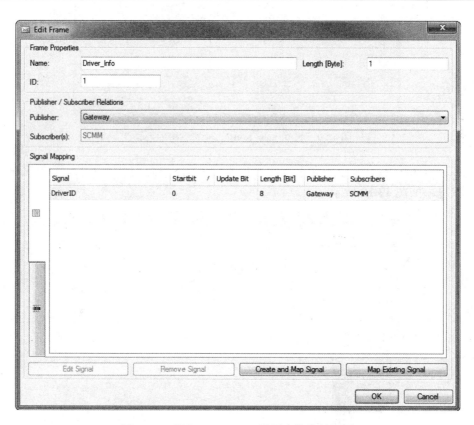

图 13.11　报文 Driver_Info 设置完毕的效果图

3. 创建报文 Seat_Position

同样的方法，再创建一个名为 Seat_Position 的报文，Length 为 2B，ID 为 1，在 Publisher 中选择节点 SCMM。该报文包含 4 条信号，其属性设置如表 13.3 所示。图 13.12 为报文 Seat_Position 设置完毕的效果图。

表 13.3　报文 Seat_Position 的信号列表及属性

Signal Name（信号名称）	Signal Type（信号类型）	Length /b（长度）	Initial Value（初始值）	Encoding Type（编码类型）	Min.（最小值）	Max.（最大值）	Factor（加权）	Offset（偏移）	Subscriber（接收节点）	Position on Frame（报文中位置）
Vertical_Position	Scalar	4	0	Seat_Position_Encoding	0	15	1	0	Gateway	0
Horizontal_Position	Scalar	4	0	Seat_Position_Encoding	0	15	1	0	Gateway	4
Head_Position	Scalar	3	0	Seat_Position_Encoding	0	7	1	0	Gateway	8
SeatBack_Position	Scalar	4	0	Seat_Position_Encoding	0	15	1	0	Gateway	11

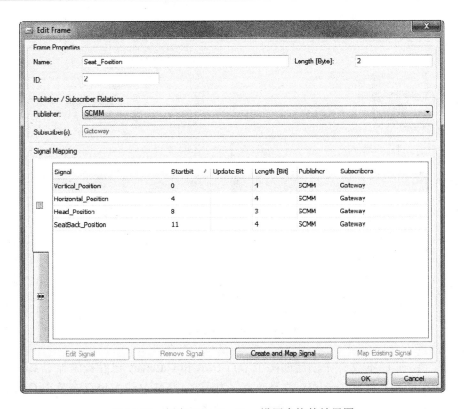

图 13.12　报文 Seat_Position 设置完毕的效果图

4. 创建 Schedule Table

创建完所有报文以后，读者需要为 LIN 的报文创建 Schedule Table 来规定每条报文的发送周期。在工具栏中，单击 Create Schedule Table，命名为 Table_0，创建完成后，在 Frame/Commands 选项卡中，将之前创建的 Seat_Setting、Driver_Info 和 Seat_Position 三条报文拖曳到 Table_0 下面，如图 13.13 所示。

在 Table_0 下面设置当前报文的发送周期，在右侧属性窗口中将每条报文的 Delay time

仿真工程开发进阶 I——CAN+LIN 仿真

都设置成 30ms。到此，一个完整的 LDF 文件就创建完成了。

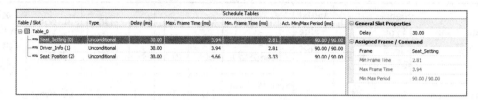

图 13.13　Schedule Tables 设定

5.　仿真工程中添加 LDF

LDF 文件创建完毕后，读者可以将 LDF 文件导入到仿真工程中。与 CAN 总线数据库导入相似，在 Simulation Setup 窗口的系统视图中，鼠标右键单击 LIN 总线下的 Database 选择 Import Wizard，选择 Seatdb.ldf 文件并添加 SCMM 和 Gateway 两个节点，结果如图 13.14 所示。

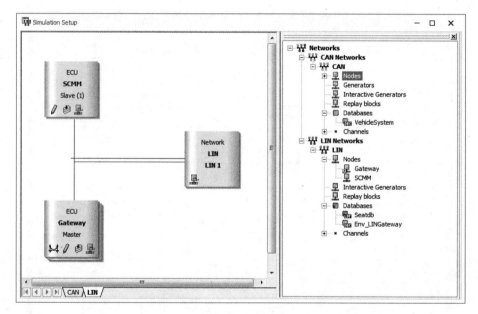

图 13.14　LIN 网络拓扑图

可以看到，在 LDF 文件中创建的两个节点 Seat 和 Gateway 已经被添加进 LIN 总线中。这里需要指出的是，对于 Gateway 这个节点，由于在 CAN 总线中也存在节点 Gateway，因此该节点有个堆叠效果，表示该节点同时挂在两条不同的总线上。

13.2.3　添加环境变量

在本实例中，使用环境变量（Environment Variable）来显示当前座椅位置以及指示调节座椅按键是否有效。采用第 8 章中介绍的方法，利用 EmptyTemplate.dbc 模板来创建一个只含有 Environment Variable 的 database。所需创建的 Environment Variable 主要属性如表 13.4 所示，其他属性保持默认设置。

表 13.4　环境变量列表及属性

Name （名称）	Value Type （数据类型）	Initial Value （初始值）	Minimum （最小值）	Maximum （最大值）	备　　注
EnvSeat_back_Dsp	Int32	0	0	1	当HU端对应的位置调整按钮被按下时，用于SCMM显示接收的对应信号状态
EnvSeat_down_Dsp	Int32	0	0	1	
EnvSeat_forward_Dsp	Int32	0	0	1	
EnvSeat_up_Dsp	Int32	0	0	1	
EnvSeatback_back_Dsp	Int32	0	0	1	
EnvSeatback_forward_Dsp	Int32	0	0	1	
EnvSeathead_down_Dsp	Int32	0	0	1	
EnvSeathead_up_Dsp	Int32	0	0	1	
EnvSeathori_Dsp	Int32	0	0	0xFF	用于HU端指示座椅对应方向的位置
EnvSeatvert_Dsp	Int32	0x8	0	0xFF	
EnvSeatback_Dsp	Int32	0x10	0	0xFF	
EnvSeathead_Dsp	Int32	0x1A	0	0xFF	

环境变量创建完毕后，将该数据库文件另存为 Env_LINGateway.dbc，如图 13.15 所示。在 Simulation Setup 窗口的系统视图中，将 Env_LINGateway.dbc 添加到 LIN Network→LIN→Database 下面。

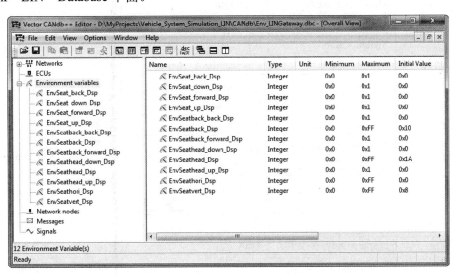

图 13.15　数据库 Env_LINGateway.dbc 的环境变量列表

13.2.4　面板设计

本实例将在第 12 章实例的基础上再添加两个面板，一个用于实现可视化的座椅位置显示，另一个用于控制座椅位置的调节。这里将这两个面板分别命名为 Seat Display 和 Seat Control。创建面板所需要的相关图片材料，可以在本书附送的压缩包中找到（路径为：\Chapter_13\Additional\Material）。

237

第
13
章

1. Panel-3：Seat Display

此面板模拟 HU 显示屏端座椅位置的动态变化，同时显示与之对应的 LIN 总线上报文 Seat_Setting 中信号的状态。Seat Display 面板的控件列表及属性如表 13.5 所示。

表 13.5　Seat Display 面板的控件列表及属性

控　　件	属　　性	属 性 设 定	说　　明
Panel 3	Panel Name	Seat Display	仿真座椅状态面板
	Background Color	224,224,224	
	Border Style	FixedSingle	
	Size	435，260	
Group Box 1	Control Name	Signalgroup	存放 Signal 控件
	Text	Signals	
	Background Color	224,224,224	
Switch/Indicator 1	Control Name	Seat back	Seat back 操作信号显示
	Image	LEDYellow.bmp	
	Is Proportional	True	
	Display Only	True	
	Button Behaviour	False	
	Mouse Activation Type	LeftRight	
	State Count	2	
	Switch Value	0;1	
	Symbol Name	EnvSeat_back_Dsp	
	Symbol Filter	Variable	
Static Text 1	Text	Seat back	标签
	Font Size	8	
	Background Color	224,224,224	
Switch/Indicator 2	Control Name	Seat forward	Seat forward 操作信号显示
	Image	LEDYellow.bmp	
	Is Proportional	True	
	Display Only	True	
	Button Behaviour	False	
	Mouse Activation Type	LeftRight	
	State Count	2	
	Switch Value	0;1	
	Symbol Name	EnvSeat_forward_Dsp	
	Symbol Filter	Variable	
Static Text 2	Text	Seat forward	标签
	Font Size	8	
	Background Color	224,224,224	

控 件	属 性	属 性 设 定	说 明
Switch/Indicator 3	Control Name	Seat up	Seat up 操作信号显示
	Image	LEDYellow.bmp	
	Is Proportional	True	
	Display Only	True	
	Button Behaviour	False	
	Mouse Activation Type	LeftRight	
	State Count	2	
	Switch Value	0;1	
	Symbol Name	EnvSeat_up_Dsp	
	Symbol Filter	Variable	
Static Text 3	Text	Seat up	标签
	Font Size	8	
	Background Color	224,224,224	
Switch/Indicator 4	Control Name	Seat down	Seat down 操作信号显示
	Image	LEDYellow.bmp	
	Is Proportional	True	
	Display Only	True	
	Button Behaviour	False	
	Mouse Activation Type	LeftRight	
	State Count	2	
	Switch Value	0;1	
	Symbol Name	EnvSeat_down_Dsp	
	Symbol Filter	Variable	
Static Text 4	Text	Seat down	标签
	Font Size	8	
	Background Color	224,224,224	
Switch/Indicator 5	Control Name	Seatback back	Seatback back 操作信号显示
	Image	LEDYellow.bmp	
	Is Proportional	True	
	Display Only	True	
	Button Behaviour	False	
	Mouse Activation Type	LeftRight	
	State Count	2	
	Switch Value	0;1	
	Symbol Name	EnvSeatback_back_Dsp	
	Symbol Filter	Variable	

控　件	属　性	属 性 设 定	说　明
Static Text 5	Text	Seatback back	标签
	Font Size	8	
	Background Color	224,224,224	
Switch/Indicator 6	Control Name	Seatback forward	Seatback forward 操作信号显示
	Image	LEDYellow.bmp	
	Is Proportional	True	
	Display Only	True	
	Button Behaviour	False	
	Mouse Activation Type	LeftRight	
	State Count	2	
	Switch Value	0;1	
	Symbol Name	EnvSeatback_forward_Dsp	
	Symbol Filter	Variable	
Static Text 6	Text	Seatback forward	标签
	Font Size	8	
	Background Color	224,224,224	
Switch/Indicator 7	Control Name	Head up	Head up 操作信号显示
	Image	LEDYellow.bmp	
	Is Proportional	True	
	Display Only	True	
	Button Behaviour	False	
	Mouse Activation Type	LeftRight	
	State Count	2	
	Switch Value	0;1	
	Symbol Name	EnvSeathead_up_Dsp	
	Symbol Filter	Variable	
Static Text 7	Text	Head up	标签
	Font Size	8	
	Background Color	224,224,224	
Switch/Indicator 8	Control Name	Head down	Head down 操作信号显示
	Image	LEDYellow.bmp	
	Is Proportional	True	
	Display Only	True	
	Button Behaviour	False	
	Mouse Activation Type	LeftRight	
	State Count	2	

控　　件	属　　性	属　性　设　定	说　　明
Switch/Indicator 8	Switch Value	0;1	Head down 操作信号显示
	Symbol Name	EnvSeathead_down_Dsp	
	Symbol Filter	Variable	
Static Text 8	Text	Head down	标签
	Font Size	8	
	Background Color	224,224,224	
Group Box 2	Control Name	SeatPosgroup	存放 Seat Position 相关控件
	Text	Signal	
	Background Color	224,224,224	
Group Box 3	Control Name	SeatDisgroup1	存放图片控件
	Text	—	
	Background Color	224,224,224	
Switch/Indicator 9	Control Name	SeatHorizontal	显示水平方向调节的座椅图片
	Image	Seat.jpg	
	Is Proportional	False	
	Display Only	True	
	Button Behaviour	False	
	Mouse Activation Type	LeftRight	
	State Count	36	
	Switch Value	0;1;2;…;34;35	
	Symbol Name	EnvSeathori_Dsp	
	Symbol Filter	Variable	
Picture Box 1	Control Name	Picture Box 1	标识座椅图片显示的调节方向
	Is Proportional	False	
	Image	ArrowLeftRight.bmp	
Group Box 4	Control Name	SeatDisgroup2	存放图片控件
	Text		
	Background Color	224,224,224	
Switch/Indicator 10	Control Name	SeatVertical	显示垂直方向调节的座椅图片
	Image	Seat.jpg	
	Is Proportional	False	
	Display Only	True	
	Button Behaviour	False	
	Mouse Activation Type	LeftRight	
	State Count	36	
	Switch Value	0;1;2;…;34;35	
	Symbol Name	EnvSeatvert_Dsp	
	Symbol Filter	Variable	

241

第 13 章

控　件	属　性	属 性 设 定	说　明
Picture Box 2	Control Name	Picture Box 2	标识座椅图片显示的调节方向
	Is Proportional	False	
	Image	ArrowUpDown.bmp	
Group Box 5	Control Name	SeatDisgroup3	存放图片控件
	Text	—	
	Background Color	224,224,224	
Switch/Indicator 11	Control Name	SeatBack	显示座椅靠背方向调节的座椅图片
	Image	Seat.jpg	
	Is Proportional	False	
	Display Only	False	
	Button Behaviour	False	
	Mouse Activation Type	LeftRight	
	State Count	36	
	Switch Value	0;1;2;…;34;35	
	Symbol Name	EnvSeatback_Dsp	
	Symbol Filter	Variable	
Picture Box 3	Control Name	Picture Box 3	标识座椅图片显示的调节方向
	Is Proportional	False	
	Image	ArrowSeatback.bmp	
Group Box 6	Control Name	SeatDisgroup4	存放图片控件
	Text	—	
	Background Color	224,224,224	
Switch/Indicator 12	Control Name	SeatHead	显示座椅靠枕方向调节的座椅图片
	Image	Seat.jpg	
	Is Proportional	False	
	Display Only	False	
	Button Behaviour	False	
	Mouse Activation Type	LeftRight	
	State Count	36	
	Switch Value	0;1;2;…;34;35	
	Symbol Name	EnvSeathead_Dsp	
	Symbol Filter	Variable	
Picture Box 4	Control Name	Picture Box 4	标识座椅图片显示的调节方向
	Is Proportional	False	
	Image	ArrowUpDown.bmp	

控 件	属 性	属 性 设 定	说 明
Static Text 9	Text	SCMM Side	标签
	Font	8,Bold	
	Background Color	Blue	
Static Text 10	Text	HU Side	标签
	Font	8,Bold	
	Background Color	Blue	

注：由于 seat.jpg 帧数较多（37 帧），无法显示，故表 13.5 中没有附上。

所有的控件创建和设置完毕后，Seat Display 面板的效果如图 13.16 所示。

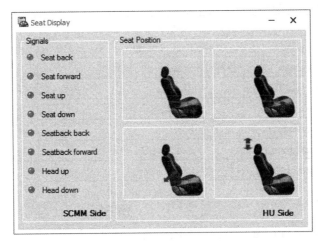

图 13.16　Seat Display 面板效果图

此处，读者需要注意的是 Seat Position 的 4 个示意图分别用来表征座椅的对应调整方向（箭头方向）的动态变化。

2．Panel-4：Seat Control

此面板模拟节点 HU 显示屏端控制座椅位置的操作，以及节点 BCM 端信号 driver ID 的变化和切换操作。在 Seat Control Elements Group 里面添加 8 个 Switch/Indicator 并关联到 13.2.2 节中创建的 LIN Signal 信号，分别用 Static Text 控件来添加文字说明。Seat Control 面板的控件列表及属性，如表 13.6 所示。

表 13.6　**Seat Control 面板的控件列表及属性**

控 件	属 性	属 性 设 定	说 明
Panel 4	Panel Name	Seat Control	仿真座椅位置控制面板
	Background Color	224,224,224	
	Border Style	FixedSingle	
	Size	240，290	
Group Box 1	Control Name	Controlgroup	存放座椅位置控制控件
	Text	Seat Control	
	Background Color	224,224,224	

控 件	属 性	属 性 设 定	说 明
Switch/Indicator 1	Control Name	Seat back	Seat back 按钮控件
	Image	sButtonQuadraticLeft_2.bmp	
	Is Proportional	False	
	Display Only	False	
	Button Behaviour	True	
	Mouse Activation Type	LeftRight	
	State Count	2	
	Switch Value	0;1	
	Signal	Seat_back	
	Message	Seat_Setting	
	Database	Seatdb	
	Symbol Filter	Signal	
Static Text 1	Text	Seat back	标签
	Font Size	8	
	Background Color	224,224,224	
Switch/Indicator 2	Control Name	Seat forward	Seat forward 按钮控件
	Image	sButtonQuadraticRight_2.bmp	
	Is Proportional	False	
	Display Only	False	
	Button Behaviour	True	
	Mouse Activation Type	LeftRight	
	State Count	2	
	Switch Value	0;1	
	Signal	Seat_forward	
	Message	Seat_Setting	
	Database	Seatdb	
	Symbol Filter	Signal	
Static Text 2	Text	Seat forward	标签
	Font Size	8	
	Background Color	224,224,224	
Switch/Indicator 3	Control Name	Seat up	Seat up 按钮控件
	Image	sButtonQuadraticUp_2.bmp	
	Is Proportional	False	
	Display Only	False	
	Button Behaviour	True	

控　件	属　性	属 性 设 定	说　明
Switch/Indicator 3	Mouse Activation Type	LeftRight	Seat up 按钮控件
	State Count	2	
	Switch Value	0;1	
	Signal	Seat_up	
	Message	Seat_Setting	
	Database	Seatdb	
	Symbol Filter	Signal	
Static Text 3	Text	Seat up	标签
	Font Size	8	
	Background Color	224,224,224	
Switch/Indicator 4	Control Name	Seat down	Seat down 按钮控件
	Image	sButtonQuadraticDown_2.bmp	
	Is Proportional	False	
	Display Only	False	
	Button Behaviour	True	
	Mouse Activation Type	LeftRight	
	State Count	2	
	Switch Value	0;1	
	Signal	Seat_down	
	Message	Seat_Setting	
	Database	Seatdb	
	Symbol Filter	Signal	
Static Text 4	Text	Seat down	标签
	Font Size	8	
	Background Color	224,224,224	
Switch/Indicator 5	Control Name	Seatback back	Seatback back 按钮控件
	Image	sButtonQuadraticLeft_2.bmp	
	Is Proportional	False	
	Display Only	False	
	Button Behaviour	True	
	Mouse Activation Type	LeftRight	
	State Count	2	
	Switch Value	0;1	
	Signal	Seatback_back	
	Message	Seat_Setting	
	Database	Seatdb	
	Symbol Filter	Signal	

控 件	属 性	属 性 设 定	说 明
Static Text 5	Text	Seatback back	标签
	Font Size	8	
	Background Color	224,224,224	
Switch/Indicator 6	Control Name	Seatback forward	Seatback forward 按钮控件
	Image	sButtonQuadraticRight_2.bmp	
	Is Proportional	False	
	Display Only	False	
	Button Behaviour	True	
	Mouse Activation Type	LeftRight	
	State Count	2	
	Switch Value	0;1	
	Signal	Seatback_forward	
	Message	Seat_Setting	
	Database	Seatdb	
	Symbol Filter	Signal	
Static Text 6	Text	Seatback forward	标签
	Font Size	8	
	Background Color	224,224,224	
Switch/Indicator 7	Control Name	Head up	Head up 按钮控件
	Image	sButtonQuadraticUp_2.bmp	
	Is Proportional	False	
	Display Only	False	
	Button Behaviour	True	
	Mouse Activation Type	LeftRight	
	State Count	2	
	Switch Value	0;1	
	Signal	Head_up	
	Message	Seat_Setting	
	Database	Seatdb	
	Symbol Filter	Signal	
Static Text 7	Text	Head up	标签
	Font Size	8	
	Background Color	224,224,224	
Switch/Indicator 8	Control Name	Head down	Head down 按钮控件
	Image	sButtonQuadraticDown_2.bmp	
	Is Proportional	False	

控 件	属 性	属 性 设 定	说 明
Switch/Indicator 8	Display Only	False	Head down 按钮控件
	Button Behaviour	True	
	Mouse Activation Type	LeftRight	
	State Count	2	
	Switch Value	0;1	
	Signal	Head_down	
	Message	Seat_Setting	
	Database	Seatdb	
	Symbol Filter	Signal	
Static Text 8	Text	Head down	标签
	Font Size	8	
	Background Color	224,224,224	
Group Box 2	Control Name	Drivergroup	存放 Driver 切换控件
	Text	Driver	
	Background Color	224,224,224	
Radio Button 1	Control Name	Radio Button 1	切换到 Driver 1 控件
	Text	Driver 1	
	Display Only	False	
	Switch Value	1	
	Symbol	Car_Driver	
	Namespace	Vehicle_Key	
	Symbol Filter	Variable	
Radio Button 2	Control Name	Radio Button 2	切换到 Driver 2 控件
	Text	Driver 2	
	Display Only	False	
	Switch Value	2	
	Symbol	Car_Driver	
	Namespace	Vehicle_Key	
	Symbol Filter	Variable	
Static Text 9	Text	HU Side	标签
	Font	8,Bold	
	Background Color	Blue	
Static Text 10	Text	BCM Side	标签
	Font	8,Bold	
	Background Color	Blue	

　　所有控件添加设置完毕以后，Seat Control 面板的效果如图 13.17 所示。

　　这样，就完成了两个 Panel 的设计，当然，本节只使用一般的控件设计，读者可以在熟练使用的基础上根据自己的想法来改变 Panel 的形式。

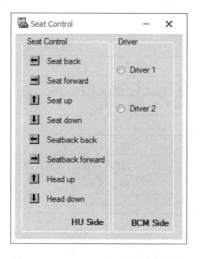

图 13.17　Seat Control 面板效果图

13.2.5　CAPL 实现

本实例中，使用 8 个环境变量显示收到的 LIN 报文中 8 个信号的状态，同时又使用 4 个环境变量对应一个 37 帧图片 seat.jpg 中不同的帧来表征不同的座椅位置，为了便于读者清晰之间关系，表 13.7 给出座椅调节的信号与变量对应关系。

表 13.7　座椅调节的信号与变量对应关系

调节位置	LIN 报文中信号	LED 指示灯显示的环境变量	显示面板中座椅位置显示的环境变量	CAPL 中座椅位置的全局变量	Seat.jpg 图片中帧数
前后位置	Seat_back Seat_forward	EnvSeat_back_Dsp EnvSeat_forward_Dsp	EnvSeathori_Dsp	horipos1 horipos2	0～7
上下位置	Seat_up Seat_down	EnvSeat_up_Dsp EnvSeat_down_Dsp	EnvSeatvert_Dsp	vertpos1 vertpos2	8～15
靠背位置	Seatback_back Seatback_forward	EnvSeatback_back_Dsp EnvSeatback_forward_Dsp	EnvSeatback_Dsp	backpos1 backpos2	16～23
靠枕位置	Seathead_up Seathead_down	EnvSeathead_up_Dsp EnvSeathead_down_Dsp	EnvSeathead_Dsp	headpos1 headpos2	24～31

1.　Seat 代码

在节点 Seat 添加 Seat.can 文件并添加如下代码，用于处理座椅报文的处理和显示。

```
includes
{
  // 此处添加头文件
}

variables
{
  // 调节座椅初始位置-driver1
  int horipos1=5,vertpos1=10,backpos1=17,headpos1=28;
```

```
  // 调节座椅初始位置-driver2
  int horipos2=2,vertpos2=13,backpos2=21,headpos2=26;
}
// 处理信号 DriverID 变化
on signal DriverID
{
  if($Driver_Info::DriverID==1)
  {
    driver2_pos();
  }
  else
    {
    driver1_pos();
    }
}
// 切换座椅位置到 driver1,更新 LIN 报文 Seat_Position 中的信号
void driver1_pos(void)
{
  $Vertical_Position=vertpos1-8;
  $Horizontal_Position=horipos1;
  $SeatBack_Position=backpos1-16;
  $Head_Position=headpos1-26;
}

// 切换座椅位置到 driver2,更新 LIN 报文 Seat_Position 中的信号
void driver2_pos(void)
{
  $Vertical_Position=vertpos2-8;
  $Horizontal_Position=horipos2;
  $SeatBack_Position=backpos2-16;
  $Head_Position=headpos2-26;
}

// 处理接收 LIN 报文 Seat_Setting
on linFrame Seat_Setting
{
  //显示 LED 状态
  putValue(EnvSeat_back_Dsp,$Seat_back);
  putValue(EnvSeat_forward_Dsp,$Seat_forward);
  putValue(EnvSeat_up_Dsp,$Seat_up);
  putValue(EnvSeat_down_Dsp,$Seat_down);
  putValue(EnvSeatback_back_Dsp,$Seatback_back);
  putValue(EnvSeatback_forward_Dsp,$Seatback_forward);
  putValue(EnvSeathead_up_Dsp,$Head_up);
  putValue(EnvSeathead_down_Dsp,$Head_down);

  // 更新返回 LIN 报文 Seat_Position
  if($DriverID==1)
  {
```

```
    Driver2_Adjust();
  }
  else
  {
    Driver1_Adjust();
  }
}

// Driver1：更新座椅位置并更新返回 LIN 报文 Seat_Position
void Driver1_Adjust(void)
{
  // 更新水平位置
  if (horipos1 < 7 && $Seat_back)
  {
    horipos1 = horipos1 + 1;
  }
  if (horipos1 > 0 && $Seat_forward)
  {
    horipos1 = horipos1 - 1;
  }

  // 更新垂直位置
  if (vertpos1 < 15 && $Seat_up)
  {
    vertpos1 = vertpos1 + 1;
  }
  if (vertpos1 > 8 && $Seat_down)
  {
    vertpos1 = vertpos1 - 1;
  }

  // 更新座椅靠背位置
  if (backpos1 < 25 && $Seatback_back)
  {
    backpos1 = backpos1 + 1;
  }
  if (backpos1 > 16 && $Seatback_forward)
  {
    backpos1 = backpos1 - 1;
  }

  // 更新座椅靠枕位置
  if(headpos1 < 29 && $Head_up)
  {
    headpos1 = headpos1 + 1;
  }
  if(headpos1 > 26 && $Head_down)
  {
    headpos1 = headpos1 - 1;
```

```
    }

    // 更新 LIN 报文 Seat_Position
    $Vertical_Position=vertpos1-8;
    $Horizontal_Position=horipos1;
    $SeatBack_Position=backpos1-16;
    $Head_Position=headpos1-26;
}
// Driver2：更新座椅位置并更新返回 LIN 报文 Seat_Position
void Driver2_Adjust(void)
{
    // 更新水平位置
    if (horipos2 < 7 && $Seat_back)
    {
      horipos2 = horipos2 + 1;
    }
    if (horipos2 > 0 && $Seat_forward)
    {
      horipos2 = horipos2 - 1;
    }

    // 更新垂直位置
    if (vertpos2 < 15 && $Seat_up)
    {
      vertpos2 = vertpos2 + 1;
    }
    if (vertpos2 > 8 && $Seat_down)
    {
      vertpos2 = vertpos2 - 1;
    }

    // 更新座椅靠背位置
    if (backpos2 < 25 && $Seatback_back)
    {
      backpos2 = backpos2 + 1;
    }
    if (backpos2 > 16 && $Seatback_forward)
    {
      backpos2 = backpos2 - 1;
    }

    // 更新座椅靠枕位置
    if(headpos2 < 29 && $Head_up)
    {
      headpos2 = headpos2 + 1;
    }
    if(headpos2 > 26 && $Head_down)
    {
      headpos2 = headpos2 - 1;
```

```
    }

    // 更新 LIN 报文 Seat_Position
    $Vertical_Position=vertpos2-8;
    $Horizontal_Position=horipos2;
    $SeatBack_Position=backpos2-16;
    $Head_Position=headpos2-26;
}
```

2. 更新 Gateway 代码

需要在第 12 章 Gateway 代码的基础上，添加 LIN 总线的仿真控制和报文的处理，完整的代码如下。

```
includes
{
    // 此处添加头文件
}

variables
{
    msTimer msTVehSpeedDown; // 定义毫秒定时器用于 Vehicle Speed down
    msTimer msTEngSpeedDown; // 定义毫秒定时器用于 Engine Speed down
    dword WritePage;
    int busflag=0; // 目前总线的状态: 0 - Deactivate CANoe IL ; 1 - Activate CANoe IL
}

on preStart
{
    ILControlInit();        // 初始化 CANoe IL
    ILControlStop();        // 禁止 CANoe IL 报文发送
    LINStopScheduler();     // 测量前禁止发送 LIN scheduler
    writeLineEx(WritePage,1,"--------This demo demonstrated the CAN bus
    simulation!!--------");// Write 窗口输出仿真项目提示信息
    writeLineEx(0,1,"Press <1> to start/stop CAN_logging");// Write 窗口输出
    // Logging 提示信息
}

///////////////控制 Logging_CAN 的开始与结束///////////////
on key '1'
{
    int flag;

    if(flag==0)
    {
        flag=1;
        write("CAN logging starts");
        // 开始 CAN logging, pre-trigger:500ms
        startlogging("CAN_Logging",500);
    }
```

```
  else
  {
    flag=0;
    write("CAN logging ends");
    // 停止 CAN Logging, post-trigger: 1000ms
    stoplogging("CAN_Logging",1000);
  }
}

// 根据 LockStatus 开始或关闭 IL
on signal_update LockStatus
{
  if(this!=busflag)
  {
    if(this==1)
    {
      ILControlStart();
    }
    else if(this==0)
    {
      ILControlStop();
    }
    busflag=this;
  }
}

// 设置档位信息
on sysvar Vehicle_Control::Gear
{
  $Gear=@this;
}

// 初始化引擎数据
void EngineData_Init(void)
{
  $VehicleSpeed=0;
  $EngSpeed=0;
  $EngTemp=0;
  $PetrolLevel=0;
}
// 处理信号 KeyState 变化事件
on signal_update KeyState
{
  if(this==0)
  {
    EngineData_Init();    // 基于钥匙信息初始化引擎数据
  }
  if(this>0)
  {
```

```
     $PetrolLevel=255;        // 基于钥匙信息初始化 PetrolLevel
   }
 }


// 处理系统变量更新 - Eng_Speed
on sysvar_update Vehicle_Control::Eng_Speed
{
  // Engine speed 只在 Key 为 ON 时有效
  if(@Vehicle_Key::Key_State==2)
  {
    $EngineData::EngSpeed=@this;
  }
  else
  {
    $EngineData::EngSpeed=0;
  }
}
// 处理系统变量更新 - Veh_Speed
on sysvar_update Vehicle_Control::Veh_Speed
{
  // Vehicle speed 只在 Key 为 ON 且 Drive 档位时有效
  if((@Vehicle_Control::Gear==3)&&(@Vehicle_Key::Key_State==2))
  {
    $VehicleData::VehicleSpeed=@this;
  }
  else
  {
    $VehicleData::VehicleSpeed=0;
  }
}
///////////////模拟实现车速，引擎转速，油温，油量的动态变化///////////////
on sysvar_update Vehicle_Control::Speed_Up
{
  if($EngTemp<90)
  {
    $EngTemp=@this*1.5;
  }
  else
  {
    $EngTemp=90;
  }
  if($PetrolLevel<255)
  {
    $PetrolLevel=@this*8.5;
  }
  else
  {
    $PetrolLevel=255;
  }
```

```
  $VehicleSpeed=@this;
  $EngSpeed=@this*40;
  if(@this>120)
  {
    @this=60;
  }
}

on sysvar Vehicle_Control::Brake
{
  int i;
  if(@this==1)
  {
    $GearLock=0;
    setTimer(msTVehSpeedDown,20);
    setTimer(msTEngSpeedDown,2);
  }
  else
  {
    $GearLock=1;
    cancelTimer(msTVehSpeedDown);
    cancelTimer(msTEngSpeedDown);
  }
}

on timer msTVehSpeedDown
{
  @Vehicle_Control::Veh_Speed=@Vehicle_Control::Veh_Speed-1;
  setTimer(this,50);
  if(@Vehicle_Control::Veh_Speed<=0)
  {
    cancelTimer(msTVehSpeedDown);
    @Vehicle_Control::Veh_Speed=0;
  }
}

on timer msTEngSpeedDown
{
  @Vehicle_Control::Eng_Speed=@Vehicle_Control::Eng_Speed-40;
  setTimer(this,50);
  if(@Vehicle_Control::Eng_Speed<=0)
  {
    cancelTimer(msTEngSpeedDown);
    @Vehicle_Control::Eng_Speed=0;
  }
}
////////// End - 实现车速,引擎转速,油温,油量的动态变化//////////////
// 处理接收到的 CAN 信号 Driver,来更新 LIN 报文 Driver_Info
on signal_update Driver
```

```
{
  $Driver_Info::DriverID = $Driver;
}

// 处理接收的 LIN 报文 Seat_Position，更新图片显示
on linFrame Seat_Position
{
  @EnvSeatvert_Dsp=$Vertical_Position+8;
  @EnvSeathori_Dsp=$Horizontal_Position;
  @EnvSeatback_Dsp=$SeatBack_Position+16;
  @EnvSeathead_Dsp=$Head_Position+26;
}
```

13.2.6　Trace 窗口与 Logging

与 12.4.7 节一样，读者需要在 Measurement setup 窗口中设置 LIN 通道的 Trace 窗口与 Logging 模块。读者可以根据前面的章节自行插入，在此不再过多赘述，设置完毕后效果如图 13.18 所示。

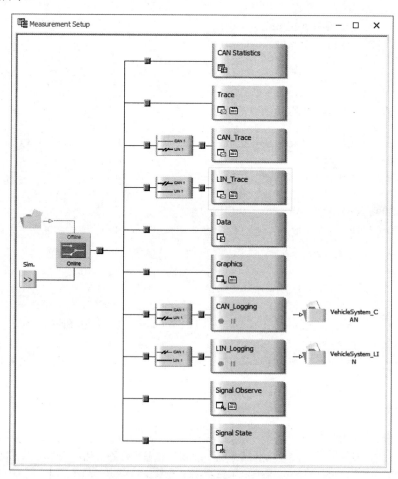

图 13.18　添加 LIN 的 Trace 和 Logging 设置

13.2.7　设置 Desktop 布局

与第 12 章的实例相同，为了便捷化，需要添加一个 Desktop 的桌面标签来管理 LIN 网络的相关窗口。

1. 添加 LIN

添加 LIN 的 Desktop 以后，可以将 Seat Control 和 Seat Display 两个面板添加到该 Desktop 中。为了便于观察 LIN 总线上的活动，可以同时添加 Write 窗口和 LIN_Trace 窗口，如图 13.19 所示。

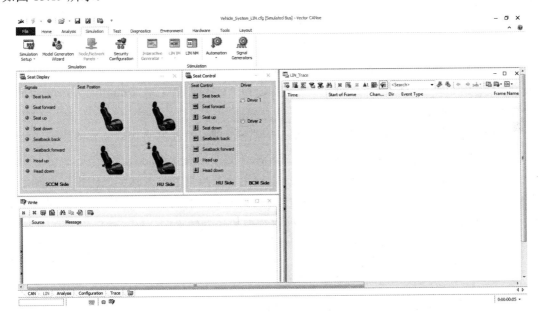

图 13.19　在 Desktop 中添加 LIN 布局

2. 修改 Trace

在 Trace 布局中可以将 Trace 窗口移除，将 LIN_Trace 窗口添加到布局中，这样既可以在 CAN_Trace 窗口中观察 CAN 上的总线信息，也可以在 LIN_Trace 窗口查看 LIN 的报文和变量等信息。

13.3　工程运行测试

完成上述所有配置以后，读者可以在 CANoe 中运行该仿真工程。操作 LIN 的面板前需要在 CAN 的 Desktop 布局中操作 Control 面板，钥匙解锁并将引擎钥匙置于 RUN 状态。节点 SCMM 会根据车钥匙上驾驶员（Car_Driver）信息的不同，调整座椅至相对应的位置。在 Seat Control 面板中，读者可以单击不同的箭头按钮来调节座椅位置，同时在 Seat Display 窗口中显示出座椅的位置，并用 LED 指示当前调节的方向。

读者可以在本书提供的资源压缩包中找到本章例程的工程文件（路径为：\Chapter_13\Source\ Vehicle_System_Simulation_LIN\）。

13.4　扩展话题——关于网络管理

随着汽车系统的复杂程度增加，ECU 单元也越来越多，由于汽车蓄电池可以提供的电量有限，这时每个 ECU 单元的静态功耗或者说是休眠功耗便显得非常重要。在此背景下，网络管理（Network Management，NM）被逐渐应用到汽车 ECU 单元中。对于引擎关闭后并不立即关闭的 ECU 单元（如仪表、主机、座椅调节单元等），网络管理显得尤为重要。网络管理为这些 ECU 单元建立了睡眠、唤醒和挂起的机制，保证了通信的可靠性以及整车系统的休眠功耗。

当前应用比较广泛的网络管理方式是 OSEK（来自德语 Offene Systeme und deren Schnittstellen für die Elektronik in Kraftfahrzeugen，英文即 Open Systems and their Interfaces for the Electronics in Motor Vehicles）网络管理和 AUTOSAR（AUTomotive Open System ARchitecture）网络管理。

OSEK 网络管理分为直接网络管理和间接网络管理。直接网络管理需要网络上的每个节点有唯一的标识号和特定的网络管理报文，并且提供了协商机制负责网络中所有节点在同一时刻睡眠。间接网络管理则是通过被动地检测各节点周期性发送的应用报文来确定网络和节点的状态，如果在规定时间内没有接收到某个节点的周期性的应用报文，即认为该节点处于离线状态。图 13.20 描述了直接网络管理的状态转换图。

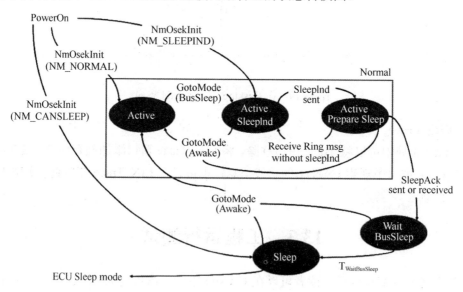

图 13.20　OSEK 直接网络管理状态转换图

AUTOSAR 网络管理要求参与网络管理的节点有唯一的标识号和特定的网络管理报文并规定了网络工作状态来保证车上的 ECU 能够协同唤醒和休眠。图 13.21 描述了 AUTOSAR 网络管理的状态转换图。

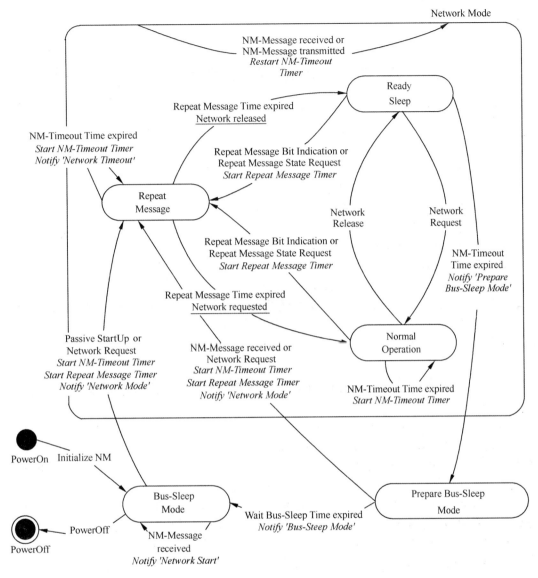

图 13.21　AUTOSAR 网络管理状态转换图

对于网络管理，此处仅作抛砖引玉，本书也提供了基于第 12 章 CANoe 仿真工程的 AutoSar 网络管理例程 Vehicle_System_Simulation_AutoSarNM 供读者参考（路径为：\Chapter_13\Additional\ Example\Vehicle_System_Simulation_AutoSarNM.zip）。另外，读者可以参考 OSEK 和 AUTOSAR 的网络管理规范 OSEK-NM-2.53.pdf 和 AUTOSAR_SWS_CAN_NM.pdf（路径为：\Chapter_13 \Additional\Document\）。

第 14 章 | 仿真工程开发进阶 II——仿真+测试

本章内容:
- 基于 CANoe 的自动化测试系统简介;
- Test Feature Set 及 Test Service Library 功能简介;
- 测试单元与测试模块简介;
- 工程实例简介及实现;
- 工程运行测试;
- 扩展话题——关于 vTESTstudio。

众所周知,CANoe 对仿真和分析功能有非常出色的支持,其实它对测试功能的支持也非常强大。本章将介绍基于 CANoe 的自动化测试系统以及相关的测试技术,在第 12 章的基础上开发网络测试模块,并生成测试报告。

14.1 基于 CANoe 的自动化测试系统简介

对于车载网络的测试,Vector 公司提供了较为全面的、专业的 ECU 测试工具,包括物理层和数据链路层测试等,如使用 CANscope 和 CANstress 等工具来验证节点在电路设计、物理电平方面的性能,以及通信参数的一致性等。本章所探讨的内容主要基于 CANoe 的测试环境,介绍如何进行网络通信的完整性和正确性验证。

图 14.1 给出了基于 CANoe 的自动化测试系统架构,根据 ECU 的测试环境和测试规范,搭建基于 CANoe 的测试系统,通过开发测试模块(Test Module)或测试单元(Test Unit)、网络控制硬件接口(如 VN2600 等)、外围的硬件在环设备(如 VT System)以及数据采集和控制 I/O 等板卡,实现高效的自动化测试。

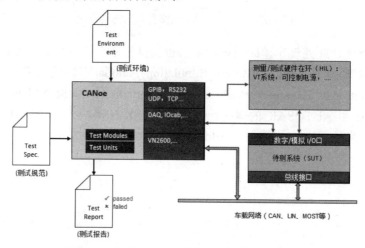

图 14.1 基于 CANoe 的自动化测试系统架构

14.2　Test Feature Set 功能简介

自 CANoe 5.0 版本开始，Vector 就引入测试功能的支持，集成了 Test Feature Set（TFS，测试功能集）。TFS 不是一个独立的组件，它是 CANoe 扩展出来的一系列测试功能函数，包括测试报告的输出。下面按功能来分，逐个介绍 TFS 中的主要函数。

14.2.1　约束和条件设置函数

约束和条件（Constraints and Conditions）设置函数可以在一些特定的测试序列中被并行执行。这类函数主要用来检测测试环境的偏差或者被测 ECU 在测试过程中是否偏离某些参数的范围，以确保测试在正确的测试环境中被执行。相关测试约束和条件设置函数的列表及功能描述如表 14.1 所示。

表 14.1　约束和条件设置函数的列表及功能描述

函　　数	功　能　描　述
TestAddCondition	用于添加一个事件对象（Event Object）或事件文本（Event Text）作为测试的条件（Condition）
TestAddConstraint	用于添加一个事件对象（Event Object）或事件文本（Event Text）作为测试的约束（Constraint）
TestCheckCondition	用于检查设定的条件是否已经被破坏
TestCheckConstraint	用于检查设定的约束是否已经被破坏
TestRemoveCondition	用于在条件中移除一个事件对象（Event Object）或事件文本（Event Text）
TestRemoveConstraint	用于在约束中移除一个事件对象（Event Object）或事件文本（Event Text）
TestSupplyTextEvent	用于产生一个事件文本（Event Text）

在测试用例的判别上，约束（Constraint）和条件（Condition）没有差异，它们细微的差异体现在以下两点。

（1）约束用于监控测试设置和测试环境：它可以确保测试环境在测试过程中不出现妨碍测试正常执行的状态，而导致测试结果不正确。

（2）条件用于在测试过程中检测待测系统：这必须遵循测试过程中不受破坏的条件。如果这些条件被破坏，那么某些测试项就会失败，整个测试也会失败。

14.2.2　信号测试函数

信号测试函数（Signal Oriented Test Functions）主要用于检测或操作信号、系统变量和环境变量的数值。信号测试函数的列表及功能描述如表 14.2 所示。

表 14.2　信号测试函数的列表及功能描述

函　　数	功　能　描　述
checkSignalInRange	用于检测信号、系统变量和环境变量是否在指定的范围中
testValidateSignalInRange	
testValidateSignalOutsideRange	

函　　数	功　能　描　述
CheckSignalMatch	用于检测信号、系统变量或环境变量是否与给定的值相等
TestValidateSignalMatch	
GetRawSignal	用于获得一个信号的原始值（raw 值）
getSignal	用于获得一个信号的物理值
getSignalTime	用于获得该信号的上一次数值更新的时间戳
RegisterSignalDriver	用于设置一个回调函数作为一个信号的驱动源
SetRawSignal	用于设置一个信号的原始值
SetSignal	用于设置一个信号的发送值
TestResetEnvVarValue	用于将一个环境变量重置到初始值
TestResetNamespaceSysVarValues	用于将一个命名空间下的所有系统变量重置到初始值
TestResetNodeSignalValues	用于将一个节点的所有发送信号重置到初始值
TestResetSignalValue	用于将一个信号重置到初始值
TestResetSysVarValue	用于将一个系统变量重置到初始值

14.2.3　等待指示函数

等待指示函数（Wait Instruction Functions）为用户提供测试动作设置、等待测试等功能，等待指示函数的列表及功能描述如表 14.3 所示。

表 14.3　等待指示函数的列表及描述功能描述

函　　数	功　能　描　述
TestAddTriggerTesterAction	用于创建一个测试动作触发
TestCreateTesterAction	用于创建一个测试动作
TestValidateSystemCall	用于开始一个外部应用程式并报告测试结果
TestValidateSystemCallWithExitCode	用于开始一个外部应用程式并检查退出编号，同时报告测试结果
TestValidateTesterAction	创建一个给定的测试指令弹出窗口
TestValidateTesterConfirmation	用于创建一个显示给定字符串的弹出窗口，测试员通过确认操作，并将操作结果或备注生成到报告中
TestWaitForAuxEvent	用于等待一个指定的来自相连的 NodeLayer 模块的辅助事件（auxiliary event）
TestWaitForEnvVar	用于等待一个指定环境变量是否在指定时间出现
testWaitForHILAPISignalGeneratorFinished	用于等待正在运行的信号发生器运行完毕
testWaitForHILAPISignalGeneratorLoaded	用于等待一个信号发生器完全加载并准备开始
TestWaitForMeasurementEnd	用于等待测量结束
TestWaitForReplay	用于开始播放回放文件，等待执行完毕
TestWaitForSignalInRange	用于等待待检信号、系统变量或环境变量是否满足或超出定义的数值范围
TestWaitForSignalOutsideRange	
TestWaitForSignalMatch	用于等待待检信号、系统变量或环境变量是否与定义的数值相等

函　　数	功　能　描　述
TestWaitForSysVar	用于等待一个指定系统变量是否在指定时间出现
TestWaitForStringInput	用于创建一个对话框等待测试员输入字符串
TestWaitForSysCall	用于开始一个外部应用程式并检查退出编号
TestWaitForTesterConfirmation	用于创建一个对话框等待测试员确认
TestWaitForTextEvent	用于等待一个来自测试模块的事件文本
TestWaitForTimeout	用于等待直到指定的超时时间到期
TestWaitForUserFileSync	用于在分布式环境下启动客户端和服务器系统之间同步用户文件
TestWaitForValueInput	用于创建一个对话框等待测试员输入数值
TestWaitForMessage	用于等待一个指定的报文是否在指定时间内出现
TestWaitForSignalAvailable	用于等待一个指定的信号是否在指定时间内出现
TestWaitForSignalsAvailable	用于等待一个指定的节点的所有发送信号是否在指定时间内出现

14.2.4　测试控制函数

测试控制函数（Test Controlling Functions）用于控制 ECU 断开或连接到总线上。测试控制函数的列表及功能描述如表 14.4 所示。

表 14.4　测试控制函数的列表及功能描述

函　　数	功　能　描　述
TestSetEcuOffline	用于将指定的 ECU 从总线上断开
TestSetEcuOnline	用于将指定的 ECU 连接到总线上

14.2.5　故障注入函数

故障注入函数（Fault Injection Functions）允许用户通过调用相关函数实现一些特殊测试条件，极大地方便了测试设计。故障注入函数的列表及功能描述如表 14.5 所示。

表 14.5　故障注入函数的列表及功能描述

函　　数	功　能　描　述
TestDisableMsg	用于禁止发送某个指定的报文
TestDisableMsgAllTx	用于禁止一个节点发送所有的发送报文
TestEnableMsg	用于使能一个节点发送某个指定的发送报文
TestEnableMsgAllTx	用于使能一个节点发送所有的发送报文
testILSetMessageProperty	用于修改一条报文的内部属性，并应用于指定的节点
testILSetNodeProperty	用于修改指定的节点的内部属性
TestResetAllFaultInjections	用于重置所有错误注入的设置
TestResetMsgCycleTime	用于将报文的发送周期恢复到数据库定义的发送周期
TestResetMsgDlc	用于将报文的 DLC 恢复到数据库定义的 DLC 值

函　　数	功　能　描　述
TestSetMsgCycleTime	用于为报文设置一个新的发送周期
TestSetMsgDlc	用于为报文设置一个新的 DLC
TestSetMsgEvent	用于向总线发送指定报文一次

14.2.6　测试判别函数

测试判别函数（Verdict Interaction Functions）用于对测试步骤、测试用例、测试模块等做出判别和处理。测试判别函数的列表及功能描述如表 14.6 所示。

表 14.6　测试判别函数列表及功能描述

函　　数	功　能　描　述
TestCaseFail	用于将当前测试用例的判别设为 fail
TestGetVerdictLastTestCase	用于返回上一次测试用例的判别结果
TestGetVerdictModule	用于返回测试模块的当前判别结果
TestSetVerdictModule	用于设定测试模块的当前判别结果
TestStepFail	用于描述当前测试步骤的错误信息

14.2.7　测试架构函数

测试架构函数（Test Structuring Functions）可以在测试模块设置测试分组（Test Group）、测试用例（Test Case）及测试步骤（Test Step）等，并定义了生成测试报告的格式。测试架构函数的列表及功能描述如表 14.7 所示。

表 14.7　测试架构函数的列表及功能描述

函　　数	功　能　描　述
TestCaseDescription	用于将测试用例的描述写入测试报告
TestCaseSkipped	用于在测试报告描述中跳过某个测试用例
TestCaseTitle	用于设定测试用例的标题
TestCaseReportMeasuredValue	用于在测试报告中添加测试参数的测量值
TestGroupBegin	用于测试分组的开始
TestGroupEnd	用于测试分组的结尾
TestModuleDescription	用于在测试报告中描述测试模块
TestModuleTitle	用于设定测试模块的标题
TestStep	用于报告测试步骤信息，而不对测试结果有任何影响
TestStepErrorInTestSystem	用于描述某个测试步骤在测试系统中发生一个错误
TestStepFail	用于描述某个测试步骤发生错误
TestStepInconclusive	用于描述某个测试步骤测试结果无法判别通过（pass）还是失败（fail）
TestStepPass	用于描述某个测试步骤测试结果通过（pass），满足期望结果
TestStepWarning	用于描述某个测试步骤的警示信息
TestInfoTable	用于创建一个新表格，使测试报告显示更加结构化

函　数	功　能　描　述
TestInfoHeadingBegin	用于在表格中添加一个表头
TestInfoHeadingEnd	用于在表格中添加表头结束
TestInfoRow	用于在表格中添加一个行
TestInfoCell	用于在表格或者表头行添加单元格内容

14.2.8　测试报告函数

测试报告函数（Test Report Functions）用于按用户的要求产生测试报告，增加报告的可读性。测试报告函数的列表及功能描述如表 14.8 所示。

表 14.8　测试报告函数的列表及功能描述

函　数	功　能　描　述
TestCaseComment	用于在测试用例中添加一个备注信息
TestReportAddEngineerInfo	用于在测试报告中添加一些测试配置信息，如测试员、测试设定和待测样品等
TestReportAddSetupInfo	
TestReportAddSUTInfo	
TestReportAddExtendedInfo	用于在测试报告中直接添加其他协议的信息（如 HTML、text 或 XML），而处理不依赖于 CANoe
TestReportAddExternalRef	用于在测试报告中添加外部应用（如 URL）
TestReportAddImage	用于在测试报告中添加图片
TestReportAddMiscInfo	用于在测试报告中添加一些额外信息
TestReportAddMiscInfoBlock	用于在测试报告中添加一些额外信息区域
TestReportAddWindowCapture	用于在测试报告中对某个测试用例抓取指定窗口图片
TestReportFileName	用于动态设定测试报告名称
TestReportWriteDiagObject	用于将某些指定对象以 HTML 表格形式写入测试报告
TestReportWriteDiagResponse	用于将接收到的诊断响应以一个 HTML 表格的形式写入测试报告

14.3　Test Service Library 功能简介

TSL（Test Service Library，测试服务库）包含一系列的检测函数（Check Descriptions）、状态报告函数（Status Report Functions）、激励函数（Stimulus Functions）以及检测控制函数（Check Control CAPL Functions），利用这些函数更方便组建测试用例。TSL 是在测试功能集（TFS）基本函数的基础上，提供一些特殊函数，可以高效地解决某些特殊的测试问题。

TSL 在测试运行中包含以下几个阶段。

（1）初始化（Initialization）：程序中通过设定特定的参数来设置检测函数和激励发生器，以及事件被报告的方式。初始化设置可以发生在测量运行过程中的任何时间点。

（2）事件触发（Event）：一旦满足检测条件，指定的事件将被触发，例如，回调函数被调用、测试结果和相应报文被写入测试报告。

（3）状态检测（Status Check）：状态检测可以定义在 CAPL 程序的任何地方，检测状态会被转换为字符串，供后续处理。

（4）停止（Stop）：检测或激励将被销毁。

14.3.1 检测函数

CANoe 为用户提供了多种检测函数（Check Descriptions），主要包括以下几个方面的检测。

（1）Signal Evaluation（信号验证）：包括信号的数值有效性、周期和稳定性等检测。

（2）Message Evaluation（报文验证）：包括报文丢失、周期、数据长度、错误帧等检测；

（3）Time Evaluation（时间验证）：包括连续帧及超时等检测。

表 14.9 列出了常见检测函数的列表及功能描述。读者不难发现，TSL 检测函数一般包含 ChkStart_开头和 ChkCreate_开头的两个函数，其中，ChkStart_函数已经包含检测的创建和开始。在日常测试时，一般会选择检测相关功能是否发生错误，来替代检验的正确性。这样方式的检验更加高效和准确，例如，一般习惯性使用类似 ChkCreate_CycleTimeViolation 这样的命名替代 ChkCreate_CycleTimeOK。

表 14.9　TSL 检验函数的列表及功能描述

函　　数	功　能　描　述
Absence of Defined Messages（定义的报文丢失）	
ChkCreate_MsgOccurrenceCount, ChkStart_MsgOccurrenceCount	用于检测总线上指定的报文是否出现丢帧
Burst Time Limit（连续帧时间限制）	
ChkCreate_BurstTimeLimitViolation, ChkStart_BurstTimeLimitViolation	用于检测总线最大连续帧时间
Cycle Time（周期时间）	
ChkCreate_MsgAbsCycleTimeViolation, ChkStart_MsgAbsCycleTimeViolation	用于检测周期性报文的周期是否在给定的范围内
ChkCreate_MsgRelCycleTimeViolation, ChkStart_MsgRelCycleTimeViolation	
ChkCreate_NodeMsgsRelCycleTimeViolation, ChkStart_NodeMsgsRelCycleTimeViolation	
DLC Monitoring（数据长度监测）	
ChkCreate_InconsistentDLC, ChkStart_InconsistentDLC	用于监测报文的数据长度
ChkCreate_InconsistentRxDLC, ChkStart_InconsistentRxDLC	
ChkCreate_InconsistentTxDLC, ChkStart_InconsistentTxDLC	
Error Frame（错误帧）	
ChkCreate_ErrorFramesOccured, ChkStart_ErrorFramesOccured	用于检测总线上错误帧事件
TestCheck::CreateNodeMsgSendCountViolation, TestCheck::StartNodeMsgSendCountViolation	

函　数	功　能　描　述
Message Distance（报文时间间隔）	
ChkCreate_MsgDistViolation, ChkStart_MsgDistViolation	用于检测指定两条报文之间的时间间隔
Node Active（节点激活）	
ChkCreate_AllNodesDead, ChkStart_AllNodesDead	用于检测节点是否处于激活状态
ChkCreate_NodeDead, ChkStart_NodeDead	
Node Inactive（节点休眠）	
ChkCreate_AllNodesBabbling, ChkStart_AllNodesBabbling	用于检测节点是否处于休眠状态
ChkCreate_NodeBabbling, ChkStart_NodeBabbling	
Occurrence Distance（报文发送间隔时间）	
ChkCreate_NodeMsgsAbsDistViolation, ChkStart_ NodeMsgsAbsDistViolation	用于检测当前节点上所有报文最小传输间隔时间
Occurrence of a Message（报文间隔时间）	
ChkCreate_MsgRelOccurrenceViolation, ChkStart_MsgRelOccurrenceViolation	用于检测总线上指定报文的时间间隔
ChkCreate_NodeMsgsRelOccurrenceViolation, ChkStart_NodeMsgsRelOccurrenceViolation	
Payload Gaps Observation（有效数据）	
ChkCreate_PayloadGapsObservation, ChkStart_PayloadGapsObservation	用于检测数据有效性和报文的长度
ChkCreate_PayloadGapsObservationRx, ChkStart_PayloadGapsObservationRx	
ChkCreate_PayloadGapsObservationTx, ChkStart_PayloadGapsObservationTx	
Signal Value（信号数值）	
ChkCreate_MsgSignalValueInvalid, ChkStart_MsgSignalValueInvalid	用于检测信号/变量数值的有效性
ChkCreate_MsgSignalValueRangeViolation, ChkStart_MsgSignalValueRangeViolation	
Signal Value Constancy（信号值稳定性）	
ChkCreate_SignalValueChange, ChkStart_SignalValueChange，	用于检测信号/变量数值的稳定性
Signal Cycle Time Absolute（信号绝对周期时间）	
ChkStart_SignalCycleTimeViolation	用于检测信号的周期性
Timeout（超时）	
ChkCreate_Timeout, ChkStart_Timeout	超时检测并产生超时事件
Unknown Message Received（收到未知报文）	
ChkCreate_UndefinedMessageReceived, ChkStart_UndefinedMessageReceived	用于检测总线上是否有数据库中未定义的报文

14.3.2 状态报告函数

在执行上面的检测函数以后，CANoe 需要使用状态报告函数（Status Report Functions）来查询检测结果、基本状态信息等。状态报告函数作为检测的一个特殊部分，需要配合使用。状态报告函数又分为通用的状态报告函数和特殊类型的状态报告函数，如表 14.10 所示。如果在检测时调用了不支持的特殊状态报告函数，相关的警告信息会输出在 Write 窗口。

表 14.10 状态报告函数的列表及功能描述

函 数	功 能 描 述
Generic Status Report Functions（通用状态报告函数）	
这类函数返回当前任意检测函数创建或重置的次数。同时，也包括将检测状态转为字符并记录的函数。通用状态报告函数对所有检测函数有效。这类查询函数不会产生一个错误类而导致测量停止	
ChkQuery_NumEvents	用于返回初始化后指定检测函数产生的事件次数
ChkQuery_Valid	用于检查指定的检测 ID 是否有效
StmQuery_Valid	用于检查指定的激励 ID 是否有效
Statistic Data Collection（统计数据收集）	
下面的函数返回指定事件的间隔时间。chkconfig_setprecision 可以用来改变时间精度	
ChkQuery_StatEventFreePeriodAvg	用于返回事件和检测开始/结束之间的平均间隔时间
ChkQuery_StatEventFreePeriodMax	用于返回事件和检测开始/结束之间的最大间隔时间
ChkQuery_StatEventFreePeriodMin	用于返回事件或检测开始/结束之间的最小间隔时间
ChkQuery_StatProbeIntervalAvg	用于返回该时间段内该报文的平均周期间隔时间
ChkQuery_StatProbeIntervalMax	用于返回该时间段内该报文的最大周期间隔时间
ChkQuery_StatProbeIntervalMin	用于返回该时间段内该报文的最小周期间隔时间
Generic Textual Status Report Functions（通用文本状态报告函数）	
ChkQuery_EventStatus	用于将事件状态转为文本形式供输出
以下函数可以将事件状态以不同形式输出	
ChkQuery_EventStatusToLog	用于将 ChkQuery_EventStatus 函数结果输出在 logging 文件中
ChkQuery_EventStatusToWrite	用于将 ChkQuery_EventStatus 函数结果输出在 Write 窗口中
ChkQuery_StatNumProbes	用于返回该时间段内测量次数
Check Specific Status Report Functions（特定状态报告函数）	
特定状态报告函数允许查询某些特定检测函数中的信息，包括该函数支持的检测函数的类型描述	
ChkQuery_EventInterval	用于返回最近一次事件间隔时间
ChkQuery_EventMessageId	用于返回检测事件中的报文 ID
ChkQuery_EventMessageName	用于返回检测事件中的报文名称
ChkQuery_EventSignalValue	用于使能访问最近一次检测无效的信号的值
ChkQuery_EventSignalValueMin	用于使能访问检测到的信号的最小值
ChkQuery_EventSignalValueMax	用于使能访问检测到的信号的最大值
ChkQuery_EventSignalValue (for signals with positive values)	用于使能访问最近一次检测无效的信号的值（仅针对正值）
ChkQuery_EventTimeStamp	用于获取最近一个开始检测的时间戳

所有状态报告函数都使用了统一的返回值和错误分类定义，表 14.11 提供了完整的状态报告函数的返回值及定义。但在一些特殊情况下，返回值是不需要的，简单检测只要返回一个大于 0 的值就够了。

表 14.11　状态报告函数的返回值及定义

返　回　值	返回值定义及错误类别
0	查询执行成功
−1	检测不存在 类别：访问无效的检测
−2	检测不支持该查询 类别：无效的查询
−3	检测没有激活 类别：无效的查询
−4	无触发事件 类别：信息
−5	对 CAPL 参数指针为空 类别：无效的测试规范
−6	有多个对象匹配该查询 类别：模糊查询多个对象匹配查询
−7	节点层模块未激活，不能进行查询

14.3.3　激励函数

激励函数（Stimulus Functions）作为测试服务库的重要一部分，允许用户使用不同的数据源作为信号、环境变量或系统变量的激励发生器。TSL 提供的激励函数的列表及功能描述如表 14.12 所示。

表 14.12　激励函数的列表及功能描述

函　　数	功　能　描　述
Stimulus Generator：Toggle Between Two Values（激励发生器：双值切换）	
StmCreate_Toggle(limits taken from database)	用于为信号、环境变量或系统创建一个激励发生器，在两个数值之间周期性切换
StmCreate_Toggle(limits user-defined)	
Stimulus Generator：Generate a Ramp（激励发生器：斜坡信号）	
StmCreate_Ramp(limits taken from database)	用于为信号、环境变量或系统创建一个斜坡激励发生器（上升沿/下降沿参数可以定义）
StmCreate_Ramp(limits user-defined)	
Stimulus Generator：Environment Variable as Data Source（激励发生器：环境变量为数据源）	
StmCreate_EnvVar	用于为信号创建以环境变量为数据源的激励发生器
Stimulus Generator：CSV File as Data Source（激励发生器：CSV 文件为数据源）	
StmCreate_CSV(non-cyclical)	用于为信号创建以 CSV 文件数据为数据源的激励发生器
StmCreate_CSV(cyclical)	
ASAM XIL API（ASAM XIL 接口）	
HILAPICreateSignalGenerator	用于为信号创建来自 ASAM HILAPI 信号发生器定义文件的激励发生器

269

第

14

章

函　　数	功 能 描 述
HILAPIDestroySignalGenerator	用于销毁一个 HILAPI 信号发生器的一个实例
HILAPIGetSignalGeneratorElapsedTime	用于返回一个 HILAPI 信号发生器的运行时间
HILAPIGetSignalGeneratorState	用于返回一个 HILAPI 信号发生器的状态
HILAPIPauseSignalGenerator	用于暂停一个 HILAPI 信号发生器
HILAPIStartSignalGenerator	用于开始或恢复一个 HILAPI 信号发生器
HILAPIStopSignalGenerator	用于停止一个 HILAPI 信号发生器
Simulus Control（激励控制）	
ChkConfig_Init	CAPL 测试服务库（TSL）必须在 CAPL 程序 pre-start 中开始初始化
StmControl_Start, StmControl_Stop, StmControl_Reset, StmControl_Destroy	用于在测量过程中控制发生器启动、停止、复位或销毁

14.3.4　检测控制函数

检测控制函数（Check Control CAPL Functions）用于对检测事件的控制操作，如初始化、开始、停止、销毁等。检测控制函数列表及功能描述如表 14.13 所示。

表 14.13　检测控制函数列表及功能描述

函　　数	描　　述
ChkControl_Start	用于开始或继续检测事件
ChkControl_Stop	用于停止检测事件
ChkControl_Reset	用于初始化检测事件状态
ChkControl_Destroy	用于销毁检测事件对象
ChkControl_SetCallback	用于设置检测事件对象的回调函数

14.4　测试单元与测试模块简介

CANoe 提供了测试单元和测试模块两种方式，两者均为面向事件的顺序执行模式。独立的测试模块/测试单元的测试程序是并行的，而在每个测试模块/测试单元内的序列则是顺序执行的。

与测量的开始和结束类似，每个测试模块/测试单元均有测试的起始和终止。在测试运行之外，可以通过类似 on preStart 事件来定义一个特殊的初始化阶段，该阶段会在测试开始之前被执行。而其他类似的事件机制（如 on start、on end 等），对于测试模块/单元则是不需要的，因为相关的功能可以很便利地添加到测试模块本身的测试序列中。

在测试模块/测试单元开始时，其内部定义的变量被全部设为初始化状态。一个变量的值不能从一个测试流程转移到另一个测试流程里。即使在 on preStart 阶段某个变量被赋值，在测试开始时，它也将被初始化。在 on preStart 阶段无法进行计算，以及将计算结果赋值给某个变量以便在后面的测试程序中使用。在 on preStart 阶段，无法生成报告也无法增加延时。on preStart 作为一种简单的指引，所有特殊测试模块函数都不能用在 on preStart

事件中。

测试单元和测试模块在测试功能实现模式上大体相同，它们主要实现以下功能。

（1）访问完整的剩余总线仿真；

（2）访问不同的总线，如 CAN、LIN、FlexRay 和 Ethernet 等；

（3）通过系统变量来访问和控制 I/O 卡或 VT System；

（4）通过 FDX 接口访问外置实时系统（如 HIL 系统、LabVIEW 模块等）；

（5）访问外置测量系统（如 GPIB 和 Ethernet 接口的设备）。

14.4.1　测试单元与测试模块的区别

测试单元需要在 Test Configuration 窗口中定义，Vector 提供了一款付费软件 vTESTstudio，用户借助其图像化界面创建测试用例，同时可以配合 CAPL 或者 C#代码实现自动化测试，而这种可编程的执行实体就是测试单元。

测试模块需要在 Test Setup for Test Module 窗口中定义。CANoe 支持三种不同语言格式的测试模块：CAPL、XML 和.NET。用户可以根据自身需求选择自己熟悉的语言来编辑测试模块。

由于测试单元的编辑过程需要购买单独的工具 vTESTstudio，所以本书将跳过测试单元的讲解，重点向读者介绍如何创建和使用测试模块。

14.4.2　测试模块架构

CANoe 中的测试模块（Test Module）是用于测试的执行单元。测试模块从测试执行到测试结果产生，最终可以由一个测试报告来呈现出来。测试模块包括若干个测试用例（Test Case），测试用例是测试的核心内容，包含所有的测试活动，如图 14.2 所示。这些测试活动由测试步骤（Test Step）组成，测试步骤是测试模块中相对小的测试块，用来表明测试序列当前执行到的测试点。

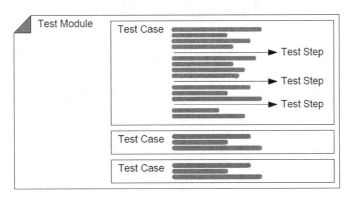

图 14.2　测试模块的架构关系

测试用例包含测试执行的真实指令，如果可能的话，应尽可能将测试用例设计成独立的架构。在测试模块中可以使用测试分组（Test Group）来分类测试用例，使测试模块的架构更加清晰，测试报告更便于查看。就像一本书的章节标题，测试分组为测试模块创建了层次机构，如图 14.3 所示。一个测试用例可以在测试运行中被多次调用和执行。

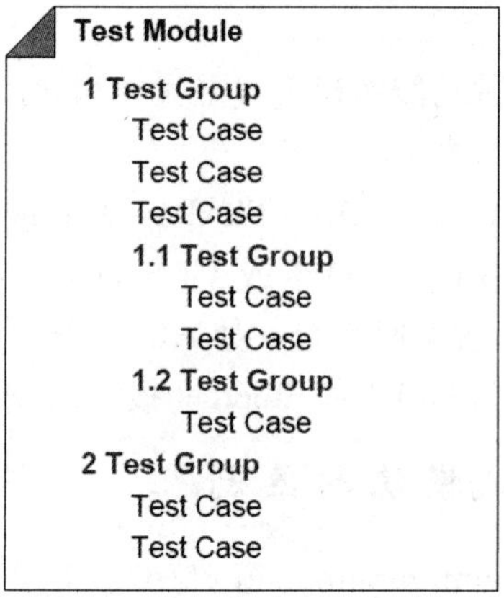

```
Test Module
    1 Test Group
        Test Case
        Test Case
        Test Case
        1.1 Test Group
            Test Case
            Test Case
        1.2 Test Group
            Test Case
    2 Test Group
        Test Case
        Test Case
```

图 14.3　测试模块中添加测试分组来分层测试用例

14.5　工程实例简介

本实例将在第 12 章实例的基础上，主要围绕 CAN 总线中的报文，在测试模块中实现如下测试功能。

（1）检测周期性报文的周期；

（2）检测报文的长度；

（3）检查网络中是否有未定义的报文；

（4）简单的功能测试：通过修改相关系统变量的数值模拟真实测试环境的操作，最后来检验总线上的信号数值的改变；

（5）测试报告生成。

14.6　工程实现

本章实例基于第 12 章的仿真工程，为了便于区别，需要将原工程的文件夹复制并更名为 Vehicle_System_Simulation_Test，工程名称也另存为 Vehicle_System_CAN _Test.cfg，在该工程文件夹下创建一个名为 Testmodul 的文件夹，用于存放相关的测试代码。接下来，将在此基础上添加测试模块及故障注入面板等。

14.6.1　添加 CAPL 测试模块

首先，在 CANoe 主界面中选择 Test→Test Setup，打开 Test Setup for Test Modules 窗口，可以配置一个自定义的测试模块，如图 14.4 所示。在 Test Setup for Test Modules 窗口，在空白处单击鼠标右键并在菜单中选择 New Test Environment，可以创建一个新测试环境，并命名为 NetworkTester。

再鼠标右键单击 NetworkTester，选择 Insert CAPL Test Module 来插入一个 CAPL 测试模块，默认的测试模块名称为 Test 1，如图 14.5 所示。

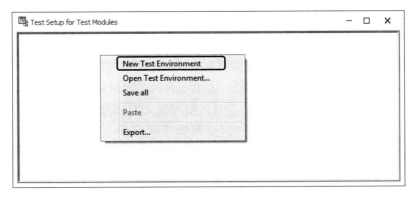

图 14.4　新建 Test Environment

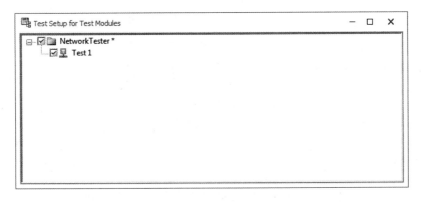

图 14.5　添加 CAPL 测试模块

　　鼠标右键单击新建的测试模块 Test 1，选择 Configuration，打开 CAPL Test Module Configuration 对话框，如图 14.6 所示。在 Common 选项卡中，可以修改 Module name 为 NetworkTester，并在 Test script 中添加 NetworkTester.can 文件。至此，测试模块已经配置完毕，双击测试模块 NetworkTester 即可打开 CAPL 测试模块的窗口。

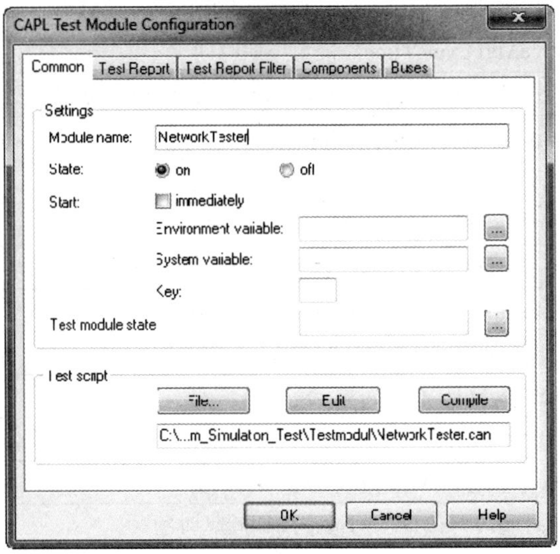

图 14.6　设置 Test Module

14.6.2 测试方法分析

根据本实例的实现需求，下面重点讲解报文周期的测试方法，对于其他测试，方法类似，本节不再做过多解释。

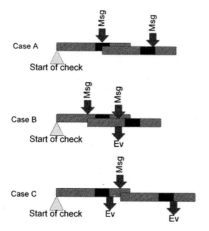

图 14.7 周期报文的检测三种情况示意图

1. 检测报文周期的方法

检测报文周期的方法是划定某一段特定的时间，选取该时间段中第一条待测报文作为起始时间戳，观察此待测报文后续重复的时间间隔。测试中可能会遇到三种情况，如图 14.7 所示：Case A 中，报文的周期在规范内；Case B 中，报文的周期小于规范；Case C 中，报文的周期大于规范。

假如报文的周期不在规范范围内（例如 Case B 或 Case C），一个特殊的事件（Ev）将会被同步触发。在测试时间结束后，统计特殊事件的个数，如果为零则在该时间段内报文的周期间隔符合规范要求，测试结果为 pass，反之，测试结果为 fail。

本实例将使用 TSL 中的检测、状态报告和检测控制的相关函数来实现。表 14.14 为报文周期测试所需的函数列表及功能描述。

表 14.14 报文周期测试所需的函数列表及功能描述

函 数	功 能 描 述
dword ChkStart_MsgAbsCycleTimeViolation (Message aObservedMessage, duration aMinCycleTime, duration aMaxCycleTime)	
函数功能	用于开始观察总线周期性报文（aObservedMessage）的每次出现，如果该报文的间隔时间不符合规范要求，则会触发一个代表异常出现的特殊事件
函数参数	Message aObservedMessage：待测报文，必须是定义在 DBC 中的报文； duration aMinCycleTime：最小周期时间； duration aMaxCycleTime：最大周期时间
返回值	>0：返回一个事件对象（aCheckId），即观察待测报文的事件；= 0：报错
long ChkQuery_NumEvents (dword aCheckId)	
函数功能	用于查询该时间段内异常出现的特殊事件的个数
函数参数	dword aCheckId：事件对象
返回值	代表异常出现的特殊事件的个数；<0：报错，具体参看表 14.11
double ChkQuery_StatProbeIntervalAvg (dword aCheckId)	
函数功能	查询该时间段内该报文的平均周期间隔时间
函数参数	dword aCheckId：事件对象
返回值	该时间段内该报文的平均周期间隔时间；<0：报错，具体参看表 14.11
double ChkQuery_StatProbeIntervalMin (dword aCheckId)	
函数功能	查询该时间段内该报文的最小周期间隔时间
函数参数	dword aCheckId：事件对象

函　数	功 能 描 述
返回值	该时间段内该报文的最小周期间隔时间；<0：报错，具体参看表 14.11

double ChkQuery_StatProbeIntervalMax (dword aCheckId)

函　数	功 能 描 述
函数功能	查询该时间段内该报文的最大周期间隔时间
函数参数	dword aCheckId：事件对象
返回值	该时间段内该报文的最大周期间隔时间；<0：报错，具体参看表 14.11

long ChkControl_Destroy(Check aCheckId)

函　数	功 能 描 述
函数功能	用于测试结束时，销毁该事件对象（aCheckId），释放资源
函数参数	dword aCheckId：事件对象
返回值	0：操作成功；<0：报错

2. 检测报文长度的方法

检测报文长度（DLC）的方法与检测报文周期的方法类似，同样要使用 ChkQuery_NumEvents 和 ChkControl_Destroy 等状态报告函数，DLC 检测主要通过 CANoe 提供的一个检测函数 ChkStart_InconsistentDLC 来实现，具体介绍如表 14.15 所示。

表 14.15　报文长度检测所需的函数列表及功能描述

函　数	功 能 描 述
dword ChkStart_InconsistentDLC(Message aMessage, char [] aCallback)	
函数功能	用于检测发送到总线上指定报文长度是否与 DBC 数据库中的定义相一致
函数参数	Message aMessage：待测报文，必须是定义在 DBC 中的待测报文； char [] aCallback：回调函数名，可选参数
返回值	>0：返回一个事件对象（aCheckId）；=0：报错

3. 检测未定义报文的方法

未定义报文的检测主要通过 CANoe 提供的 ChkStart_UndefinedMessageReceived 和 ChkQuery_EventMessageId 函数来完成，描述如表 14.16 所示。

表 14.16　未定义报文检测所需的函数列表及功能描述

函　数	功 能 描 述
dword ChkStart_UndefinedMessageReceived (char [] CaplCallback)	
函数功能	用于观察当前总线上是否有未定义的报文
函数参数	char [] CaplCallback：回调 CAPL 函数名；该函数一旦检测到未定义报文就会调用该回调函数
返回值	>0：返回一个事件对象（aCheckId），即观察待测报文的事件；＝0：报错
long ChkQuery_EventMessageId (dword aCheckId)	
函数功能	用于返回触发该事件的报文的 MessageId
函数参数	dword aCheckId：事件对象
返回值	>0：触发该事件的报文 ID；< 0：报错，具体参看表 14.11

275

第 14 章

4. 功能测试

此处的功能测试通过 CAPL 程序逻辑来设置某信号的数值，然后使用 ChkStart_MsgSignalValueInvalid 函数来检测信号值是否在期望的数值范围内。该函数功能描述如表 14.17 所示。

表 14.17 ChkStart_MsgSignalValueInvalid 功能描述

函 数	功 能 描 述
dword ChkStart_MsgSignalValueInvalid (Signal aObservedSignal, double aMinValue, double aMaxValue, Callback aCallback);	
函数功能	观察当前总线上出现的待测信号数值是否在范围内
函数参数	Message aObservedMessage：待测信号，必须是定义在 DBC 中的信号； double aMinValue：最小信号值； double aMinValue：最大信号值； char [] CaplCallback：回调 CAPL 函数名，可选参数
返回值	该函数返回一个事件对象（aCheckId），即检测未定义报文的事件

14.6.3 CAPL 测试用例

在 Test Setup for Test Modules 窗口中，鼠标右键单击 NetworkTester 选择 Edit，如图 14.8 所示。因为 NetworkTester.can 是空文件，所以 CANoe 会在 CAPL 浏览器中创建一个空白的模板程序。

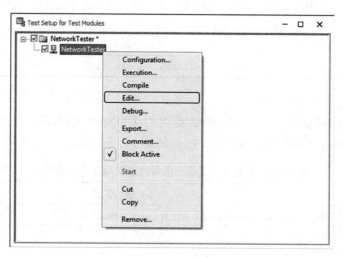

图 14.8 编辑 Test Modules

1. 报文周期检测的测试用例

以报文 EngineData 为例，在 NetworkTester.can 文件中添加如下代码。

```
includes
{
  // 此处添加头文件
}
```

```
variables
{
  dword gCycCheckId;                       // 声明检测事件 ID

  int gUndifnedMsgCheckResult;             // 声明未定义报文检测结果

  const long kMIN_CYCLE_TIME = 40;  // 定义一般最小周期时间常量
  const long kMAX_CYCLE_TIME = 60;  // 定义一般最大周期时间常量
  const long Light_MIN_CYCLE_TIME = 490; // 定义报文 Light_Info 最小周期时间常量
  const long Light_MAX_CYCLE_TIME = 510; // 定义报文 Light_Info 最大周期时间常量
  const long kTIMEOUT        = 4000; // 定义测试等待时间常量
}

// TC-1: Check cycle time of msg EngineData
testcase CheckMsgEngineData()
{
  float lCycMinCycleTime;                  // 声明最小周期时间
  float lCycMaxCycleTime;                  // 声明最大周期时间

  lCycMinCycleTime = kMIN_CYCLE_TIME;      // 最小周期时间赋值
  lCycMaxCycleTime = kMAX_CYCLE_TIME;      // 最大周期时间赋值

  // 测试报告提示信息
  TestCaseTitle("TC-1", "TC-1: Check cycle time of msg EngineData");

  // 开始观察待测报文
  gCycCheckId = ChkStart_MsgAbsCycleTimeViolation (EngineData,// 待测报文
                            lCycMinCycleTime,       // 最小周期时间
                            lCycMaxCycleTime);      // 最大周期时间

  CheckMsgCyc(lCycMinCycleTime, lCycMaxCycleTime); // 周期时间检测结果函数
  testRemoveCondition(gCycCheckId);                // 移除测试条件
 }

// 周期时间检测结果函数
CheckMsgCyc(float aCycMinCycleTime, float aCycMaxCycleTime)
{
  long lQueryResultProbeAvg;                   // 声明平均时间
  long lQueryResultProbeMin;                   // 声明最小测量时间
  long lQueryResultProbeMax;                   // 声明最大测量时间
  char lbuffer[100];

  TestAddCondition(gCycCheckId);               // 在该函数体中添加事件

  testWaitForTimeout(kTIMEOUT);                // 等待测试时间结束
  // 统计平均时间
  lQueryResultProbeAvg = ChkQuery_StatProbeIntervalAvg(gCycCheckId);
// 统计最小时间
```

```
   lQueryResultProbeMin = ChkQuery_StatProbeIntervalMin(gCycCheckId);
   // 统计最大时间
   lQueryResultProbeMax = ChkQuery_StatProbeIntervalMax(gCycCheckId);

   if(ChkQuery_NumEvents(gCycCheckId) > 0)        // 统计异常次数
   { // 打印报告
      snprintf(lbuffer,elcount(lbuffer),"Valid values %.0fms - %.0fms",
      aCycMinCycleTime, aCycMaxCycleTime);
      TestStepFail("", lbuffer);
      snprintf(lbuffer,elcount(lbuffer),"Average cycle time: %dms",
      lQueryResultProbeAvg);
      TestStepFail("", lbuffer);
      snprintf(lbuffer,elcount(lbuffer),"Min cycle time:      %dms",
      lQueryResultProbeMin);
      TestStepFail("", lbuffer);
      snprintf(lbuffer,elcount(lbuffer),"Max cycle time:      %dms",
      lQueryResultProbeMax);
      TestStepFail("", lbuffer);
   }
   else
   {
      snprintf(lbuffer,elcount(lbuffer),"Valid values %.0fms - %.0fms",
      aCycMinCycleTime, aCycMaxCycleTime);
      TestStepPass("", lbuffer);
      snprintf(lbuffer,elcount(lbuffer),"Average cycle time: %dms",
      lQueryResultProbeAvg);
      TestStepPass("", lbuffer);
      snprintf(lbuffer,elcount(lbuffer),"Min cycle time:      %dms",
      lQueryResultProbeMin);
      TestStepPass("", lbuffer);
      snprintf(lbuffer,elcount(lbuffer),"Max cycle time:      %dms",
      lQueryResultProbeMax);
      TestStepPass("", lbuffer);
   }
   ChkControl_Destroy(gCycCheckId); // 销毁事件
}
```

其他测试用例 TC-2～TC-5 实现方式完全一样，附上代码如下。

```
// TC-2: Check cycle time of msg VehicleData
testcase CheckMsgVehicledata()
{
  float lCycMinCycleTime;                // 声明最小周期时间
  float lCycMaxCycleTime;                // 声明最大周期时间

  lCycMinCycleTime = kMIN_CYCLE_TIME;    // 最小周期时间赋值
  lCycMaxCycleTime = kMAX_CYCLE_TIME;    // 最大周期时间赋值
  // 测试报告提示信息
  TestCaseTitle("TC-2", "TC-2: Check cycle time of msg VehicleData");
```

```
gCycCheckId = ChkStart_MsgAbsCycleTimeViolation (VehicleData,// 待测报文
                                 lCycMinCycleTime,      // 最小周期时间
                                 lCycMaxCycleTime);     // 最大周期时间

  CheckMsgCyc(lCycMinCycleTime, lCycMaxCycleTime);
  testRemoveCondition(gCycCheckId);
}

// TC-3: Check cycle time of msg Gear_Info
testcase CheckMsgGear_Info()
{
  float lCycMinCycleTime;                // 声明最小周期时间
  float lCycMaxCycleTime;                // 声明最大周期时间

  lCycMinCycleTime = kMIN_CYCLE_TIME;    // 最小周期时间赋值
  lCycMaxCycleTime = kMAX_CYCLE_TIME;    // 最大周期时间赋值

  // 测试报告提示信息
  TestCaseTitle("TC-3", "TC-3: Check cycle time of msg Gear_Info");


  gCycCheckId = ChkStart_MsgAbsCycleTimeViolation (Gear_Info,   // 待测报文
                                 lCycMinCycleTime,      // 最小周期时间
                                 lCycMaxCycleTime);     // 最大周期时间

  CheckMsgCyc(lCycMinCycleTime, lCycMaxCycleTime);
  testRemoveCondition(gCycCheckId);
  testWaitForTimeout(500);
}

// TC-4: Check cycle time of msg Ignition_Info
testcase CheckMsgIgnition_Info()
{
  float lCycMinCycleTime;                        // 声明最小周期时间
  float lCycMaxCycleTime;                        // 声明最大周期时间

  lCycMinCycleTime = kMIN_CYCLE_TIME;            // 最小周期时间赋值
  lCycMaxCycleTime = kMAX_CYCLE_TIME;            // 最大周期时间赋值

  //测试报告提示信息
  TestCaseTitle("TC-4", "TC-4: Check cycle time of msg Ignition_Info");


  gCycCheckId = ChkStart_MsgAbsCycleTimeViolation (Ignition_Info,// 待测报文
                                 lCycMinCycleTime,      // 最小周期时间
                                 lCycMaxCycleTime);     // 最大周期时间

  CheckMsgCyc(lCycMinCycleTime, lCycMaxCycleTime);
```

```
  testRemoveCondition(gCycCheckId);
 }

// TC-5: Check cycle time of msg Light_Info
testcase CheckMsgLight_Info()
{
  float lCycMinCycleTime;                              // 声明最小周期时间
  float lCycMaxCycleTime;                              // 声明最大周期时间

  lCycMinCycleTime = Light_MIN_CYCLE_TIME;            // 最小周期时间赋值
  lCycMaxCycleTime = Light_MAX_CYCLE_TIME;            // 最大周期时间赋值

  // 测试报告提示信息
  TestCaseTitle("TC-5", "TC-5: Check cycle time of msg Light_Info");

  gCycCheckId = ChkStart_MsgAbsCycleTimeViolation (Light_Info,// 待测报文
                            lCycMinCycleTime,        // 最小周期时间
                            lCycMaxCycleTime);       // 最大周期时间

  CheckMsgCyc(lCycMinCycleTime, lCycMaxCycleTime);
  testRemoveCondition(gCycCheckId);
}
```

2. 检测报文长度的测试用例

在 NetworkTester.can 文件中增加报文长度测试用例，添加代码如下。

```
testcase CheckDLCLock_Info()
{
  dword checkId;
  // 测试报告提示信息
  TestCaseTitle("TC-6", "TC-6: Check msg DLC of Lock_Info");
  // 开始观测报文 Lock_Info 的 DLC
  checkId = ChkStart_InconsistentDLC(Lock_Info);
  TestAddCondition(checkId);
  // 等待测试时间结束
  TestWaitForTimeout(kTIMEOUT);
  TestRemoveCondition(checkId);
}
```

3. 检测未定义信号的测试用例

在 NetworkTester.can 文件中增加未定义信号测试用例，添加代码如下。

```
testcase CheckUndefinedMessage()
{
  long lEventUndefineMessageId; // 声明未定义报文 ID
  char lbuffer[100];

  gUndifnedMsgCheckResult = 0;   // 初始化未定义报文数量为零
```

```
// 测试报告提示信息
TestCaseTitle("TC-7", "TC-7: Check CAN channel for undefined messages");
// 开始观测当前总线
gCycCheckId = ChkStart_UndefinedMessageReceived("UndefinedMsgCallback");
// 延时，即测量该时间段
testWaitForTimeout(kTIMEOUT);

switch(gUndifnedMsgCheckResult)
{
  case 1:
    // 获取未定义报文 ID
    lEventUndefineMessageId = ChkQuery_EventMessageId(gCycCheckId);
    snprintf(lbuffer,elcount(lbuffer),"Undefined message detected: Id
    0x%x", lEventUndefineMessageId);
    TestStepFail("", lbuffer);
    break;
  default:
    TestStepPass("","No undefined message detected!");
    break;
}

ChkControl_Destroy(gCycCheckId);          // 销毁事件
}

UndefinedMsgCallback(dword aCheckId)      // 回调函数，检测到未定义报文时调用
{
  ChkQuery_EventStatusToWrite(aCheckId);
  gUndifnedMsgCheckResult = 1;            // 将未定义报文个数置 1
}
```

4. 功能测试的测试用例

在 NetworkTester.can 文件中增加功能测试用例，添加代码如下。

```
testcase CheckEngine_Speed()
{
  dword checkId;
  // 测试报告提示信息
  TestCaseTitle("TC-8", "TC-8: Check Engine Speed Value");

  @Vehicle_Key::Unlock_Car =1;
  @Vehicle_Key::Car_Driver=0;
  @Vehicle_Key::Key_State=2;
  @Vehicle_Control::Eng_Speed =2000;
  // 开始观测当前总线中的信号值是否在范围内
  checkId = ChkStart_MsgSignalValueInvalid(EngineData::EngSpeed, 1900, 2100);
  testWaitForTimeout(kTIMEOUT);
  if(ChkQuery_EventSignalValue(checkId)>0)
  {
```

```
      TestStepPass("","Correct Engine Speed Value!");
    }
    else
    {
      TestStepFail("","Incorrect Engine Speed Value!");
    }
}
```

14.6.4 CAPL 测试模块

在 NetworkTester.can 文件中主函数的代码部分如下。

```
// 测试模块入口函数
void MainTest()
{
  TestModuleTitle ("NetworkTester");
  TestModuleDescription ("Message Specication Test and Function Test Demo.");
  TestGroupBegin("Check msg cycle time", "Check the differ message cycle time");
    Init_Test_Condition();
    CheckMsgEngineData();
    CheckMsgVehicledata();
    CheckMsgGear_Info();
    CheckMsgIgnition_Info();
    CheckMsgLight_Info();
    TestGroupEnd ();

  TestGroupBegin("Check msg DLC", "Check DLC of a message");
  CheckDLCLock_Info();
  TestGroupEnd ();

  TestGroupBegin("Check undefined msg", "Check the undefined message");
  CheckUndefinedMessage();
  TestGroupEnd ();

  TestGroupBegin("Function Test", "Check the engine speed after setup");
  CheckEngine_Speed();
  TestGroupEnd();
}

// 初始化仿真工程状态，确保各个模块处于 Online
Init_Test_Condition()
{
  @Vehicle_Key::Unlock_Car =1;
  @Vehicle_Key::Car_Driver=0;
  @Vehicle_Key::Key_State=2;
  testWaitForTimeout(500);
}
```

编译通过，可以将 NetworkTester.can 保存在文件夹 Testmodul 下，最后的效果如图 14.9

所示。

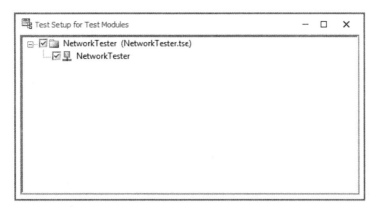

图 14.9 设置完毕后测试模块效果图

14.7 工程运行测试

以上步骤完成后，用户可以通过测试模块窗口来执行已编译好的测试模块，并在结束之后查看测试报告。

14.7.1 测试执行

在 Test Setup for Test Modules 窗口，双击测试模块将打开测试模块窗口，如图 14.10 所示，单击右下角的 ▶ 按钮即可以开始运行测试。

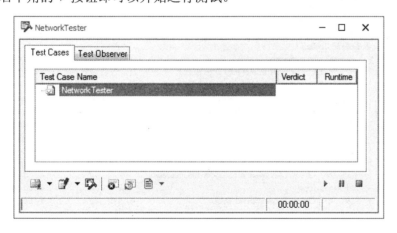

图 14.10 测试模块执行界面

为了验证测试用例的正确性，读者可以使用多种方法来实现故障注入：使用故障注入函数、采用网络节点 CAPL 编程实现或者使用 IG 节点等。本实例考虑到操作的灵活性，制作一个面板 NetworkTest，利用系统变量来模拟网络节点的报文发送行为，用来创造出不同的测试条件。为了测试方便，NetworkTest 面板的相关系统变量做了一些初始值设定，如图 14.11 所示。

该面板分为两部分：Msg_Switch 和 Custom-Msg。其中，Msg_Switch 可以通过复选框关闭和打开对应的报文发送功能；而在 Custom-Msg 中，可以添加用户自定义的报文或者修改数据库已存在的报文，相关属性（如周期和长度）可以根据测试的要求设定。

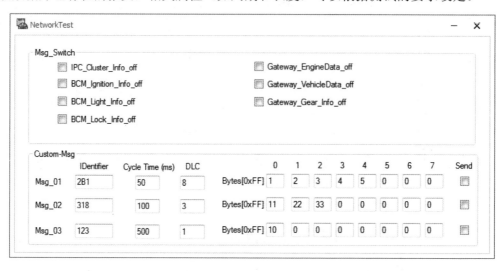

图 14.11　故障注入面板

若未在 Msg_Switch 中勾选任何报文，也未在 Custom-Msg 中选择发送任何报文，所有的测试用例将全部通过，如图 14.12 所示。

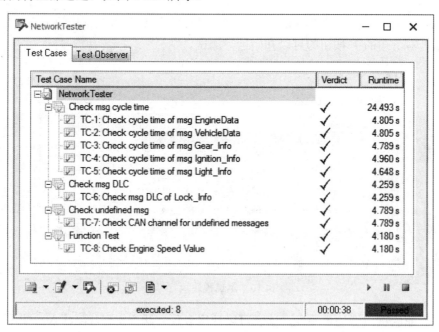

图 14.12　未注入故障时的测试结果

若在 Network 面板上关闭某些报文，或者发送一些自定义的报文，测试结果也将随之改变。图 14.13 为测试模块测试结果和对应的故障注入面板设定的效果图。

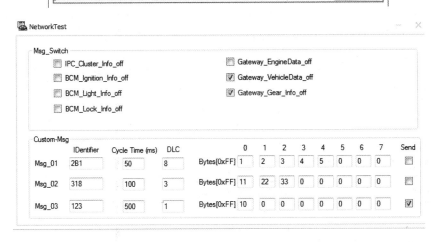

图 14.13　测试模块的测试结果和对应的故障注入面板设定

为了测试方便，可以添加一个名为 Test 的 Desktop，将 Test Setup for Test Modules 窗口和故障注入面板加入到这个 Desktop 布局中。

14.7.2　测试报告

测试执行完毕后，CANoe 会自动生成测试报告，通过单击测试模块窗口左下的 Open Test Report 按钮 来查阅报告。CANoe 的测试模块生成的测试报告格式有以下两种。

（1）CANoe Test Report Viewer（推荐格式）：使用 CANoe 测试报表查看器可以更加直观地查看和搜索测试报告的内容。提供了滤波器、分组、导航以及用户定义视图等功能，查看测试报告更加便捷，分析测试结果更加专业。CANoe Test Report Viewer 界面及报告显示效果如图 14.14 所示。

（2）XML/HTML 格式（以前的格式）：该格式比较通用，即使没有安装 CANoe 的用户也可以直接查看，所以该格式具有较强的通用性。

用户可以在 CANoe 主界面中选择 File→Options 进入 Options 对话框，通过 General→Test Feature Set→Reporting File Format 选择合适的报告格式，如图 14.15 所示。

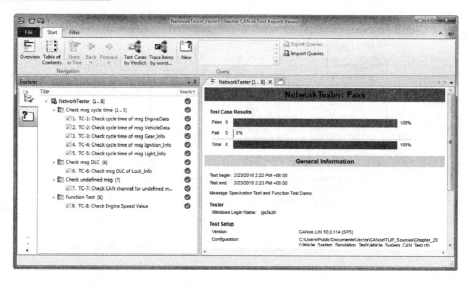

图 14.14　CANoe Test Report Viewer 界面及报告显示效果图

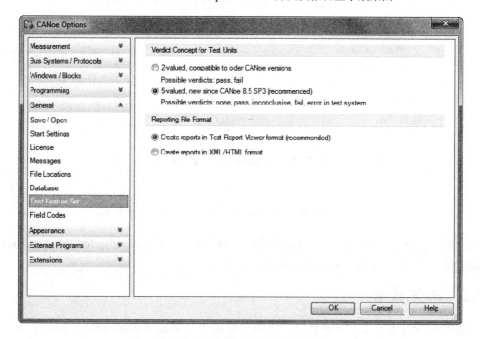

图 14.15　测试报告输出格式设定

　　读者可以在本书提供的资源压缩包中找到本章例程的工程文件（路径为：\Chapter_14\Source\Vehicle_System_Simulation_Test\）。

14.8　扩展话题——关于 vTESTstudio

　　vTESTstudio 是一个自动化测试用例脚本实现环境，结合 CANoe 可以实现自动化测试，其前身为 TAE。vTESTstudio 为测试提供多种开发方法，包括基于 CAPL 或 C#的编程，还提供基于表格、图形符号等的图形化方法，如图 14.16 所示。

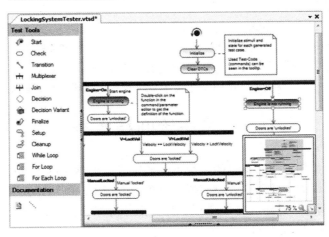

图 14.16　基于表格和图形化的测试设计方法

vTESTstudio 提供了如下主要功能。

（1）可基于需求创建 ECU 的行为模型，设计的测试模型能自动生成测试用例设计文档和测试脚本。

（2）编译生成的测试脚本可加载到 CANoe，执行后生成详细的测试报告便于后期分析，同时也可以借助 Report View 自定义的测试报告模板。

（3）基于模型的测试设计（Model Based Test Design，MBTD）与基于模型的开发（Model Based Development，MBD）一一对应，覆盖 V 模型验证的所有阶段。

（4）数据驱动型脚本开发：独立的测试参数编辑器和测试脚本开发编辑器。

① 测试模型设计可以基于状态图和序列图两种方法。

② 可通过参数化对测试用例进行复用；也可以使用 C#和 CAPL 编辑器封装子库供以后复用。

③ 测试参数支持离散参数和连续曲线参数。

④ 支持独立的测试变量和变型变量的定义。

（5）能够和多种需求工具实现衔接，满足测试需求到测试结果的可追溯性，能够生成测试覆盖度矩阵和测试设计文档。

第 15 章　仿真工程开发进阶 III——仿真+诊断

本章内容:

- 汽车诊断技术概述;
- CANoe 诊断功能简介;
- CANoe 常见诊断函数;
- 工程实例简介及实现;
- 工程运行测试;
- 扩展话题——VT System 在测试中的应用。

汽车诊断技术是基于车载网络的一项重要应用,既可实时监控整车的状态,提高汽车的安全性,也可以帮助维修人员方便快捷地定位故障,提高维修效率。由于诊断涉及的协议和内容比较复杂,本章将重点介绍基于 CANoe 的相关诊断测试技术。

15.1　汽车诊断技术概述

汽车诊断技术是在不拆卸车辆的情况下,通过读取车辆在运行过程中所记录的数据或故障码来查明故障原因,并确定故障部位的汽车应用技术。利用该技术,可以快速检测汽车故障(如传感器短路/开路、排放错误、异常操作等)来提高汽车安全性和维修效率。图 15.1 描述了汽车诊断技术的基本方法。

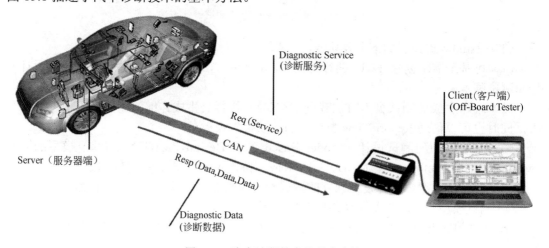

图 15.1　汽车诊断技术的基本方法

从图 15.1 可以看出,诊断采用"问-答"模式,即诊断仪向车辆指定的 ECU 发送请求数据,指定的 ECU 会做出响应,将对应的应答数据返回给诊断仪。利用已定义的诊断描述文件,可将相应的数据解析为可读的诊断信息。例如:

诊断仪请求命令：22 4A 05（油箱温度请求命令）

车辆应答数据：62 4A 05 5A FF（返回当前油箱的温度数据）

在诊断描述文件中，定义了车辆应答数据的第 4 个字节表示邮箱温度的十六进制数据，所以车辆的应答数据中 5A 就代表油箱温度为 90℃。

15.1.1　诊断术语

客户端（Client）：诊断请求的提出者（诊断仪），发送诊断请求。

服务器端（Server）：诊断响应的提供者（ECU），发送诊断响应。

远程客户端/服务器（Remote Client/Server）：与客户端/服务器不在同一个网段。

肯定响应（Positive Response）：服务器端正确执行客户端诊断请求时做出的响应。

否定响应（Negative Response）：服务器端无法正确执行客户端的诊断请求时做出的响应。

15.1.2　OBD 诊断与增强型诊断

OBD（On-Board Diagnostic）车载诊断系统，最初起源于 CARB（California Air Resources Board，加州空气资源委员会）为 1988 年之后生产的加州汽车所制定的排放法规。随着这套法规逐渐标准化实施，SAE（Society of Automotive Engineers，美国汽车工程师协会）提出了 OBD Ⅱ，所有执行 OBD Ⅱ 标准的汽车都需要具备标准化的车辆数据诊断 OBD 接口、标准化的诊断解码工具、标准化的诊断协议、标准化的故障码定义和标准化的维修服务指南。OBD 系统实时监控引擎的运行状况和尾气处理系统的工作状态，一旦发现有可能引起排放超标的情况，会立刻发出警示，同时将故障信息记录到存储器，通过标准的诊断仪器和诊断接口可以读取故障码的相关信息。根据故障码的提示，维修人员能迅速准确地判断故障的性质和部位。增强型诊断是指除 OBD 诊断以外的诊断，主要目的是为了方便汽车开发、标定、下线检测、售后维修和代码升级等，如引擎模块中包含 OBD 诊断和增强型诊断，车身、仪表等电控单元全部采用了增强型诊断。

15.1.3　诊断协议

目前，整车厂主要针对 K 线和 CAN 线进行诊断，随着 CAN 线应用越来越广泛，K 线慢慢淡出了人们的视野，本节也主要针对 CAN 线诊断进行说明。

ISO 标准中对 K 线和 CAN 线诊断制定了一系列的诊断协议，K 线/CAN 线诊断协议如表 15.1 和表 15.2 所示。

表 15.1　K 线诊断协议

OSI 分层	汽车制造商增强型诊断	排放相关诊断（OBD）
应用层	ISO 14230-3	ISO 15031-5
表示层	N/A	N/A
会话层	N/A	N/A
传输层	N/A	N/A
网络层	N/A	N/A
数据链路层	ISO 14230-2	ISO 14230-4
物理层	ISO 14230-1	ISO 14230-4

表 15.2 　CAN 线诊断协议

OSI 分层	汽车制造商增强型诊断	排放相关诊断（OBD）
应用层	ISO 14229-1/ISO 15765-3	ISO 15031-5
表示层	N/A	N/A
会话层	N/A	N/A
传输层	N/A	N/A
网络层	ISO 15765-2	ISO 15765-4
数据链路层	ISO 15765-1	ISO 15765-4
物理层	未定义	ISO 15765-4

由表 15.1 和表 15.2 可以看出，针对 K 线和 CAN 线在排放相关诊断与增强型诊断中，ISO 对 OSI 分层模型中应用层、网络层、数据链路层和物理层都有相关的诊断规范。

15.1.4　诊断接口

OBD 接口已成为现代汽车的标准接口，通常位于驾驶员座位前的左下方。标准 OBD 接口如图 15.2 所示，其针脚的定义如表 15.3 所示。

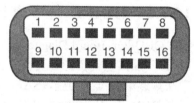

图 15.2　标准 OBD 接口

表 15.3　OBD 接口针脚的定义

针　脚	定　义
1	未定义（整车厂自定义）
2	SAE J1850 总线正
3	未定义（整车厂自定义）
4	车身地
5	信号地
6	ISO 15765-4 定义的 CAN 高
7	ISO 9141-2 和 ISO 14230-4 定义的 K 线
8	未定义（整车厂自定义）
9	未定义（整车厂自定义）
10	SAE J1850 总线负
11	未定义（整车厂自定义）
12	未定义（整车厂自定义）
13	未定义（整车厂自定义）
14	ISO 15765-4 定义的 CAN 低
15	ISO 9141-2 和 ISO 14230-4 定义的 K 线
16	常电正

对于单个 ECU 而言，一般采用诊断工具与总线（K 线、CAN、LIN 等）直接相连进行诊断测试。

15.1.5 诊断周期

诊断贯穿车辆的开发到售后的整个生命周期，如图 15.3 所示。在车辆研发阶段，整车厂与各个 ECU 供应商共同定义开发诊断功能。ECU 供应商对单个 ECU 进行诊断测试，整车厂在生产过程中对整车系统进行诊断测试。车辆下线后，售后保养维修单位可以根据诊断规范定义，利用诊断仪对故障车辆进行排查。

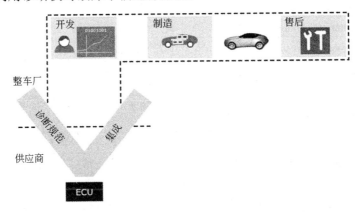

图 15.3　诊断周期

15.1.6　UDS 诊断服务

15.1.2 节中已经介绍了 OBD 诊断和增强型诊断，由于增强型诊断在整车和 ECU 的应用中发挥越来越重要的作用，本节将着重介绍增强型诊断中的 UDS 诊断协议。后续章节中关于诊断的测试方法也是基于 UDS 诊断。

UDS（Unified Diagnostic Service，统一诊断服务）也就是 ISO 14229，提供了诊断服务的基本框架，是面向整车所有 ECU 单元的诊断协议。从表 15.1 和表 15.2 中可知，UDS 只定义了应用层的诊断协议和服务，因此无论是对 CAN 线、K 线或者是 Ethernet 都可以实现 UDS 诊断。整车厂和零部件供应商可以根据所用的总线和 ECU 功能，选择实现其中的所有或部分诊断服务，也可以使用整车厂自定义的诊断服务。UDS 不是法规强制要求，没有统一实现标准，其优势在于方便生产线检测设备的开发，同时更加方便了售后服务和车联网等功能的实现。目前，UDS 诊断服务的主要应用包括诊断/通信管理、数据处理、故障信息读取、在线编程及功能/元件测试等，如图 15.4 所示。

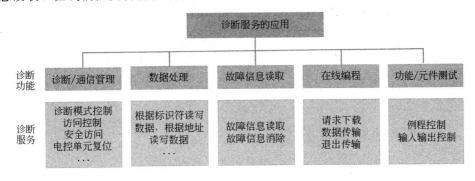

图 15.4　UDS 诊断服务的主要应用

针对 UDS 诊断功能，表 15.4 列出了每个功能支持的诊断服务。

表 15.4　UDS 诊断服务功能及描述

功能单元	服　务	描　述
诊断和通信管理功能单元	DiagnosticSessionControl(0x10)	客户端请求控制与某个服务器的诊断会话
	ECUReset(0x11)	客户端强制服务器执行复位
	SecurityAccess(0x27)	客户端请求解锁某个受安全保护的服务器
	CommunicationControl(0x28)	客户端请求开启/关闭服务器收发报文的功能
	TesterPresent(0x3E)	客户端向服务器指示客户端仍然在线
	AccessTimingParameter(0x83)	客户端使用该服务读取/修改某个已经激活的通信的定时参数
	SecuredDataTransmission(0x84)	客户端使用该服务执行带扩展的数据链接安全保护的数据传输
	ControlDTCSetting(0x85)	客户端控制服务器设置 DTC
	ResponseOnEvent(0x86)	客户端请求服务器启动某个时间机制
	LinkControl(0x87)	客户端请求控制通信波特率
数据传输功能单元	ReadDataByIdentifier (0x22)	客户端请求读取指定标识符的数据
	ReadMemoryByAddress (0x23)	客户端请求读取指定存储器地址范围内数据的当前值
	ReadScalingDataByIdentifier (0x24)	客户端请求读取标识符的定标信息
	ReadDataByPeriodicIdentifier (0x2A)	客户端请求周期性传输服务器中的数据
	DynamicallyDefineDataIdentifier (0x2C)	客户端请求动态定义由 ReadDataByIdentifier 服务读取的标识符
	WriteDataByIdentifier (0x2E)	客户端请求写入由数据标识符指定的某个记录
	WriteMemoryByAddress (0x3D)	客户端请求将数据写入到指定存储器地址范围内
已存储数据传输功能单元	ClearDiagnosticInformation (0x14)	客户端请求清除诊断错误码信息
	ReadDTCInformation (0x19)	客户端请求读取诊断错误码信息
输入输出控制功能单元	InputOutputControlByIdentifier (0x2F)	客户端请求替换电子系统的输入信号值、内部服务器功能或控制系统的输出
例程控制功能单元	RoutineControl (0x31)	远程请求启动，停止某个例程或请求例程执行结果
上传下载功能单元	RequestDownload(0x34)	初始化数据传输，ECU 接收到请求后，完成所有下载前准备工作后，发送肯定响应

表 15.4 中所有的服务，由于涉及内容较多，本书不做详细的讲解，读者可以参考 ISO 14229 相关资料文档。

15.1.7　Vector 诊断工具简介

Vector 公司提供了一整套的诊断工具链，为 ECU 诊断测试提供一整套解决方案，如图 15.5 所示。表 15.5 列出了常见的 Vector 诊断工具的分类。

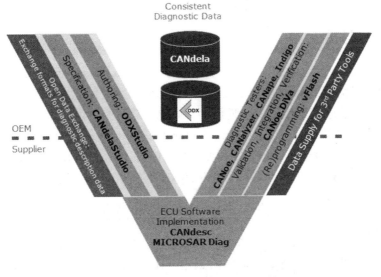

图 15.5　Vector 公司的诊断工具链

表 15.5　常见的 Vector 诊断工具的分类

诊 断 功 能	Vector 相关工具
创建和查阅诊断描述文件	CANdelaStudio 和 ODXStuddio：创建和查阅诊断描述文件，如 CDD、ODX/PDX 等
ECU 软件诊断开发	CANdesc
诊断测试	CANoe、CANalyzer、CANape、Indigo、CANoe.Diva
ECU 软件刷新	vFlash

以上工具均为付费工具，用户可以通过 Vector 公司销售人员了解详细信息。

15.2　CANoe 诊断功能简介

CANoe 可以满足 ECU 开发的各个阶段中对诊断测试的设计和执行的要求。表 15.6 给出了 CANoe 支持的主要诊断功能。

表 15.6　CANoe 支持的主要诊断功能

使 用 案 例	相 应 功 能
真实 ECU 节点通信分析	ISO TP、KWP2000 和 Diagnostics Observer
诊断功能测试	Diagnostic Console（诊断控制台）
故障查询	Fault Memory Window（故障记忆窗口）
安全保护及会话控制	Session Control Window （会话控制窗口）
OBD 诊断	OBD Ⅱ Windows（OBD Ⅱ 窗口）
诊断功能设计	系统/剩余总线仿真
仿真 ECU 中诊断实现	TP DLL、ECU 仿真和 CAPL 编程仿真
规范测试/集成测试/回归测试包括 TP 层故障注入	TP DLL + TP 故障注入、CAPL 编程仿真、TFS 测试功能库

接下来，本书将重点介绍 CANoe 支持的诊断功能。

15.2.1 诊断描述文件

为了使用 CANoe 的强大诊断功能，必须将 Diagnostic Description 文件集成到 CANoe 仿真工程中。这里需要说明的是，Vector 一般将诊断规范文件称为 Diagnostic Description（诊断描述），本书为了避免混乱，也使用"诊断描述"这个翻译。对于简单的诊断描述可以使用 CANoe 自带的 Basic Diagnostic Editor（基本诊断编辑器）。如果需要使用 Fault Memory 窗口、诊断控制台等窗口，则需要使用 CDD、ODX（PDX）或者 MDX 等格式的诊断描述文件。表 15.7 列出了这几种诊断描述文件的差异。

表 15.7　诊断描述文件格式及说明

诊断描述文件	说　　明
CDD——CANdela Diagnostic Description	与 DBC 文件作为 CAN 总线的数据库文件相似，CDD 文件是用于诊断的数据库文件。CDD 文件可以由 Vector 工具 CANdelaStudio 创建，可以集成到 CANoe 中，用于诊断服务和参数的解析
ODX——Open Diagnostic Data Exchange	ODX 文件也可以包含诊断数据，这些诊断数据可以分割成若干个 ODX 文件，并存储在 PDX（ODX 压缩格式）文件中。PDX 文件的使用类似于 CDD 文件
MDX——Multiplex Diagnostic Data Exchange	MDX 文件是用于 OEM 整车厂诊断数据的特殊格式
Basic Diagnostic Description (UDS or KWP)	Basic Diagnostic Description（基本诊断描述）是由 CANoe 中的 Basic Diagnostic Editor 创建，用户自行定义。它诊断数据作为仿真工程的一部分，可以导出到其他仿真工程中。不同于其他诊断描述，它不支持 Fault Memory 窗口和 Session Control 窗口
Standard Diagnostic Description	Standard Diagnostic Description 只包含 ISO 标准中 UDS 或者 KWP2000 等诊断协议，基于 CDD 格式

本章主要探讨 CDD 文件格式。CDD 文件是当前 ECU 诊断测试中较为通用的诊断描述文件。CDD 文件中定义了诊断协议、诊断服务的请求、响应以及相关的参数。

本书为读者提供了 IPC_v0.01.cdd 文件，作为基于 UDS 规范的 CDD 文件范例，如图 15.6 所示，可供读者实践使用。

通常 CDD 文件由整车厂或 ECU 软件开发人员提供，因此本书此处不做过多叙述。对于 CDD 文件，CANoe 软件安装时自带了 CANdelaStudio 的查阅版本，只能查阅 CDD 文件，编辑功能需要正式版的 CANdelaStudio 支持。本书在附带资料中也提供了转换为 PDF 格式的 CDD 内容文档。读者可以在本书提供的资源压缩包中找到 CDD 文件及 PDF 格式文档（路径为：\Chapter_15\Additional\Material\CDD.zip）。

15.2.2 安全访问服务

安全访问（Security Access）服务指为了对已经锁住诊断功能的 ECU 执行诊断操作时，需要使用一个 key（密钥）来解锁 ECU。这个密钥是根据 ECU 诊断响应发送过来的 seed（种子）计算出来的。客户端用于计算密钥的算法可以通过调用 Security DLL 生成。

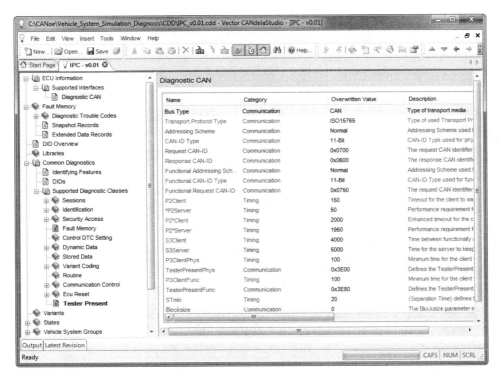

图 15.6　CDD 范例文件

15.2.3　诊断测试窗口

在 Diagnostics/ISO TP Configuration 窗口中配置完诊断描述文件和 Security DLL 文件后，将会自动弹出 Diagnostic Session Control（诊断会话控制）、Fault Memory（故障记忆）和 Diagnostic Console（诊断控制台）三个窗口。3.4 节已经做了介绍，这里不再重述。

以上三个窗口均由 CANoe 根据 CDD 文件自动生成，其中，诊断控制台包含所有诊断服务的列表，也提供编辑诊断请求数据的子窗口以及诊断通信收发的结构。配合前面章节介绍的其他分析窗口（如 Trace、Graphic 等），用户可以手动实现诊断功能以及诊断数据的分析。

需要特别指出的是，CANoe 提供的诊断窗口中显示的相关诊断参数信息都是在 CDD 文件中预先定义好的。对于诊断命令和响应的数据要求与格式，读者需要参考 ISO 14229 规范文件。

15.3　CANoe 常见诊断函数

CANoe 为诊断功能提供了一系列的函数支持，下面将按照不同的分类介绍一些常用的函数。由于篇幅有限，对于每个函数的详细使用方法，请读者参考 CANoe 的帮助文档。

15.3.1　通信/设定功能函数

通信/设定函数（Functions for Communication and Setup）主要用来设定诊断目标，发送诊断请求及响应等，通信/设定函数的列表及功能描述如表 15.8 所示。

表 15.8　通信/设定函数的列表及功能描述

函　　数	功　能　描　述
diagGetCommunicationErrorString	用于获取指定通信错误的文本描述
diagGetCurrentEcu	用于获取当前的 ECU 名称
diagGetLastCommunicationError	用于返回上一次诊断请求的错误码
diagGetTargetCount	用于返回已配置的诊断目标 ECU 的数量
diagGetTargetQualifier	用于得到诊断目标的标识符名称
diagGetTesterPresentState	用于得到 Test Present 的状态
DiagInitEcuSimulation	用于初始化 CAPL 节点来实现诊断 ECU 的诊断功能仿真
diagSendFunctional	用于发送功能寻址诊断请求给当前诊断目标 ECU
diagSendPositiveResponse	用于发送肯定诊断响应给诊断仪，仅用于 ECU 仿真节点时
diagSendNegativeResponse	用于发送否定诊断响应给诊断仪，并指定错误代码
diagSendNetwork	用于发送诊断请求给当前总线上所有 ECU
diagSendRequest	用于发送诊断请求给目标 ECU
diagSendResponse	用于发送诊断响应给诊断仪，仅用于 ECU 仿真节点时
diagSetTarget	用于设定诊断目标 ECU
diagSetTimeout	用于设定诊断请求的超时时长
diagSetTimeoutHandler	用于创建一个回调函数，在诊断请求超时时被调用
diagStartTesterPresent	用于设置 CANoe 开始向诊断目标 ECU 发送 Tester Present
diagStopTesterPresent	用于设置 CANoe 停止向诊断目标 ECU 发送 Tester Present

15.3.2　安全访问函数

安全访问函数（Security Access Functions）主要是为了对 ECU 进行解锁操作。安全访问函数的列表及功能如表 15.9 所示。

表 15.9　安全访问函数的列表及功能描述

函　　数	功　能　描　述
diagGenerateKeyFromSeed	用于根据种子（Seed）生成一个密钥（Key），适用于 Test Module
diagSetCurrentSession	用于设置 ECU 当前的诊断会话模式
diagStartGenerateKeyFromSeed	用于根据种子和密钥算法 DLL 生成一个密钥
_Diag_GenerateKeyResult	用于返回使用 diagStartGenerateKeyFromSeed 计算密钥的结果

15.3.3　对象访问函数

对象访问函数（Functions for Access to the Whole Object）主要用于获取诊断响应类型及参数，设定诊断请求数据等。对象访问函数的列表及功能描述如表 15.10 所示。

表 15.10　对象访问函数的列表及功能描述

函　　数	功　能　描　述
diagGetLastResponse	用于保存上一次收到的诊断请求响应
diagGetLastResponseCode	用于获取上一次接收到的诊断请求响应的返回码： -1 为肯定响应；0 为未收到响应；>0 为否定响应错误码

函　　数	功　能　描　述
diagGetObjectName	用于获取诊断目标的名称
diagGetPrimitiveData	用于读取一个诊断服务完整的原始数据
diagGetPrimitiveByte	用于读取诊断对象完整原始数据的指定字节
diagGetPrimitiveSize	用于读取诊断对象完整原始数据的字节长度
diagGetResponseCode	用于获取指定的诊断请求响应的返回码： -1 为肯定响应；0 为未收到响应；>0 否定响应错误码
diagGetRespPrimitiveByte	用于读取诊断请求响应完整原始数据的指定字节
diagGetRespPrimitiveSize	用于读取诊断请求响应完整原始数据的字节长度
diagGetSuppressResp	用于获取 suppressPosRspMsgIndicationBit（肯定响应抑制位）状态
diagIsNegativeResponse	用于判断对象是否为否定响应，如果是则返回一个不等于 0 的值
diagIsPositiveResponse	用于判断对象是否为肯定响应，如果是则返回一个不等于 0 的值
diagResize	用于调整诊断对象的数据长度来满足指定的参数迭代
diagSetPrimitiveByte	用于设定诊断对象完整原始数据的指定字节
diagSetPrimitiveData	用于设定诊断对象完整的原始数据
diagSetRespPrimitiveByte	用于设定诊断响应对象完整原始数据的指定字节
diagSetSuppressResp	用于设定 suppressPosRspMsgIndicationBit（肯定响应抑制位）状态

15.3.4　参数访问函数

参数访问函数（Functions for Access to One Parameter）用于获取/设置诊断相关参数的数值或类型。参数访问函数的列表及功能描述如表 15.11 所示。

表 15.11　参数访问函数的列表及功能描述

函　　数	功　能　描　述
diagGetAbsolutePosition, diagGetAbsolutePositionResp	用于获取参数在诊断原型中的位置
diagGetComplexParameter	该函数功能取决于不同的参数设定： （1）用于获取子参数的数值； （2）用于获取参数的特征值
diagGetComplexParameterRaw	用于从指定的原始数据中读取参数的值
diagGetComplexRespParameter	该函数功能取决于不同的参数设定： （1）获取参数的数值； （2）获取参数的特征值； （3）直接从参数迭代中获取子数值参数的值
diagGetComplexRespParameterRaw	用于从指定的原始数据中读取诊断响应参数的值
diagGetIterationCount	用于返回参数中包含子参数的个数
diagGetParameter	该函数功能取决于不同的参数设定： （1）获取参数的数值； （2）获取参数的特征值； （3）直接获取数值参数的值

297

第
15
章

函　　数	功 能 描 述
diagGetParameterCoded	用于直接以定义的类型获取参数值
diagGetParameterLongName	用于得到诊断描述文件中定义的诊断参数名称
diagGetParameterName	用于得到诊断参数标识符的名称
diagGetParameterPath	用于获取参数在诊断原型中的完整索引路径
diagGetRespParameterPath	用于获取诊断响应参数在诊断原型中的索引路径
diagGetParameterRaw	用于直接获取诊断响应参数的原始数据
diagGetParameterSizeCoded	用于返回指定数据类型诊断响应参数的长度，单位为 bit
diagGetParameterSizeRaw	用于获取诊断响应参数的原始数据的长度，单位为 bit
diagGetParameterType	用于获取参数类型的标识符
diagGetParameterUnit	用于获取参数的单位
diagGetRespIterationCount	用于返回诊断响应参数中包含子参数的个数
diagGetRespParameter	该函数功能取决于不同的参数设定： （1）获取诊断响应参数的数值； （2）获取诊断响应参数的特征值； （3）直接获取诊断响应数值参数的值
diagGetRespParameterRaw	用于获取诊断响应参数的原始数据
diagGetRespParameterType	用于获取参数类型的标识符
diagIsParameterConstant	用于判断参数在诊断描述文件是否被定义，如果是则返回 1
diagIsParameterDefault	用于判断参数在对象中是否有初始值，如果有则返回一个不等于 0 的值
diagIsRespParameterConstant	用于判断诊断响应参数在诊断描述文件是否被定义，如果是则返回 1
diagIsRespParameterDefault	用于判断诊断请求响应的参数是否有初始值，如果有则返回一个不等于 0 的值
diagIsValidValue	用于返回诊断响应参数是否有效
diagResetParameter	用于将诊断参数设置为初始值
diagSetComplexParameter	用于为子参数设定数值或特征值
diagSetComplexParameterRaw	用于设置参数的原始数据的值
diagSetParameter	该函数功能取决于不同的参数设定： （1）用于将数值参数设置为指定的值； （2）用于将参数设置特征值
diagSetParameterCoded	用于直接以定义的类型设置参数值
diagSetParameterRaw	用于以原始数据类型直接设置参数的值

15.3.5　诊断测试函数

　　诊断测试函数（Functions to Support Tests）作为 TFS 的一部分，主要针对诊断测试功能实现。诊断测试函数的列表和功能描述如表 15.12 所示。

表 15.12   诊断测试函数的列表和功能描述

函　　　数	功　能　描　述
diagCheckObjectMatch	用于检测诊断响应的 ID 是否与诊断请求相符
diagCheckValidNegResCode	用于检测返回的否定响应是否在诊断描述文件（CDD 文件）中已经定义
diagCheckValidPrimitive	用于检测指定的诊断对象是否符合规范（CDD 文件）中的定义
diagCheckValidRespPrimitive	用于检测收到的诊断请求响应是否符合规范（CDD 文件）中的定义
testCollectDiagEcuInformation	用于向指定的诊断目标发送诊断请求并将响应写入报告文件
testReportWriteDiagResponse	用于将接收到的诊断响应写入报告
testWaitForDiagRequestSent	用于等待上一次的诊断请求成功发送到 ECU
testWaitForDiagResponse	用于等待接收到请求的诊断响应
testWaitForDiagResponseStart	用于等待接收到请求的诊断响应开始，即收到响应的首帧报文
testWaitForUnlockEcu	用于尝试解锁 ECU

15.4   工程实例简介

本章实例基丁第 12 章实例的基础上，针对 IPC 模块及其 CDD 文件，实现如下的诊断功能。

（1）基于 CDD 文件的诊断控制台/故障码窗口等功能实现。

（2）基于 Tester 节点的测试面板：手动诊断执行，诊断参数读写操作的可视化实现。

（3）基于 CAPL 测试模块，自动化诊断测试的实现。

15.5   工　程　实　现

本实例在第 12 章仿真工程的基础上加入诊断测试功能，为了便于区别，需要将原工程的文件夹复制并更名为 Vehicle_System_Simulation_Diagnosis，仿真工程也另存为 Vehicle_System_CAN_ Diagnosis.cfg。在该工程下将导入 CDD 文件，创建诊断面板和 CAPL 测试模块。本书为了便于读者在没有真实 IPC 的情况下能正常演示，因此在实现以上功能的同时需要在 IPC 模块中加入虚拟的诊断响应，对该部分内容不做详细讲解，感兴趣的读者可以自行查阅本书附带的源代码。

15.5.1   CDD 文件导入

在导入 CDD 文件之前，首先在仿真工程的文件夹 Vehicle_System_Simulation_ Diagnosis 下创建 CDD 和 Diagnosis 两个文件夹来放置诊断相关文件。读者可以将前面的提到的 CDD 文件及 PDF 格式文档复制至文件夹 CDD 中。在文件夹 Diagnosis 中创建 Test 和 Security 两个文件夹，文件夹 Test 下创建一个名为 CAN 的文件夹，实例将在后面需要使用这些文件夹。

在 CANoe 主界面中选择 Diagnostics→Diagnostic/ISO TP，弹出 Diagnostic/ISO TP Configuration 对话框。在左边视图中选择 CAN Networks→CAN，出现右侧的子对话框，如

图 15.7 所示。

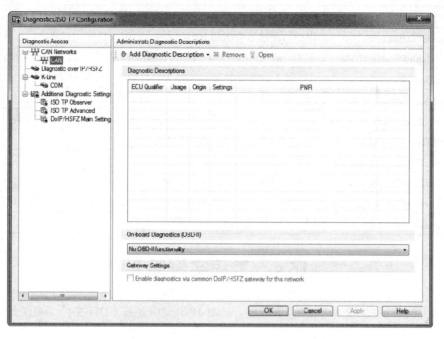

图 15.7　诊断配置窗口

在 Diagnostic Descriptions 中可以添加、删除、打开对应的诊断描述文件。单击 Add Diagnostic Description→Add Diagnostic Description (CDD,ODX/PDX,MDX)，双击选择前面复制的 CDD 文件（IPC_v0.01.cdd）。添加完毕的效果如图 15.8 所示。

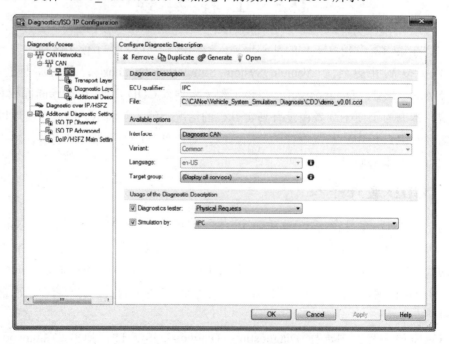

图 15.8　CDD 文件导入结果

ECU Qualifier 指当前规范文件在 CANoe 中的标识符名称，在同一个仿真里，诊断描述文件的标识符名称必须是唯一的。在 CAPL 程序中，用户可以通过 diagSetTarget 函数来切换不同的诊断描述文件。Simulation by 指在当前仿真工程中用来仿真诊断功能的节点名称，将此处选择为节点 IPC。

15.5.2 Security DLL 文件配置

为了防止 ECU 数据被误改，许多诊断服务需要在不同的安全访问等级下访问，在 CANoe 中用户需要配置自定义的动态链接库（DLL）文件来提供解锁安全访问算法。将本书资源压缩包中提供的 GenerateKeyEx.dll 文件（路径为：\Chapter_15\Source\Vehicle_System_Simulation_Diagnosis\Diagnosis\Security\GenerateKeyEx.dll）复制到文件夹 Security 下。

选择 CAN Networks→CAN→IPC→Diagnostic Layer，在 Seed & Key DLL 处导入上面的 DLL 文件，如图 15.9 所示。

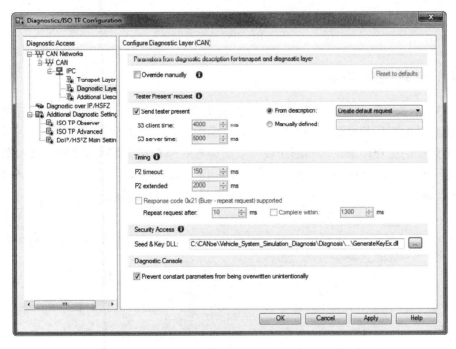

图 15.9　配置解锁 DLL 文件

15.5.3　诊断控制台

导入 CDD 文件以后，就可以利用诊断测试窗口进行测试了，诊断控制台相对于会话控制窗口和故障码窗口在诊断测试和分析中使用更为广泛，如图 15.10 所示。

可以看到，在左侧诊断请求列表中，列出了当前 CDD 文件中定义的所有的服务请求，用户可以通过鼠标双击对应的诊断服务请求，并在诊断响应结果区域内查看诊断请求响应结果。对于执行写功能的服务请求，可以在诊断请求设置区域内填入诊断服务要写入的参数值。

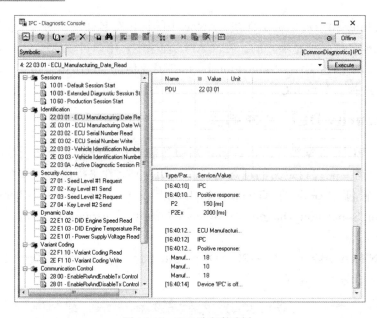

图 15.10　IPC 诊断控制台

15.5.4　诊断测试面板

如 15.1.6 节中所介绍的，利用诊断可以对 ECU 的参数及信息进行读写和配置。对有诊断方面经验的工程师来说，15.5.3 节中的诊断控制台可以满足大部分的需求。对于没有诊断方面经验的工程师来说，利用面板可以更为直观地看到诊断执行结果以及参数。本节中将创建一个诊断功能面板，主要作用是诊断功能测试、ECU 状态的读取和部分 ECU 配置的修改。图 15.11 给出了该面板的效果图及不同区域的功能划分。

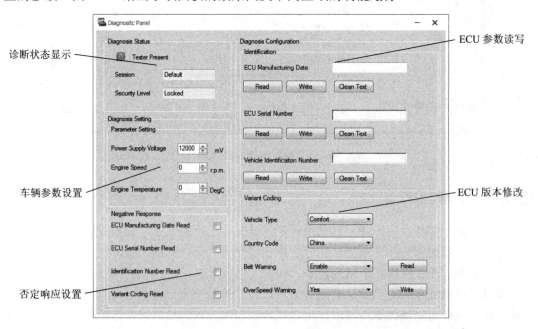

图 15.11　诊断面板

该测试面板中不同功能区域的简介如表 15.13 所示。

表 15.13　面板功能区域

面　板　区　域	功　　　能
诊断状态显示区域	显示当前 ECU 诊断会话模式和安全访问等级
车辆参数设置区域	设置当前车辆的信息，配合 DID 诊断请求使用 （DID 诊断请求仅在诊断控制台中支持）
否定响应设置区域	选中所要模拟否定响应的诊断请求
ECU 参数读写区域	实现对 ECU 诊断参数的读写
ECU 版本修改区域	实现对 ECU 版本配置的读写

表 15.14 列出了测试面板的控件列表及描述。

表 15.14　测试面板的控件列表及描述

控　　件	属　　性	属　性　设　定	描　　述
Panel 1	Panel Name	Diagnostic Panel	诊断设定与测试面板
	Background Color	224，224，224	
	Border Style	None	
	Size	650，520	
Group Box 1	Control Name	Group Box 1	存放诊断状态控件
	Text	Diagnosis Status	
	Background Color	224,224,224	
LED Control 1	Control Name	LED Control 1	显示 Tester Present 状态
	Display Only	True	
	LED Color Off	Gray	
	LED Color On	GreenYellow	
	LED Style	Ellipse	
	Off Value	0	
	On Value	1	
	Symbol Name	Tester_Present_Status	
	Symbol Namespace	Diagnosis	
	Symbol Filter	Variable	
Static Text 1	Text	Tester Present	标签
	Background Color	224,224,224	
Static Text 2	Text	Session	标签
	Background Color	224,224,224	
Static Text 3	Text	Security Level	标签
	Background Color	224,224,224	
Input/Output Box 1	Control Name	Input/Output Box 1	显示 Session 信息
	Display Description	Hide	
	Display Only	True	

控 件	属 性	属 性 设 定	描 述
Input/Output Box 1	Symbol Name	Session	显示 Session 信息
	Symbol Namespace	Diagnosis	
	Symbol Filter	Variable	
Input/Output Box 2	Control Name	Input/Output Box 2	显示 Security Level 信息
	Display Description	Hide	
Input/Output Box 2	Display Only	True	显示 Security Level 信息
	Symbol Name	Security_Level	
	Symbol Namespace	Diagnosis	
	Symbol Filter	Variable	
Group Box 2	Control Name	Group Box 2	存放诊断设定控件
	Text	Diagnosis Setting	
	Background Color	224,224,224	
Group Box 3	Control Name	Group Box 3	存放参数设定控件
	Text	Parameter Setting	
	Background Color	224,224,224	
Static Text 4	Text	Power Supply Voltage	标签
	Background Color	224,224,224	
Static Text 5	Text	mV	标签
	Background Color	224,224,224	
Static Text 6	Text	Engine Speed	标签
	Background Color	224,224,224	
Static Text 7	Text	r.p.m.	标签
	Background Color	224,224,224	
Static Text 8	Text	Engine Temperature	标签
	Background Color	224,224,224	
Static Text 9	Text	DegC	标签
	Background Color	224,224,224	
Numeric Up/Down 1	Control Name	Numeric Up/Down 1	设定电源电压值
	Decimal Place	0	
	Increment	300	
	Up/Down Align	Right	
	Maximum	30000	
	Minimum	0	
	Symbol Name	Power_Supply_Voltage	
	Symbol Namespace	Diagnosis	
	Symbol Filter	Variable	

控 件	属 性	属 性 设 定	描 述
Numeric Up/Down 2	Control Name	Numeric Up/Down 2	设定引擎转速值
	Decimal Place	0	
	Increment	200	
	Up/Down Align	Right	
	Maximum	5000	
	Minimum	0	
	Symbol Name	EngSpeed	
	Symbol Message	EngineData	
	Symbol Filter	Signal	
Numeric Up/Down 3	Control Name	Numeric Up/Down 3	设定引擎温度值
	Decimal Place	0	
	Increment	2	
	Up/Down Align	Right	
	Maximum	150	
	Minimum	−50	
	Symbol Name	EngTemp	
	Symbol Message	EngineData	
	Symbol Filter	Variable	
Group Box 4	Control Name	Group Box 4	存放参数设定控件
	Text	Negative Response	
	Background Color	224,224,224	
Static Text 10	Text	ECU Manufacturing Date Read	标签
	Background Color	224,224,224	
Static Text 11	Text	ECU Serial Number Read	标签
	Background Color	224,224,224	
Static Text 12	Text	Identification Number Read	标签
	Background Color	224,224,224	
Static Text 13	Text	Variant Coding Read	标签
	Background Color	224,224,224	
Check Box 1	Control Name	Check Box 1	开关触发否定响应：ECU 制造日期读取
	Switch Value 'Checked'	1	
	Switch Value 'UnChecked'	0	
	Text	—	
	Symbol Name	Manufacture_Date_NRC	
	Symbol Namespace	Diagnosis	
	Symbol Filter	Variable	

控 件	属 性	属 性 设 定	描 述
Check Box 2	Control Name	Check Box 2	开关触发否定响应：ECU 序列号读取
	Switch Value 'Checked'	1	
	Switch Value 'UnChecked'	0	
	Text	—	
	Symbol Name	Serial_Number_NRC	
	Symbol Namespace	Diagnosis	
	Symbol Filter	Variable	
Check Box 3	Control Name	Check Box 3	开关触发否定响应：ECU ID 读取
	Switch Value 'Checked'	1	
	Switch Value 'UnChecked'	0	
	Text	—	
	Symbol Name	Identification_Number_NRC	
	Symbol Namespace	Diagnosis	
	Symbol Filter	Variable	
Check Box 4	Control Name	Check Box 4	开关触发否定响应：ECU 版本号读取
	Switch Value 'Checked'	1	
	Switch Value 'UnChecked'	0	
	Text	—	
	Symbol Name	Variant_Coding_NRC	
	Symbol Namespace	Diagnosis	
	Symbol Filter	Variable	
Group Box 5	Control Name	Group Box 5	存放诊断配置控件
	Text	Diagnosis Configuration	
	Background Color	224,224,224	
Group Box 6	Control Name	Group Box 6	存放 ID 相关操作控件
	Text	Identification	
	Background Color	224,224,224	
Static Text 14	Text	ECU Manufacturing Date	标签
	Background Color	224,224,224	
Input/Output Box 3	Control Name	Input/Output Box 3	输入或显示制造日期
	Display Description	Hide	
	Display Only	False	
	Value Interpretation	Text	

控　件	属　性	属 性 设 定	描　述
Input/Output Box 3	Symbol Name	ECU_Manufacturing_Date_Data	输入或显示制造日期
	Symbol Namespace	Diagnosis	
	Symbol Filter	Variable	
Input/Output Box 4	Control Name	Input/Output Box 4	显示制造日期读写操作结果状态
	Background Color	224,224,224	
	Box Background Color	224,224,224	
	Box Border Style	None	
	Display Description	Hide	
	Display Only	True	
	Value Interpretation	Text	
	Symbol Name	ECU_Manufacturing_Date_String	
	Symbol Namespace	Diagnosis	
	Symbol Filter	Variable	
Button 1	Control Name	Button 1	读取 ECU 制造日期按钮
	Background Color	224,224,224	
	Text	Read	
	Switch Value 'Pressed'	1	
	Switch Value 'Released'	0	
	Symbol Name	ECU_Manufacturing_Date_Read	
	Symbol Namespace	Diagnosis	
	Symbol Filter	Variable	
Button 2	Control Name	Button 2	写入 ECU 制造日期按钮
	Background Color	224,224,224	
	Text	Write	
	Switch Value 'Pressed'	1	
	Switch Value 'Released'	0	
	Symbol Name	ECU_Manufacturing_Date_Write	
	Symbol Namespace	Diagnosis	
	Symbol Filter	Variable	
Button 3	Control Name	Button 3	清除 ECU 制造日期按钮
	Background Color	224,224,224	
	Text	Clean Text	
	Switch Value 'Pressed'	1	

控　件	属　性	属 性 设 定	描　述
Button 3	Switch Value 'Released'	0	清除 ECU 制造日期按钮
	Symbol Name	ECU_Manufacturing_Date_Clean	
	Symbol Namespace	Diagnosis	
	Symbol Filter	Variable	
Static Text 15	Text	ECU Serial Number	标签
	Background Color	224,224,224	
Hex/Text Editor 1	Control Name	Hex/Text Editor 1	输入或显示 9 位 ECU 序列号
	Display Only	False	
	Columns/letters per line	9	
	Editor Layout	OnlyTextfield	
	Fixed Length	9	
	Start Offset	0	
	Text Field Interpretation	AsciiEncoding	
	Symbol Name	ECU_Serial_Number_Data	
	Symbol Namespace	Diagnosis	
	Symbol Filter	Variable	
Input/Output Box 5	Control Name	Input/Output Box 5	显示 ECU 序列号读写操作结果状态
	Background Color	224,224,224	
	Box Background Color	224,224,224	
	Box Border Style	None	
	Display Description	Hide	
	Display Only	True	
	Value Interpretation	Text	
	Symbol Name	ECU_Serial_Number_Data_String	
	Symbol Namespace	Diagnosis	
	Symbol Filter	Variable	
Button 4	Control Name	Button 4	读取 ECU 序列号按钮
	Background Color	224,224,224	
	Text	Read	
	Switch Value 'Pressed'	1	
	Switch Value 'Released'	0	
	Symbol Name	ECU_Serial_Number_Read	
	Symbol Namespace	Diagnosis	
	Symbol Filter	Variable	

控　件	属　性	属 性 设 定	描　述
Button 5	Control Name	Button 5	写入 ECU 序列号按钮
	Background Color	224,224,224	
	Text	Write	
	Switch Value 'Pressed'	1	
	Switch Value 'Released'	0	
	Symbol Name	ECU_Serial_Number_Write	
	Symbol Namespace	Diagnosis	
	Symbol Filter	Variable	
Button 6	Control Name	Button 6	清除 ECU 序列号按钮
	Background Color	224,224,224	
	Text	Clean Text	
	Switch Value 'Pressed'	1	
	Switch Value 'Released'	0	
	Symbol Name	ECU_Serial_Number_Clean	
	Symbol Namespace	Diagnosis	
	Symbol Filter	Variable	
Static Text 16	Text	Vehicle Identificaiton Number	标签
	Background Color	224,224,224	
Hex/Text Editor 2	Control Name	Hex/Text Editor 2	输入或显示车架号
	Display Only	False	
	Columns/letters per line	17	
	Editor Layout	OnlyTextfield	
	Fixed Length	17	
	Start Offset	0	
	Text Field Interpretation	AsciiEncoding	
	Symbol Name	ECU_VIN_Data	
	Symbol Namespace	Diagnosis	
	Symbol Filter	Variable	
Input/Output Box 6	Control Name	Input/Output Box 6	显示车架号读写操作结果状态
	Background Color	224,224,224	
	Box Background Color	224,224,224	
	Box Border Style	None	

309

第 15 章

控　件	属　性	属 性 设 定	描　述
Input/Output Box 6	Display Description	Hide	显示车架号读写操作结果状态
	Display Only	True	
	Value Interpretation	Text	
	Symbol Name	ECU_VIN_String	
	Symbol Namespace	Diagnosis	
	Symbol Filter	Variable	
Button 7	Control Name	Button 7	读取车架号按钮
	Background Color	224,224,224	
	Text	Read	
	Switch Value 'Pressed'	1	
	Switch Value 'Released'	0	
	Symbol Name	ECU_VIN_Read	
	Symbol Namespace	Diagnosis	
	Symbol Filter	Variable	
Button 8	Control Name	Button 8	写入车架号按钮
	Background Color	224,224,224	
	Text	Write	
	Switch Value 'Pressed'	1	
	Switch Value 'Released'	0	
	Symbol Name	ECU_VIN_Write	
	Symbol Namespace	Diagnosis	
	Symbol Filter	Variable	
Button 9	Control Name	Button 9	清除车架号按钮
	Background Color	224,224,224	
	Text	Clean Text	
	Switch Value 'Pressed'	1	
	Switch Value 'Released'	0	
	Symbol Name	ECU_VIN_Clean	
	Symbol Namespace	Diagnosis	
	Symbol Filter	Variable	
Group Box 7	Control Name	Group Box 7	存放版本配置控件
	Text	Variant Coding	
	Background Color	224,224,224	

控　件	属　性	属 性 设 定	描　述
Static Text 17	Text	Vehicle Type	标签
	Background Color	224,224,224	
Combo Box 1	Control Name	Combo Box 1	显示或设定车型
	Display Description	Hide	
	Show Value	None	
	Sort Alphabetical	False	
	Symbol Name	Vehicle_Type	
	Symbol Namespace	Diagnosis	
	Symbol Filter	Variable	
Static Text 18	Text	Country Code	标签
	Background Color	224,224,224	
Combo Box 2	Control Name	Combo Box 2	显示或设定国家编号
	Display Description	Hide	
	Show Value	None	
	Sort Alphabetical	False	
	Symbol Name	Country_Code	
	Symbol Namespace	Diagnosis	
	Symbol Filter	Variable	
Static Text 19	Text	Belt Warning	标签
	Background Color	224,224,224	
Combo Box 3	Control Name	Combo Box 3	显示或设定安全带报警
	Display Description	Hide	
	Show Value	None	
	Sort Alphabetical	False	
	Symbol Name	Belt_Warning	
	Symbol Namespace	Diagnosis	
	Symbol Filter	Variable	
Static Text 20	Text	OverSpeed Warning	标签
	Background Color	224,224,224	
Combo Box 4	Control Name	Combo Box 4	显示或设定超速报警
	Display Description	Hide	
	Show Value	None	
	Sort Alphabetical	False	
	Symbol Name	OverSpeed_Warning	
	Symbol Namespace	Diagnosis	
	Symbol Filter	Variable	

控　件	属　性	属　性　设　定	描　述
Input/Output Box 7	Control Name	Input/Output Box 7	显示版本读写操作结果状态
	Background Color	224,224,224	
	Box Background Color	224,224,224	
	Box Border Style	None	
	Display Description	Hide	
	Display Only	True	
	Value Interpretation	Text	
	Symbol Name	Variant_Coding_String	
	Symbol Namespace	Diagnosis	
	Symbol Filter	Variable	
Button 10	Control Name	Button 10	读取版本配置按钮
	Background Color	224,224,224	
	Text	Read	
	Switch Value 'Pressed'	1	
	Switch Value 'Released'	0	
	Symbol Name	Variant_Coding_Read	
	Symbol Namespace	Diagnosis	
	Symbol Filter	Variable	
Button 11	Control Name	Button 11	写入版本配置按钮
	Background Color	224,224,224	
	Text	Write	
	Switch Value 'Pressed'	1	
	Switch Value 'Released'	0	
	Symbol Name	Variant_Coding_Write	
	Symbol Namespace	Diagnosis	
	Symbol Filter	Variable	

表 15.15 列出了面板所关联的系统变量的名称及属性。

表 15.15　面板所关联的系统变量的名称及属性

Namespace（命名空间）	Variable（变量）	Datatype（数据类型）	Initial Value（初始值）	Min（最小值）	Max（最大值）	Value Table（数值表）
Diagnosis	ECU_Manufacturing_Date_Clean	Int32	0	0	3	—
	ECU_Manufacturing_Date_Data	String	—	—	—	—

Namespace（命名空间）	Variable（变量）	Datatype（数据类型）	Initial Value（初始值）	Min（最小值）	Max（最大值）	Value Table（数值表）
Diagnosis	ECU_Manufacturing_Date_Read	Int32	0	0	1	—
	ECU_Manufacturing_Date_String	String	—	—	—	—
	ECU_Manufacturing_Date_Write	Int32	0	0	1	—
	ECU_Serial_Number_Clean	Int32	0	0	3	—
	ECU_Serial_Number_Data	Data	—	—	—	—
	ECU_Serial_Number_Data_String	String	—	—	—	—
	ECU_Serial_Number_Read	Int32	0	0	1	—
	ECU_Serial_Number_Write	Int32	0	0	1	—
	ECU_VIN_Clean	Int32	0	0	1	—
	ECU_VIN_Data	Data	—	—	—	—
	ECU_VIN_Read	Int32	0	0	1	—
	ECU_VIN_String	String	—	—	—	—
	ECU_VIN_Write	Int32	0	0	1	—
	Variant_Coding_Read	Int32	0	0	1	—
	Variant_Coding_String	String	—	—	—	—
	Variant_Coding_Write	Int32	0	0	1	—
	Belt_Warning	Int32	0	0	1	0：Enable 1：Disable
	OverSpeed_Warning	Int32	0	0	1	0：Enable 1：Disable
	Country_Code	Int32	0	0	2	0：China 1：Korea 2：Brazil
	Vehicle_Type	Int32	0	0	3	0：Comfort 1：Elite 2：Luxury 3：Flagship
	Identification_Number_NRC	Int32	0	0	1	—
	Manufacture_Date_NRC	Int32	0	0	1	—
	Serial_Number_NRC	Int32	0	0	1	—
	Variant_Coding_NRC	Int32	0	0	1	—
	Session	Int32	0	0	2	0：Default 1：Extended 2：Production

313

第 15 章

续表

Namespace （命名空间）	Variable （变量）	Datatype （数据类型）	Initial Value （初始值）	Min （最小值）	Max （最大值）	Value Table （数值表）
Diagnosis	Security_Level	Int32	0	0	2	0：Locked 1：Level1_Unlock 2：Level2_Unlock
	Power_Supply_Voltage	Double	12000	0	30000	—
	Tester_Present_Status	Int32	0	0	1	—

15.5.5　添加 Tester 节点

诊断面板上的功能是通过 CAPL 程序实现的，读者需要在 12 章工程的基础上增加一个网络节点。在 Simulation Setup 窗口的网络视图中，鼠标右键单击 CAN1 网络连线，选择 Insert Network Node，并将其命名为 Tester，如图 15.12 所示。

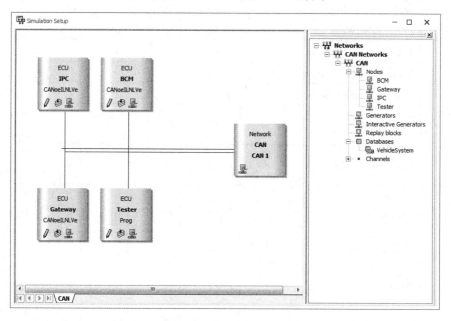

图 15.12　插入 Tester 节点

此处 Tester 节点实现类似诊断仪的功能，与面板功能相对应，该节点关联的 CAPL 程序主要是实现诊断请求的发送和诊断响应的处理。本书将在 15.5.8 节对诊断功能的 CAPL 实现方法做着重讲解，在此仅贴出面板中对应的 Manufacturing_Date_Read/Write 的处理代码供参考，读者可以从本书附带的资源压缩包中查看完整代码。

```
void SendRequestAndCheckReturnvalue(diagRequest * req)
{
```

```
   // 诊断请求发送函数
   long ret;
   ret=req.SendRequest();
   if(ret>=0) {
     write("Request was successfully added to the send queue.");
   }
   else {
     write("ERROR: Could not start sending the request");
   }
}


on sysvar Diagnosis::ECU_Manufacturing_Date_Read
{
   // 发送ECU_Manufacturing_Date_Read诊断请求
   if(@this)
   {
     diagRequest IPC.ECU_Manufacturing_Date_Read req;
     write("------ Reading The ECU Manufacturing Date ------");
     SendRequestAndCheckReturnvalue(req);
   }
}


on diagResponse IPC.ECU_Manufacturing_Date_Read
{
   // 获取并显示ECU_Manufacturing_Date_Read诊断响应数据
   byte rawdata[6];
   char str1[3];
   char str2[3];
   char str3[3];
   char str[12];
   sysvarString * ECU_Manufacturing_Date_Data;
   sysvarString * ECU_Manufacturing_Date_String;
   if(this.IsPositiveResponse())
   {
     DiagGetPrimitiveData(this,rawdata,elCount(rawdata));
     ltoa(rawdata[3],str1,16);
     ltoa(rawdata[4],str2,16);
     ltoa(rawdata[5],str3,16);
     strncat(str,"20",3);
     strncat(str,str1,6);
     strncat(str,":",7);
     strncat(str,str2,9);
     strncat(str,":",10);
     strncat(str,str3,12);
     sysSetVariableString(sysvar::Diagnosis::ECU_Manufacturing_Date_Data,str);
     sysSetVariableString(sysvar::Diagnosis::ECU_Manufacturing_Date_String,"OK");
     setControlColors("Diagnositc Panel", "Input/Output Box 4", MakeRGB(51,
     255,0), MakeRGB(0,0,0));
   }
```

```
      else
      {
        sysSetVariableString(sysvar::Diagnosis::ECU_Manufacturing_Date_String,
        "NOK");
        setControlColors("Diagnositc Panel", "Input/Output Box 4", MakeRGB(255,
        0,0), MakeRGB(0,0,0));
      }
    }

on sysvar Diagnosis::ECU_Manufacturing_Date_Write
{
  // 发送 ECU_Manufacturing_Date_Write 诊断请求
  diagRequest IPC.ECU_Manufacturing_Date_Write req;
  char str[12];
  dword year, month, day;
  sysvarString * ECU_Manufacturing_Date_Data;
  // 设置 ECU_Manufacturing_Date_Write 诊断请求参数
  if(@this)
  {
    write("------ Write The ECU Manufacturing Date ------");
    sysGetVariableString(sysvar::Diagnosis::ECU_Manufacturing_Date_Data,
    str,elCount(str));
    strtoul(str,0,year);
    strtoul(str,5,month);
    strtoul(str,8,day);
    if(month>12)
    {
      write("Month value is invalid, write function aborted");
      return;
    }
    if(day>31)
    {
      write("Day value is invalid, write function aborted");
      return;
    }
    req.SetParameter("Manufacturing_date_Year",year);
    req.SetParameter("Manufacturing_date_Month",month);
    req.SetParameter("Manufacturing_date_Day",day);
    SendRequestAndCheckReturnvalue(req);
  }
}

on diagResponse IPC.ECU_Manufacturing_Date_Write
{
  // 判断并显示诊断请求响应结果
  if(this.IsPositiveResponse())
  {
    sysSetVariableString(sysvar::Diagnosis::ECU_Manufacturing_Date_String,
    "OK");
```

```
      setControlColors("Diagnositc Panel", "Input/Output Box 4", MakeRGB(51,
      255,0), MakeRGB(0,0,0));
    }
    else
    {
      sysSetVariableString(sysvar::Diagnosis::ECU_Manufacturing_Date_String,
      "NOK");
      setControlColors("Diagnositc Panel", "Input/Output Box 4", MakeRGB(255,
      0,0), MakeRGB(0,0,0));
    }
  }
```

需要注意的是，为了能够更好地支持面板中车辆信息的读取功能，本实例将第 12 章工程中的 Automation 功能停用，并通过 CAPL 程序实现立即解锁和切换引擎状态到 RUN，使节点 IPC、BCM、Gateway 在测量开始时就进入正常工作状态。

15.5.6　虚拟诊断响应

本实例中对节点 IPC 的诊断是针对虚拟节点，因此，对于诊断请求的响应也需要在节点 IPC 中使用 CAPL 程序模拟（若不实现 CAPL 模拟，节点仅回复肯定响应）。节点 IPC 实现了对诊断请求的响应（肯定响应或否定响应）以及诊断响应中参数的设置等功能。与 Tester 节点对应，本节贴出 Manufacturing_Date_Read/Write 诊断请求响应的处理代码，对于虚拟节点的完整代码，感兴趣的读者可以从本书附带的资源压缩包中自行学习。

```
on diagRequest IPC.ECU_Manufacturing_Date_Read
{
  // 设置 ECU_Manufacturing_Date_Read 诊断请求响应及参数
  diagResponse this resp;
  // 判断肯定响应条件
  if(@Diagnosis::Manufacture_Date_NRC==1)
  {
    resp.SendNegativeResponse(0x22);
  }
  else
  {
    resp.SetParameter("Manufacturing_date_Year",MANUFACTURING_DATE[0]);
    resp.SetParameter("Manufacturing_date_Month",MANUFACTURING_DATE[1]);
    resp.SetParameter("Manufacturing_date_Day",MANUFACTURING_DATE[2]);
    resp.SendPositiveResponse();
  }
}


on diagRequest IPC.ECU_Manufacturing_Date_Write
{
  // 判断 ECU_Manufacturing_Date_Write 诊断请求条件并设置响应
  diagResponse this resp;
  if(CURRENT_SECURITY_LEVEL==Unlock_1)
  {
```

```
    resp.SendPositiveResponse();
  }
  else
    resp.SendNegativeResponse(0x33);
}
```

从 CANoe 10.0 版本开始，TP 层（Transport Layer）的传输协议已在软件中自动支持，用户不需要额外增加动态链接库支持或自行用 CAPL 实现该协议。

至此，本实例中面板以及诊断控制台的功能已全部实现完毕，读者可以在学习本实例的过程中，自行实践，以深刻理解和掌握该部分知识点。

需要指出的是，读者需要参考 CDD 文件来确定每个诊断请求的会话模式及安全访问权限，例如，面板中的 Vehicle Identification Number（VIN，车架号）的读写操作需要在指定的会话模式和安全访问等级下才能操作。

15.5.7　自动化诊断测试方法分析

前面讨论了手动诊断测试的实现，在实际的诊断测试过程中，对时间参数有十分严格的要求（如响应时间、诊断报文的最小发送间隔等），因此单纯的手动测试往往无法完全满足测试的需求，这时诊断测试的自动化实现显得尤为重要。

本实例将主要介绍利用 CAPL 测试模块实现 IPC 模块的 Session Control（会话模式）和 Vehicle Identification Number 功能的自动化测试。本实例中主要使用了 0x10、0x22/2E 和 0x27 诊断服务。由于诊断模式的测试相对简单，本章后续章节主要对实现 VIN 码的读写测试做重点介绍。

首先，查阅规范 IPC_v0.01.pdf 文档制定测试流程。可以看到 Vehicle Identification Number 的数据格式为 17B 的 ASCII 码。再查阅 Session control，VIN 码的读写都必须在 Extended Session 下执行。表 15.16 整理并列出了 VIN 码的读写数据格式和会话模式权限。

表 15.16　VIN 码的读写数据格式和会话模式权限

Service/Job	Prefix	Default	Extended	Data(zz)
Vehicle Identification Number Read	22 03 03	(no)	(yes)	ASCII(17B)
Vehicle Identification Number Write	2E 03 03 zz	(no)	(yes)	ASCII(17B)

最后，检查 VIN 码安全访问控制如表 15.17 所示。VIN 码的读需要 security level 1 解锁，写则需要 security level 2 解锁，而 security level 2 则需要在 security level 1 解锁的基础上解锁。

表 15.17　VIN 码安全访问控制

Service/Job	Prefix	Locked	Unlocked L1	Unlocked L2
Vehicle Identification Number Read	22 03 03	(no)	(yes)	(no)
Vehicle Identification Number Write	2E 03 03 zz	(no)	(no)	(yes)
Seed Level #2	27 03	(no)	(yes)	(yes)
Key Level #1	27 02 yy	Unlocked L1	Unlocked L1	Unlocked L1
Key Level #2	27 04 yy	(no)	Unlocked L2	Unlocked L2

依据表 15.17 的规范要求，可以制定出如图 15.13 所示诊断测试流程图。在 15.5.4 节中，面板实现 VIN 码的读取与写入也是基于此规范。图中分别标示出了写 VIN 码与读 VIN 码的测试流程，在后续自动化测试用例中，本书将会把这两部分合并为一条测试用例。

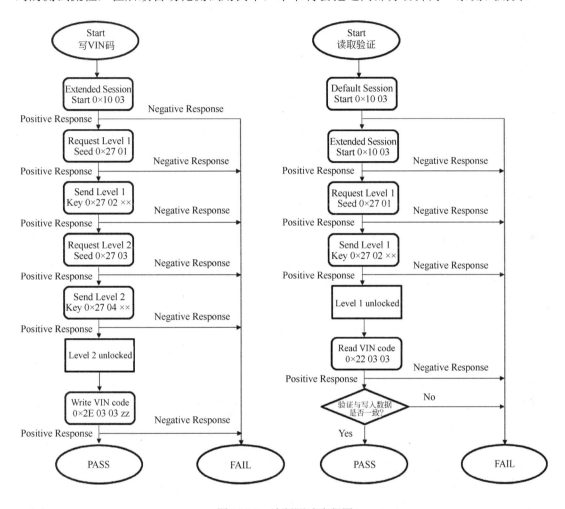

图 15.13　诊断测试流程图

15.5.8　CAPL 诊断测试模块实现

在第 14 章中已经向读者详细介绍了 CAPL 测试模块的概念及使用方法，CAPL 测试模块不仅可以应用在总线功能测试方面，对诊断方面实现自动化测试也有很大的帮助。这里将带领读者使用 CAPL 编写 Vehicle Identification Number Read/Write 的测试用例。

1. 基本诊断通信

请求和响应是诊断的基本要素，在 CAPL 中发送诊断请求并得到诊断响应则是测试的最基本步骤。

```
diagRequest IPC.ExtendedDiagnosticSession_Start req;
diagSendRequest(req);
```

此处声明了一个 diagRequest 变量，通过 long diagSendRequest(diagRequest obj)函数将其发送出去。IPC.ExtendedDiagnosticSession_Start 是开始执行 CDD 文件中定义好的 ExtendedDiagnosticSession。当用户输入"IPC."之后，CANoe 会自动过滤出 IPC 支持的诊断服务供用户选择。此处将切换到 ExtendedDiagnosticSession 作为诊断请求。

当诊断请求发送后，CANoe 已经被动接收了诊断响应，如果有响应的话，用户只需要去获取响应的数据。此处使用 long diagGetLastResponseCode(diagRequest req) 来判断响应的类型，结构如下。

```
status = DiagGetLastResponseCode(req);
if (status > 0)
{
  retval = status;
// 得到否定响应
  testStepFail(TEST_STEP, "Negative Response, NRC = 0x%.2x", status);
 }
// 得到肯定响应
 else if (-1 == status)
  retval = 0;
 else
// 未收到响应
 testStepFail(TEST_STEP, "No response!! Test failed!!");
```

需要注意的是，诊断命令的发送和接收都是需要时间的，如果诊断请求发送后立即验证响应的类型，很可能此时响应还未完成，由表 15.18 看出，TFS 提供了两个测试函数来设定发送和响应的等待时间。

表 15.18　诊断测试等待函数及描述

函　　数	功　能　描　述
long TestWaitForDiagRequestSent (diagRequest request, dword timeout)	测试会等待诊断请求发送成功（返回 1）后再继续，最多等待时间间隔为 timeout
long TestWaitForDiagResponse (diagRequest request, dword timeout)	测试等待诊断响应接收成功（返回 1），最多等待时间间隔为 timeout

注意，表 15.18 中 timeout 应不大于 CDD 文件中规定的时间间隔，以达到测试目的。

2．安全访问解锁

根据诊断描述，执行 VIN 码的读写操作都需要解锁相对应的安全等级。下面将介绍如何解锁安全访问。

（1）请求安全访问种子（Seed）。

SeedRequest 的发送与基本的诊断请求发送一致，也使用 diagSendRequest 函数。再使用 diagGetRespPrimitiveByte 函数将安全种子从诊断响应中取出。该函数返回响应中 bytePos 位置的数据，循环结构如下。

```
for(i = 0; i < elcount(seedArray); i++)
{
  seedArray[i] = DiagGetRespPrimitiveByte(Seedreq, i + 2);
}
```

（2）通过 Seed&Key dll 计算出密钥（Key）。

CANoe 提供 diagGenerateKeyFromSeed 函数来调用 dll 计算出密钥，当返回值为 0 时，密钥计算成功。具体实现如下。

```
status = DiagGenerateKeyFromSeed(seedArray, elcount(seedArray), actualLevel,
variant,ipOption, keyArray, elcount(keyArray), keyActualSize);
  if (status != 0)
  {
    // 未能生成密钥
    testStepFail(TEST_STEP, "DiagGenerateKeyFromSeed failed with error
    code %d", status);
    return -1;
  }
  else
  {
    // 成功生成密钥
    testStepPass(TEST_STEP, "Successfully returned from DiagGenerateKey
    FromSeed. Actual size of key is %d.", keyActualSize);
  }
```

（3）发送密钥。

读者可以通过 diagSetParameterRaw 函数将密钥赋值给诊断请求，再将 KeySend 请求发送出去，并期待得到肯定响应。

```
diagRequest IPC.KeyLevel1_Send Keysend;
 // 将密钥赋值给诊断请求
DiagSetParameterRaw(Keysend, "SecurityKey", keyArray, elCount(keyArray));
diagSendRequest(Keysend);
if (TestWaitForDiagRequestSent(Keysend, SENDING_TIMEOUT)== 1)
{
}
else
  testStepFail(TEST_STEP, "Request send failed!!");
if(TestWaitForDiagResponse(Keysend, RESPONSE_TIMEOUT) == 1)
{
  status = DiagGetLastResponseCode(Keysend);
  if (-1 == status)
    retval = 0;
}
```

3. General CAPL test case 编写

接下来就可以按照流程图编写 CAPL 测试用例（CAPL test case）。在…\Vehicle_System_Simulation_Diagnosis\Diagnosis\Test\CAN 路径下新建一个 Session&VIN.can 文件。

需要注意的是，诊断测试对每个测试步骤要求严格，因此在编写 CAPL 测试用例时，应尽量多添加必要的说明信息，以增加报告的可读性。

CANoe 已经提供了一系列的函数用以增强报告的可读性，这里主要介绍以下几种。

```
TestCaseTitle (char identifier[], char title[])// 添加测试用例的 ID 和标题
```

```
TestCaseDescription (char description[])        // 添加测试用例的描述
TestCaseComment(char aComment[])                // 添加测试用例注释

// 添加此测试步骤的描述
TestStep (dword LevelOfDetail, char[] Identifier, long handle)

// 此测试步骤通过及描述
TestStepPass (dword LevelOfDetail, char[] Identifier, long handle)

// 此测试步骤失败及描述
TestStepFail (dword LevelOfDetail, char[] Identifier, long handle)
```

在 Session&VIN.can 文件中添加如下代码。

```
includes
{

}

variables
{
  dword gTestStep;
  const dword RESPONSE_TIMEOUT = 15000;
  const dword SENDING_TIMEOUT = 20000;
  char TEST_STEP[4] = "000";
  byte VIN[17] = {0x41, 0x42, 0x43, 0x44, 0x45, 0x46, 0x47, 0x48, 0x49, 0x4A,
  0x41, 0x42, 0x43, 0x44, 0x45, 0x46, 0x47};
}

// 测试主函数
void MainTest()
{
  testWaitForTimeout(2000);
  TestModuleTitle ("DiagTest_Session&VIN");
  TestModuleDescription ("Check the Session Control and Vehicle
  Identification Number Read/Write.");
  TestGroupBegin("Session Control", "Check the Session Switch Function");
  DiagTest_Session_Switch();
  TestGroupEnd();
  testWaitForTimeout(1000);
  TestGroupBegin("Vehicle Identification Number Read/Write", "Check the VIN
  Read/Write Function");
  DiagTest_VIN_WriteAndRead();
  TestGroupEnd();
}
  // Session Switch 测试用例实现
testcase DiagTest_Session_Switch()
{
  long status;
  TestCaseTitle("Diagnosis_01", "DiagTest_Session_Control");
```

```
  testCaseDescription("This test case used to verify Session switch function.
  Totally 3 steps.\n");
  testCaseDescription("Step 01: Enter Default Session\n");
  testCaseDescription("Step 02: Switch to Extended Session\n");
  testCaseDescription("Step 03: Switch to Default Session Again");
  // 进入 Default Session
  Diag_ResetTestStep();
  {
    Diag_IncrementTestStep();
    TestCaseComment("Switch to Default Session");
    status = Diag_SwitchToDefaultSession();
    if(status != 0)
      testStepFail(TEST_STEP, "Default Session Switch Falied!!");
    else
      testStepPass(TEST_STEP, "Default Session Switch Successfully!!");
  }
  // 进入 Extended Session
  {
    Diag_IncrementTestStep();
    TestCaseComment("Switch to Extended Session");
    status = Diag_SwitchToExtendedSession();
    if(status != 0)
      testStepFail(TEST_STEP, "Extended Session Switch Falied!!");
    else
      testStepPass(TEST_STEP, "Extended Session Switch Successfully!!");
  }
  // 进入 Default Session
  {
    Diag_IncrementTestStep();
    TestCaseComment("Switch to Default Session");
    status = Diag_SwitchToDefaultSession();
    if(status != 0)
      testStepFail(TEST_STEP, "Default Session Switch Falied!!");
    else
      testStepPass(TEST_STEP, "Default Session Switch Successfully!!");
  }
}
  // VIN 码读写测试用例
testcase DiagTest_VIN_WriteAndRead()
{
  long status;
  diagRequest IPC.Vehicle_Identification_Number_Read VIN_R;
  diagRequest IPC.Vehicle_Identification_Number_Write VIN_W;
  TestCaseTitle("Diagnosis_02", "DiagTest_VIN_WriteAndRead");
  testCaseDescription("This test case used to verify VIN's Write and Read
  function. Totally 5steps.\n");
  testCaseDescription("Step 01: Enter Default session, then Extended
  Session\n");
  testCaseDescription("Step 02: Unlock LV1, then unlock LV2\n");
  testCaseDescription("Step 03: Write VIN code\n");
```

```
testCaseDescription("Step 04: Back to unlock LV 1\n");
testCaseDescription("Step 05: Read and compare VIN code");
Diag_ResetTestStep();
// 进入 Extended Session
{
  Diag_IncrementTestStep();
  TestCaseComment("Switch to Default Session");
  status = Diag_SwitchToDefaultSession();
  if(status != 0)
    testStepFail(TEST_STEP, "Default Session Switch Falied!!");
  else
    testStepPass(TEST_STEP, "Default Session Switch Successfully!!");
  TestCaseComment("Switch to Extended Session");
  status = Diag_SwitchToExtendedSession();
  if(status != 0)
    testStepFail(TEST_STEP, "Extended Session Switch Falied!!");
  else
    testStepPass(TEST_STEP, "Extended Session Switch Successfully!!");
}
// 解锁安全访问等级 1 和 2
{
  TestCaseComment("Unlock SecurityLevel_1");
  if((status = Diag_SecurityLevel_1_Unlock())!= 0)
  {
    testStepFail(TEST_STEP, "Security Level 1 Unlock Falied!!");
  }
  else
    testStepPass(TEST_STEP, "Security Level 1 Unlock Successfully!!");
  TestCaseComment("Unlock SecurityLevel_2");
  if((status = Diag_SecurityLevel_2_Unlock())!= 0)
    testStepFail(TEST_STEP, "Security Level 2 Unlock Falied!!");
  else
    testStepPass(TEST_STEP, "Security Level 2 Unlock Successfully!!");
}
// 写入 VIN 码
{
  diagRequest IPC.Vehicle_Identification_Number_Write VIN_Write;
  Diag_IncrementTestStep();
  TestCaseComment("Write VIN Code");
  DiagSetParameterRaw(VIN_Write, "VIN", VIN, elCount(VIN));
  diagSendRequest(VIN_Write);
  if (TestWaitForDiagRequestSent(VIN_Write, SENDING_TIMEOUT)== 1)
  {
    testStepPass(TEST_STEP, "Request send Successfully!!");
  }
  else
    testStepFail(TEST_STEP, "Request send failed!!");
  if(TestWaitForDiagResponse(VIN_Write, RESPONSE_TIMEOUT) == 1)
  {
    status = diagGetLastResponseCode(VIN_Write);
```

```
    if(-1 == status)
      testStepPass(TEST_STEP, "VIN Write Successfully!!");
    else
      testStepFail(TEST_STEP, "VIN Write failed!!");
  }
}
// 返回安全等级1
{
  TestCaseComment("Unlock SecurityLevel_1");
  if((status = Diag_SecurityLevel_1_Unlock())!= 0)
  {
    testStepFail(TEST_STEP, "Security Level 1 Unlock Falied!!");
  }
  else
    testStepPass(TEST_STEP, "Security Level 1 Unlock Successfully!!");
}
// 读出写入的 VIN 码并比较
{
  diagRequest IPC.Vehicle_Identification_Number_Read VIN_READ;
  byte VIN_Read[17];
  int i;
  Diag_IncrementTestStep();
  TestCaseComment("Read VIN Code");
  diagSendRequest(VIN_READ);
  if (TestWaitForDiagRequestSent(VIN_READ, SENDING_TIMEOUT)== 1)
  {
    testStepPass(TEST_STEP, "Request send Successfully!!");
  }
  else
    testStepFail(TEST_STEP, "Request send failed!!");
  if(TestWaitForDiagResponse(VIN_READ, RESPONSE_TIMEOUT) == 1)
  {
    status = diagGetLastResponseCode(VIN_READ);
    if(-1 == status)
      testStepPass(TEST_STEP, "VIN Read Successfully!!");
    else
      testStepFail(TEST_STEP, "VIN Read failed!!");
  }
  for(i = 0; i < 17; i++)
  {
    VIN_Read[i] = DiagGetRespPrimitiveByte(VIN_READ, i + 3);
  }
  TestCaseComment("Verify VIN Code");
  for(i = 0; i < 17; i++)
  {
    if(VIN_Read[i] != VIN[i])
    {
      testStepFail(TEST_STEP, "VIN code read out not match the written one!!
      Test Failed!!");
      break;
```

```
        }
      }
    if(i == 17)
      testStepPass(TEST_STEP, "VIN code read out match with the written one!!
      Test Pass!!");
  }
}
// 切换 Default Session 函数
long Diag_SwitchToDefaultSession()
{
  diagRequest IPC.DefaultSession_Start req;
  long status;
  long retval;
  retval = 1;
  diagSendRequest(req);
  if (TestWaitForDiagRequestSent(req, SENDING_TIMEOUT)== 1)
  {
    testStepPass(TEST_STEP, "Request send Successfully!!");
  }
  else
    testStepFail(TEST_STEP, "Request send failed!!");
  if(TestWaitForDiagResponse(req, RESPONSE_TIMEOUT) == 1)
  {
    status = DiagGetLastResponseCode(req);
    if (-1 == status)
      retval = 0;
  }
  return retval;
}
// 切换 Extended Session 函数
long Diag_SwitchToExtendedSession()
{
  diagRequest IPC.ExtendedDiagnosticSession_Start req;
  long status;
  long retval;
  retval = 1;
  diagSendRequest(req);
  if (TestWaitForDiagRequestSent(req, SENDING_TIMEOUT)== 1)
  {
    testStepPass(TEST_STEP, "Request send Successfully!!");
  }
  else
    testStepFail(TEST_STEP, "Request send failed!!");
  if(TestWaitForDiagResponse(req, RESPONSE_TIMEOUT) == 1)
  {
    status = DiagGetLastResponseCode(req);
    if (status > 0)
    {
      retval = status;
      testStepFail(TEST_STEP, "Negative Response, NRC = 0x%.2x", status);
```

```
    }
    else if (-1 == status)
      retval = 0;
    else
      testStepFail(TEST_STEP, "No response!! Test failed!!");
  }
  return retval;
}
// 安全访问等级 1 解锁函数
long Diag_SecurityLevel_1_Unlock()
{
  diagRequest IPC.SeedLevel1_Request Seedreq;
  diagRequest IPC.KeyLevel1_Send Keysend;
  byte seedArray[4];
  byte keyArray[4];
  dword actualLevel;
  char variant[6];
  char ipOption[2];
  dword keyActualSize;
  long status;
  long retval;
  int i;
  diagSetTarget("IPC ");
  retval = 1;
  actualLevel = 1;
  ipOption[0] = 'a';
  ipOption[1] = 0;
  keyActualSize = 0;
  Diag_IncrementTestStep();
  // 请求安全访问种子
  TestCaseComment("Request Security Level 1 Seed");
  diagSendRequest(Seedreq);
  if (TestWaitForDiagRequestSent(Seedreq, SENDING_TIMEOUT)== 1)
  {
    testStepPass(TEST_STEP, "Request send Successfully!!");
  }
  else
    testStepFail(TEST_STEP, "Request send failed!!");
  if(TestWaitForDiagResponse(Seedreq, RESPONSE_TIMEOUT) == 1)
  {
    status = diagGetLastResponseCode(Seedreq);
    if(status != -1)
      testStepFail(TEST_STEP, "Seed Request failed!!");
  }
  for(i = 0; i < elcount(seedArray); i++)
  {
    seedArray[i] = DiagGetRespPrimitiveByte(Seedreq, i + 2);
  }
  // 计算密钥
  TestCaseComment("Generate Security Level 1 Key");
```

```
    status = DiagGenerateKeyFromSeed(seedArray, elcount(seedArray), actualLevel,
    variant, ipOption,
      keyArray, elcount(keyArray), keyActualSize);
    if (status != 0)
    {
      testStepFail(TEST_STEP, "DiagGenerateKeyFromSeed failed with error
      code %d", status);
      return -1;
    }
    else
    {
      testStepPass(TEST_STEP, "Successfully returned from DiagGenerateKey
      FromSeed. Actual size of key is %d.", keyActualSize);
    }
    // 发送密钥
    DiagSetParameterRaw(Keysend, "SecurityKey", keyArray, elCount(keyArray));
    TestCaseComment("Send Security Level 1 Key");
    diagSendRequest(Keysend);
    if (TestWaitForDiagRequestSent(Keysend, SENDING_TIMEOUT)== 1)
    {
      testStepPass(TEST_STEP, "Request send Successfully!!");
    }
    else
      testStepFail(TEST_STEP, "Request send failed!!");
    if(TestWaitForDiagResponse(Keysend, RESPONSE_TIMEOUT) == 1)
    {
      status = DiagGetLastResponseCode(Keysend);
      if (-1 == status)
        retval = 0;
    }
    return retval;
}
// 安全访问等级 2 解锁函数
long Diag_SecurityLevel_2_Unlock()
{
  diagRequest IPC.Seed_Level_2_Request Seedreq;
  diagRequest IPC.Key_Level_2_Send Keysend;
  byte seedArray[4];
  byte keyArray[4];
  dword actualLevel;
  char variant[6];
  char ipOption[2];
  dword keyActualSize;
  long status;
  long retval;
  int i;
  diagSetTarget("IPC");
  retval = 1;
  actualLevel = 3;
  ipOption[0] = 'a';
```

```
ipOption[1] = 0;
keyActualSize = 0;
Diag_IncrementTestStep();
// 请求安全访问种子
TestCaseComment("Request Security Level 2 Seed");
diagSendRequest(Seedreq);
if (TestWaitForDiagRequestSent(Seedreq, SENDING_TIMEOUT)== 1)
{
  testStepPass(TEST_STEP, "Request send Successfully!!");
}
else
  testStepFail(TEST_STEP, "Request send failed!!");
if(TestWaitForDiagResponse(Seedreq, RESPONSE_TIMEOUT) == 1)
{
  status = diagGetLastResponseCode(Seedreq);
  if(status != -1)
    testStepFail(TEST_STEP, "Seed Request failed!!");
}
for(i = 0; i < 4; i++)
{
  seedArray[i] = DiagGetRespPrimitiveByte(Seedreq, i + 2);
}
// 计算密钥
TestCaseComment("Generate Security Level 2 Key");
status = DiagGenerateKeyFromSeed(seedArray, elcount(seedArray), actualLevel,
variant, ipOption,
keyArray, elcount(keyArray), keyActualSize);
if (status != 0)
{
  testStepFail(TEST_STEP, "DiagGenerateKeyFromSeed failed with error
  code %d", status);
  return -1;
}
else
{
  testStepPass(TEST_STEP, "Successfully returned from DiagGenerateKey-
  FromSeed. Actual size of key is %d.", keyActualSize);
}
// 发送密钥
DiagSetParameterRaw(Keysend, "SecurityKey", keyArray, elCount(keyArray));
TestCaseComment("Send Security Level 2 Key");
diagSendRequest(Keysend);
if (TestWaitForDiagRequestSent(Keysend, SENDING_TIMEOUT)== 1)
{
  testStepPass(TEST_STEP, "Request send Successfully!!");
}
else
  testStepFail(TEST_STEP, "Request send failed!!");
if(TestWaitForDiagResponse(Keysend, RESPONSE_TIMEOUT) == 1)
{
```

```
      status = DiagGetLastResponseCode(Keysend);
      if (-1 == status)
        retval = 0;
  }
  return retval;
}
// 重置测试步骤
void Diag_ResetTestStep()
{
  gTestStep = 0;
}
// 测试步骤递增函数
void Diag_IncrementTestStep()
{  if (gTestStep < 10)
  {
    snprintf(TEST_STEP, elcount(TEST_STEP), "00%d", gTestStep);
  }
  else if (gTestStep < 99)
  {
    snprintf(TEST_STEP, elcount(TEST_STEP), "0%d", gTestStep);
  }
  else
  {
    snprintf(TEST_STEP, elcount(TEST_STEP), "%d", gTestStep);
  }
  gTestStep++;
}
```

接下来，将在工程中添加 CAPL 测试模块。

4. CAPL 测试模块

14.6 节中已经介绍了如何添加 CAPL 测试模块，此处需要新建一个名为 IPC Diagnosis Auto Test Module 的测试环境，并添加名为 Diag_Session&VIN 的 CAPL 测试模块。将测试环境保存到…\Vehicle_System_Simulation_Diagnosis\Diagnosis\Test 路径下。添加完毕以后效果如图 15.14 所示。

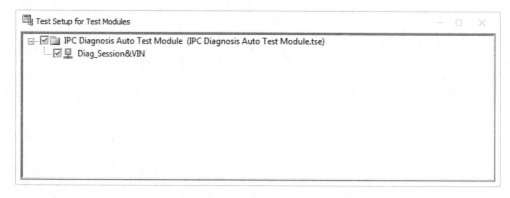

图 15.14 添加 CAPL 测试模块

将已经创建的 Session&VIN.can 文件添加到 CAPL 测试模块中，如图 15.15 所示。

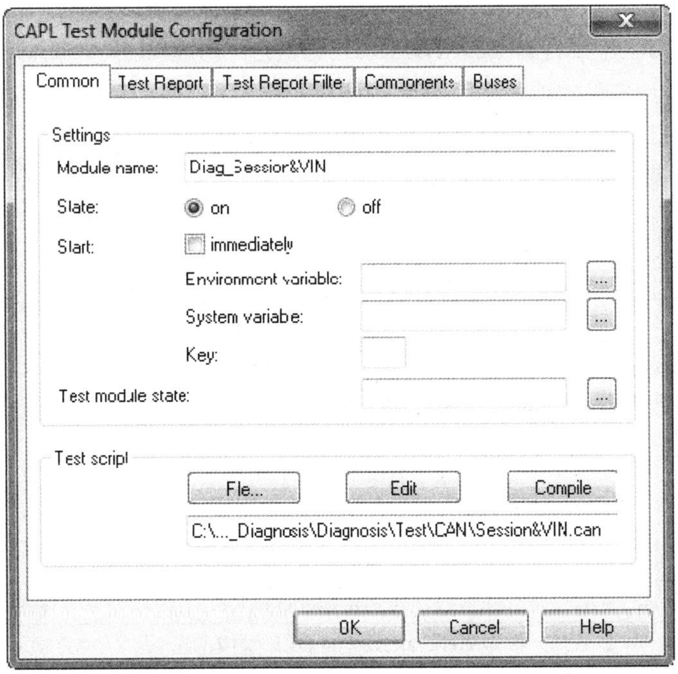

图 15.15　配置 CAPL 测试模块

至此，自动测试环境配置完毕，双击测试模块 Diag_Session&VIN，即可以打开自动测试模块的执行窗口，如图 15.16 所示。

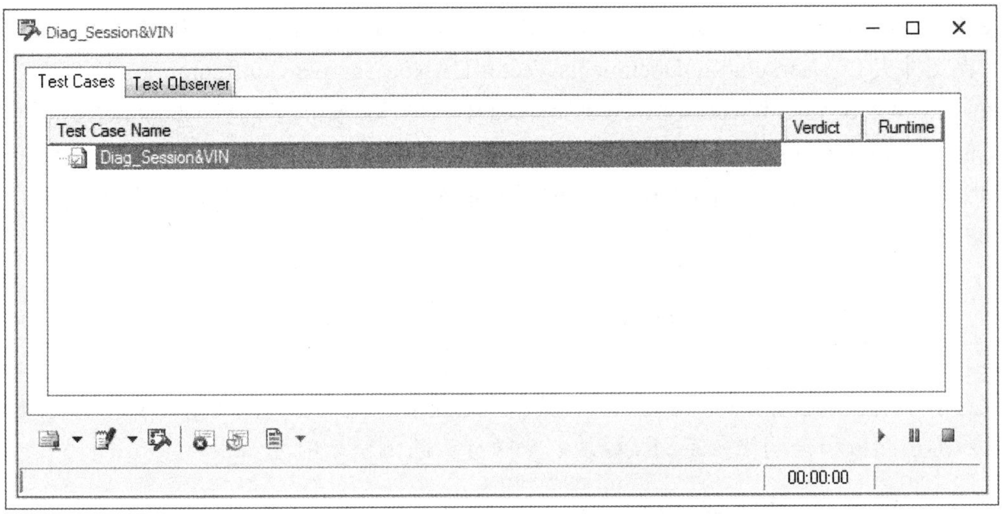

图 15.16　自动化诊断测试模块的执行窗口

在该窗口中，CAPL 测试模块并未把所有的测试用例显示出来。在测量开始后，单击右下角的 Start 按钮，即可开始测试，此时在 Session&VIN.can 中定义的测试用例将会全部显示出来。在 Test Observer 界面，则可以观察测试过程中具体的执行步骤。

15.5.9 制作 GenerateKey.dll

在前面简略地介绍了 SecurityAccess 的工作原理以及如何在 CANoe 中配制 GenerateKey.dll。但在实际项目中，整车厂往往只会提供 SecurityAccess 的算法，而具体的 GenerateKey.dll 则需要 ECU 供应商自己实现。

CAPL 通过调用 diagGenerateKeyFromSeed 函数来生成 key，而该函数则是调用 GenerateKey.dll 去计算 key。该函数的原型及参数定义如表 15.19 所示。

表 15.19 diagGenerateKeyFromSeed 函数原型及参数定义

参　数	描　述
long diagGenerateKeyFromSeed (byte seedArray[], dword seedArraySize, dword securityLevel, char variant[], char ipOption[], byte keyArray[], dword maxKeyArraySize, dword& keyActualSize)	
seedArray	用来生成密钥的种子
seedArraySize	种子的字节长度
securityLevel	安全等级
variant	诊断描述的版本
ipOption	可选参数，传递给 GenerateKey 函数，如果未用则为空字符" "
keyArray	根据 GenerateKey 的 DLL 生成的密钥
maxKeyArraySize	密钥最大的字节长度
keyActualSize	实际生成密钥的字节长度
Return Values	如果密钥生成成功则返回 0，其他返回错误码

在实际应用中，整车厂很可能不会直接提供算法的源码，而是提供封装好的库，这些库往往是面向多个产品的。这个时候就需要使用 ipOption 参数传递对应的产品号。

在文件夹 C:\Users\Public\Documents\Vector\CANoe\Sample Configurations 11.0.42\CAN\Diagnostics\UDSSystem\SecurityAccess\Sources 中，CANoe 提供了两种 GenerateKey.dll 的源码模板 KeyGenDll_GenerateKeyEx 和 KeyGenDll_GenerateKeyExOpt，前者是 ipOption 为空的编码，而后者则是包含 ipOption 的编码。感兴趣的读者可自行学习这两个模板，并在 Visual Studio 开发环境中做一些实践。

15.6 工程运行测试

对于诊断控制台和 Fault Memory 的操作，此处不再花太多时间讲解。下面主要结合手动诊断测试面板和自动化诊断测试模块，来执行诊断测试功能。

15.6.1 手动诊断测试面板

读者可以通过手动诊断测试面板来执行部分诊断测试，面板中会显示当前诊断操作的结果但不会产生测试报告，如图 15.17 所示。

本实例中，需要将该面板与诊断控制台配合使用，读者可以在诊断控制台中完成诊断会话模式的切换以及安全访问等级的切换，面板中的诊断状态区域会显示相对应的会话模式及安全等级，并且通过指示灯来显示当前会话保持功能的状态。

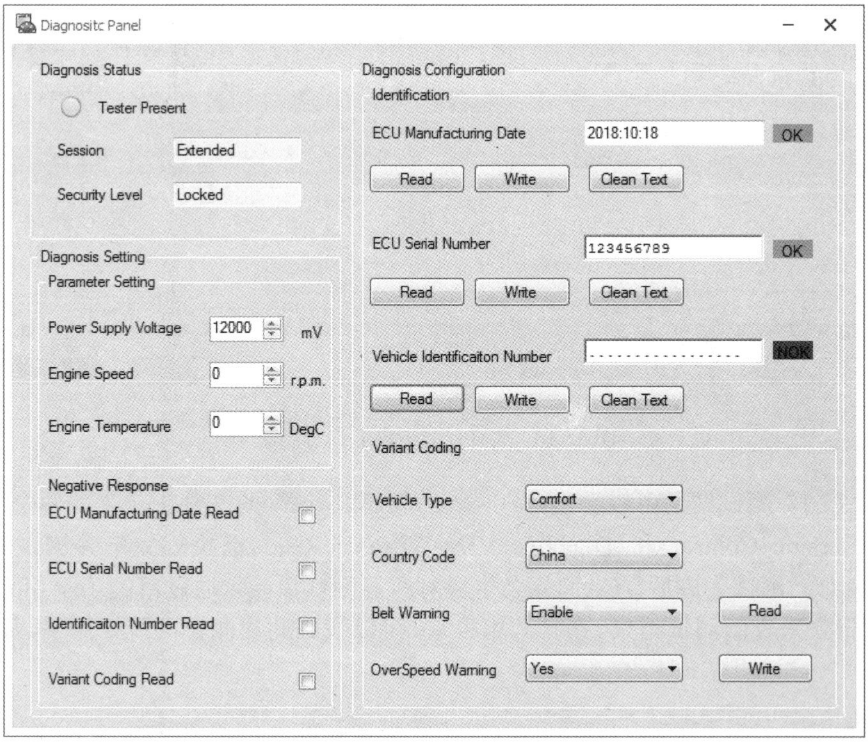

图 15.17　诊断面板执行结果

面板中车辆参数设定为动态数据（Dynamic Data）功能部分提供了响应参数的设定，读者可以利用 DID Engine Speed Read、DID Engine Temperature Read 和 Power Supply Voltage Read 三个诊断服务来读取此处设定的参数，并在诊断控制台中观察读取结果。

当在否定响应设置区域内选中某个诊断服务时，对应的服务在任何情况下都只会触发否定响应。

在 ECU 参数设置和版本修改区域，读者可以通过 Read 和 Write 按钮来实现参数的读与写的操作。当读或写操作成功时，会有绿色的 OK 提示，否则为红色 NOK。配合诊断控制台使用，更易突出读写操作的效果。

需要提醒读者的是，面板上 VIN 码的读写操作同样需要在指定的安全访问等级下进行（参看 15.5.7 节），否则会出现 NOK 的结果。对于每个诊断服务的会话模式支持以及安全访问权限，读者需要仔细阅读资料中 IPC_v0.01.pdf 的文档。本实例中对于 Communication Control、ECU Reset 和 Fault Memory 相关的诊断服务仅做否定响应示例，感兴趣的读者可根据上文的介绍，自行对这三部分内容进行修改。

15.6.2　自动化诊断测试模块

CAPL 诊断测试模块的执行，相对比较简单，单击 Diag_Session&VIN 测试模块开始按钮即可，执行结果如图 15.18 所示。

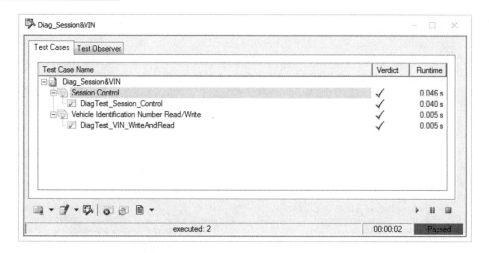

图 15.18　CAPL 测试模块执行结果

由图 15.18 测试结果可以看出，在 Session&VIN.can 的文件中定义的两个测试项目 DiagTest_Session_Control 和 DiagTest_VIN_WriteAndRead 已执行完毕并测试通过，与 14.7.2 节相似，测试完成后，CANoe 会生成对应的测试报告，通过单击 Test Module 左下角的测试报告来查阅测试结果。在打开报告后，可以找到此次测试的统计结果，如图 15.19 所示。

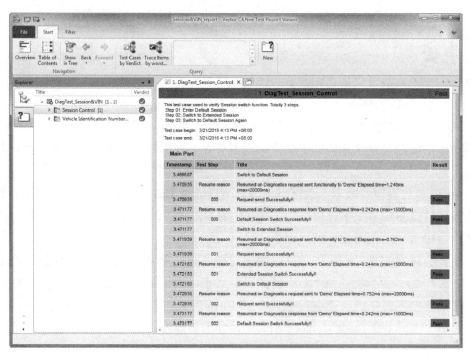

图 15.19　CAPL 测试模块测试报告

读者可以在本书提供的资源压缩包中找到本章例程的工程文件（路径为：\Chapter_15\ Source\ Vehicle_System_Simulation_Diagnosis\）。

15.7　扩展话题——VT System 在测试中的应用

ECU 不仅拥有总线通信接口，同时也拥有许多 I/O 接口，用于连接传感器和执行器。完整的 ECU 测试系统应该同时包含 I/O 信号、总线接口和电源。Vector 的 VT System 可以满足用户对于 ECU 这方面的测试需求。VT System 由主机箱和各种功能模块组成，产品如图 15.20 所示。

图 15.20　VT System 产品图片

VT System 的主要功能和特点如下。

（1）基于 CANoe 平台，控制高性能的模块化 I/O 板卡满足各类测试需求。

（2）支持单个 ECU、子系统和整车各阶段的功能测试。

（3）专注于汽车 ECU 测试，操作简单、集成方便、易于维护。

① 板卡内部集成信号调理和故障注入功能，提高系统集成维护性和便捷性；

② 板卡自带信号转接功能，可以满足仿真与真实传感器或执行器的切换、信号测量；

③ 在 CANoe 中实现 I/O 信号、总线通信、诊断和 ECU 内部变量的同步处理；

④ CANoe 集成板卡配置的用户界面（原理图），增强易用性，便于工程师快速上手；

⑤ 支持 vTESTstudio 关联 I/O 变量用于设计测试模型，支持 CANoe.Diva 配置 I/O 板卡生成诊断策略测试脚本。

第 16 章　CANoe 高级编程——COM Server 技术

本章内容：

- COM 接口技术简介；
- CANoe COM Server 简介及设置；
- 工程简介；
- 工程实现——CANoe 及 VB.NET 编程；
- 工程运行测试；
- 扩展话题——Python 脚本调用 CANoe COM Server。

有些读者可能使用过 Visual Basic 操作 MS Excel，实现自动化打开、关闭应用程序以及数据读写等操作，对于应用程序的数据处理和报表的生成都非常便利。CANoe 也提供这样的 COM 接口，开发人员可以使用外部应用程序或脚本轻松操作 CANoe。

本章将和读者探讨如何使用 Visual Basic.NET 开发一个调用 CANoe COM Server 的应用程序。该外部程序可以控制 CANoe 的打开和退出，以及执行测量，同时操作系统变量和 CAN 报文。通过本章学习，读者可以在汽车 ECU 的验证过程中使用 COM Server 技术，基于自己熟悉的开发语言环境，轻松实现测试与控制的自动化。

16.1　COM 接口技术简介

所谓的 COM（Component Object Model，组件对象模型）是一种描述如何建立可动态互变组件的规范，此规范提供了为保证能够互相操作，客户端和组件应遵循的一些二进制和网络标准。通过这种标准将可以在任意两个组件之间进行通信，而不用考虑其所处的操作环境是否相同、使用的开发语言是否一致以及是否运行于同一台计算机。

COM 的主要优点如下。

（1）用户一般希望能够定制自己的应用程序，而从组件技术本质上讲就是可被定制的，因而用户可以用更能满足他们需要的某个组件来替换原来的对应组件。

（2）相对应用程序来说，组件是独立的部件，因此用户可以在不同的程序中使用同一个组件而不会产生任何问题，大大增强了组件的可重用性，提高了软件开发的效率。

（3）随着网络的快速发展，分布式网络应用程序已经得到广泛的应用。组件架构可以使开发这类应用程序的过程得以简化。

16.2　CANoe COM Server 简介及设置

从早期版本开始，CANoe 就开始支持 COM 接口技术。以下功能可以轻松通过 COM

Server 来实现：

（1）创建和修改 CANoe 的配置；

（2）实现测量的自动控制，如工程加载、开始或结束测量、开始测试模块等；

（3）与外部应用软件的数据交换，如读写信号、系统变量等；

（4）开发用户的自定义面板，实现自动化测试；

（5）远程控制 CANoe 进行测量；

（6）调用 CANoe 中自定义的 CAPL 函数。

CANoe COM Server 对于大家熟悉的编程语言或脚本语言都有很好的支持，例如 Visual Basic、Delphi、C/C++、C#、Python、LabVIEW、VBScript、JScript、Perl 和 VBA 等。本书将以广大工程师比较熟悉的开发工具 Visual Basic.NET（下文有些地方将其简称为 VB.NET）为例来讲解。

下面介绍如何注册 COM Server。

在 CANoe 安装时，COM Server 已经注册好了。如果安装文件夹有变，或者目前注册的 CANoe 版本不是用户所期望的。可以直接找到 CANoe 的安装文件夹（例如 CANoe 11.0 64-bit 安装文件夹 C:\Program Files\Vector CANoe 11.0\Exec64），执行 RegisterComponents.exe，如图 16.1 所示。

图 16.1　注册 CANoe COM Server

也可以使用 MS-DOS 命令，进入 CANoe 安装文件夹（例如 C:\Program Files\Vector CANoe 11.0\Exec64），输入以下命令。

```
Canoe64 -regserver
```

删除 COM Server 注册，可以运行以下命令。

```
Canoe64 -unregserver
```

16.3　工程实例简介

本章工程实例主要演示 VB.NET 生成的应用程序如何通过 CANoe COM Server 来操作

CANoe 仿真工程，实现一些控制功能和数据交换功能。主要实现以下功能。

（1）控制 CANoe 仿真工程：应用程序可以控制 CANoe 实现载入指定的仿真工程、开始/停止测量、退出 CANoe 等操作。

（2）操作系统变量和信号：应用程序通过自己的用户界面可以改变或读取 CANoe 仿真工程中的系统变量和 CAN 总线信号值，实现与 CANoe 的仿真面板类似的功能。

（3）调用 CAPL 中的自定义函数：应用程序可以调用仿真工程中的 CAPL 自定义的函数。

16.4　开发实现——CANoe 工程

本章需要调用的 CANoe 工程将基于第 12 章的仿真工程，为了配合 VB.NET 工程调用，读者需要做一些必要的更改。现在需要将该工程的文件夹复制并更名为 CAN_Simulation，工程名称也另存为 CAN_Simulation.cfg。

为了使读者能够清楚理解 VB.NET 如何调用 CANoe COM Server，本节首先简单介绍一下实例中将调用的系统变量和总线信号。

16.4.1　CANoe 工程中供调用的系统变量

单击 Environment→System Variables 查看仿真工程中的系统变量配置，如图 16.2 所示。

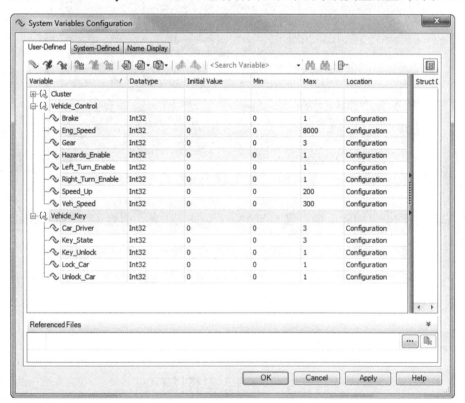

图 16.2　仿真工程中的系统变量配置

本章实例将选取其中有代表性的 5 个变量，如表 16.1 所示，读者也可以尝试选择其他的系统变量。

表 16.1　实例中调用的系统变量列表

Variable （变量）	Namespace （命名空间）	Datatype （数据类型）	Initial Value （初始值）	Min （最小值）	Max （最大值）	Value Table （数值表）
Gear	Vehicle_Control	Int32	0	0	3	0:P；1:R； 2:N；3:D
Car_Driver	Vehicle_Key	Int32	0	0	3	—
Key_State	Vehicle_Key	Int32	0	0	3	—
Lock_Car	Vehicle_Key	Int32	0	0	1	—
Unlock_Car	Vehicle_Key	Int32	0	0	1	—

16.4.2　CANoe 工程中供调用的总线信号

单击 Tools→CANdb++ Editor 选择数据库 VehicleSystem，单击 Signals 展开所有总线的信号变量，如图 16.3 所示。

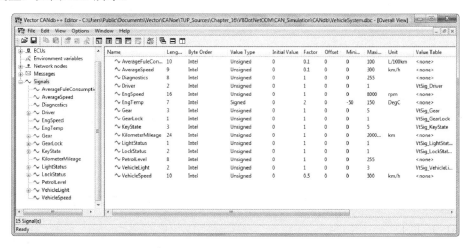

图 16.3　数据库 VehicleSystem 中的信号

本章实例将选取其中有代表性的两个信号，如表 16.2 所示，读者也可以尝试选择其他的信号变量。

表 16.2　实例调用的信号列表

Signal （信号）	Message （所属 报文）	Length （长度）	Byte Order （字节 排序）	Value Type （数值 类型）	Unit （单位）	Init. Value （初始 值）	Factor （加权）	Offset （偏移）	Min （最小 值）	Max （最大 值）
EngSpeed	EngineData	16b	Intel	Unsigned	rpm	0	1	0	0	8000
VehicleSpeed	VehicleData	10b	Intel	Unsigned	km/h	0	0.5	0	0	300

16.4.3 新建 CANoe CAPL 函数

为了配合在 VB.NET 中实现 CANoe CAPL 函数调用功能，需要在 CANoe 工程中增加一段简短的 CAPL 代码。

本实例中选择创建一个整数乘法的函数，供 VB.NET 调用，此函数命名为 int Multiply(long a, long b)。

首先在 CANoe 界面中单击 Tools→CAPL Browser 打开 CAPL 编辑器，会自动创建一个 NewFile1.can 文件，如图 16.4 所示。基本的框架已经具备了，接下来只要添加工程需要的函数。

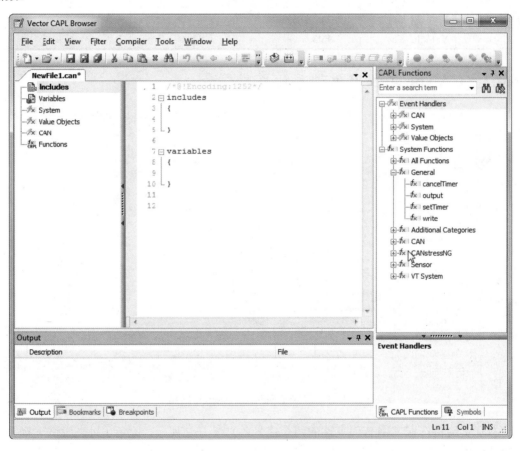

图 16.4 新建的空白 CAPL 代码

读者只需要在上面的代码后面添加以下函数代码。

```
// 供 COM 接口调用的乘法函数
int Multiply(long a, long b)
{
  write("%d * %d = %d", a, b, a * b); // print info in Write Window
  return(a * b);
}
```

将上面的代码另存为 CAPLDemo.can，编译成功后直接退出，可以供后面调用。

下面介绍如何将 CAPLDemo.can 添加到 CANoe 工程中。在 CANoe 界面中单击 Analysis→Measurement Setup，在 CAN Statistics 模块前面添加一个 Program Node 节点，如图 16.5 所示。

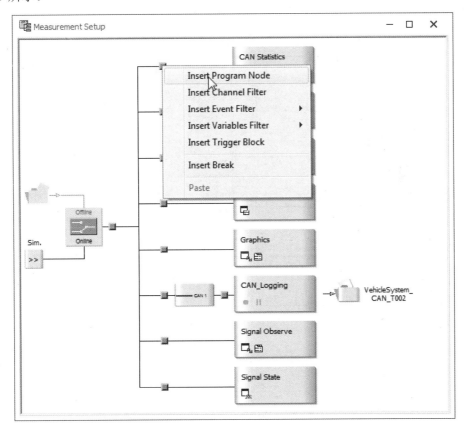

图 16.5　添加 Program Node

鼠标右键单击这个 Program Node，选择 Configuration，在 File name 栏中选择 CAPLDemo.can，如图 16.6 所示。

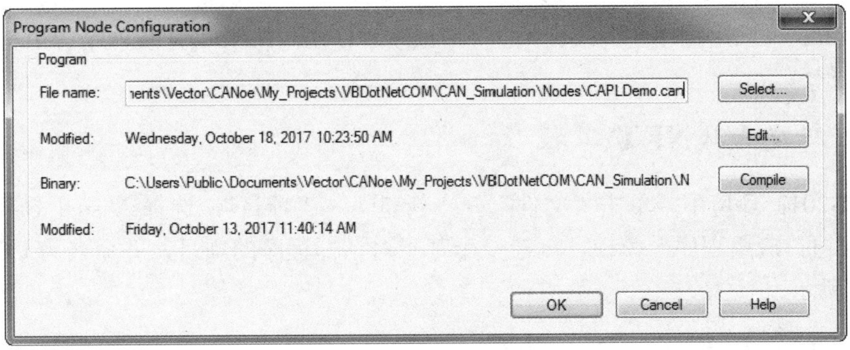

图 16.6　配置 Program Node

CANoe 高级编程——COM Server 技术

设置完毕后，节点上方将出现CAPLDemo，效果如图16.7所示。

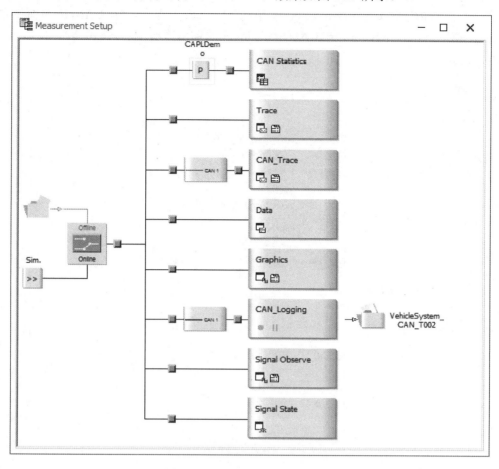

图 16.7　Program Node 配置完毕

16.5　开发实现——VB.NET 工程

VB.NET 是 Visual Studio 开发环境中深受测试工程师喜欢的一门开发语言，可以便捷地实现 Windows 应用程序的开发。下面将带领读者使用 VB.NET 开发一个应用程序来操控 CANoe 工程。

16.5.1　新建 VB.NET 工程

在 VS2013 环境中，单击"文件"→"新建"→"项目"，选择 Visual Basic 下面的"Windows 窗口应用程序"模板，创建一个基于对话框程序的项目，并命名为 COMAuto，如图 16.8 所示。

16.5.2　添加 CANoe 相关引用

在代码中调用 CANoe COM Server 接口之前，需要将所要操控的 CANoe 版本所对应的 CANoe Type Library 添加到 VB.NET 工程引用中。在 Visual Studio 环境中，单击"项目"→"COMAuto 属性"打开项目属性设置窗口，如图 16.9 所示。

图 16.8　新建 VB.NET 工程

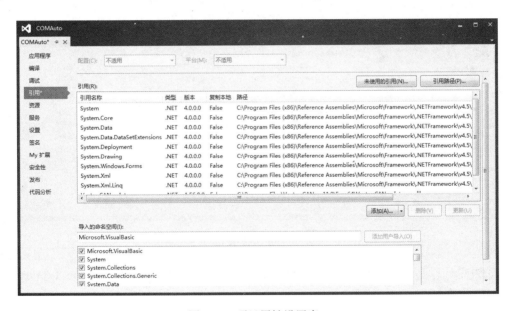

图 16.9　项目属性设置窗口

如果在项目属性设置窗口的"引用"中找不到 CANoe 11.0 Type Library，需要手动添加 CANoe COM 引用，单击"添加"按钮将打开"引用管理器"对话框，如图 16.10 所示。
单击"引用管理器"对话框的"浏览"按钮选择 CANoe Type Library 对应的 DLL 文件，CANoe 11.0 的默认路径为 C:\Program Files\Vector CANoe 11.0\Exec64\Vector.CANoe.Interop.

dll，如图 16.11 所示。

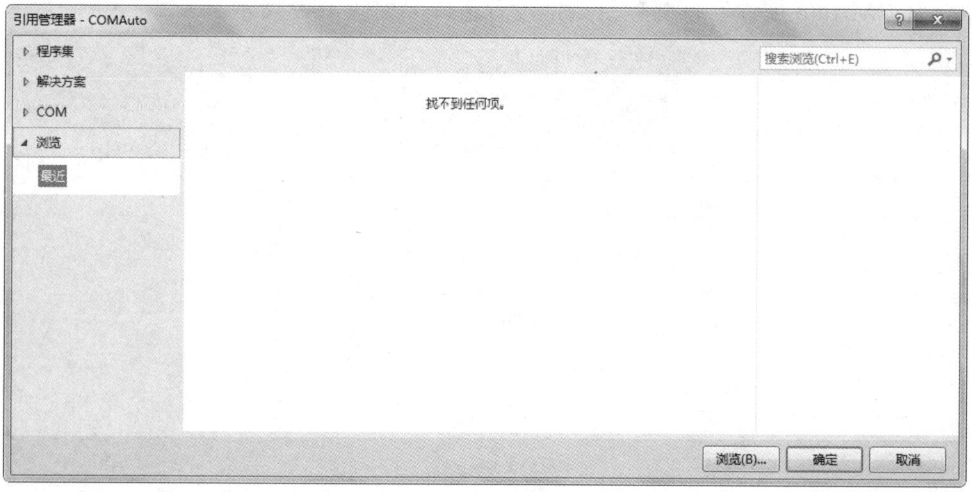

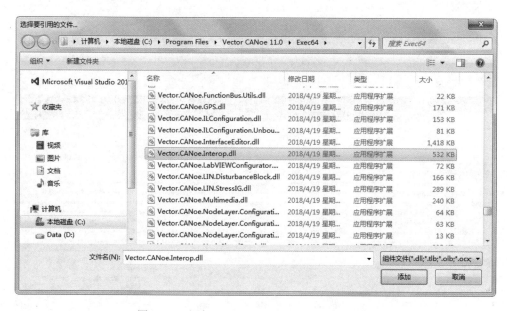

图 16.10 "引用管理器"对话框

图 16.11 添加 Vector.CANoe.Interop 引用文件

添加成功以后，可以在项目属性设置窗口中查看到 CANoe 11.0 Type Library，如图 16.12 所示。

16.5.3 界面设计

为了演示 VB.NET 应用程序对 CANoe 工程的控制及变量、信号的读写操作，这里需要设计一个对话框的界面。表 16.3 给出了 VB.NET 用户界面的控件列表及属性设定。

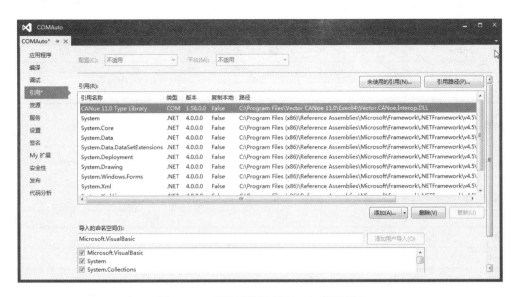

图 16.12　项目属性设置窗口中查看引用

表 16.3　**VB.NET 用户界面的控件列表及属性设定**

控　件	属　性	属 性 设 定	说　明
Form1	Name	COMAuto_VB	程序用户界面
	Text	CANoe Server Demo	
	FormBorderStyle	FixedSingle	
	MaximizeBox	False	
GroupBox1	Name	groupboxControl	存放应用操作控件
	Text	应用控制	
Label1	Text	CANoe *.cfg 路径:	标签
textBox1	Name	txtPath	仿真工程文件路径
Label2	Name	lblStatus	显示状态标签
	Text	—	
	BorderStyle	Fixed3D	
	AutoSize	False	
Button1	Name	btnOpen	打开 CANoe 仿真工程按钮
	Text	打开 CANoe Configuration	
Button2	Name	btnMeasurement	开始测量按钮
	Text	开始测量	
Button3	Name	btnExit	退出 CANoe 按钮
	Text	退出 CANoe	
GroupBox2	Name	groupboxSysVar	存放系统变量相关控件
	Text	系统变量	
Button4	Name	btnLock	锁车操作控件
	Text	Lock	

CANoe 高级编程——COM Server 技术

控　件	属　性	属 性 设 定	说　明
Button5	Name	btnUnlock	解锁操作控件
	Text	Unlock	
Button6	Name	btnDriver1	切换 Driver1 ID 按钮
	Text	Driver1	
Button7	Name	btnDriver2	切换 Driver2 ID 按钮
	Text	Driver2	
Label3	Text	Ignition:	标签
Label4	Text	CRANK	标签
Label5	Text	RUN	标签
Label6	Text	K15	标签
Label7	Text	OFF	标签
TrackBar1	Name	trackbarKeyState	引擎钥匙的位置操作与显示控件
	Maximum	3	
	Minimum	0	
	LargeChange	1	
	SmallChange	1	
	Orientation	Vertical	
TrackBar2	Name	trackbarGear	档位操作与显示控件
	Maximum	3	
	Minimum	0	
	LargeChange	1	
	SmallChange	1	
	Orientation	Vertical	
Label8	Text	Gear:	标签
Label9	Text	D	标签
Label10	Text	N	标签
Label11	Text	R	标签
Label12	Text	P	标签
GroupBox3	Name	groupboxSignal	存放 CAN 报文相关控件
	Text	CAN 总线信号	
Label13	Text	Vehicle Speed:	标签
Label14	Text	Engine Speed:	标签
Label15	Text	km/h	标签
Label16	Text	rpm	标签
Label17	Name	lblVehicleSpeed	车速显示控件
	Text	—	

控 件	属 性	属 性 设 定	说 明
Label18	Name	lblEngSpeed	引擎速度显示控件
	Text	—	
TrackBar3	Name	trackbarVehicleSpeed	车速操作控件
	Maximum	300	
	Minimum	0	
	LargeChange	15	
	SmallChange	5	
	Orientation	Horizontal	
TrackBar4	Name	trackbarEngSpeed	引擎速度操作控件
	Maximum	8000	
TrackBar4	Minimum	0	引擎速度操作控件
	LargeChange	100	
	SmallChange	40	
	Orientation	Horizontal	
ProgressBar1	Name	progbarVehicleSpeed	车速显示控件
	Maximum	300	
	Minimum	0	
	Step	5	
	Orientation	Horizontal	
ProgressBar2	Name	progbarEngSpeed	引擎速度显示控件
	Maximum	8000	
	Minimum	0	
	Step	40	
	Orientation	Horizontal	
GroupBox4	Name	groupboxCAPL	存放 CAPL 函数调用控件
	Text	CAPL 函数调用	
textBox2	Name	txtOp1	被乘数输入框
textBox3	Name	txtOp2	乘数输入框
textBox4	Name	txtResult	乘法结果
Label19	Text	*	标签
Label20	Text	=	标签
Button8	Name	btnCal	计算按钮
	Text	计算	
Timer1	Enabled	False	定时器控件，用于定期界面刷新
	Interval	200	

所有控件添加设置完成后，效果如图 16.13 所示。

347

第16章

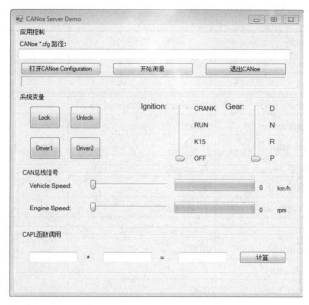

图 16.13　VB.NET 用户界面效果图

16.5.4　全局变量定义

首先，需要在代码中根据 CANoe Type Library 提供的接口来定义相关的对象和变量，后面才可以操作 CANoe 对象、访问系统变量和信号等。

1. CANoe 对象

```
' 定义 CANoe 对象和 Measurement 对象
Private WithEvents mCANoeApp As Application
Private WithEvents mCANoeMeasurement As Measurement
```

2. CANoe 系统变量

```
' 定义 CANoe 系统变量
Private WithEvents mCANoeSysGear As Variable
```

3. CANoe 总线信号变量

```
' 定义 CANoe 总线信号变量
Private mCANoeEngineSpeed As Signal
```

4. CANoe 函数别名定义

```
' 定义一个 CAPL 函数别名
Private mCANoeMultiply As CAPLFunction
```

16.5.5　CANoe 应用和 Measurement 对象控制

操作 CANoe 之前，需要初始化 CANoe 应用程序和 Measurement 对象。

```
' 初始化 CANoe 应用程序
mCANoeApp = New CANoe.Application
' 初始化 Measurement 对象
mCANoeMeasurement = mCANoeApp.Measurement
```

使用 Open 方法可以打开 CANoe 仿真工程文件。

```
' 打开演示的 configuration
mCANoeApp.Open(mAbsoluteConfigPath, True, True)
```

Measurement 对象运行和停止控制，可以使用 Stop 和 Start 方法。属性 Running 可以用来确认 Measurement 的运行状态。

```
If mCANoeMeasurement.Running Then
    mCANoeMeasurement.Stop()
Else
    mCANoeMeasurement.Start()
End If
```

使用 Quit 方法，可以退出 CANoe 应用程序。

```
mCANoeApp.Quit()
```

16.5.6　CANoe 事件处理

定义以下三个函数，用于处理 CANoe 打开、测量开始前的相关初始化操作。

```
' ConfigurationOpened()函数：Configuration 成功打开以后，将被调用
Private Sub ConfigurationOpened()

' MeasurementInitiated()：Measurement 初始化时调用
Private Sub MeasurementInitiated()

' MeasurementInitiatedInternal()：用于初始化 Measurement 开始前界面控件的状态
Private Sub MeasurementInitiatedInternal()
```

16.5.7　系统变量操作

在对系统变量操作之前，需要先使用 CANoe.Namespace 来定义命名空间，根据 CANoe 工程中的系统变量定义，寻找出命名空间的名称。本实例中，namespace 是 Gateway，可以使用 mCANoeApp.System.Namespaces 方法获取命名空间。对于一个系统变量参数，可以使用 Variables 方法来与 CANoe 的系统变量映射。

```
' 将 CANoe 中的命名空间变量赋给变量参数
Dim CANoeNamespaceGateway As CANoe.Namespace = mCANoeApp.System.Namespaces
("Gateway")
mCANoeSysGear = CANoeNamespaceGateway.Variables("Gear")
```

```
mCANoeSysKeyState = CANoeNamespaceGateway.Variables("Key_State")
mCANoeSysCarDriver = CANoeNamespaceGateway.Variables("Car_Driver")
mCANoeSysCarOpen = CANoeNamespaceGateway.Variables("Open_Car")
mCANoeSysCarClose = CANoeNamespaceGateway.Variables("Close_Car")
```

给系统变量赋值使用 Value 属性，也可以通过 Value 属性获取系统变量数值，例如：

```
mCANoeSysGear.Value = trackbarGear.Value   ' 将滑动条的数值赋给系统变量
trackbarGear.Value = mCANoeSysGear.Value   ' 将系统变量赋给滑动条的数值
```

16.5.8 总线信号操作

操作总线信号之前，需要先定义 Bus 对象，并使用 GetSignal 方法来将信号变量与 CANoe 的数据库中的变量映射起来。

```
' 将 CANoe 中的总线信号赋给变量参数
Dim CANoeBus As Bus = mCANoeApp.Bus("CAN")
mCANoeEngineSpeed = CANoeBus.GetSignal(1, "EngineData", "EngSpeed")
mCANoeVehicleSpeed = CANoeBus.GetSignal(1, "VehicleData", "VehicleSpeed")
```

给信号变量赋值使用 Value 属性，也可以通过 Value 属性获取信号变量数值，例如：

```
mCANoeVehicleSpeed.Value = trackbarVehicleSpeed.Value   ' 将滑动条的数值赋给信号值
trackbarVehicleSpeed.Value = mCANoeVehicleSpeed.Value   ' 将信号值赋给滑动条的数值
```

16.5.9 CAPL 函数调用

在 VB.NET 中首先使用 GetFunction 方法来获取 CAPL 函数接口。

```
' 获取 CAPL 函数接口
mCANoeMultiply = CANoeCAPL.GetFunction("Multiply")
```

然后使用 Call 方法调用 CAPL 函数。

```
Private Sub btnCal_Click(sender As Object, e As EventArgs) Handles btnCal.Click
    ' 调用 "Multiply" CAPL 函数并传递参数，返回结果
    If (Not mCANoeMultiply Is Nothing) Then

        Dim op1 As Integer
        Dim op2 As Integer
        Dim result As Integer

        Integer.TryParse(txtOp1.Text, op1)
        Integer.TryParse(txtOp2.Text, op2)

        ' 返回乘法结果
        result = mCANoeMultiply.Call(op1, op2)
        txtResult.Text = result.ToString
```

```
        End If
    End Sub
```

16.5.10　完整代码

由于整个项目相对复杂，下面给出完整代码，以供读者参考。

```
Imports CANoe
Imports System.IO

Public Class COMAuto_VB
#Region "声明"
    ' 定义 CANoe 对象
    Private WithEvents mCANoeApp As Application
    Private WithEvents mCANoeMeasurement As Measurement

    ' 定义 CANoe 系统变量
    Private WithEvents mCANoeSysGear As Variable
    Private WithEvents mCANoeSysKeyState As Variable
    Private WithEvents mCANoeSysUnlockCar As Variable
    Private WithEvents mCANoeSysLockCar As Variable
    Private WithEvents mCANoeSysCarDriver As Variable

    ' 定义 CANoe 总线信号变量
    Private mCANoeEngineSpeed As Signal
    Private mCANoeVehicleSpeed As Signal

    ' 定义 Configuration 的绝对路径和相对路径
    Dim mAbsoluteConfigPath As String
    Private Const mConfigPath As String = "..\..\..\..\CAN_Simulation\CAN_
Simulation.cfg"


    ' 定义委托函数
    Private Delegate Sub DelSafeInvocation()
    Private Delegate Sub DelSafeInvocationWithParam(sysvarName As String,
value As Object)

    ' 定义 CANoe 运行实例
    Private mCANoeInstanceRunning As Boolean

    ' GUI 控件变化防抖
    Private localchangeflag As Integer
    '1 - trackbarGear
    '2 - trackbarKeyState
    '3 - trackbarVehicleSpeed.Value
    '4 - trackbarEngSpeed.Value
```

```
        '0 - 无变化

        ' 定义一个 CAPL 函数别名
        Private mCANoeMultiply As CAPLFunction
        Private lockdelay As Integer
        '0 - lock or unlock button is pressed
        '1 - delay 1 interval
        '2 - delay 2 intervals/ will change the button status to normal
        '>2 - no delay is ongoing

#End Region

#Region "初始化"
    Private Sub Form1_Load(sender As Object, e As EventArgs) Handles
    MyBase.Load
        ' 获取 Configuration 的绝对路径
        mAbsoluteConfigPath = Path.GetFullPath(mConfigPath)
        txtPath.Text = mAbsoluteConfigPath

        ' 初始化控件
        btnExit.Enabled = False
        btnMeasurement.Enabled = False
        groupboxSysVar.Enabled = False
        groupboxSignal.Enabled = False
        groupboxCAPL.Enabled = False
        ' 检查 Configuration 的路径是否存在
        If File.Exists(mAbsoluteConfigPath) Then
            lblStatus.ForeColor = Color.Blue
            lblStatus.Text = "Configuration 路径有效"
            btnOpen.Enabled = True
        Else
            lblStatus.ForeColor = Color.Red
            lblStatus.Text = "Configuration 路径无效！"
            btnOpen.Enabled = False
            btnExit.Enabled = False
        End If

        localchangeflag = 0

    End Sub
#End Region
#Region "CANoe 初始化和退出"

    ' ConfigurationOpened() 函数：Configuration 成功打开以后，将被调用
    Private Sub ConfigurationOpened()
        Try
            ' 将 CANoe 中的命名空间变量赋给变量参数
```

```vb
        Dim CANoeNamespaceVehControl As CANoe.Namespace = mCANoeApp.
        System.Namespaces("Vehicle_Control")
        Dim CANoeNamespaceVehKey As CANoe.Namespace = mCANoeApp.System.
        Namespaces("Vehicle_Key")
        mCANoeSysGear = CANoeNamespaceVehControl.Variables("Gear")
        mCANoeSysKeyState = CANoeNamespaceVehKey.Variables("Key_State")
        mCANoeSysCarDriver = CANoeNamespaceVehKey.Variables("Car_Driver")
        mCANoeSysUnlockCar = CANoeNamespaceVehKey.Variables("Unlock_Car")
        mCANoeSysLockCar = CANoeNamespaceVehKey.Variables("Lock_Car")

        ' 将 CANoe 中的总线信号赋给变量参数
        Dim CANoeBus As Bus = mCANoeApp.Bus("CAN")
        mCANoeEngineSpeed = CANoeBus.GetSignal(1, "EngineData", "EngSpeed")
        mCANoeVehicleSpeed = CANoeBus.GetSignal(1, "VehicleData",
        "VehicleSpeed")

    Catch ex As Exception
        MessageBox.Show("Possible cause: Wrong namespace names, bus name,
        system variable names or signal names in source code or configuration.",
                        "Error while assigning system variables and signals",
                        MessageBoxButtons.OK, MessageBoxIcon.Hand)

        Return
    End Try

    btnOpen.Enabled = False
    btnMeasurement.Enabled = True
    btnExit.Enabled = True
    If (Not mCANoeApp Is Nothing) Then
        ' 连接 CANoe 退出事件的处理函数 CANoeQuit
        AddHandler mCANoeApp.OnQuit, AddressOf CANoeQuit
    End If

    If (Not mCANoeMeasurement Is Nothing) Then
        ' 连接测量初始化事件的处理函数 MeasurementInitiated
        AddHandler mCANoeMeasurement.OnInit, AddressOf MeasurementInitiated
        ' 连接测量停止事件的处理函数 MeasurementExited
        AddHandler mCANoeMeasurement.OnExit, AddressOf MeasurementExited
    End If

    ' 更新状态信息
    lblStatus.Text = "Configuration打开成功"
    mCANoeInstanceRunning = True
End Sub

' MeasurementInitiated(): Measurement 初始化时调用
Private Sub MeasurementInitiated()
```

CANoe 高级编程——COM Server 技术

```vbnet
    ' 编译 Configuration 文件的 CAPL 代码
    Dim CANoeCAPL As CANoe.CAPL = mCANoeApp.CAPL
    If (Not CANoeCAPL Is Nothing) Then
        CANoeCAPL.Compile(Nothing)
    End If


    Try
        ' 获取 CAPL 函数接口
        mCANoeMultiply = CANoeCAPL.GetFunction("Multiply")

    Catch ex As Exception
        MessageBox.Show("Possible cause: Wrong CAPL function name in
        source code or configuration.",
                    "Error while assigning CAPL functions",
                    MessageBoxButtons.OK, MessageBoxIcon.Hand)

        Return
    End Try


    ' 为了线程安全，使用委托调用
    Dim safeinvocation As DelSafeInvocation = New DelSafeInvocation
    (AddressOf MeasurementInitiatedInternal)
    Invoke(safeinvocation)

    ' 连接系统变量变化的处理函数 CANoeGearChanged 和 CANoeKeyStateChanged
    If (Not mCANoeSysGear Is Nothing) Then
        AddHandler mCANoeSysGear.OnChange, AddressOf CANoeGearChanged
    End If
    If (Not mCANoeSysKeyState Is Nothing) Then
        AddHandler mCANoeSysKeyState.OnChange, AddressOf CANoeKeyStateChanged
    End If


End Sub



' MeasurementInitiatedInternal():用于 Measurement 开始前初始化界面控件的状态
Private Sub MeasurementInitiatedInternal()

    groupboxCAPL.Enabled = True
    groupboxSignal.Enabled = True
    groupboxSysVar.Enabled = True
    btnMeasurement.Text = "停止测试"
    lblStatus.Text = "测量进行中..."
    btnExit.Enabled = False

    trackbarGear.Value = mCANoeSysGear.Value
```

```vb
    trackbarKeyState.Value = mCANoeSysKeyState.Value
    trackbarVehicleSpeed.Value = mCANoeVehicleSpeed.Value
    trackbarEngSpeed.Value = mCANoeEngineSpeed.Value
    lblEngSpeed.Text = mCANoeVehicleSpeed.Value.ToString
    lblVehicleSpeed.Text = mCANoeEngineSpeed.Value.ToString
    progbarEngSpeed.Value = mCANoeEngineSpeed.Value
    progbarVehicleSpeed.Value = mCANoeVehicleSpeed.Value

    txtOp1.Text = "50"
    txtOp2.Text = "25"
    txtResult.Text = ""

    Timer1.Start()
End Sub

' MeasurementExited(): 测量停止后被调用
Private Sub MeasurementExited()

    ' 为了线程安全，使用委托调用
    Dim safeinvocation As DelSafeInvocation = New DelSafeInvocation
    (AddressOf MeasurementExitedInternal)
    Invoke(safeinvocation)

    ' 断开系统变量变化事件处理函数
    If (Not mCANoeSysGear Is Nothing) Then
        RemoveHandler mCANoeSysGear.OnChange, AddressOf CANoeGearChanged
    End If
    If (Not mCANoeSysKeyState Is Nothing) Then
        RemoveHandler mCANoeSysKeyState.OnChange, AddressOf CANoeKeyStateChanged
    End If

End Sub

' MeasurementExitedInternal(): 测量停止后被调用，更新控件显示
Private Sub MeasurementExitedInternal()

    groupboxCAPL.Enabled = False
    groupboxSignal.Enabled = False
    groupboxSysVar.Enabled = False
    btnExit.Enabled = True
    btnMeasurement.Text = "开始测试"
    lblStatus.Text = "空闲状态"


    trackbarGear.Value = 0
    trackbarKeyState.Value = 0
    trackbarVehicleSpeed.Value = 0
```

```
        trackbarEngSpeed.Value = 0
        lblEngSpeed.Text = 0
        lblVehicleSpeed.Text = 0
        progbarEngSpeed.Value = 0
        progbarVehicleSpeed.Value = 0

        txtOp1.Text = "50"
        txtOp2.Text = "25"
        txtResult.Text = ""

        ' 停止 Timer1
        Timer1.Stop()

    End Sub
#End Region

#Region "CANoe 关闭处理"

    ' CANoeQuit(): CANoe 退出时被调用
    Private Sub CANoeQuit()

        ' 为了线程安全，使用委托调用
        Dim safeinvocation As DelSafeInvocation = New DelSafeInvocation
        (AddressOf CANoeQuitInternal)
        Invoke(safeinvocation)

        UnregisterCANoeEventHandlers()

        ' 更新 CANoe 运行实例状态
        mCANoeInstanceRunning = False
    End Sub

    ' CANoeQuitInternal(): CANoe 退出时被调用，更新控件显示
    Private Sub CANoeQuitInternal()
        ' 更新按钮显示文字
        btnMeasurement.Text = "开始测量"
        lblStatus.Text = "测量停止"

        ' 禁止测量相关控件
        MeasurementExited()
    End Sub

    ' 断开所有 CANoe 事件处理函数
    Private Sub UnregisterCANoeEventHandlers()

        If (Not mCANoeApp Is Nothing) Then
            RemoveHandler mCANoeApp.OnQuit, AddressOf CANoeQuit
```

```vbnet
            End If

        If (Not mCANoeMeasurement Is Nothing) Then
            RemoveHandler mCANoeMeasurement.OnInit, AddressOf MeasurementInitiated
            RemoveHandler mCANoeMeasurement.OnExit, AddressOf MeasurementExited
        End If
    End Sub
#End Region
#Region "CANoe 系统变量变化处理"
    ' CANoeGearChanged ()：系统变量变化时被调用
    Private Sub CANoeGearChanged(ByVal value As Object)
        ' 为了线程安全，使用委托调用
        Dim safeinvocationwithparam As DelSafeInvocationWithParam = New
        DelSafeInvocationWithParam(AddressOf SysVarsChangedInternal)
        Invoke(safeinvocationwithparam, "Gear", value)
    End Sub
    Private Sub CANoeKeyStateChanged(ByVal value As Object)
        ' 为了线程安全，使用委托调用
        Dim safeinvocationwithparam As DelSafeInvocationWithParam = New
        DelSafeInvocationWithParam(AddressOf SysVarsChangedInternal)
        Invoke(safeinvocationwithparam, "Key_State", value)
    End Sub

    Private Sub SysVarsChangedInternal(sysvarName As String, value As Object)

        If (((Not mCANoeMeasurement Is Nothing) AndAlso mCANoeMeasurement.
        Running)) Then

            ' 更新控件显示数值
            If (sysvarName = "Gear") Then
                trackbarGear.Value = mCANoeSysGear.Value
            End If
            If (sysvarName = "Key_State") Then
                trackbarKeyState.Value = mCANoeSysKeyState.Value
            End If

        End If
    End Sub
#End Region
#Region "VB.net 事件处理"
    Private Sub btnOpen_Click(sender As Object, e As EventArgs) Handles
    btnOpen.Click

        ' 初始化 CANoe 应用程序
        mCANoeApp = New CANoe.Application

        ' 初始化 Measurement 对象
```

```vb
    mCANoeMeasurement = mCANoeApp.Measurement

    ' 如果已经运行中，停止 Measurement
    If mCANoeMeasurement.Running Then
        mCANoeMeasurement.Stop()
    End If

    ' 如果 CANoe 应用程序没打开，打开应用并确保 configuration 被成功加载
    If (Not mCANoeApp Is Nothing) Then

        ' 打开演示的 configuration
        mCANoeApp.Open(mAbsoluteConfigPath, True, True)

        ' 确保 configuration 被成功加载
        Dim ocresult As CANoe.OpenConfigurationResult = mCANoeApp.
        Configuration.OpenConfigurationResult
        If (ocresult.result = 0) Then
            ConfigurationOpened()
        End If
    End If
End Sub


Private Sub btnMeasurement_Click(sender As Object, e As EventArgs)
Handles btnMeasurement.Click
    If mCANoeMeasurement.Running Then
        ' 停止运行中的测量
        mCANoeMeasurement.Stop()
    Else
        ' 开始测量
        mCANoeMeasurement.Start()
    End If

End Sub


Private Sub btnExit_Click(sender As Object, e As EventArgs) Handles
btnExit.Click
    UnregisterCANoeEventHandlers()

    ' 如果测量在运行中，先停止测量
    If (mCANoeInstanceRunning AndAlso (Not mCANoeMeasurement Is Nothing)
    AndAlso mCANoeMeasurement.Running) Then
        mCANoeMeasurement.Stop()
    End If
    mCANoeApp.Quit()
    btnMeasurement.Enabled = False
    btnMeasurement.Text = "开始测量"
    lblStatus.Text = "CANoe 应用程序已退出"
```

```
        btnOpen.Enabled = True
        btnExit.Enabled = False
        Timer1.Enabled = False
End Sub


Private Sub trackbarKeyState_Scroll(sender As Object, e As EventArgs)
Handles trackbarKeyState.Scroll
    mCANoeSysKeyState.Value = trackbarKeyState.Value
    localchangeflag = 1
End Sub

Private Sub trackbarGear_Scroll(sender As Object, e As EventArgs) Handles
trackbarGear.Scroll
    mCANoeSysGear.Value = trackbarGear.Value
    localchangeflag = 2
End Sub

Private Sub trackbarVehicleSpeed_Scroll(sender As Object, e As EventArgs)
Handles trackbarVehicleSpeed.Scroll
    mCANoeVehicleSpeed.Value = trackbarVehicleSpeed.Value
    localchangeflag = 3
End Sub

Private Sub trackbarEngSpeed_Scroll(sender As Object, e As EventArgs)
Handles trackbarEngSpeed.Scroll
    mCANoeEngineSpeed.Value = trackbarEngSpeed.Value
    localchangeflag = 4
End Sub

' 实时更新控件状态
Private Sub Timer1_Tick(sender As Object, e As EventArgs) Handles
Timer1.Tick

    progbarEngSpeed.Value = mCANoeEngineSpeed.Value
    lblEngSpeed.Text = mCANoeEngineSpeed.Value
    progbarVehicleSpeed.Value = mCANoeVehicleSpeed.Value
    lblVehicleSpeed.Text = mCANoeVehicleSpeed.Value

    ' 更新 trackbar,去除防抖
    If (localchangeflag <> 1) Then
        trackbarKeyState.Value = mCANoeSysKeyState.Value
    End If
    If (localchangeflag <> 2) Then
        trackbarGear.Value = mCANoeSysGear.Value
    End If
```

```
        If (localchangeflag <> 3) Then
            trackbarEngSpeed.Value = mCANoeEngineSpeed.Value
        End If
        If (localchangeflag <> 4) Then
            trackbarVehicleSpeed.Value = mCANoeVehicleSpeed.Value
        End If
        localchangeflag = 0


        ' 更新 lock/unlock; driver1/driver2 按钮状态
        If (mCANoeSysCarDriver.Value = 1) Then
            btnDriver1.ForeColor = Color.Red
            btnDriver2.ForeColor = Color.Black
        Else
            btnDriver1.ForeColor = Color.Black
            btnDriver2.ForeColor = Color.Red
        End If


        If (lockdelay < 3) Then
            lockdelay = lockdelay + 1
            If (lockdelay = 2) Then
                btnLock.ForeColor = Color.Black
                btnUnlock.ForeColor = Color.Black
                mCANoeSysUnlockCar.Value = 0
                mCANoeSysLockCar.Value = 0
            End If
        End If



    End Sub



    Private Sub btnUnlock_Click(sender As Object, e As EventArgs) Handles
    btnUnlock.Click
        btnUnlock.ForeColor = Color.Red
        mCANoeSysUnlockCar.Value = 1
        mCANoeSysLockCar.Value = 0
        lockdelay = 0
    End Sub

    Private Sub btnLock_Click(sender As Object, e As EventArgs) Handles
    btnLock.Click
        btnLock.ForeColor = Color.Red
        mCANoeSysUnlockCar.Value = 0
        mCANoeSysLockCar.Value = 1
        lockdelay = 0
```

```
        End Sub

    Private Sub btnDriver1_Click(sender As Object, e As EventArgs) Handles
    btnDriver1.Click
        mCANoeSysCarDriver.Value = 1
    End Sub

    Private Sub btnDriver2_Click(sender As Object, e As EventArgs) Handles
    btnDriver2.Click
        mCANoeSysCarDriver.Value = 2
    End Sub
    Private Sub btnCal_Click(sender As Object, e As EventArgs) Handles
    btnCal.Click
        ' 调用 "Multiply" CAPL 函数并传递参数, 返回结果
        If (Not mCANoeMultiply Is Nothing) Then

            Dim op1 As Integer
            Dim op2 As Integer
            Dim result As Integer

            Integer.TryParse(txtOp1.Text, op1)
            Integer.TryParse(txtOp2.Text, op2)

            ' 返回乘法结果
            result = mCANoeMultiply.Call(op1, op2)
            txtResult.Text = result.ToString
        End If
    End Sub

    Private Sub COMAuto_VB_FormClosing(sender As Object, e As
    FormClosingEventArgs) Handles MyBase.FormClosing
        UnregisterCANoeEventHandlers()

        If btnExit.Enabled = True Then
            ' 如果测量在运行中, 先停止测量
            If (mCANoeInstanceRunning AndAlso (Not mCANoeMeasurement Is
            Nothing) AndAlso mCANoeMeasurement.Running) Then
                mCANoeMeasurement.Stop()
            End If
        End If

    End Sub
#End Region

End Class
```

16.6　工程运行测试

测试运行前，要确保仿真工程的存放位置与 VB.NET 的代码中定义的路径一致，否则无法找到*.cfg 文件位置。如果没有禁止掉 CANoe 仿真工程中的 Automation Sequences 自动运行，CANoe 界面和 VB.NET 界面都可以观察到控件数值的动态变化，图 16.14 为实例运行的实际效果图。读者也可禁止掉 Automation Sequences 自动运行，手动操作两边的控件，对应的数值也会随之同步改变。

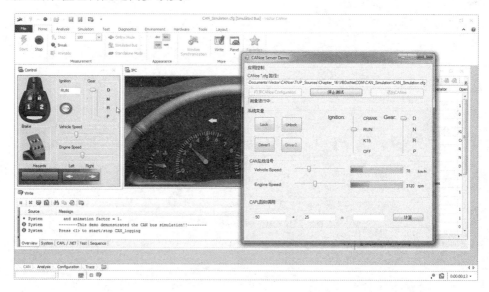

图 16.14　实例工程运行效果图

读者可以在本书提供的资源压缩包中找到本章例程的工程文件（CANoe 工程路径为：\Chapter_16\Source\ CAN_Simulation\；VB.NET 工程路径为：\Chapter_16\Source\ VB.NET\）。

16.7　扩展话题——Python 脚本调用 COM Server

自从 20 世纪 90 年代初 Python 语言诞生至今，Python 已经成为一门易读、易维护，并且被大量用户所欢迎的、用途广泛的语言。Python 提供了丰富的 API 和工具，以便程序员能够轻松地使用 C 语言、C++、Python 来编写扩充模块。Python 编译器本身也可以被集成到其他需要脚本语言的程序内。因此，很多人还把 Python 作为一种"胶水语言"使用。

越来越多的工程师开始将 Python 作为脚本语言应用到自动化测试中。本书在配套资料中提供了使用 Python 脚本调用 CANoe COM Server 的例程（路径为：\Chapter_16\Additional\Example\Python_Example.zip），读者可以自行研究学习。

第 17 章　CANoe 高级编程——CAPL DLL 技术

本章内容：

- CAPL DLL 技术概述；
- 工程实例简介；
- 工程实现——VC.NET 开发 CAPL DLL；
- 工程实现——CANoe 调用 CAPL DLL；
- 工程运行测试；
- 扩展话题——CANoe 仿真工程代码保护。

　　虽然 CANoe 的标准函数库在不断增加，但用户使用的时候还会遇到 CAPL 库函数不够用的情况，例如需要使用一些加密算法，CAPL 没有对应的函数，也没有现成的 CAPL 源代码。如果这时候用户想直接使用 C/C++现成的算法代码，避开使用 CAPL 编程的麻烦，那么 CAPL DLL 技术将是最佳的解决方案。本章将介绍如何开发 CAPL 动态链接库，并将其应用到 CANoe 仿真工程开发中。

17.1　CAPL DLL 技术概述

　　动态链接库（Dynamic Link Library，DLL）是 Windows 的应用软件广泛使用的一项技术，Windows 自身就将其一些主要功能以 DLL 模块形式实现。通常 DLL 是一个带有 DLL 扩展名的二进制文件，它由全局变量、服务函数和资源等部分组成。当应用软件需要调用 DLL 模块时，系统才会加载该 DLL 到进程的虚拟地址空间中，成为调用进程的一部分。DLL 模块中通常包含一个或多个导出函数，这些函数可以作为接口向外界提供服务。系统在加载 DLL 模块时，会自动将进程中的函数调用与 DLL 文件的导出函数进行匹配。

　　由于只有在应用软件调用这些 DLL 模块时，系统才会将它们装载到内存空间，这样不仅减小了应用软件 EXE 文件的大小和对内存空间的占用，而且这些 DLL 模块也可以被多个应用程序同时使用。DLL 实现了对代码的封装，使得程序更加简洁明了。Vector 公司也非常重视 DLL 技术，从 CANoe 5.0 开始就支持 DLL 的调用。这样，开发者可以在 CANoe 中很方便地调用自己开发的 Windows 动态链接库，大大节约了开发的时间和成本。

　　这里必须强调的是 CAPL DLL 开发不同于普通的 Windows DLL，Vector 提供的官方介绍文档并不多，所以建议读者在 Vector 提供的官方例程（C:\Users\Public\Documents\Vector\CANoe\Sample Configurations 11.0.42\Programming\CAPLdll）的基础上进行开发。本书基于官方例程在 Visual Studio 2013 下整理出一个开发模板，去除不必要的部分，只保留一个减法函数 appSubtract 作为范例，便于读者直接使用（路径为：\Chapter_17\Additional\Material\CAPLdll_template.zip）。

17.1.1　CAPL DLL 函数列表

CAPL DLL 必须严格按照 Vector 定义的要求来创建，否则无法被 CANoe 识别。所有已创建的函数，必须借助函数列表（CAPL_DLL_INFO_LIST），才能导入到 CAPL 代码里。列表的第一行含有版本信息，必须按以下格式来定义（用户无须修改）。

```
{CDLL_VERSION_NAME, (CAPL_FARCALL)CDLL_VERSION, "", "", CAPL_DLL_CDECL,
0xabcd, CDLL_EXPORT }
```

每个函数对应的函数列表，需要按照 CAPL DLL 函数列表架构定义，如表 17.1 所示。

表 17.1　CAPL DLL 函数列表架构定义

要　　素	描　　述	备　　注
1	需要导入函数的名称	—
2	动态链接库中的函数地址	—
3	函数类别名称	—
4	函数的功能描述	在 CAPL Browser 中可以参看到这部分信息
5	返回值的数据类型	—
6	函数的参数数量	CAPL_DLL_INFO3：最多 10 个参数 CAPL_DLL_INFO4：最多 64 个参数
7	参数的数据类型	—
8	参数的维数	函数参数维数定义如下。 \000：Scalar（数值） \001：1-dimensional Array（一维数组） \002：2-dimensional Array（二维数组）
9	函数的参数名称	—

表 17.2 列出了 CAPL DLL 函数参数和返回值的数据类型定义。

表 17.2　CAPL DLL 函数参数和返回值的数据类型定义

符　　号	对应的 CAPL 中的数据类型	VC.NET 中对应的数据类型	备　　注
V	void	void	—
C	char	char	
B	byte	unsigned char	注意：仅用于数组，普通数值请用 long 来替代
I	int	short	
W	word	unsigned short	
L	long	long	—
D	dword	unsigned long	—
6	int64	long long	—
U	qword	unsigned long long	—
F	float	double	—

按照这个规则，可以设计出一个减法函数如下。

```
long CAPLEXPORT far CAPLPASCAL appSubtract(long x, long y)
{
  long z = x - y;
  return z;
}
```

在函数列表中可以将减法函数做如下定义。

```
{"dllSubtract",   (CAPL_FARCALL)appSubtract,  "CAPL_DLL","This function
will substract two values. The return value is the result",'L', 2, "LL",
"", {"x","y"}}
```

在该例子中，函数列表中的各个要素的说明如表 17.3 所示。

表 17.3　函数列表举例说明

要　　素	值
函数名称	dllSubtract
函数地址	appSubtract
函数类别	CAPL_DLL
函数描述	This function will substract two values. The return value is the result
返回值	L (Long)
函数参数数量	2
参数类型	'L', 'L' (long, long)
参数维数	"" (全是数值)
参数名称	"x", "y"

17.1.2　CAPL 回调函数

CAPL 回调函数在 CANoe 测量运行时，会被 CAPL DLL 独立调用。CAPL 回调函数接口声明可以在头文件 VIA_CDLL.h 和 VIA.h 中找到。下面简单介绍 VIA_CDLL.h 和 VIA.h 中定义的类和回调函数，如表 17.4 所示。

表 17.4　VIA_CDLL.h 和 VIA.h 中的类和回调函数简介

类 及 函 数	描　　述
VIARegisterCDLL 函数	此函数是用来初始化 CAPL DLL。CAPL 程序调用 registerCAPLDLL() 时会使用它来执行初始化。既然 DLL 可能被多个节点调用，registerCAPLDLL() 可以返回一个句柄供不同的节点使用。由于 DLL 可能被多个节点同时调用，需要在 CAPL DLL 中有明显的区别。为了实现这一功能，需要使用 registerCAPLDLL() 返回的句柄给 CAPL 节点
VIA_CDLL.h 中 VIACapl 类	扩展 CAPL DLL 接口，使 CAPL DLL 可以调用 VIA API
GetCaplHandle 函数	此函数决定 RegisterCAPLDLL 返回句柄的处理。调用完 CAPL 函数后，这个句柄会被 CAPL 节点返回给 CAPL DLL

类 及 函 数	描　述
GetCaplFunction 函数	此函数为 CAPL DLL 函数创建一个句柄。调用完 CAPL 函数后，这个句柄会被 CAPL 节点返回给 CAPL DLL。该句柄保持有效直到 measurement 停止或者 ReleaseCapl!Function 被调用
ReleaseCaplFunction 函数	这个函数调用是用来释放获得的 CAPL 回调函数句柄（参看函数 GetCaplFunction）。在测量结束以后，将对每个回调函数逐一释放
GetVersion 函数	返回接口对象的版本
VIA.h 中的 VIACaplFunction 类	提供不同的方法来查看 CAPL 函数
ParamSize 函数	返回 CAPL 函数的所有参数的字节总数
ParamCount 函数	返回 CAPL 函数的签名参数个数
ParamType 函数	返回 CAPL 函数指定签名参数的类型
ResultType 函数	返回 CAPL 函数返回值的类型
Call 函数	使用指定的参数去调用 CAPL 函数，适用于返回值为 unit32 的 CAPL 函数
CallReturnsDouble 函数	使用指定的参数去调用 CAPL 函数，适用于返回值为 double 的 CAPL 函数

Vector 的官方实例代码已经定义了 CaplInstanceData 类来处理相关回调函数的处理，用户无须修改，此处只做简单了解。

17.2　工程实例简介

本章工程需要使用 VC.NET 开发一个 CAPL DLL，封装了以下三个自定义函数：一个用于实现 CRC16 算法，另外两个用于本机 MAC 地址的读取。在 CANoe 的仿真工程中需要调用这三个函数来实现对应的功能。

17.3　工程实现——VC.NET 开发 CAPL DLL

本书在前面已经介绍了 CAPL DLL 相关规则，下面引导读者来创建三个用户自定义的函数。

17.3.1　创建用户自定义函数——CRC 算法函数

在很多通信的协议（例如工业现场的总线协议 modbus）中需要调用一些算法，CRC 算法就是一种非常常见的算法，可以来判断通信过程是否有数据传输错误的发生。以下为一段较常见的 C 语言实现的 CRC16 代码。

```
// -----------CRC 高位字节值表-----------------------------------
unsigned char auchCRCHi[] = {
    0x00, 0xC1, 0x81, 0x40, 0x01, 0xC0, 0x80, 0x41, 0x01, 0xC0,
    0x80, 0x41, 0x00, 0xC1, 0x81, 0x40, 0x01, 0xC0, 0x80, 0x41,
    0x00, 0xC1, 0x81, 0x40, 0x00, 0xC1, 0x81, 0x40, 0x01, 0xC0,
    0x80, 0x41, 0x01, 0xC0, 0x80, 0x41, 0x00, 0xC1, 0x81, 0x40,
```

```
    0x00, 0xC1, 0x81, 0x40, 0x01, 0xC0, 0x80, 0x41, 0x00, 0xC1,
    0x81, 0x40, 0x01, 0xC0, 0x80, 0x41, 0x01, 0xC0, 0x80, 0x41,
    0x00, 0xC1, 0x81, 0x40, 0x01, 0xC0, 0x80, 0x41, 0x00, 0xC1,
    0x81, 0x40, 0x00, 0xC1, 0x81, 0x40, 0x01, 0xC0, 0x80, 0x41,
    0x00, 0xC1, 0x81, 0x40, 0x01, 0xC0, 0x80, 0x41, 0x01, 0xC0,
    0x80, 0x41, 0x00, 0xC1, 0x81, 0x40, 0x00, 0xC1, 0x81, 0x40,
    0x01, 0xC0, 0x80, 0x41, 0x01, 0xC0, 0x80, 0x41, 0x00, 0xC1,
    0x81, 0x40, 0x01, 0xC0, 0x80, 0x41, 0x00, 0xC1, 0x81, 0x40,
    0x00, 0xC1, 0x81, 0x40, 0x01, 0xC0, 0x80, 0x41, 0x01, 0xC0,
    0x80, 0x41, 0x00, 0xC1, 0x81, 0x40, 0x00, 0xC1, 0x81, 0x40,
    0x01, 0xC0, 0x80, 0x41, 0x00, 0xC1, 0x81, 0x40, 0x01, 0xC0,
    0x80, 0x41, 0x01, 0xC0, 0x80, 0x41, 0x00, 0xC1, 0x81, 0x40,
    0x00, 0xC1, 0x81, 0x40, 0x01, 0xC0, 0x80, 0x41, 0x01, 0xC0,
    0x80, 0x41, 0x00, 0xC1, 0x81, 0x40, 0x01, 0xC0, 0x80, 0x41,
    0x00, 0xC1, 0x81, 0x40, 0x00, 0xC1, 0x81, 0x40, 0x01, 0xC0,
    0x80, 0x41, 0x00, 0xC1, 0x81, 0x40, 0x01, 0xC0, 0x80, 0x41,
    0x01, 0xC0, 0x80, 0x41, 0x00, 0xC1, 0x81, 0x40, 0x01, 0xC0,
    0x80, 0x41, 0x00, 0xC1, 0x81, 0x40, 0x00, 0xC1, 0x81, 0x40,
    0x01, 0xC0, 0x80, 0x41, 0x01, 0xC0, 0x80, 0x41, 0x00, 0xC1,
    0x81, 0x40, 0x00, 0xC1, 0x81, 0x40, 0x01, 0xC0, 0x80, 0x41,
    0x00, 0xC1, 0x81, 0x40, 0x01, 0xC0, 0x80, 0x41, 0x01, 0xC0,
    0x80, 0x41, 0x00, 0xC1, 0x81, 0x40
};

// -----------CRC 低位字节值表-----------------------------
unsigned char auchCRCLo[] = {
    0x00, 0xC0, 0xC1, 0x01, 0xC3, 0x03, 0x02, 0xC2, 0xC6, 0x06,
    0x07, 0xC7, 0x05, 0xC5, 0xC4, 0x04, 0xCC, 0x0C, 0x0D, 0xCD,
    0x0F, 0xCF, 0xCE, 0x0E, 0x0A, 0xCA, 0xCB, 0x0B, 0xC9, 0x09,
    0x08, 0xC8, 0xD8, 0x18, 0x19, 0xD9, 0x1B, 0xDB, 0xDA, 0x1A,
    0x1E, 0xDE, 0xDF, 0x1F, 0xDD, 0x1D, 0x1C, 0xDC, 0x14, 0xD4,
    0xD5, 0x15, 0xD7, 0x17, 0x16, 0xD6, 0xD2, 0x12, 0x13, 0xD3,
    0x11, 0xD1, 0xD0, 0x10, 0xF0, 0x30, 0x31, 0xF1, 0x33, 0xF3,
    0xF2, 0x32, 0x36, 0xF6, 0xF7, 0x37, 0xF5, 0x35, 0x34, 0xF4,
    0x3C, 0xFC, 0xFD, 0x3D, 0xFF, 0x3F, 0x3E, 0xFE, 0xFA, 0x3A,
    0x3B, 0xFB, 0x39, 0xF9, 0xF8, 0x38, 0x28, 0xE8, 0xE9, 0x29,
    0xEB, 0x2B, 0x2A, 0xEA, 0xEE, 0x2E, 0x2F, 0xEF, 0x2D, 0xED,
    0xEC, 0x2C, 0xE4, 0x24, 0x25, 0xE5, 0x27, 0xE7, 0xE6, 0x26,
    0x22, 0xE2, 0xE3, 0x23, 0xE1, 0x21, 0x20, 0xE0, 0xA0, 0x60,
    0x61, 0xA1, 0x63, 0xA3, 0xA2, 0x62, 0x66, 0xA6, 0xA7, 0x67,
    0xA5, 0x65, 0x64, 0xA4, 0x6C, 0xAC, 0xAD, 0x6D, 0xAF, 0x6F,
    0x6E, 0xAE, 0xAA, 0x6A, 0x6B, 0xAB, 0x69, 0xA9, 0xA8, 0x68,
    0x78, 0xB8, 0xB9, 0x79, 0xBB, 0x7B, 0x7A, 0xBA, 0xBE, 0x7E,
    0x7F, 0xBF, 0x7D, 0xBD, 0xBC, 0x7C, 0xB4, 0x74, 0x75, 0xB5,
    0x77, 0xB7, 0xB6, 0x76, 0x72, 0xB2, 0xB3, 0x73, 0xB1, 0x71,
    0x70, 0xB0, 0x50, 0x90, 0x91, 0x51, 0x93, 0x53, 0x52, 0x92,
    0x96, 0x56, 0x57, 0x97, 0x55, 0x95, 0x94, 0x54, 0x9C, 0x5C,
    0x5D, 0x9D, 0x5F, 0x9F, 0x9E, 0x5E, 0x5A, 0x9A, 0x9B, 0x5B,
    0x99, 0x59, 0x58, 0x98, 0x88, 0x48, 0x49, 0x89, 0x4B, 0x8B,
```

```
        0x8A, 0x4A, 0x4E, 0x8E, 0x8F, 0x4F, 0x8D, 0x4D, 0x4C, 0x8C,
        0x44, 0x84, 0x85, 0x45, 0x87, 0x47, 0x46, 0x86, 0x82, 0x42,
        0x43, 0x83, 0x41, 0x81, 0x80, 0x40
};

// -------------输入字符串 得到相应的 CRC 校验值--------------
unsigned int crc16(unsigned char *puchMsg, unsigned int usDataLen)
{
    unsigned char uchCRCHi = 0xFF;          // 高 CRC 字节初始化
    unsigned char uchCRCLo = 0xFF;          // 低 CRC 字节初始化
    unsigned int uIndex;                    // CRC 循环中的索引
    while (usDataLen--)                      // 传输消息缓冲区
    {
        uIndex = uchCRCHi ^ *puchMsg++;     // 计算 CRC
        uchCRCHi = uchCRCLo ^ auchCRCHi[uIndex];
        uchCRCLo = auchCRCLo[uIndex];
    }
    return (uchCRCHi << 8 | uchCRCLo);
}
```

读者只需将这段代码中的 unsigned int crc16(unsigned char *puchMsg, unsigned int usDataLen)函数做一些简单的修改就可以集成到 CAPL DLL 中。下面提供了修改完毕的 CAPL DLL 函数代码。

```
// -------------输入字符串 得到相应的 CRC 校验值--------------
long CAPLEXPORT far CAPLPASCAL appCrc16(unsigned char puchMsg[], long usDataLen)
{
    unsigned char uchCRCHi = 0xFF;          // 高 CRC 字节初始化
    unsigned char uchCRCLo = 0xFF;          // 低 CRC 字节初始化
    unsigned int uIndex;                    // CRC 循环中的索引
    long result;
    while (usDataLen--)                      // 传输消息缓冲区
    {
        uIndex = uchCRCHi ^ *puchMsg++;     // 计算 CRC
        uchCRCHi = uchCRCLo ^ auchCRCHi[uIndex];
        uchCRCLo = auchCRCLo[uIndex];
    }
    result = uchCRCHi << 8 | uchCRCLo;
    return result;
}
```

这个函数带两个参数: puchMsg[]（数据类型为 unsigned char 即为 B，一维数组即/001）和 usDataLen（数据类型为 long 即为 L，普通数值即/000），返回值为 long 即为 L。函数列表中需要添加以下代码。

```
 {"dllCrc16",  (CAPL_FARCALL)appCrc16,"CAPL_DLL", "This function will
calculate CRC16. The return value is CRC16 value", 'L', 2, "BL", "/001/000",
{ "puchMsg","usDataLen"} },
```

17.3.2 创建用户自定义函数——读取 MAC 地址函数

为了读取 MAC 地址，需要在 capldll.cpp 文件开头增加以下代码：

```cpp
// for MAC read
#include <iphlpapi.h>
#pragma comment(lib, "IPHLPAPI.lib")
#define MALLOC(x) HeapAlloc(GetProcessHeap(), 0, (x))
#define FREE(x) HeapFree(GetProcessHeap(), 0, (x))
```

然后需要添加三个函数：appGetMAC 函数用于读取本机的 MAC 地址，而 appGetMac1
和 appGetMac2 则是调用 appGetMAC 获得 MAC 地址前部分和后部分，以 long 数据类型
返回。

```cpp
// return 0 - success; 1 - failed
int appGetMAC(void)
{
    PIP_ADAPTER_INFO pAdapterInfo;
    PIP_ADAPTER_INFO pAdapter = NULL;
    DWORD dwRetVal = 0;
    UINT i;
    byte firstMAC[6] = { 00, 00, 00, 00, 00, 00 };
    int sIndex = 0;

    ULONG ulOutBufLen = sizeof(IP_ADAPTER_INFO);
    pAdapterInfo = (IP_ADAPTER_INFO *)MALLOC(sizeof(IP_ADAPTER_INFO));
    if (pAdapterInfo == NULL) {
        printf("Error allocating memory needed to call GetAdaptersinfo\n");
        return 1;
    }
    // Make an initial call to GetAdaptersInfo to get
    // the necessary size into the ulOutBufLen variable
    if (GetAdaptersInfo(pAdapterInfo, &ulOutBufLen) == ERROR_BUFFER_OVERFLOW) {
        FREE(pAdapterInfo);
        pAdapterInfo = (IP_ADAPTER_INFO *)MALLOC(ulOutBufLen);
        if (pAdapterInfo == NULL) {
            printf("Error allocating memory needed to call GetAdaptersinfo\n");
            return 1;
        }
    }

    if ((dwRetVal = GetAdaptersInfo(pAdapterInfo, &ulOutBufLen)) == NO_ERROR) {
        pAdapter = pAdapterInfo;
        while (pAdapter) {
            if (sIndex == 0)
                sIndex = pAdapter->ComboIndex;
            if (sIndex >= (int)pAdapter->ComboIndex)
            {
```

```
                    sIndex = pAdapter->ComboIndex;
                    for (i = 0; i < pAdapter->AddressLength; i++) {
                        firstMAC[i] = pAdapter->Address[i];
                        printf("%.2X", (int)pAdapter->Address[i]);
                    }
                    printf("\tIndex: \t%d\n", pAdapter->Index);
                }
                pAdapter = pAdapter->Next;
            }
        }
        else
        {
            return 1;
        }
        mac1 = 0;
        for (i = 0; i < 3; i++) {
            mac1 = mac1 * 0x100 + (int)firstMAC[i];
        }
        mac2 = 0;
        for (i = 0; i < 3; i++) {
            mac2 = mac2 * 0x100 + (int)firstMAC[i + 3];
        }
        if (pAdapterInfo)
            FREE(pAdapterInfo);
        return 0;
    }


// get the MAC part-1
long CAPLEXPORT far CAPLPASCAL appGetMac1(void)
{
    if (!appGetMAC())
    {
        return mac1;
    }
    else
        return 0;
}


// get the MAC part-2
long CAPLEXPORT far CAPLPASCAL appGetMac2(void)
{
    if (!appGetMAC())
    {
        return mac2;
    }
    else
        return 0;
}
```

函数列表中需要加入以下部分。

```
{"dllGetMac1", (CAPL_FARCALL)appGetMac1, "CAPL_DLL", "This function will
read MAC address part1", 'L', 0, "V", "", { "" }},
{"dllGetMac2", (CAPL_FARCALL)appGetMac2, "CAPL_DLL", "This function will
read MAC address part2", 'L', 0, "V", "", { "" }},
```

17.4　工程实现——CANoe 调用 CAPL DLL

下面将带领读者学习如何将前面开发的 CAPL DLL 添加到一个新建的 CANoe 仿真工程中。为了方便测试，本实例中将创建一个测试面板，CAPL DLL 函数的输入参数和返回结果可以一目了然。

17.4.1　如何添加 CAPL DLL

为了在 CANoe 工程中调用 CAPL DLL 文件，必须将其添加到仿真工程中，CANoe 提供了以下两种添加 CAPL DLL 的方法。

（1）在 CANoe 界面中，选择 File→Options→Programming→CAPL DLL 进入 CAPL DLL 设置界面，如图 17.1 所示。

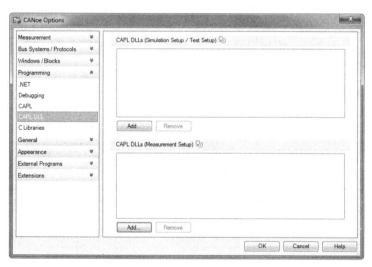

图 17.1　添加 CAPL DLL 到仿真工程中

这里需要指出：如果用户需要在仿真节点或 Test Setup 中调用该 DLL，则需要把它添加到 Simulation Setup/Test Setup 区域。如果需要在 Measurement Setup 中调用，则需要将它添加到 Measurement Setup 区域。如果两者都需要调用，则需要将它同时添加到两个区域。这种情况下，当前 CANoe 工程中所有的 CAPL 程序都可以直接调用 CAPL DLL。

（2）也可以在 CAPL 程序中直接使用#pragma library 命令调用 CAPL DLL。这种情况下，只有当前的 CAPL 程序可以调用。

```
#pragma library("file path")
```

```
#pragma library("file path", version)
#pragma library("file path", version, "message text")
```

本实例使用了第二种调用方式。

```
includes
{
  #pragma library("..\Exec32\capldll.dll")
}
```

17.4.2　DLL 路径搜索顺序

在仿真工程开始运行时，CANoe 工程除了需要调用指定位置的 CAPL DLL 以外，可能还需要调用其他关联的 DLL。最常见的一种情况是：用户开发的 CAPL DLL 可能需要调用第三方封装的 DLL。这时 CANoe 将需要搜索这些 DLL，搜索顺序如下。

（1）CANoe 安装位置下文件夹 EXEC32；

（2）当前工作文件夹（仿真工程 CFG 文件所在文件夹）；

（3）Windows 的系统文件夹（C:\Windows\System32）；

（4）Windows 文件夹；

（5）在 Path 环境变量中的一系列路径。

对于需要调用的自定义 DLL，建议在 CANoe 运行之前把相关 DLL 复制到 CANoe 安装文件夹 EXEC32 的下面。也可以根据用户需要，将用户自定义的 DLL 放在当前工作文件夹下面。

17.4.3　添加系统变量

本实例中，读者需要添加相关的系统变量，用于 CAPL DLL 函数参数和返回结果等数据的交互，同时可以显示在面板上。相关的系统变量列表及属性如表 17.5 所示。

表 17.5　系统变量列表及属性

变　　量	命名空间	变量类型	初　始　值	最小值	最大值	描　　述
calCrc_press	CAPL_DLL	Int32	0	0	1	检查按钮 Calculate CRC 是否按下
CRC_HByte	CAPL_DLL	UInt32	—	—	—	
CRC_LByte	CAPL_DLL	UInt32	—	—	—	
getMac_press	CAPL_DLL	Int32	0	0	1	检查按钮 Read MAC 是否按下
Input_Data	CAPL_DLL	Data	01 03 00 01 00 01	—	—	
MAC_Addr	CAPL_DLL	String	00-00-00-00-00-00	—	—	

17.4.4　添加一个测试面板

创建一个 Panel，另存为 CAPL_DLL_Test.xvp，测试面板的控件列表及属性如表 17.6 所示。该面板将用于前面 CAPL DLL 中定义的三个函数的测试。

表 17.6　测试面板的控件列表及属性

控　件	属　性	属 性 设 定	说　明
Panel 1	Panel Name	Test_CAPL_DLL	CAPL DLL 测试面板
	Background Color	White	
	Border Style	None	
	Size	480,200	
Input/ Output Box 1	Control Name	Input/Output Box1	显示 MAC 地址控件
	Display Only	True	
	Box Font	8	
	Box Border Style	Fixed3D	
	Box Background Color	Window	
	Background Color	White	
	Text Color	Black	
	Description	MAC Address:	
	Display Description	Left	
	Value Interpretation	Text	
	Symbol Name	MAC_Addr	
	Symbol Namespace	CAPL_DLL	
	Symbol Filter	Variable	
Button1	Control Name	Button1	读取 MAC 地址按钮控件
	Text	Read MAC	
	Switch Value 'Pressed'	1	
	Switch Value 'Released'	0	
	Symbol Name	getMAC_press	
	Symbol Namespace	CAPL_DLL	
	Symbol Filter	Variable	
Static Text1	Control Name	Static Text1	标签
	Text	Input Data	
Hex/ Text Editor 1	Control Name	Hex/Text Editor 1	输入 Data 控件
	Display Only	False	
	Columns/letters per line	8	
	Editor Layout	OnlyTextfield	
	Fixed Length	−1	
	Start Offset	0	
	Text Field Interpretation	AsciiEncoding	
	Symbol Name	Input_Data	
	Symbol Namespace	CAPL_DLL	
	Symbol Filter	Variable	

控 件	属 性	属 性 设 定	说 明
Input/Output Box2	Control Name	Input/Output Box2	CRC Hi Byte 输出结果控件
	Display Only	True	
	Box Font	8	
	Box Border Style	Fixed3D	
	Box Background Color	Window	
	Background Color	White	
	Text Color	Black	
	Description	CRC Hi Byte:	
	Display Description	Left	
	Value Interpretation	Text	
	Symbol Name	CRC_HByte	
	Symbol Namespace	CAPL_DLL	
	Symbol Filter	Variable	
Input/ Output Box3	Control Name	Input/Output Box3	CRC Low Byte 输出结果控件
	Display Only	True	
	Box Font	8	
	Box Border Style	Fixed3D	
	Box Background Color	Window	
	Background Color	White	
	Text Color	Black	
	Description	CRC Lo Byte:	
	Display Description	Left	
	Value Interpretation	Text	
	Symbol Name	CRC_LByte	
	Symbol Namespace	CAPL_DLL	
	Symbol Filter	Variable	
Button2	Control Name	Button2	CRC 计算按钮控件
	Text	Calculate CRC	
	Switch Value 'Pressed'	1	
	Switch Value 'Released'	0	
	Symbol Name	calCrc_press	
	Symbol Namespace	CAPL_DLL	
	Symbol Filter	Variable	

控件添加设置完毕以后，面板设计的效果如图 17.2 所示。

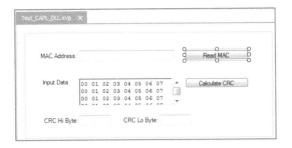

图 17.2　面板设计的效果图

17.4.5　添加 CAPL 代码

以下提供了完整的 CAPL 代码（capldll.can），供读者参考。

```
@includes
{
  #pragma library("..\Exec32\capldll.dll")
}

variables
{
  DWORD gHandle;
}

on start
{
  writeLineEx(1,1,"2. DLL Initialization: Done!");

  // 这个函数初始化 CAPL DLL 所有回调函数
  dllInit(gHandle);
}

on preStart
{
  // 这个函数注册 CAPL DLL 并返回一个句柄给 CAPL 节点
  writeLineEx(1,1,"");
  writeLineEx(1,1,"");
  writeLineEx(1,1,"--------------- CAPL-DLL Example ---------------");
  writeLineEx(1,1,"");
  writeLineEx(1,1,"Start procedure:");
  gHandle = registerCAPLDLL();
  writeLineEx(1,1,"1. DLL Registration:  Handle = %d", gHandle);
}

on stopMeasurement
{
  // 这个函数将释放 CAPL DLL 中的所有函数
```

CANoe 高级编程——CAPL DLL 技术

```
    dllEnd(gHandle);
}

on sysvar CAPL_DLL::getMac_press
{
  long mac1,mac2;
  char mac[18];
  int offset;
  long temp_int;
  long temp_long;
  char temp_hex[3];
  if(@CAPL_DLL::getMac_press==1)
  {
    // 读取 MAC 地址的前部分，并在 Write 窗口中输出
    mac1 = dllGetMac1();
    writeLineEx(1,1,"CAPL CallBack Function shows MAC1 = 0x%x",mac1);

    // 读取 MAC 地址的后部分，并在 Write 窗口中输出
    mac2 = dllGetMac2();
    writeLineEx(1,1,"CAPL CallBack Function shows MAC2 = 0x%x",mac2);
  @CAPL_DLL::getMac_press=0;

    // 处理字符输出
    offset=0;
    temp_int= mac1/0x10000;
    ltoa(temp_int,temp_hex,16);
    if(strlen(temp_hex)==1)
    {
      offset++;
    }
    strncpy_off(mac,offset,temp_hex,18);
    offset=2;
    strncpy_off(mac,2,"-",18);

    offset=3;
    temp_int= mac1/0x100%0x100;
    ltoa(temp_int,temp_hex,16);
    if(strlen(temp_hex)==1)
    {
      mac[offset]='0';
      offset++;
    }
    strncpy_off(mac,offset,temp_hex,18);
    offset=5;
    strncpy_off(mac,5,"-",18);

    offset=6;
    temp_int= mac1%0x100;
    ltoa(temp_int,temp_hex,16);
```

```
      if(strlen(temp_hex)==1)
       {
         mac[offset]='0';
         offset++;
       }
      strncpy_off(mac,offset,temp_hex,18);
      offset=8;
      strncpy_off(mac,8,"-",18);

      offset=9;
      temp_int= mac2/0x10000;
      ltoa(temp_int,temp_hex,16);
      if(strlen(temp_hex)==1)
       {
         mac[offset]='0';
         offset++;
       }
      strncpy_off(mac,offset,temp_hex,18);
      offset=11;
      strncpy_off(mac,offset,"-",18);

      offset=12;
      temp_int= mac2/0x100%0x100;
      ltoa(temp_int,temp_hex,16);
      if(strlen(temp_hex)==1)
       {
         mac[offset]='0';
         offset++;
       }
      strncpy_off(mac,offset,temp_hex,18);
      offset=14;
      strncpy_off(mac,offset,"-",18);

      offset=15;
      temp_int= mac2%0x100;
      ltoa(temp_int,temp_hex,16);
      if(strlen(temp_hex)==1)
       {
         mac[offset]='0';
         offset++;
       }

      // 在 Write 窗口输出 MAC 地址，并更新面板显示
      strncpy_off(mac,offset,temp_hex,18);
      writeLineEx(1,1,"Show MAC: %s",mac);
      sysSetVariableString(sysvar::CAPL_DLL::MAC_Addr,mac);
   }
}
```

```
on sysvar CAPL_DLL::calCrc_press
{
 char input_ch[100];
 byte input_byte[100];
 long crc16;
 long len;
 if(@CAPL_DLL::calCrc_press==1)
 {
   // 获取系统变量给变量 input_byte
   sysGetVariableData(sysvar::CAPL_DLL::Input_Data,input_byte,len);

   // 调用 CAPL DLL 中的函数 dllCrc16()计算 CRC16，并输出到 Write 窗口
   crc16 = dllCrc16(input_byte,len);
   writeLineEx(1,1,"CAPL CallBack Function shows crc16 is: %x",crc16);

   // 更新系统变量并更新面板显示
   @sysvar::CAPL_DLL::CRC_HByte = crc16>>8; // High Byte of CRC16
   @sysvar::CAPL_DLL::CRC_LByte = crc16&0x00FF; // Low Byte of CRC16
 }
}
```

17.5　工程运行测试

单击 Read MAC 按钮，CAPL 将调用 CAPL DLL 中的两个函数 appGetMac1 和 appGetMac2 读取系统的网卡 MAC 地址，并将其显示出来。单击 Calculate CRC 按钮，CAPL 将调用 CAPL DLL 中的函数 appCrc16，计算出一组 Byte 数据的 CRC16 值。在以上操作的过程中，同样在 Write 窗口会输出相关信息。图 17.3 和图 17.4 为面板测试结果和 Write 窗口输出信息。

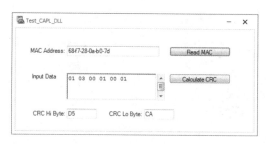

图 17.3　面板测试结果

```
ⓘ CAPL / .NET
ⓘ CAPL / .NET
ⓘ CAPL / .NET ------------------- CAPL-DLL Example -------------------
ⓘ CAPL / .NET
ⓘ CAPL / .NET Start procedure:
ⓘ CAPL / .NET 1. DLL Registration:   Handle = 14
ⓘ CAPL / .NET 2. DLL Initialization: Done!
ⓘ CAPL / .NET CAPL CallBack Function shows MAC1 = 0x68f728
ⓘ CAPL / .NET CAPL CallBack Function shows MAC2 = 0xab07d
ⓘ CAPL / .NET Show MAC: 68-f7-28-0a-b0-7d
ⓘ CAPL / .NET CAPL CallBack Function shows crc16 is: d5ca
```

图 17.4　Write 窗口输出信息

读者可以在本书提供的资源压缩包中找到本章例程的工程文件（CANoe 工程文件路径为：\Chapter_17\Source\ CANoe_CAPL_DLL\；VC.NET 工程文件路径为：\Chapter_17\Source\ VC.NET\）。

17.6　扩展话题——CANoe 仿真工程代码保护

有些 CANoe 仿真工程功能比较复杂，甚至带有一些公司的加密信息，开发和维护也需要投入一定的人力和物力。根据项目的需要，仿真工程可能会释放给外部使用（外包人员、供应商或者客户），为了保护开发者的劳动成果，开发者有必要做一些保护措施。CANoe 仿真工程保护主要有以下三种方式：编译后删除源代码，加密后删除源代码和加密保护与硬件绑定。

17.6.1　编译后删除源代码

这是目前普遍采取保护的主要措施，CANoe 的仿真工程中的 CAPL 程序，经过编译会在*.can 文件所在的相同文件夹中生成一个相同名字的*.cbf 文件。这时可以做如下一些设定。

（1）编译完成后，删除相关节点的 CAPL 源程序（*.can 文件）。

（2）在该节点的 Configuration→Node specification 中，将原来的*.can 文件换成对应的*.cbf 文件。

图 17.5 以 Vector 自带的 easy 仿真工程的设定为例，设置完成以后，用户可以继续使用，但无法查看 CAPL 源代码，也不可以重新编译。

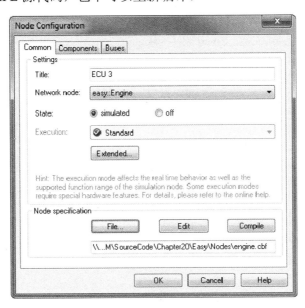

图 17.5　节点程序替换为*.cbf 文件

CANoe 高级编程——CAPL DLL 技术

需要注意的是，使用此方法发布的仿真工程，使用者必须与开发者使用的 CANoe 版本保持一致，包括补丁包的版本，否则可能无法正常运行。

17.6.2　加密后删除源代码

打开需要保护的源代码，例如 BCM.can。单击 File→Save BCM.can as Encripted，将它另存为 BCM.canencr 文件。然后可以将 BCM.can 源代码文件删除，CANoe 仿真工程可以正常编译运行。需要注意的是，此处不需要重新配置该节点，配置文件依然使用以前的 BCM.can。对于 CAPL 的头文件*.cin，也可以使用同样的方法保护起来，加密后的文件扩展名为*.cinencr。

加密过的*.canencr 或*.cinencr 文件不能被编辑或查看，可以有效保证开发成果。如果原文件和加密文件同时存在，CANoe 会默认使用未加密的原文件。

与第一种保护方式相比，主要差异是加密保护的源程序依然可以在其他版本的 CANoe 中编译，避免了因为 CBF 版本不兼容影响使用的问题。

17.6.3　加密保护与硬件绑定

如果开发人员不希望自己的仿真工程被任意转发或使用，特别是防范外传到自己的竞争对手那里，这时候建议用户在前两种方法的基础上，通过本章的 CAPL DLL 技术来添加一些加密算法与计算机本机的硬件绑定（例如 MAC 地址等）。其他用户拿到未授权的仿真工程时，将需要激活，否则会自动退出 CANoe 的测量运行。

第 18 章 CANoe 高级编程——C Library API 技术

本章内容:
- CCL 库文件概述;
- 常见 CCL 接口函数介绍;
- 工程实例简介;
- 代码实现及如何调用;
- 工程运行测试。

CANoe C Library 简称 CCL 库,允许用户使用 C 语言开发相关功能,生成的 CCL API 可以集成到 CANoe 开发环境中,作为 CANoe 工程的一部分。这个 API(DLL 文件)可以实现 CANoe 中 CAPL 的类似功能,如发送和接收 CAN 和 LIN 数据帧,提供定时器服务,并能访问 CANoe 工程中的变量等,也可以实现普通 Windows DLL 的一些功能,例如,使用一些复杂算法来处理仿真或测量过程中的数据或者调用其他硬件接口等。

18.1　CCL 库文件概述

第 17 章中介绍了 CAPL DLL 是可以被 CANoe 调用的动态链接库,这里 CCL 也是动态链接库,读者可能会感到困惑,它们的本质差别在哪里?简单来说,CAPL DLL 就是让 CANoe 借助 Visual Studio 去实现一些 CANoe 难以实现的功能或者开发者需要保护的算法和信息。而 CCL 则是在 Visual Studio 环境中调用 CANoe 的 API 实现总线操作功能,同时可以借助 VC.NET 强大的开发功能添加一些其他功能,通过 DLL 实现代码和算法的封装,既实现了代码的保护,又方便其他项目的重用。

创建 C Library 库文件,需要安装 Visual Studio 开发环境,本章同样以 Visual Studio 2013 开发环境为例来介绍,并基于一个典型例程来讨论如何创建和调用 CCL 库。

18.2　常用 CCL 接口函数介绍

CCL 函数接口主要包括通用、定时器、系统变量、CAN、LIN 和信号等方面的函数,具体参看表 18.1。

表 18.1　CCL 接口函数列表及描述

函　　数	描　　述
通用(**General**)	
cclGetUserFilePath	获取用户文件的绝对路径
cclOnDllLoad	此函数是 CCL 库的入口函数,必须包含; 此函数用于 CCL 库初始化和登记额外的事件程序

函　　　数	描　　　述
cclPrintf	将信息按照指定格式输出到 Write 窗口
cclSetDllUnloadHandler	该函数用于关联一个事件处理函数，该事件处理函数将在 CCL 结构被销毁前被调用
cclSetMeasurementPreStartHandler	该函数用于关联一个事件处理函数，该事件处理函数将在测量初始化时被调用
cclSetMeasurementStartHandler	该函数用于关联一个事件处理函数，该事件处理函数将在测量开始以后被调用
cclSetMeasurementStopHandler	该函数用于关联一个事件处理函数，该事件处理函数将在测量停止时被调用
cclWrite	输出文本信息到 Write 窗口
定时器和时间（Timer & time）	
cclTimerCancel	终止运行中的定时器
cclTimerCreate	创建一个新的定时器，并将事件程序关联到此定时器
cclTimerSet	将定时器设定到指定的时间值
cclTimeSeconds, cclTimeMilliseconds, cclTimeMicroseconds	将单位为秒（s）、毫秒（ms）和微秒（μs）的数值转换为纳秒（ns）
系统变量（System variables）	
cclSysVarGetArraySize	返回数组型系统变量的空间大小
cclSysVarGetData	读取 Data 型系统变量的数值
cclSysVarGetFloat	读取 Float 型系统变量的数值
cclSysVarGetFloatArray	读取 Float 型系统数组变量的数值
cclSysVarGetID	返回系统变量的 ID
cclSysVarGetInteger	读取 Integer 型系统变量的数值
cclSysVarGetIntegerArray	读取 Integer 型数组系统变量的数值
cclSysVarGetPhysical	读取 struct 型或数组系统变量的成员的物理数值
cclSysVarGetString	读取 String 型系统变量的数值
cclSysVarGetType	返回系统变量的类型
cclSysVarSetData	修改 Data 型系统变量的数值
cclSysVarSetFloat	修改 Float 型系统变量的数值
cclSysVarSetFloatArray	修改 Float 型系统数组变量的数值
cclSysVarSetHandler	该函数用于关联一个事件处理函数，该事件处理函数用于对一个系统变量变化事件的处理
cclSysVarSetInteger	修改 Integer 型系统变量的数值
cclSysVarSetIntegerArray	修改 Integer 型系统数组变量的数值
cclSysVarSetPhysical	修改 struct 型或数组系统变量的成员的物理数值
cclSysVarSetString	修改 String 型系统变量的数值
CAN	
cclCanIsExtendedIdentifier	检查是否是扩展 ID（29b）

函　数	描　述
cclCanIsStandardIdentifier	检查是否是标准 ID（11b）
cclCanMakeExtendedIdentifier	创建一个扩展 ID（29b）
cclCanMakeStandardIdentifier	创建一个标准 ID（11b）
cclCanOutputMessage	向 CAN 总线输出一条报文
cclCanSetMessageHandler	该函数用于关联一个事件处理函数，该事件处理函数用于响应 CAN 报文接收以后的处理
cclCanValueOfIdentifier	返回 CAN ID 的数值
LIN	
cclLinChangeSchedtable	用于将当前的 schedule table 切换到其他的 schedule table
cclLinSendHeader	用于将 LIN 报文的头部发送到指定通道
cclLinSetFrameHandler	该函数用于关联一个事件处理函数，该事件处理函数用于响应 LIN 报文接收以后的处理
cclLinStartScheduler	开始内部 scheduler
cclLinStopScheduler	停止内部 scheduler
cclLinUpdateResponseData	用于更新 LIN 报文中的响应数据
Signals（信号）	
cclSignalGetID	返回 Signal ID
cclSignalGetRxPhysDouble	读取一个收到信号的物理值（physical 值，双精度型）
cclSignalGetRxRawDouble	读取一个收到信号的原始值（raw 值，双精度型）
cclSignalGetRxRawInteger	读取一个收到信号的原始值（raw 值，整型）
cclSignalGetTxPhysDouble	读取一个发送信号的物理值（physical 值，双精度型）
cclSignalGetTxRawDouble	读取一个发送信号的原始值（raw 值，双精度型）
cclSignalGetTxRawInteger	读取一个发送信号的原始值（raw 值，整型）
cclSignalSetHandler	用于定义一个回调函数来处理指定的信号。当该信号被发送到总线上时，该事件函数会被调用
cclSignalSetTxPhysDouble	修改一个发送信号的物理值（physical 值，双精度型）
cclSignalSetTxRawDouble	修改一个发送信号的原始值（raw，双精度型）
cclSignalSetTxRawInteger	修改一个发送信号的原始值（raw，整型）

18.3　工程实例简介

本章实例将演示如何在 CCL 中调用接口函数，并在 CANoe 中实现以下功能。

（1）CCL 定时发送一个周期报文（ID：0x100x）到总线上，最后一个字节数据实现循环递增；

（2）对总线上出现的标准报文（ID：0x101），CCL 做出响应，并在 Write 窗口输出相关信息；

（3）对总线上出现的扩展报文（ID：0x102x），CCL 做出响应，并在 Write 窗口输出相关信息；

（4）对系统变量的变化，CCL 做出响应，读取两个系统变量做减法运算，将结果赋值给第三个系统变量。

18.4 工程实现——VC.NET 开发 CCL

与第 17 章类似，本实例也需要在 Visual Studio 的开发环境中，使用 VC.NET 开发工具来开发 CCL，下面将逐步介绍开发过程。

18.4.1 如何创建一个 CCL 库文件

下面介绍如何创建一个 CCL 库文件的 VC.NET 工程，这里可以分为以下两步。

1. 创建一个空白 DLL 工程

按照 Visual Studio 的向导，在 Visual C++下面 Win32 中选择"Win32 项目"选项作为项目模板，该模板主要可以用于创建 Win32 应用、控制台应用、动态链接库和静态链接库等项目。此处，读者可以把项目命名为"C_Library"，如图 18.1 所示。

图 18.1 创建一个 Win32 项目

单击"确定"按钮将进入创建向导，如图 18.2 和图 18.3 所示，请读者按图上的指示来创建。

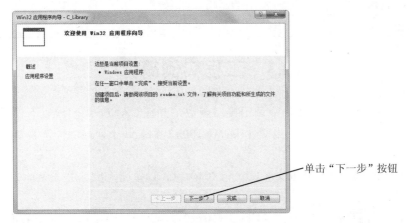

图 18.2 创建 C_Library 项目向导——第 1 步

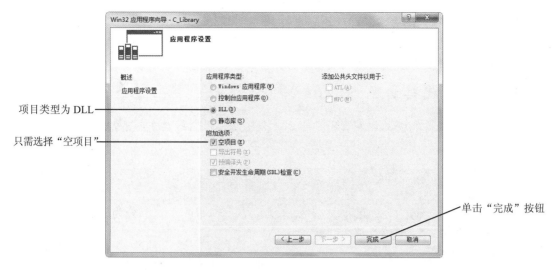

图 18.3 创建 C_Library 项目向导——第 2 步

至此，一个空白的 DLL 类型的项目 C_Library 就创建完毕了。但在"资源视图"的窗口中无法查看到任何文件。

2. 添加 CCL 接口定义文件

在创建好的项目文件夹下新建文件夹 CCL，并将创建所需的 7 个文件（CCL.h、CCL.cpp、CCL.def、VIA.h、VIA_CAN.h、VIA_SignalAccess.h 和 VIA_LIN.h）复制到新建的文件夹 CCL 下面。文件夹 CCL 中这 7 个文件可以在 C:\Users\Public\Documents\Vector\CANoe\Sample Configurations 11.0.42\Programming\C_Library\CCL 路径下找到。读者也可以在本书提供的资源压缩包中找到这 7 个文件（路径为：\Chapter_18\ Additional\Material\CCL.zip）。

在"解决方案资源管理"中建立一个文件夹 CCL，将 CCL.cpp 文件加入项目，并将 CCL.def 设置为模块定义文件，单击"项目"→"属性"打开"属性页"对话框，在"配置属性"→"链接器"→"模块定义文件"项添加"../CCL/CCL.def"，如图 18.4 所示。

图 18.4 添加 CCL.def 文件

CANoe 高级编程——C Library API 技术

3. 创建一个空白的 C_Library.cpp 文件

在项目中创建一个空白的 C_Library.cpp 文件，并把它加入当前项目中。本章所要实现的功能需要在这个文件里编写代码实现。

18.4.2 CCL 代码实现

前面已经将项目的框架和配置设定完毕，接下来只要编辑 C_Library.cpp 文件，以下为完整的代码。

```cpp
// C_Library.cpp : Example of a CANoe C Library
//
// 这个例程演示如何使用 CCL 接口函数实现 CAPL 的一些功能
// 例如：报文发送、接收处理、定时器
// 2018-03-17

#include "../CCL/CCL.h"

extern void OnDllUnLoad();
extern void OnMeasurementPreStart();
extern void OnMeasurementStart();
extern void OnTimer(long long time, int timerID);
extern void OnCanMessage0x101(struct cclCanMessage* message);
extern void OnCanMessage0x102x(struct cclCanMessage* message);
extern void OnSysVar_Cal(long long time, int sysVarID);

int gTimerID;  // 定义定时器 ID
int counter;   // 定义计数变量，用于 CAN 报文发送字节的递增

// 此函数是 CCL 库的入口函数，必须包含
void cclOnDllLoad()
{
    // 添加测量 preStart 回调函数
    cclSetMeasurementPreStartHandler(&OnMeasurementPreStart);
    // 添加测量 Start 回调函数
    cclSetMeasurementStartHandler(&OnMeasurementStart);
}

// CANoe 测量 PreStart 时将调用该回调函数
void OnMeasurementPreStart()
{
    int rc;
    int sysVarID_Cal;
    counter = 0;
    gTimerID = cclTimerCreate(&OnTimer); // 创建一个定时器
```

```
    // 创建两个回调函数，分别针对 0x101 和 0x102x，与 CANoe 中 on message 事件功能一样
    rc = cclCanSetMessageHandler(1, cclCanMakeStandardIdentifier(0x101),
    &OnCanMessage0x101);
    rc = cclCanSetMessageHandler(1, cclCanMakeExtendedIdentifier(0x102),
    &OnCanMessage0x102x);

    // 创建一个回调函数，针对系统变量 Calculate 的变化，与 CANoe 中 on sysvar 事件功
    // 能一样
    sysVarID_Cal= cclSysVarGetID("CCL_Demo::Calculate");
    rc = cclSysVarSetHandler(sysVarID_Cal, &OnSysVar_Cal);
}

// CANoe 测量 Start 时将调用该回调函数
void OnMeasurementStart()
{
    int rc;
    // 设置定时器之间间隔为 500ms
    rc = cclTimerSet(gTimerID, cclTimeMilliseconds(500));
}


void OnTimer(long long time, int timerID)
{
    int channel = 1;
    // 定义一个扩展帧报文
    unsigned int id = cclCanMakeExtendedIdentifier(0x100);
    unsigned int flags = 0;
    int dlc = 8;
    unsigned char data[8] = { 0x01, 0x02, 0x03, 0x04, 0x05, 0x06, 0x07, 0x08 };
    int rc;

    counter++;
    if (counter > 0xFF) counter = 0;
    data[7] = counter;  // 更新 data[7]
    // 发送报文到总线上
    rc = cclCanOutputMessage(channel, id, flags, dlc, data);
    // 设置定时器之间间隔为 500ms，不能忘记！
    rc = cclTimerSet(gTimerID, cclTimeMilliseconds(500));
}

// 针对 CAN ID 0x101 的回调函数
void OnCanMessage0x101(struct cclCanMessage* message)
{
    int isStandardIdentifier;
    unsigned int idValue;
```

```
    // 输出信息到 Write 窗口
    cclWrite("C-API Example: OnCanMessage0x101");

    // 判别是标准帧还是扩展帧报文
    isStandardIdentifier = cclCanIsStandardIdentifier(message->id);
    if (isStandardIdentifier)
        cclWrite("This is a CAN Standard Identifier.");
    else
        cclWrite("This is a CAN Exetended Identifier.");

    // 读取 CAN ID, 并输出到 Write 窗口
    idValue = cclCanValueOfIdentifier(message->id);
    cclPrintf("The Value of the CAN ID is %d", idValue);
}

// 针对 CAN ID 0x102x 的回调函数
void OnCanMessage0x102x(struct cclCanMessage* message)
{
    int isExtendedIdentifier;
    unsigned int idValue;
    // 输出信息到 Write 窗口
    cclWrite("C-API Example: OnCanMessage0x102x");
    // 判别是标准帧还是扩展帧报文
    isExtendedIdentifier = cclCanIsExtendedIdentifier(message->id);
    if (isExtendedIdentifier)
        cclWrite("This is a CAN Exetended Identifier.");
    else
        cclWrite("This is a CAN Standard Identifier.");
    // 读取 CAN ID, 并输出到 Write 窗口
    idValue = cclCanValueOfIdentifier(message->id);
    cclPrintf("The Value of the CAN ID is %d", idValue);
}

// 针对系统变量 Calculate(即 Calculate 按钮状态) 的回调函数
void OnSysVar_Cal(long long time, int sysVarID)
{
    int sysVarID_Op1;
    int sysVarID_Op2;
    int sysVarID_Res;
    long op1;
    long op2;
    long res;
    long cal_button;
```

```
// 读取系统变量 Calculate 的数值(即 Calculate 按钮状态)
cclSysVarGetInteger(sysVarID,&cal_button);
if (cal_button)   // 数值为 1 时(即按钮按下时)
{
    // 读取系统变量 Operator1 的数值,并赋值给 op1,同时在 Write 窗口输出相关信息
    cclWrite("C Library Example: Read the value of integer system:
    Operator1");
    sysVarID_Op1 = cclSysVarGetID("CCL_Demo::Operator1");
    cclSysVarGetInteger(sysVarID_Op1, &op1);
    cclPrintf("The Current Value of the Operator1 is %d", op1);

    // 读取系统变量 Operator2 的数值,并赋值给 op2,同时在 Write 窗口输出相关信息
    cclWrite("C Library Example: Read the value of integer system:
    Operator2");
    sysVarID_Op2 = cclSysVarGetID("CCL_Demo::Operator2");
    cclSysVarGetInteger(sysVarID_Op2, &op2);
    cclPrintf("The Current Value of the Operator2 is %d", op2);

    // 将 op1-op2 的结果赋值给系统变量 Result,同时在 Write 窗口输出相关信息
    res = op1 - op2;
    cclWrite("C Library Example: Write the value of integer system:
    Result");
    sysVarID_Res = cclSysVarGetID("CCL_Demo::Result");
    cclSysVarSetInteger(sysVarID_Res, res);
    cclPrintf("The Current Value of the Result is %d", res);
}
}
```

18.5　工程实现——CANoe 调用 CCL

读者可以将 VC.NET 生成的 DLL 文件 C_Library.DLL 复制到 CANoe 仿真工程文件夹中,方便仿真工程的维护。这里需要说明的是,如果仿真工程需要发布给项目的其他成员,生成的 DLL 需要设置为 Win32 Release 版本,否则可能无法运行。

18.5.1　如何调用 CCL API

下面讲解如何把一个 C Library API 载入到 CANoe 仿真工程中。

(1)打开 CANoe,单击 File→Options,打开对话框。

(2)选择 Programming→C Libraries,增加用户定义的 DLL 文件 C_Library.DLL,如图 18.5 所示(图中路径仅供参考,请根据实际路径设置)。

(3)单击 OK 按钮,关闭对话框。至此,该 C_Library.DLL 已经成为 CANoe 配置文件的一部分了。

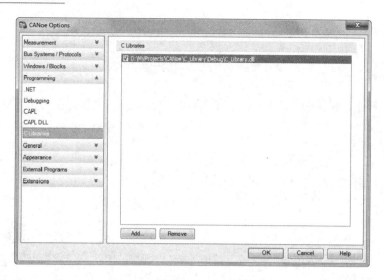

图 18.5　添加 CCL 动态链接库

18.5.2　添加系统变量

为了演示 CCL 对系统变量的读写和响应，本实例需要添加几个系统变量，表 18.2 为系统变量列表及属性。

表 18.2　系统变量列表及属性

Namespace （命名空间）	Variable （变量）	Datatype （数据类型）	Initial Value （初始值）	Min （最小值）	Max （最大值）	实例中用途
CCL_Demo	Calculate	Int32	0	0	1	按钮状态
	Operator1	Int32	—	—	—	被减数
	Operator2	Int32	—	—	—	减数
	Result	Int32	—	—	—	运算结果

18.5.3　添加测试面板

为了直观地显示系统变量的数值，本实例设计一个面板，将被减数（Operator1）、减数（Oprerator2）以及运算结果（Result）与面板控件关联起来，测试面板的控件列表及属性设定如表 18.3 所示。

表 18.3　测试面板的控件列表及属性设定

控　　件	属　　性	属 性 设 定	说　　明
Panel 1	Panel Name	System Variables Demo	CCL 操作系统变量测试面板
	Background Color	White	
	Border Style	None	
	Size	400,170	

控 件	属 性	属 性 设 定	说 明
Input/Output Box1	Control Name	Input/Output Box1	被减数输入控件
	Description	Op1	
	Display Description	Top	
	Value Interpretation	Decimal	
	Symbol	Operator1	
	Namespace	CCL_Demo	
	Symbol Filter	Variable	
Static Text1	Text	—	标签
	Font Size	8	
	Background Color	White	
Input/Output Box2	Control Name	Input/Output Box2	减数输入控件
	Description	Op2	
	Display Description	Top	
	Value Interpretation	Decimal	
	Symbol	Operator2	
	Namespace	CCL_Demo	
	Symbol Filter	Variable	
Static Text2	Text	=	标签
	Font Size	8	
	Background Color	White	
Input/Output Box3	Control Name	Input/Output Box3	减法操作结果显示控件
	Description	Result	
	Display Description	Top	
	Value Interpretation	Decimal	
	Symbol	Result	
	Namespace	CCL_Demo	
	Symbol Filter	Variable	
Button1	Control Name	Button1	减法计算按钮控件
	Text	Calculate	
	Switch Value 'Pressed'	1	
	Switch Value 'Released'	0	
	Symbol	Calculate	
	Namespace	CCL_Demo	
	Symbol Filter	Variable	

系统变量测试面板效果图如图 18.6 所示。

CANoe 高级编程——C Library API 技术

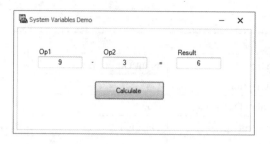

图 18.6　系统变量测试面板效果图

18.5.4　添加 IG 模块

在 Simulation Setup 窗口中添加一个 IG 模块，双击该模块可以打开 IG 界面。这里需要添加两条报文供测试使用，CAN ID 分别是 0x101 和 0x102x，如图 18.7 所示。使用这两条报文可以测试 CCL 对它们的响应是否有效。

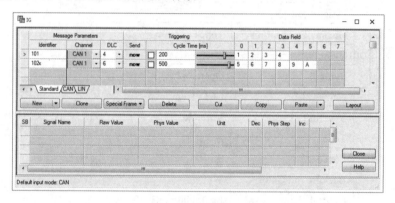

图 18.7　在 IG 中添加两个测试报文

18.6　工程运行测试

CANoe 仿真工程运行开始以后，Trace 窗口每隔 500ms 就会出现一条报文，Data[7]的数据一直在递增，如图 18.8 所示。由此可以判断周期报文 0x100x 的发送，已经满足了本实例的设计要求。

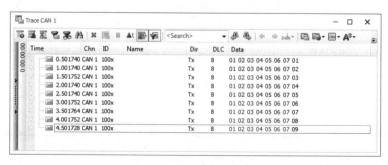

图 18.8　Trace 窗口周期性报文显示效果图

在 IG 界面单击发送 0x101 和 0x102x 时，CCL 会发送相关的响应信息，读者可以在 Write 窗口中观察到输出的响应信息。在 System Variables Demo 面板上将 Op1 设置为 9，Op2 设置为 3 时，单击 Calculate 按钮，测试结果会更新为 6。Write 窗口的输出信息及系统变量测试面板的效果图如图 18.9 所示。

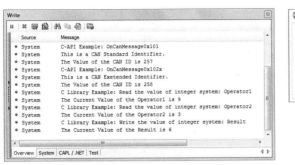

图 18.9　Write 窗口的输出信息及系统变量测试面板的效果图

读者可以在本书提供的资源压缩包中找到本章例程的工程文件（CANoe 工程文件路径为：\Chapter_18\Source\ CANoe_CCL_Demo\；VC.NET 工程文件路径为：\Chapter_18 \Source\ VC.NET\）。

第 19 章 | CANoe 高级编程——自定义菜单插件

本章内容:

- 自定义菜单插件概述;
- 工程实例简介;
- 开发自定义菜单插件;
- 在 CANoe 中配置自定义菜单插件;
- 工程运行测试;
- 扩展话题——关于 C#语言。

CANoe 允许用户将自定义的菜单插件(Menu Plugin)通过 Menu Plugin API 集成到 CANoe 的开发环境。用户可以通过这些菜单快捷打开自定义的应用程序,或者执行定义的其他功能。本章将引导读者学习如何利用 Visual C#.NET 开发自定义菜单,并配置到 CANoe 中。

19.1 自定义菜单插件概述

自定义菜单插件,是很多软件支持的一项常见功能,可以对现有软件功能提供扩展功能。CANoe 开发环境允许用户使用 Menu Plugin API 作为入口:用户可以在其 Customer Plugin 菜单下定义自己的命令,可以实现一些相关功能或打开用户想运行的任意一个软件程序。

19.2 工程实例简介

本章将带领读者使用 Visual C#.NET 来开发一个自定义菜单例程。主要实现功能为在 CANoe 的 Customer Plugin 菜单中创建以下 4 个菜单项。

(1)Item1:演示菜单项的激活和禁用功能。

(2)Item2:演示菜单项的选中功能。

(3)Item3:演示子菜单项的功能。

(4)Open Notepad:演示打开运行外部 Notepad 应用程序,并自动关闭它。

19.3 开发自定义菜单插件

下面带领读者使用 Visual C#来开发一个自定义菜单插件。与前几章一样,这里选择 Visual Studio 2013 作为开发环境。

19.3.1　创建和配置工程

打开 Visual Studio 2013，在 Visual C#下面选择"Windows 桌面"→"类库"，将项目命名为 MenuPluginDemo，如图 19.1 所示，单击"确定"按钮将生成一个空的 DLL 工程项目。

图 19.1　选择类库作为 C#工程模板

在"引用管理器"界面中，在"程序集"→"框架"下面找到 System.Windows.Forms 并选中，如图 19.2 所示，这样就将 System.Windows.Forms 添加到引用中了。同时，读者可以在资源管理器中将下面不需要的引用删除：System.Core、System.Data、System. Data.DataSetExtensions、System.Xml、System.Xml.Linq。

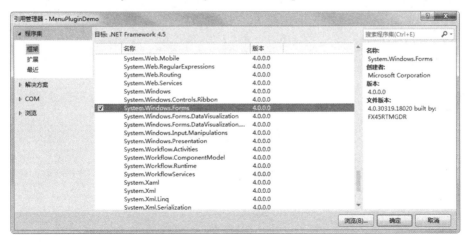

图 19.2　添加 System.Windows.Forms 到引用中

同时需要将 Vector.MenuPlugin 添加到引用中，对于 64 位 CANoe 11.0 默认的安装位置为 C:\Program Files\Vector CANoe 11.0\Exec64\Components\Vector.MenuPlugin\1.0.0.0\Vector.MenuPlugin.dll，如图 19.3 所示。

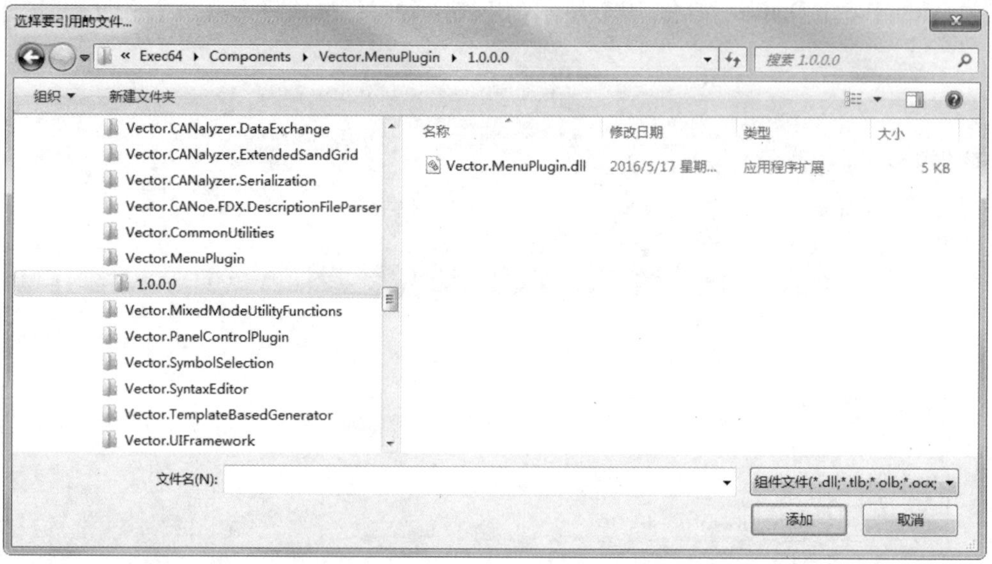

图 19.3　添加 Vector.MenuPlugin 到引用中

19.3.2　代码实现

将系统生成默认的 Class 文件删除，新建一个 Class 文件，命名为 MenuPlugin.cs。在 MenuPlugin.cs 文件中删除 System.Linq 和 System.Threading.Tasks 等没有使用的命名空间。

另外，在 MenuPlugin.cs 的文件开头，添加相关的命名空间 System.Windows.Forms 和 Vector.MenuPlugin。MenuPlugin.cs 的完整代码如下。

```csharp
using System;
using System.Collections.Generic;
using System.Text;
using System.Windows.Forms;

using Vector.MenuPlugin;

namespace MenuPlugin
{
    public class MenuPlugin : IMenuPlugin
    {
        #region fields

        List<IMenuItem> mMenuItems = new List<IMenuItem>();
        string mText = "Plugin";
```

```
#endregion

public MenuPlugin()
{
    // 添加几个菜单项
    mMenuItems.Add(new MenuItem("Item1"));
    mMenuItems.Add(new MenuItem("Item2"));
    MenuItem menuItem = new MenuItem("Item3");
    menuItem.AddMenuItem(new MenuItem("SubItem1"));
    menuItem.AddMenuItem(new MenuItem("SubItem2"));
    mMenuItems.Add(menuItem);
    mMenuItems.Add(new MenuItem("Open Notepad"));
}

private void UpdateItemStates()
{
    // 演示如何激活或禁止菜单项
    // 或者切换选中和未选中的状态
    foreach (IMenuItem menuItem in mMenuItems)
    {
        MenuItem itemImpl = menuItem as MenuItem;
        if (itemImpl != null)
        {
            if (itemImpl.Text == "Item1")
            {
                // 切换激活状态
                itemImpl.Enabled = !itemImpl.Enabled;
            }
            else if (itemImpl.Text == "Item2")
            {
                // 切换选中状态
                itemImpl.Checked = !itemImpl.Checked;
            }
        }
    }
}

#region IMenuPlugin Members

string IMenuPlugin.Text
{
    get
    {
        return mText;
    }
```

```
        }

    IList<IMenuItem> IMenuPlugin.MenuItems
    {
        get
        {
            UpdateItemStates();
            return mMenuItems;
        }
    }

    void IMenuPlugin.ItemClicked(IMenuItem clickedItem)
    {
        MenuItem itemImpl = clickedItem as MenuItem;
        // 声明一个程序信息类
        System.Diagnostics.ProcessStartInfo Info = new
        System.Diagnostics.ProcessStartInfo();

        // 设置外部程序名
        Info.FileName = "notepad.exe";

        // 设置外部程序的启动参数（命令行参数）为 test.txt
        Info.Arguments = "test.txt";

        // 设置外部程序工作文件夹为 C:\
        Info.WorkingDirectory = "C:\\";

        // 声明一个程序类
        System.Diagnostics.Process Proc;

        if (itemImpl != null)
        {

            if (itemImpl.Text == "Open Notepad")
            {
                try
                {
                    //
                    // 启动外部程序
                    //
                    Proc = System.Diagnostics.Process.Start(Info);
                }
                catch (System.ComponentModel.Win32Exception e)
                {
```

```
                    return;
                }

                // 等待 3 秒
                Proc.WaitForExit(3000);

                // 如果这个外部程序没有结束运行则对其强行终止
                if (Proc.HasExited == false)
                {
                    Proc.Kill();
                }
            }
            else
            {
                MessageBox.Show("Item clicked: " + itemImpl.Text);
            }
        }
    }

    #endregion
}

public class MenuItem : IMenuItem
{
    #region fields

    List<IMenuItem> mSubMenuItems = new List<IMenuItem>();
    string mText;
    bool mEnabled = true;
    bool mChecked = false;

    #endregion

    internal MenuItem(string text)
    {
        mText = text;
    }

    internal void AddMenuItem(IMenuItem menuItem)
    {
        mSubMenuItems.Add(menuItem);
    }

    internal bool Checked
    {
```

```
      get { return mChecked; }
      set { mChecked = value; }
   }

   internal bool Enabled
   {
      get { return mEnabled; }
      set { mEnabled = value; }
   }

   internal string Text
   {
      get { return mText; }
      set { mText = value; }
   }


   #region IMenuItem Members

   string IMenuItem.Text
   {
      get
      {
         return mText;
      }
   }

   bool IMenuItem.Checked
   {
      get
      {
         return mChecked;
      }
   }

   bool IMenuItem.Enabled
   {
      get
      {
         return mEnabled;
      }
   }

   IList<IMenuItem> IMenuItem.SubMenuItems
   {
```

```
            get
            {
                return mSubMenuItems;
            }
        }

        #endregion
    }
}
```

19.4　在 CANoe 中配置自定义菜单插件

为了让 CANoe 找到用户定义的菜单，需要在 CAN.INI 中定义 MenuPlugin 的路径。对于 CANoe 11.0 版本，CAN.INI 一般存储在文件夹 C:\ProgramData\Vector\CANoe\11.0 (x64) 中，本实例中，读者也可将 C#生成的 MenuPluginDemo.dll 复制到这个文件夹。打开 CAN.INI 文件，搜索[GUI]，可以找到[GUI]的配置部分。这里需要在[GUI]组的下面增加 MenuPlugin 部分，以下设置仅供读者参考，路径取决于自定义菜单的 DLL 文件的真实路径。

```
[GUI]
LimitUserObjects=8000

MenuPlugin = C:\ProgramData\Vector\CANoe\11.0 (x64)\MenuPluginDemo.dll
```

19.5　工程运行测试

在 CANoe 主界面中选择 Environment→Customer Plugin，可以看到 4 个子菜单项，如图 19.4 所示。下面对 Customer Plugin 菜单做一些简单的测试。

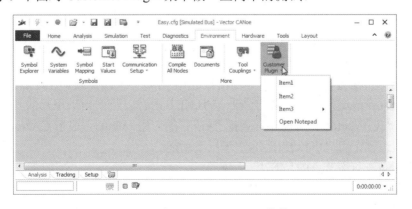

图 19.4　Customer Plugin 子菜单

（1）单击 Item1 菜单项，会将 Item2 菜单项标为选中，同时将 Item1 显示为灰色禁止状态。

（2）单击 Item2 菜单项，会将 Item1 菜单项恢复成正常状态，同时将 Item2 的选中状态去除。

（3）单击 Item3 菜单项，可以查看其下面的下一级菜单项 SubItem1 和 SubItem2。

（4）单击 Open Notepad 菜单项，会将外部应用程序 Notepad 打开，如图 19.5 所示，3 秒以后将自动关闭 Notepad 程序。

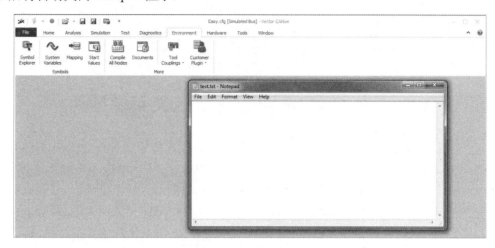

图 19.5　打开外部程序 Notepad

读者可以在本书提供的资源压缩包中找到本章例程的工程文件（C#工程文件路径为：\Chapter_19 \Source\ MenuPluginDemo\）。

19.6　扩展话题——关于 C#语言

本章前面介绍了如何使用 C#开发自定义菜单，有些读者对 C#语言可能还是了解不多，下面将它作为一个扩展话题讨论一下。

C#语言是微软公司为 Visual Studio 开发平台推出的一种简洁、类型安全的面向对象的编程语言，开发人员通过它可以编写在.NET Framework 上运行的各种安全可靠的应用程序。C#语言被称为是 C++语言与 VB 语言的完美结合，它既具备 C++语言的强大功能，又具备 VB.NET 语言的快速开发特征。

C#的发展非常迅速，自 2000 年 7 月发布了 C#的第一个预览版，在之后的短短几年内就已经成为全世界最流行的开发语言之一。VB.NET 语言曾经作为工程师的开发首选语言，正逐渐被 C#替代。Vector 公司也非常重视 C#语言的应用，C#语言成了 CANoe 开发环境支持的首选编程语言。用户可以使用 C#实现以下功能。

（1）编程实现网络节点的仿真。

（2）编程实现测试模块、测试用例和测试库。

（3）代码段（snippets）的编程。

本书还将在后面的章节中介绍如何使用 C#语言开发测试模块、测试用例以及使用 C#语言开发一般的应用软件等。读者将从中逐步领会到 C#语言的强大功能和易学易用的特点。

第 20 章　CANoe 高级编程——.NET 测试模块开发

本章内容:

- .NET 测试模块概述;
- .NET 测试环境设定;
- 工程实例简介;
- 工程实现——.NET 测试模块开发;
- 工程运行测试;
- 扩展话题——XML 测试模块开发。

在第 14 章中,读者已经掌握了如何使用 CAPL 开发测试模块(Test Module)。本章将带领读者学习在 Visual Studio 开发环境中开发.NET 测试模块。在扩展话题中,将简单探讨 XML 测试模块的开发及其特点。

20.1　.NET 测试模块开发概述

CANoe 测试模块允许用户使用三种开发方式:CAPL、.NET 和 XML,本章将重点讲解.NET 测试模块的开发。CAPL 测试模块已在第 14 章做了讲解,XML 测试模块将在本章的扩展话题中简单介绍。下面介绍 CAPL 测试模块与.NET 测试模块的主要差异,其对比如表 20.1 所示。

表 20.1　CAPL 测试模块与.NET 测试模块的对比

CAPL 测试模块强项	.NET 测试模块强项
最大的灵活性: CAPL 为测试模块的设置、程序流程的控制和测试用例的执行提供了最大的灵活性,特别是可以很好地支持复杂的测试用例	**完全成熟的编程语言:** .NET 测试模块开发可以基于.NET 平台的一种编程语言,复杂的测试用例可以从这种架构性编程语言中受益
复杂的测试序列控制: Maintest 函数可以动态地控制测试用例的调用,根据测试用例的检测情况,可以动态地控制测试序列	**强大的编程环境:** .NET 测试模块可以基于一个强大的编程环境(微软的 Visual Studio),许多测试工程师已经习惯了这些开发工具,可以非常高效地开发测试代码

这两种方式没有太大的区别,使用哪一种方式开发测试用例,主要还是取决于用户的习惯和项目的具体要求。必要的时候可以将这两种方式结合起来,本章的实例中也体现了这一点。

20.2 .NET 测试环境设定

本章将介绍如何使用.NET 平台中的 C#作为编程语言，来开发测试用例。首先，用户需要正确配置 CANoe 和 Visual Studio 的开发环境。

20.2.1 配置 CANoe 的.NET 文件编辑器

Visual Studio .NET 2005—2017 可以作为 CANoe 中.NET 相关程序的指定开发环境。首先需要在 CANoe 中打开 Options 对话框，通过 External Programs→Tools→.NET file editor 进入配置选择界面，单击选择与用户计算机安装的 Visual Studio 版本一致的*.vbs 文件，如图 20.1 所示。

图 20.1 配置.NET 文件编辑器

选择 Edit_NET_Source_With_VS_2013.vbs 作为编辑器的配置，配置完毕如图 20.2 所示。这样就完成了将 Visual Studio 2013 配置为默认的开发环境。

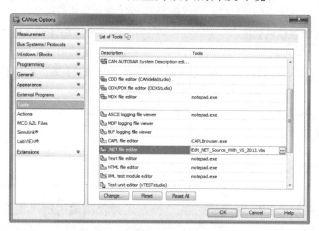

图 20.2 .NET 文件编辑器配置完毕

20.2.2　配置 Visual C#项目开发模板

为了便于使用 Visual Studio 开发环境开发 CANoe 测试模块和测试库，建议读者将 CANoe 官方提供的 C#测试库模板复制到 Visual Studio 指定位置。

CANoe 安装后，可以找到官方的模板，默认位置：C:\Users\Public\Documents\Vector\ CANoe\Sample Configurations 11.0.42\Programming\VS_DotNetTestLibary_Template\CANoe DotNet Test Library.zip。需要将该文件直接复制到 Visual C#的模板文件夹，通常的路径为：C:\Users\xxxx\Documents\Visual Studio 2013\Templates\ProjectTemplates\Visual C#文件夹（xxxx 为用户的 Windows 登录账号）下面，切记不要解压该文件。用户可以在 Visual Studio 主界面中，单击"工具"→"选项"打开"选项"对话框，在"项目和解决方案"→"常规"项下面可以查看和设置用户模板位置。

设置完毕后，打开 Visual Studio 开发环境，在 Visual C#的新建项目下面可以发现所有的项目模板，如图 20.3 所示。其中，CANoe DotNet 4.0 Test Library 即为用户需要的 CANoe 测试库项目模板。使用该模板生成的项目，会自动配置好需要的引用（references），同时在文档中定义了相关的 using namespace。这样，用户可以省去烦琐的配置过程。

图 20.3　Visual C#下 CANoe DotNet 测试库项目模板

C#测试模块和测试库开发，主要调用接口及其功能简介如下。

（1）Vector.Tools：包含 Vector 共享的主要工具，如打印到 Write 窗口，测量时间入口和定时器管理。

（2）Vector.Tools.Internal：Vector.Tools 使用的 CANoe 内部接口。

（3）Vector.CANoe.Runtime：包含 CANoe 运行环境的接口和 Class，如事件处理等。

（4）Vector.CANoe.Runtime.Internal：Vector.CANoe.Runtime 使用 CANoe 的内部接口。

（5）Vector.CANoe.TFS：包含测试模块使用的 Test Feature Set 的接口。

（6）Vector.CANoe.TFS.ITE：包含测试单元使用的 Test Feature Set 的接口。

（7）Vector.CANoe.TFS.Internal：Vector.CANoe.TFS 和 Vector.CANoe.TFS.ITE 使用的 CANoe 内部接口。

（8）Vector.CANoe.Threading：包含常见的线程接口，如等待命令，等待条件和用户输入对话框。

（9）Vector.Diagnostics：包含 Diagnostic Feature Set 接口。

（10）Vector.Scripting.UI：包含测试节点用户界面和.NET 代码段接口。

（11）Vector.CANoe.VTS：包含控制 VT 系统的 API。

（12）Vector.CANoe.Sockets：包含网络功能接口。

这里必须强调的是，CANoe DotNet 4.0 Test Library 基于.NET Framework 4 Client Profile，所以读者需要确保开发和执行.NET 测试模块的计算机已经支持微软的.NET Framework 4.0 Client Profile。

20.3　工程实例简介

本章实例将在第 14 章的实例基础上，实现与 CAPL 测试模块相同的功能，具体如下。

（1）检测周期性报文的周期；

（2）检测报文的长度；

（3）检查网络中是否出现未定义的信号；

（4）简单的功能测试：通过修改相关系统变量的数值模拟真实测试环境的操作，最后来检验总线上的信号数值的改变。

20.4　工程实现——.NET 测试模块

可以将第 14 章实例工程文件夹另存到一个文件夹下面，将在此实例的基础上添加 C# 测试模块，功能与 CAPL 测试模块完全一样。

20.4.1　添加.NET 测试模块

在仿真工程的文件夹下新建一个文件夹 C#及其子文件夹 NetworkTester_Csharp，用于后面.NET 测试模块的代码存储。参考第 14 章先添加一个 Test Environment，并将它更名为 NetworkTester_Csharp。鼠标右键单击 NetworkTester_Csharp 选择 Insert .NET Test Module 添加一个.NET 测试模块，如图 20.4 所示。

与 CAPL 测试模块类似，可以将.NET 测试模块更名为 NetworkTester_Csharp，并将测试环境 NetworkTester_Csharp.tse 保存在文件夹…\C#\NetworkTester_Csharp\下，设置完毕如图 20.5 所示。

图 20.4　添加一个.NET 测试模块

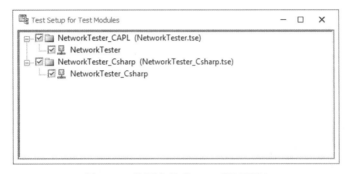

图 20.5　设置完毕的.NET 测试用例

20.4.2　调用 CAPL 测试库中的测试用例

本章在前面提及 CAPL 测试模块在网络测试功能实现方面具有较强的灵活性，很多时候用户可能需要借助 CAPL 代码中的测试函数或测试用例，来实现.NET 测试模块的测试用例。本实例将需要创建一个 CAPL 测试库供后面.NET 测试模块调用，用于实现未定义报文检测的测试用例。

本章实例中需要将第 14 章的 CAPL 测试实例简化一下，只保留未定义报文测试用例，保存为 CAPLTestLib.can 测试库文件，完整代码如下。

```
// CAPLTestLib.can
includes
{

}

variables
{
 int gUndifnedMsgCheckResult;
}
```

```
testcase CheckUndefinedMessage()
{
  dword gCycCheckId;

  const long kTIMEOUT = 4000;
  long lEventUndefineMessageId;
  char lbuffer[100];

  gUndifnedMsgCheckResult = 0;

  // 测试用例标题信息
  TestCaseTitle("TC-7", "TC-7: Check CAN channel for undefined messages");

  gCycCheckId = ChkStart_UndefinedMessageReceived("UndefinedMsgCallback");

  testWaitForTimeout(kTIMEOUT);

  switch(gUndifnedMsgCheckResult)
  {
    case 1:
      // Event message ID
      lEventUndefineMessageId = ChkQuery_EventMessageId(gCycCheckId);
      snprintf(lbuffer,elcount(lbuffer),"Undefined message detected: Id
      0x%x", lEventUndefineMessageId);
      TestStepFail("", lbuffer);
      break;
    default:
      TestStepPass("","No undefined message detected");
      break;
  }

  ChkControl_Destroy(gCycCheckId);
  testWaitForTimeout(500);
}

UndefinedMsgCallback(dword aCheckId)
{
  ChkQuery_EventStatusToWrite(aCheckId);
  gUndifnedMsgCheckResult = 1;
}
```

调用 CAPL 测试用例前，需要在 Test Setup for Test Modules 对话框中鼠标右键单击 NetworkTester_Csharp 选择 Configuration 打开.NET Test Module Configuration 对话框，将对应的 CAPL Library 库文件添加到 Components 选项卡中，如图 20.6 所示。

图 20.6　在 Components 中添加 CAPL 测试库

20.4.3　新建 C#测试模块工程

参考前面的图 20.3，新建一个名为 NetworkTester_Cs 的 C#测试模块工程，保存在文件夹…\C# \NetworkTester_Csharp\下。这里需要将工程中自动生成的 NetTestLib.cs 文件更名为 NetworkTester_Cs.cs。

20.4.4　数据库和系统变量的访问方法

为了测试模块能够访问 DBC 数据库文件中的数据和系统变量，需要将仿真工程中的数据库文件生成的 DLL 文件（…\Vehicle_System_Simulation_Test\CANdb\VehicleSystem.dll）和系统变量对应的 DLL 文件（…\Vehicle_System_Simulation_Test\Vehicle_System_CAN_Test.cfg_sysvars.dll）复制到 C#工程文件夹，并添加到 C#工程的引用中。在 Visual Studio 2013 主界面中单击"项目"→"添加引用"进入"引用管理器"，单击"浏览"按钮将这两个 DLL 文件添加进来，添加完毕，如图 20.7 所示。

图 20.7　在引用中添加数据库和系统变量的 DLL 文件

20.4.5 .NET 测试模块开发

在 C#工程中，NetworkTest_Cs.cs 文件中测试用例的完整代码如下。

```csharp
using System;
using Vector.Tools;
using Vector.CANoe.Runtime;
using Vector.CANoe.Threading;
using Vector.CANoe.Sockets;
using Vector.Diagnostics;
using Vector.Scripting.UI;
using Vector.CANoe.TFS;
using Vector.CANoe.VTS;
using NetworkDB; // 为了可以访问 DBC 中的报文和信号等

public class NetworkTester_Cs:TestModule
{
    // 报文发送周期上下限及测试区间时间定义，单位 ms
    const int kMIN_CYCLE_TIME = 40;
    const int kMAX_CYCLE_TIME = 60;
    const int Light_MIN_CYCLE_TIME = 490;
    const int Light_MAX_CYCLE_TIME = 510;
    const int Lock_MIN_CYCLE_TIME = 90;
    const int Lock_MAX_CYCLE_TIME = 110;
    const int kTIMEOUT = 4000;
    public override void Main()
    {
        // test sequence 定义
        // 周期报文测试
        TestGroupBegin("Check msg cycle time", "Check cycle time of message");
            ChkMsgCycleTimeEngineData();
            ChkMsgCycleTimeVehicleData();
            ChkMsgCycleTimeGear_Info();
            ChkMsgCycleTimeIgnition_Info();
            ChkMsgCycleTimeLight_Info();
        TestGroupEnd();

        // 报文长度测试
        TestGroupBegin("Check msg DLC", "Check the DLC of message");
            ChkMsgDLCLock_Info();
        TestGroupEnd();

        // 未定义报文测试
        // 直接调用 CAPL 测试用例
        TestGroupBegin("Check undefined msg", "Check the undefined messages");
            CaplTestCases.CAPLTestLib.CheckUndefinedMessage();
        TestGroupEnd();
```

```
    // 功能测试演示：引擎速度测试
    TestGroupBegin("Function test", "Check the engine speed after setup");
        ChkEngSpeed();
    TestGroupEnd();
}


// 初始化测试条件：切忌不能跳过，否则总线可能处于offline!!!
public void Init_Test_Condition()
{
    Vehicle_Key.Unlock_Car.Value = 1;
    Vehicle_Key.Car_Driver.Value = 0;
    Vehicle_Key.Key_State.Value = 2;
    Execution.Wait(1000); // 等待1s
}


// 测试用例1：周期报文测试 - EngineData
[TestCase("TC-1: Check cycle time of msg EngineData", "Check cycle time
of message EngineData")]
public void ChkMsgCycleTimeEngineData()
{
    int lCycMinCycleTime;  // 报文发送周期上限
    int lCycMaxCycleTime;  // 报文发送周期上限

    lCycMinCycleTime = kMIN_CYCLE_TIME;
    lCycMaxCycleTime = kMAX_CYCLE_TIME;

    Init_Test_Condition(); // 运行测试初始化确保总线不处于offline

    Report.TestStep("Check cycle time of message EngineData");
    Report.TestCaseDescription("Check cycle time of message EngineData");
    ICheck check = new AbsoluteCycleTimeCheck<NetworkDB.Frames.EngineData>
    (CheckType.Condition, lCycMinCycleTime, lCycMaxCycleTime);
    check.Activate();
    Execution.Wait(kTIMEOUT);
    check.Deactivate();
}


// 测试用例2：周期报文测试 - VehicleData
[TestCase("TC-2: Check cycle time of msg VehicleData", "Check cycle time
of message VehicleData")]
public void ChkMsgCycleTimeVehicleData()
{
    int lCycMinCycleTime;  // 报文发送周期上限
    int lCycMaxCycleTime;  // 报文发送周期上限
```

```
        lCycMinCycleTime = kMIN_CYCLE_TIME;
        lCycMaxCycleTime = kMAX_CYCLE_TIME;

        Report.TestStep("Check cycle time of message VehicleData");
        Report.TestCaseDescription("Check cycle time of message EngineData");
        ICheck check = new AbsoluteCycleTimeCheck<NetworkDB.Frames.VehicleData>
        (CheckType.Condition, lCycMinCycleTime, lCycMaxCycleTime);
        check.Activate();
        Execution.Wait(kTIMEOUT);
        check.Deactivate();
}

// 测试用例 3：周期报文测试 - Gear_Info
[TestCase("TC-3: Check cycle time of message Gear_Info", "Check cycle
time of message Gear_Info")]
public void ChkMsgCycleTimeGear_Info()
{
        int lCycMinCycleTime;  // 报文发送周期上限
        int lCycMaxCycleTime;  // 报文发送周期上限

        lCycMinCycleTime = kMIN_CYCLE_TIME;
        lCycMaxCycleTime = kMAX_CYCLE_TIME;

        Report.TestStep("Check cycle time of message Gear_Info");
        Report.TestCaseDescription("Check cycle time of message Gear_Info");
        ICheck check = new AbsoluteCycleTimeCheck<NetworkDB.Frames.Gear_Info>
        (CheckType.Condition, lCycMinCycleTime, lCycMaxCycleTime);
        check.Activate();
        Execution.Wait(kTIMEOUT);
        check.Deactivate();
}

// 测试用例 4：周期报文测试 - Ignition_Info
[TestCase("TC-4: Check cycle time of message Ignition_Info", "Check cycle
time of message Ignition_Info")]
public void ChkMsgCycleTimeIgnition_Info()
{
        int lCycMinCycleTime;  // 报文发送周期上限
        int lCycMaxCycleTime;  // 报文发送周期上限

        lCycMinCycleTime = kMIN_CYCLE_TIME;
        lCycMaxCycleTime = kMAX_CYCLE_TIME;

        Report.TestStep("Check cycle time of message Ignition_Info");
```

```
        Report.TestCaseDescription("Check cycle time of message Ignition_Info");
        ICheck check = new AbsoluteCycleTimeCheck<NetworkDB.Frames.Ignition_Info>
        (CheckType.Condition, lCycMinCycleTime, lCycMaxCycleTime);
        check.Activate();
        Execution.Wait(kTIMEOUT);
        check.Deactivate();
    }


    // 测试用例 5：周期报文测试 - Light_Info
    [TestCase("TC-5: Check cycle time of message Light_Info", "Check cycle
    time of message Light_Info")]
    public void ChkMsgCycleTimeLight_Info()
    {
        int lCycMinCycleTime;   // 报文发送周期上限
        int lCycMaxCycleTime;   // 报文发送周期上限

        lCycMinCycleTime = Light_MIN_CYCLE_TIME;
        lCycMaxCycleTime = Light_MAX_CYCLE_TIME;

        Report.TestStep("Check cycle time of message Light_Info");
        Report.TestCaseDescription("Check cycle time of message Light_Info");
        ICheck check = new AbsoluteCycleTimeCheck<NetworkDB.Frames.Light_
        Info>(CheckType.Condition, lCycMinCycleTime, lCycMaxCycleTime);
        check.Activate();
        Execution.Wait(kTIMEOUT);
        check.Deactivate();
    }


    // 测试用例 6：报文长度测试 - Lock_Info
    [TestCase("TC-6: Check DLC of message Lock_Info", "Check DLC of message
    Lock_Info")]
    public void ChkMsgDLCLock_Info()
    {

        Report.TestStep("Check DLC of message Lock_Info");
        Report.TestCaseDescription("Check DLC of message Lock_Info");
        ICheck check = new DlcCheck <NetworkDB.Frames.Lock_Info>();
        check.Activate();
        Execution.Wait(kTIMEOUT);
        check.Deactivate();
    }

    // 测试用例 8：功能测试演示 - 引擎速度测试
    [TestCase("TC-8: Check Engine Speed", "Check the engine speed after
    setup")]
```

```
public void ChkEngSpeed()
{
    Report.TestStep("Check Engine Speed");
    Report.TestCaseDescription("Check the engine speed after setup");
    Vehicle_Key.Unlock_Car.Value =1;
    Vehicle_Key.Car_Driver.Value =0;
    Vehicle_Key.Key_State.Value =2;
    Vehicle_Control.Eng_Speed.Value = 2000;
    Execution.Wait(kTIMEOUT);

    if (Execution.Wait<NetworkDB.EngSpeed>(2000, 500) == 1)
        Report.TestStepPass("Engine Speed is Correct!");
    else
        Report.TestStepFail("Engine Speed is Not Correct!");
}
}
```

20.4.6 .NET 测试模块配置和编译

前面已经使用 Visual Studio 创建了 C#的测试模块工程，下面需要将它集成到 NetworkTester_Csharp 测试模块。在 CANoe 的 Test Setup for Test Modules 窗口中，鼠标右键单击 NetworkTester_Csharp 测试模块，选择 Configuration 进入 .NET Test Module Configuration 对话框。在 Test script 栏中单击 File 按钮选择 C#测试模块工程中的 NetworkTest_Cs.cs 文件，如图 20.8 所示。

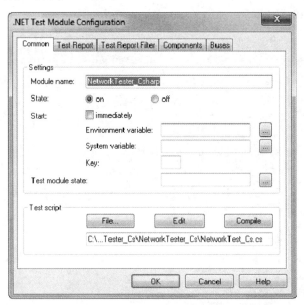

图 20.8　配置测试模块的测试脚本文件

在图 20.8 中，单击 Edit 按钮将在 Visual Studio 开发环境中打开和编辑 NetworkTest_ Cs.cs，单击 Compile 按钮，可以对测试模块进行编译。这里需要指出的是，不能在 Visual Studio 中直接编译.NET 测试模块，否则编译将无法通过。

20.5 工程运行测试

C#测试模块编译完毕后，用户可以运行仿真工程，双击 Test Setup for Test Modules 窗口中的 NetworkTester_Csharp 测试模块，可以进入测试模块执行窗口，如图 20.9 所示。这时候，用户无法查看测试模块中包含的各个测试用例。

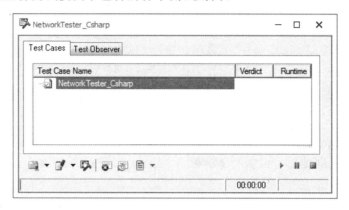

图 20.9 .NET 测试模块运行窗口

单击"运行"按钮，将显示类似 CAPL 测试模块的测试过程，图 20.10 为.NET 测试用例的执行结果。

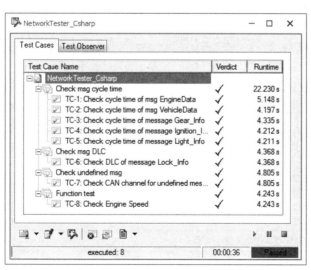

图 20.10 .NET 测试用例的执行结果

用户可以调出 NetworkTest 面板来触发一些失败的测试结果，图 20.11 为 CAPL 测试模块和.NET 测试模块的测试结果对比。

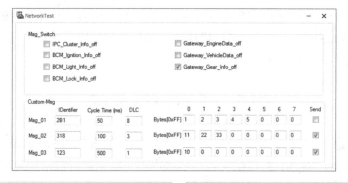

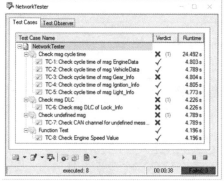 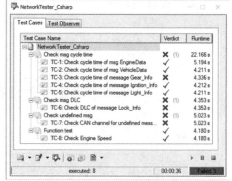

图 20.11　CAPL 测试模块与.NET 测试模块的执行结果对比

　　为了保护测试模块的源代码，开发人员可以将.NET 测试模块的 Test script 中的*.cs 文件替换为对应的*.dll，这样其他使用者就无法查看或修改测试用例的源代码。

　　读者可以在本书提供的资源压缩包中找到本章例程的工程文件（路径为：\Chapter_20 \Source\ Vehicle_System_Simulation_Test\）。

20.6　扩展话题——XML 测试模块

　　在测试模块的开发中，XML 测试模块无法取代 CAPL 测试模块和.NET 测试模块，而是作为这两种测试模块的简单测试用例的一种描述补充。简单来说，XML 测试模块特别之处是，可以根据用户设置测试参数值，调用 CAPL 或.NET 测试库中的测试函数或测试用例。XML 测试模块与 CAPL 测试模块和.NET 测试模块的主要区别如表 20.2 所示。

表 20.2　XML 测试模块与 CAPL/.NET 测试模块的主要区别

	XML 测试模块	CAPL/.NET 测试模块
测试用例执行	每个测试用例执行一次	根据需要可以执行多次
测试执行顺序	通过固定静态的 XML 文件	在 MainTest 函数中动态调用
测试执行控制	线性的，测试用例可以通过 GUI 供用户选择	由 MainTest 函数的编程决定
测试分组	静态定义的 XML 文件； 固定的，一个一个被分配在测试分组	在 MainTest 函数里通过代码动态定义，执行时将测试用例分配到测试分组
测试用例设计	由 test patterns 中定义，不需要编程	在 CAPL 或.NET 中代码实现
测试报告	XML 文件中包含所有定义的测试用例的信息	包含被执行测试用例的信息

XML 文本的基本结构如下。

```
// 版本信息
<?xml version="1.0" encoding="iso-8859-1"?>
// 测试模块
<testmodule title="testmodule name" version="1.0" xmlns="http://
www.vector-informatik.de/ CANoe/TestModule/1.25">
// 测试分组
    <testgroup title = "testgroup name">
        // CAPL 测试用例
        <capltestcase name="capltestcase name" />
        // capltestcase name 指的就是 CAPL 测试用例的函数名
    </testgroup>
</testmodule>
```

前面提到了，XML 测试模块可以包含大量 CAPL 测试用例。用户可以通过测试分组对这些用例进行分类和分级管理，即测试分组的嵌套使用。

```
<testgroup title = "testgroup level 1">
    <capltestcase name="capltestcase name 1" />
    <testgroup title = "testgroup level 2">
        <capltestcase name="capltestcase name 2" />
    </testgroup>
</testgroup>
```

同样地，读者可以将不同的分组放到不同的 XML 文本中，再用一个总的 XML 文本包含其他的 XML 文本。

```
<!DOCTYPE testmodule [
<!ENTITY XML1 SYSTEM "XML1.xml">
<!ENTITY XML2 SYSTEM "XML2.xml">
<!ENTITY XML3 SYSTEM "XML3.xml">
]>
<testmodule title="testmodule name" version="1.0" xmlns="http://
www.vector-informatik.de/CANoe/TestModule/1.25">
    &XML1;
    &XML2;
</testmodule>
```

在搭建复杂的测试系统时，这样有利于按照测试用例的特性进行分组管理。

在面临多种车型多种版本时，还可以利用 XML 文本的版本管理功能。下面定义两个不同的版本。

```
<variants>
 <variant name="6856789001_ECU_xxxx_Luxury">ECU XXXX Luxury</variant>
 <variant name="6856789002_ECU_xxxx_Elite">ECU XXXX Elite</variant>
</variants>
```

假如只有 Luxury 的车型支持某些特定的功能，读者可以将此类测试用例放入一个 testgroup，再利用下面的结构：

```
<testgroup title="only_ luxury" variants="6856789001_ECU_xxxx_Luxury ">
    <capltestcase name="capltestcase only support Luxury" />
</testgroup>
```

这样，这些测试用例就只会在选择 Luxury 版本时有效。

基于上面的实例，可以设计一个 XML 测试模块，通过调用 CAPL 测试库和.NET 测试库，实现一样的测试序列。由图 20.12 可以看出，在测试执行之前，测试用例已经显示出来，而且在执行界面中，用户可以选择自己需要的测试用例。这是在 CAPL 测试模块和.NET 测试模块中无法实现的，显得更加友好。

图 20.12　XML 测试模块的执行界面

这里将触发错误的测试条件设定与 20.5 节相同，.NET 测试模块和 XML 测试模块的执行结果完全相同，如图 20.13 所示。

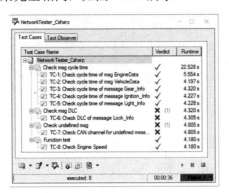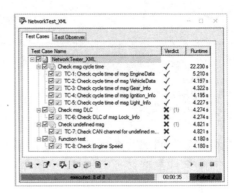

图 20.13　.NET 测试模块与 XML 测试模块的执行结果对比

读者可以在本书提供的资源压缩包中找到本章例程的工程文件（路径为：\Chapter_20\Additional\Example\Vehicle_System_Simulation_Test_XML.zip），其中已包含 CAPL、.NET 和 XML 三种测试模块。

第21章 CANoe 高级编程——TCP/IP 通信编程

本章内容：

- 网络传输协议简介；
- .NET 编程中 TCP/IP 相关类的简介；
- CAPL 中 TCP/IP 相关函数的简介；
- 工程实例简介；
- 工程实现——C# TCP/IP 服务器端开发；
- 工程实现——CANoe TCP/IP 客户端开发；
- 工程运行；
- 测试扩展话题——UDP Socket 通信。

随着 Internet 的迅猛发展，对应用软件支持网络通信的要求也越来越强烈，所以 CANoe 也不例外，它为用户提供一些简单快捷的网络通信解决方案。本章和第 22 章将重点讲解网络编程的基础知识，以及如何在 CANoe 仿真工程中添加网络通信功能。通过这两章的学习，读者将对 CANoe 网络编程有一定的了解，为以后有效利用相关技术开发自动化、远程化的应用程序打下良好的基础。

21.1　网络传输协议简介

网络传输协议是为计算机网络中进行数据交换而建立的规则、标准或约定的集合。1978 年，国际标准组织（ISO）提出了"开放系统互连参考模型"，即著名的 OSI/RM 模型（Open System Interconnection /Reference Model）。它将计算机网络体系架构的通信协议分为 7 层，自下而上依次为物理层（Physics Layer）、数据链路层（Data Line Layer）、网络层（Network Layer）、传输层（Transport Layer）、会话层（Session Layer）、表示层（Presentation Layer）和应用层（Application Layer），如图 21.1 所示。

应用层
表示层
会话层
传输层
网络层
数据链路层
物理层

图 21.1　网络通信协议

其中，下面四层完成数据传送服务，上面三层面向用户。对于每一层，至少制定两项标准：服务定义和协议规范。前者给出了该层所提供的服务的准确定义，后者详细描述了该协议的动作和各种有关规程，以保证服务的提供。

1974 年，IP（Internet Protocol，网际协议）和 TCP（Transmission Control Protocol，传输控制协议）问世，合称 TCP/IP。TCP/IP 从底至顶分别为网络接口层、网际层、传输层和应用层 4 个层次，如图 21.2 所示。

应用层
传输层（TCP 层）
网际层（IP 层）
网络接口层

图 21.2　TCP/IP

虽然 Internet 的规模正在迅速扩大，但其基于 TCP/IP 的体系结构自四十多年前一直沿用至今。随着因特网的发展，目前流行的 IPv4 协议（网际协议版本 4）已经接近它的功能上限。因此 IPv6（网际协议版本 6）已经普及，用以取代 IPv4。

在应用程序网络编程时，主要关注的是网际层和传输层，下面主要说明这两层所使用的协议。

21.1.1　网际层

网际层提供路由和寻址的功能，使两终端系统能够互连且决定最佳路径，并且有一定的拥塞控制和流量控制的能力。TCP/IP 体系中的网际层功能由 IP 规定和实现，故又称 IP 层。

具有网际层功能的协议如下。

（1）IP：网际协议。

（2）IPX：英特网分组交换协议，是由 Novell 公司提出的运行于 OSI 模型第三层的协议。

（3）X.25：使用电话或者 ISDN 设备作为网络硬件设备来架构广域网的 ITU-T 网络协议。

（4）ARP：地址解析协议，通过目标设备的 IP 地址，查询目标设备的 MAC 地址。

（5）RARP：反向地址转换协议，作用与 ARP 相反，用于将 MAC 地址转换为 IP 地址。

（6）ICMP：因特网控制消息协议，用于在 TCP/IP 网络中发送控制信息。

使用在网际层的设备如下。

（1）路由器（Router）；

（2）三层交换机（Layer 3 Switch）。

21.1.2　传输层

传输层是 OSI 中最重要、最关键的一层，是唯一负责总体的数据传输和数据控制的一层。传输层提供端到端交换数据的机制，检查分组编号与次序。传输层对其上三层提供可靠的传输服务，对网络提供可靠的目的地站点信息。

传输层的主要功能如下。

（1）为端到端连接提供传输服务。这种传输服务分为可靠的和不可靠的服务，其中，TCP 是典型的可靠传输，而 UDP 则是不可靠的传输。

（2）为端到端连接提供流量控制、差错控制、服务质量（Quality of Service，QoS）等管理服务。

下面是两种最常见的传输层协议：

（1）TCP：是一种面向连接的、可靠的、基于字节流的传输层通信协议。

（2）UDP：一个简单的面向数据报的传输层协议。

21.1.3　Socket 编程简介

网络编程应用最多的是 Socket（套接字）技术，起源于 UNIX 系统，是由加尼福尼亚大学 Berkeley 分校为 UNIX 操作系统下实现 TCP/IP 通信协议而开发的接口。由于 Socket 在 UNIX 中的作用为网络编程接口，Microsoft 于 20 世纪 90 年代初联合了其他几家公司共同制定了一套 Windows 下的网络编程接口——Windows Sockets 规范，提供一套支持多协议的 Windows 的网络编程接口，基本实现与协议无关。Socket 实际上在计算机中提供了一个通信接口，通过这个端口可以与任何一台具有 Socket 接口的计算机通信。

21.2　.NET 编程中 TCP/IP 相关类的简介

System.Net 命名空间为当前网络采用的许多协议提供了一种简单的编程接口。使用.NET 进行网络编程时，通常需要使用 System.Net 和 System.Net.Sockets 命名空间，下面对相关的几个常见的类做一下讲解。

1. Dns 类

Dns（Domain Name System，域名系统）类是一个静态类，提供了简单的域名解析功能，它从 Internet 域名系统（DNS）检索关于特定主机的信息。Dns 类的常用方法及描述如表 21.1 所示。

表 21.1　Dns 类的常用方法及描述

名　　称	描　　述
BeginGetHostAddresses	以异步方式返回指定的主机的 Internet 协议（IP）地址
BeginGetHostEntry	以异步方式解析主机名或 IP 地址到 IPHostEntry 实例
EndGetHostAddresses	结束对 DNS 信息的异步请求
EndGetHostEntry	结束对 DNS 信息的异步请求
GetHostAddresses	返回指定的主机的 Internet 协议（IP）地址
GetHostAddressesAsync	用以异步操作返回指定的主机的 Internet 协议（IP）地址
GetHostEntry	主机名或 IP 地址解析为 IPHostEntry 实例
GetHostEntryAsync	主机名或 IP 地址解析为 IPHostEntry 作为异步操作的实例
GetHostName	获取本地计算机的主机名

2. IPAddress 类

IPAddress 类包含计算机在 IP 网络上的地址，它主要用来提供网际协议（IP）地址。IPAddress 类的常用字段、属性、方法及描述如表 21.2 所示。

表 21.2　IPAddress 类的常用字段、属性、方法及描述

字段、属性和方法	描　述
Any 字段	提供一个 IP 地址，指示服务器应侦听所有网络接口上的客户端活动。该字段为只读
Broadcast 字段	提供 IP 广播地址。该字段为只读
Loopback 字段	提供 IP 环回地址。该字段为只读
None 字段	提供指示不应使用任何网络接口的 IP 地址。该字段为只读
AddressFamily 属性	获取 IP 地址的地址族
IsIPv4MappedToIPv6 属性	获取 IP 地址是否为 IPv4 映射 IPv6 地址
IsIPv6LinkLocal 属性	获取地址是否为 IPv6 链接本地地址
IsIPv6Multicast 属性	获取地址是否为 IPv6 多路广播全局地址
IsIPv6SiteLocal 属性	获取地址是否为 IPv6 站点本地地址
ScopeId 属性	获取或设置 IPv6 地址范围标识符
GetAddressBytes 方法	以字节数组形式提供 IPAddress 的副本
IsLoopback 方法	指示指定的 IP 地址是否为环回地址
Parse 方法	将 IP 地址字符串转换为 IPAddress 实例
TryParse 方法	确定字符串是否为有效的 IP 地址

3. IPEndPoint 类

IPEndPoint 类包含应用程序连接到主机上的服务所需的主机和本地或远程端口的信息。通过构造函数 IPEndPoint 组合服务的主机 IP 地址和端口号形成到服务的连接点，它主要用来将网络端点表示为 IP 地址和端口号。IPEndPoint 类的常用字段、属性及描述如表 21.3 所示。

表 21.3　IPEndPoint 类的常用字段、属性及描述

字段及属性	描　述
MaxPort 字段	指定可以分给 Port 属性的最大值。MaxPort 值设置为 0x0000FFFF。该字段为只读
MinPort 字段	指定可以分配给 Port 属性的最小值。该字段为只读
Address 属性	获取或设置终结点的 IP 地址
AddressFamily 属性	获取 IP 地址的地址族
Port 属性	获取或设置终结点的端口号

4. Socket 类

Socket 类为网络通信提供了一套丰富的方法和属性，它主要用于管理连接，实现 berkeley 通信端口套接字接口。同时，它还定义了绑定、连接网络端点及传输数据所需的各种方法，提供处理端点连接传输等细节所需的功能。Socket 类的常用属性及描述如表 21.4 所示。

表 21.4　Socket 类的常用属性及描述

属　性	描　述
AddressFamily	获取 Socket 的地址族
Available	获取已经从网络接收且可供读取的数据量

属 性	描 述
Blocking	获取或设置一个值，该值指示是否 Socket 处于阻塞模式
Connected	获取一个值，该值指示 Socket 是在上次 Send 或 Receive 操作时连接到远程主机
Handle	获取 Socket 的操作系统句柄
LocalEndPoint	获取本机终结点
ProtocolType	获取 Socket 的协议类型
ReceiveBufferSize	获取或设置一个值，指定 Socket 的接收缓冲区的大小
ReceiveTimeout	获取或设置一个值，该值指定之后同步 Receive 调用将超时的时间长度
RemoteEndPoint	获取远程终结点
SendTimeout	获取或设置一个值，该值指定之后同步 Send 调用将超时的时间长度
SocketType	获取 Socket 的类型

Socket 类的常用方法及描述如表 21.5 所示。

表 21.5　Socket 类的常用方法及描述

方 法	描 述
Accept	为新建连接创建新的 Socket
BeginAccept	开始一个异步操作来接受一个传入的连接尝试
BeginConnect	开始一个对远程主机连接的异步请求
BeginDisconnect	开始异步请求从远程终结点断开连接
BeginReceive	开始从连接的 Socket 中异步接收数据
BeginSend	将数据异步发送到连接的 Socket
BeginSendFile	将文件异步发送到连接的 Socket 对象
BeginSendTo	以异步方式将数据发送到特定的远程主机
Close	关闭 Socket 连接并释放所有关联的资源
Connect	建立与远程主机的连接
Disconnect	关闭 Socket 连接并允许重用 Socket
EndAccept	异步接受传入的连接尝试，并创建一个新 Socket 来处理远程主机通信
EndConnect	结束挂起的异步连接请求
EndDisconnect	结束挂起的异步断开连接请求
EndRecieve	结束挂起的异步读取
EndSend	结束挂起的异步发送
EndSendFile	结束文件的挂起异步发送
EndSendTo	结束挂起的、向指定位置进行的异步发送
Listen	将 Socket 置于监听的状态
Receive	接收来自绑定的 Socket 的数据
Send	将数据发送到指定的 Socket
SendFile	将文件和可选数据异步发送到连接的 Socket
SendTo	将数据发送到特定的终结点
Shutdown	禁用某 Socket 上的发送和接收

5. TcpClient 类和 TcpListener 类

TcpClient 类用于在同步阻止模式下通过网络来连接、发送和接收流数据。构造函数 TcpClient 可以用来初始化 TcpClient 类的新实例，并将其绑定到指定的本地终结点。为了 TcpClient 连接并交换数据，使用 Tcp ProtocolType 类创建的 TcpListener 实例或 Socket 实例必须侦听是否有传入的连接请求。TcpClient 类的常用属性、方法及描述如表 21.6 所示。

表 21.6　TcpClient 类的常用属性、方法及描述

属性和方法	描　述
Available 属性	获取已经从网络接收且可供读取的数据量
Client 属性	获取或设置基础 Socket
Connected 属性	获取一个值，该值指示 TcpClient 的基础 Socket 是否已连接到远程主机
ReceiveBufferSize 属性	获取或设置接收缓冲的大小
ReceiveTimeout 属性	获取或设置 TcpClient 等待接收操作成功完成的时间量
SendBufferSize 属性	获取或设置发送缓冲的大小
SendTimeout 属性	获取或设置 TcpClient 等待发送操作成功完成的时间量
BeginConnect 方法	开始一个对远程主机连接的异步请求
Close 方法	释放此 TcpClient 实例，而不关闭基础连接
Connect 方法	使用指定的主机名和端口号将客户端连接到 TCP 主机
EndConnect 方法	结束挂起的异步连接尝试
GetStream 方法	返回用于发送和接收数据的 NetworkStream

TcpListener 类的常用属性、方法及描述如表 21.7 所示。

表 21.7　TcpListener 类的常用属性、方法及描述

属性和方法	描　述
LocalEndPoint 属性	获取当前 TcpListener 的基础 EndPoint
Server 属性	获取基础网络 Socket
AcceptSocket/AcceptTcpClient 方法	接受挂起的连接请求
BeginAcceptSocket/BeginAcceptTcpClient 方法	开始一个异步操作来接收一个传入的连接尝试
EndAcceptSocket 方法	异步接收传入的连接尝试，并创建新的 Socket 来处理远程主机通信
EndAcceptTcpClient 方法	异步接收传入的连接尝试，并创建新的 TcpClient 来处理远程主机通信
Start 方法	开始侦听传入的连接请求
Stop 方法	关闭侦听器

21.3　CAPL 中 TCP/IP 相关函数的简介

TCP/IP API 提供对 TCP/IP 网络功能的接口，CANoe 相关函数是基于 Windows Winsock 2 API 上层来实现的。

1. IP API 函数

IP API 包括网络信息检索基本功能，例如，查询已安装的网络接口卡、IP 地址、地址转换函数、错误处理等。此外，IP API 还针对 Socket 提供一些特殊功能，如 Socket 配置选项和绑定等。表 21.8 列出了 IP API 函数列表及描述。

表 21.8 IP API 函数列表及描述

函　　数	描　　述
IpAddAdapterAddress	将一个 IP 地址加到一个指定索引的网络硬件接口
IpBind	将一个 IP 地址和端口与指定的 Socket 绑定
IpGetAdapterAddress	检索特定的一个网络硬件接口对应的 IP 地址
IpGetAdapterAddressAsString	检索与指定的网络硬件接口相关的第一个 IP 地址字符串
IpGetAdapterAddressCount	获取某一个网络硬件接口的分配的地址数量
IpGetAdapterCount	返回本机中网络硬件接口的数量
IpGetAdapterDescription	检索与指定的网络硬件接口相关的描述
IpGetAdapterGateway	检索与指定的网络硬件接口相关的默认网关地址
IpGetAdapterGatewayAsString	检索与指定的网络硬件接口相关的默认网关地址字符串
IpGetAdapterMacId	获取指定网络硬件接口的 MAC 地址
IpGetAdapterMask	检索与指定的网络硬件接口相关的地址掩码
IpGetAdapterMaskAsString	检索与指定的网络硬件接口相关联的第一地址掩码的字符串表示形式
IpGetAddressAsArray	将冒号分隔的 IP 地址字符串转换为 16B 的数组（适用于 IPv6）
IpGetAddressAsNumber	将冒号分隔的 IP 地址字符串转换为 4B 的整数（dword）（适用于 IPv4）
IpGetAddressAsString	将 IP 地址的对应的整数转换为点符号分隔的字符串
IpGetHostByName	获取指定 DNS 主机名的 DNS 信息
IpGetLastError	返回上一次 Winsock 2 操作失败的错误代码
IpGetLastSocketError	返回指定 Socket 的上一次 Winsock 2 操作失败的错误代码
IpGetLastSocketErrorAsString	检索指定 Socket 的上一次操作失败的信息，返回字符串形式
IpGetSocketAddressFamily	获取 Socket 的地址族
IpGetSocketName	获取 Socket 的本地地址和端口
IpGetSocketOption	读取指定 Socket 选项的值
IpGetStackParameter	获取 TCP/IP 指定参数的值
IpJoinMulticastGroup	加入指定的 Socket 的组播组（multicast group）
IpLeaveMulticastGroup	离开之前的已加入的组播组
IpRemoveAdapterAddress	将指定索引的网络硬件接口一个 IP 地址删除
IpSetMulticastInterface	设定发送组播消息的接口
IpSetAdapterGateway	设定默认的路由器地址
IpSetSocketOption	修改 Socket 选项
IpSetStackParameter	设定 TCP/IP 协议栈指定参数的值

续表

函　　数	描　　述
IP API 支持以下 CAPL 回调函数：	
OnIpGetHostByName	当调用 IpGetHostByName 函数返回 WSAEWOULDBLOCK (10035) 错误并且地址解析结束，该回调函数将被调用
OnIpReceivePrepare	CAPL 程序可以在接收到的数据包被派发给 TCP/IP 协议栈之前，回调这个函数。它可以操纵数据包内容或阻止从总线接收数据包
OnIpSendPrepare	在 TCP/IP 协议栈发送数据包之前被调用

2. TCP API 函数

TCP 是一个面向连接的协议，建立双向连接。TCP API 实现有三个阶段：建立连接，数据传输和关闭连接。表 21.9 列出了 TCP API 函数列表及其描述。

表 21.9　TCP API 函数列表及描述

函　　数	描　　述
TcpAccept	接收指定 TCP 的 Socket 的连接请求
TcpClose	关闭 TCP 的 Socket 连接并释放所有相关的资源
TcpConnect	建立与指定的终结点的连接
TCPGetRemoteAddress	检索指定 Socket 的远程地址
TCPGetRemoteAddressAsString	使用 Internet 标准的用点分隔十进制格式，检索指定 Socket 的远程地址
TcpListen	使 Socket 开始侦听传入的连接请求
TcpOpen	为基于 TCP 的连接创建新的 Socket
TcpReceive	接收来自绑定的 Socket 的数据到指定的 buffer 中
TcpSend	发送数据到指定的 Socket
TcpShutdown	禁止发送数据到指定的 Socket
TCP API 支持以下 CAPL 回调函数：	
OnTcpClose	当 TCP 的 Socket 收到一个关闭通知，这个函数被自动回调
OnTcpConnect	当异步连接操作完成后，这个函数将被自动回调
OnTcpListen	当收到来自指定 Socket 的连接请求后，这个函数将被自动回调
OnTcpReceive	当 TCP 的 Socket 异步接收操作完成后，这个函数将被自动回调
OnTcpSend	当 TCP 的 Socket 异步发送操作完成后，这个函数将被自动回调

21.4　工程实例简介

网络应用程序通常包括两个部分：一部分是服务器端应用程序，主要用于接收客户端的连接请求、接收客户端的消息、处理客户端的计算要求、向客户端发送计算结果和应答信息等；另一端是客户端应用程序，主要用于申请连接到服务器、向服务器发送计算请求、处理服务器发回的计算结果和其他信息等。

本章实例将使用目前常用的开发工具 C#来开发服务器端，以 CANoe 端作为客户端。服务器端和客户端，通过 TCP/IP 连接，实现数据交换。首先在服务器端建立一个监听

Socket，自动创建一个监听线程，随时监听是否有客户端的连接。它只起到监听作用，当监听线程监听到客户端请求时，监听线程就调用 Socket 上的消息响应函数 OnAccept，接收客户端的连接请求。服务器为每一个客户端请求建立一个 Socket，以便并行建立消息响应，服务器端为了接收数据，必须为客户端建立消息响应函数 OnReceive，用于接收数据。客户端为了接收服务器端的数据，需要在连接的 Socket 上建立一个消息响应函数 OnReceive，用来接收数据。

21.5　工程实现——C# TCP/IP 服务器端开发

通过 21.2 节的.NET 编程中 TCP/IP 类的学习，读者对相关的类已经有了一些初步的了解。接下来将在 Visual Studio 2013 开发环境中，利用 C#开发一个 TCP/IP 服务器端程序。

21.5.1　新建一个工程

在 Visual Studio 2013 开发环境中，单击"文件"→"新建"→"项目"进入"新建项目"对话框。在 Visual C#下面选择模板"Windows 窗体应用程序"新建一个工程，并将项目命名为 TCP_Demo，如图 21.3 所示。

图 21.3　新建一个基于 Windows 窗体应用程序的 C#项目

Visual Studio 会自动创建一个 Windows 窗体的应用程序界面，用户需要自己添加窗体控件和事件处理代码。

21.5.2　界面设计

在 VS2013 生成的对话框上，将其 Text 属性改为"TCP/IP 服务器端"，这样"TCP/IP 服务器端"就是运行界面的对话框标题。表 21.10 为"TCP/IP 服务器端"对话框的控件列表及属性设定。

表 21.10　"TCP/IP 服务器端"对话框的控件列表及属性设定

控　　件	属　　性	属性设定	说　　明
Form1	Text	TCP/IP 服务器端	TCP/IP 服务器端界面
	FormBorderStyle	FixedSingle	
	MaximizeBox	False	
	MinimizeBox	False	

控　件	属　性	属性设定	说　明
Label1	Text	IP 地址	标签
Label2	Text	端口	标签
Label3	Text	服务器：	标签
Label4	Text	客户端：	标签
TextBox1	Name	txtServerIP	输入/显示服务器 IP 地址（自动显示本机 IP 地址）
	Text	—	
	ReadOnly	False	
	BackColor	White	
	TabIndex	2	
	TabStop	True	
TextBox2	Name	txtServerPort	服务器 IP 端口输入
	Text	6565	
	ReadOnly	False	
	BackColor	White	
	TabIndex	3	
	TabStop	True	
TextBox3	Name	txtClientIP	显示客户端的 IP 地址
	Text	—	
	ReadOnly	True	
	BackColor	White	
	TabStop	False	
TextBox4	Name	txtClientPort	显示客户端的 IP 端口
	Text	—	
	ReadOnly	True	
	BackColor	White	
	TabStop	False	
Label5	Text	发送的消息：	标签
TextBox5	Name	txtSend	输入发送字符串
	Text	—	
	ReadOnly	False	
	BackColor	White	
	TabIndex	4	
	TabStop	True	
Label6	Text	接收的消息：	标签
TextBox6	Name	txtReceive	显示接收到的字符串
	Text	6565	
	ReadOnly	True	

控　　件	属　　性	属性设定	说　　明
TextBox6	BackColor	White	显示接收到的字符串
	TabStop	False	
Button1	Name	btnStart	开始 Socket，进入监听状态
	Text	开始	
	TabIndex	1	
	TabStop	True	
Button2	Name	btnSend	发送按钮
	Text	发送	
	TabIndex	5	
	TabStop	True	
Button2	Name	btnEnd	停止 Socket
	Text	终止	
	TabIndex	6	
	TabStop	True	
ListBox1	Name	lstShow	显示操作和接收信息
	Text	—	
	TabStop	False	
Timer1	Name	timer1	定时器用于刷新状态
	Enabled	True	
	Interval	100	

所有控件添加设定完毕以后，对话框的效果如图 21.4 所示。

图 21.4　TCP/IP 服务器端界面效果图

21.5.3　C#代码实现

由于程序需要使用多线程监听客户端是否接入，以及接收客户端的数据，本程序除了
要添加 System.NET.Sockets 外，还要需要添加 System.Threading。以下为 C#完整代码。

```
using System;
using System.Windows.Forms;
using System.Net;
```

```
using System.Text;
using System.Threading;
using System.Net.Sockets;
using System.ComponentModel;

namespace TCP_Demo
{
    public partial class Form1 : Form
    {
        // 定义一个 TcpClient 类
        static TcpClient client = null;
        // 定义一个 NetworkStream 类，用于网络访问的基础流的数据操作
        static NetworkStream stream = null;
        // 定义一个 TcpServer 类
        TcpListener server = null;
        // 线程用于实时监测 client 是否接入，以及数据是否传过来
        public Thread SocketWatch;
        delegate void SetTextCallback(string text);

        // 0 - 断开状态；1- 尝试连接中；2- 已连接；3- 尝试断开中；
        public int socket_status = 0;
        public Form1()
        {
            InitializeComponent();
        }

        private void Form1_Load(object sender, EventArgs e)
        {
            // 获取本地计算机的主机名
            string name = Dns.GetHostName();
            // 获取本地计算机的 Internet 协议（IP）地址
            IPAddress[] ipadrlist = Dns.GetHostAddresses(name);
            foreach (IPAddress ipa in ipadrlist)
            {
                // 检索 IPv4 的 IP 地址
                if (ipa.AddressFamily == AddressFamily.InterNetwork)
                {
                    lstShow.Items.Add("检索到主机的 IP 地址：" + ipa.ToString());
                    // 将第一个有效的 IPv4 地址作为服务器地址
                    if (txtServerIP.Text == "")
                        txtServerIP.Text = ipa.ToString();
                }
            }
            btnSend.Enabled = false;
            btnEnd.Enabled = false;
        }

        private void btnStart_Click(object sender, EventArgs e)
```

```
{
    btnStart.Enabled = false;
    int port = Convert.ToInt32(txtServerPort.Text);
    IPAddress IP = System.Net.IPAddress.Parse(txtServerIP.Text);
    IPEndPoint p = new IPEndPoint(IP, port);
    server = new TcpListener(p);
    server.Start();
    lstShow.Items.Add("服务器已启动！");
    lstShow.Items.Add("等待客户端连接....");
    Update();
    socket_status = 1; // 等待 client 接入
    // 开启新的线程，用于监控 client 接入和数据接收
    this.SocketWatch = new Thread(new ThreadStart(this.SocketTask));
    this.SocketWatch.Start();

    btnSend.Enabled = true;
    btnEnd.Enabled = true;

}

private void btnSend_Click(object sender, EventArgs e)
{
    byte[] sendmsg = new byte[512]; // 定义发送的 Byte 数组
    int i = 0;
    // Encode 转换为 UTF8
    byte[] msg = Encoding.UTF8.GetBytes(txtSend.Text);
    for (i = 0; i < msg.Length;i++ )
    {
        sendmsg[i] = msg[i];
    }
    // CANoe 根据最后字符是否为'\0'来判断接收的字符串长度
    sendmsg[msg.Length] = 0x00;
    stream = client.GetStream();
    stream.Write(sendmsg, 0, sendmsg.Length);
    lstShow.Items.Add("发送数据成功！");
}

private void btnEnd_Click(object sender, EventArgs e)
{
    if (this.SocketWatch != null) this.SocketWatch.Abort();
    if (stream != null) stream.Close();
    if (client != null) client.Close();
    if (server != null) server.Stop();
    socket_status = 0;
    btnStart.Enabled = true;
    btnSend.Enabled = false;
    btnEnd.Enabled = false;
```

```
    }

    // 用于实时监测 client 是否接入，以及数据是否传过来
    public void SocketTask()
    {
        while (true)
        {
            if (socket_status==1)
            {
                // 接受挂起的连接请求
                client = server.AcceptTcpClient();
                socket_status = 2;
            }

            Byte[] bytes = new Byte[256];
            // 返回用于发送和接收数据的 NetworkStream
            stream = client.GetStream();
            try
            {
                stream.Read(bytes, 0, bytes.Length);// 从读取 Stream 数据
                // 按照 UTF8 的编码方式得到字符串
                string data = Encoding.UTF8.GetString(bytes, 0, bytes.Length);
                if (bytes[0] != '\0')  // 如果数据是有效的
                {
                    this.SetText(data);// 数据传递给主线程
                }
            }
            catch (System.IO.IOException)
            {
                if (client.Connected == true)
                {
                    client.Close(); // 释放此 TcpClient 实例
                    stream.Close(); // 关闭当前流并释放与之关联的所有资源
                }
                socket_status = 3;
                break;
            }
        }
    }

    private void SetText(string text)
    {
        // InvokeRequired required compares the thread ID of the
        // calling thread to the thread ID of the creating thread.
        // If these threads are different, it returns true.
        if (this.txtReceive.InvokeRequired)
        {
            SetTextCallback d = new SetTextCallback(SetText);
```

```
            this.Invoke(d, new object[] { text });
        }
        else
        {
            this.txtReceive.Text = text;
            lstShow.Items.Add("接收到数据：" + text);
        }
    }


    private void timer1_Tick(object sender, EventArgs e)
    {
        // 处理界面的更新
        Socket s;
        if (client != null)
        {
            if (socket_status ==3)  // 尝试断开中
            {

                server.Stop();
                lstShow.Items.Add("客户端已断开！");
                txtClientIP.Text = "";
                txtClientPort.Text = "";
                btnStart.Enabled = true;
                btnSend.Enabled = false;
                btnEnd.Enabled = false;
                client = null;
                socket_status = 0;
            }
            else
            {
                if (txtClientIP.Text == "")
                {
                    lstShow.Items.Add("客户端已连接！");
                    s = client.Client;
                    // 显示远程客户端 IP 和 Port 端口
                    txtClientIP.Text = s.RemoteEndPoint.ToString().Split
                    (':')[0];
                    txtClientPort.Text = s.RemoteEndPoint.ToString().Split
                    (':')[1];
                }
            }

        }
    }
}
```

21.6 工程实现——CANoe TCP/IP 客户端开发

对于 CANoe 客户端的演示，本实例力求简单，同时突出 TCP/IP 的通信功能，在实例设计中只使用一个网络节点和一个面板。面板主要用于演示与 TCP/IP 服务器端的数据发送与接收。当然，读者可以将这单一功能移植到自己的仿真工程中，将服务器端传过来的字符串信息根据项目需要与仿真工程的系统变量、环境变量、信号、报文等关联起来。服务器端也可以将 CANoe 发送字符进行解析。这种通过 TCP/IP 来远程监控 CANoe 运行的解决方案，可以广泛应用于日常的项目中。

21.6.1 创建仿真工程

在 CANoe 界面选择 File→New，在可选的模板中选择 CAN 500kBaud 1ch（波特率为 500kBaud,1 通道）。在 Simulation Setup 窗口中添加一个网络节点为 TcpClient，如图 21.5 所示，并将其 CAPL 程序设定为 TcpClient.can。

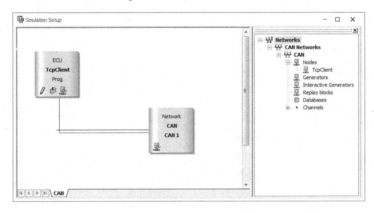

图 21.5　添加节点 TcpClient

21.6.2 新建系统变量

为了与面板上的控件关联，方便数据的传递和处理，本实例需要创建表 21.11 中所列出的系统变量。

表 21.11　系统变量及属性设置

Name （系统变量名）	Value Type （数值类型）	Initial Value （初始值）	Minimum （最小值）	Maximum （最大值）
TcpClientData	String	—	—	—
TcpClientIp	String	—	—	—
TcpClientPort	Int32	0	0	0
TcpConnect	Int32	0	0	1
TcpData	String	—	—	—
TcpDisconnect	Int32	0	0	1

Name （系统变量名）	Value Type （数值类型）	Initial Value （初始值）	Minimum （最小值）	Maximum （最大值）
TcpSend	Int32	0	0	1
TcpServerIp	String	—	—	—
TcpServerPort	Int32	0	0	0

此处所有的系统变量均在 Namespace：TCPIP 下面，导出到 SystemVariables.xml 中，并保存到文件夹 SystemVariables 中，读者可以直接导入到其他工程文件中。

21.6.3　Panel 设计

与 C#.NET 程序的用户界面类似，在 CANoe 端也需要设计一个客户界面来与 TCP/IP 服务器端通信。表 21.12 为 TCP/IP 客户端面板的控件列表及属性设定，读者可以根据此列表来创建一个面板。

表 21.12　TCP/IP 客户端面板的控件列表及属性设定

控　　件	属　　性	属性设定	说　　明
Panel 1	Panel Name	Client Panel	TCP 客户端面板
	Background Color	231,231,231	
	Border Style	None	
	Size	530,230	
Group Box 1	Control Name	Tcpgroup	存放 TCP 操作控件
	Text	TCP	
	Background Color	224,224,224	
Static Text 1	Text	IP address	标签
	Font Size	8	
	Background Color	224,224,224	
Static Text 2	Text	Port	标签
	Font Size	8	
	Background Color	224,224,224	
Static Text 3	Text	Client	标签
	Font Size	8	
	Background Color	224,224,224	
Input/Output Box 1	Control Name	TcpClientIP	客户端 IP 地址 （自动获取）
	Description	TcpClientIp:	
	Display Description	Hide	
	Value Interpretation	Text	
	Symbol Name	TcpClientIp	
	Symbol Namespace	TCPIP	
	Symbol Filter	Variable	

435

第
21
章

控　件	属　　性	属性设定	说　　明
Input/Output Box 2	Control Name	TcpClientPort	客户端 IP 端口
	Description	TcpClientPort:	
	Display Description	Hide	
	Value Interpretation	Decimal	
	Symbol Name	TcpClientPort	
	Symbol Namespace	TCPIP	
	Symbol Filter	Variable	
Static Text 4	Text	Server:	标签
	Font Size	8	
	Background Color	224,224,224	
Input/Output Box 3	Control Name	TcpServerIP	服务器端 IP 地址输入控件
	Description	TcpServerIp:	
	Display Description	Hide	
	Value Interpretation	Text	
	Symbol Name	TcpServerIp	
	Symbol Namespace	TCPIP	
	Symbol Filter	Variable	
Input/Output Box 4	Control Name	TcpServerPort	服务器端 IP 端口输入控件
	Description	TcpServerPort:	
	Display Description	Hide	
	Value Interpretation	Decimal	
	Symbol Name	TcpServerPort	
	Symbol Namespace	TCPIP	
	Symbol Filter	Variable	
Static Text 5	Text	Data from Server:	标签
	Font Size	8	
	Background Color	224,224,224	
Input/Output Box 5	Control Name	TcpData	接收到的数据显示控件
	Description	TcpData:	
	Display Description	Hide	
	Value Interpretation	Text	
	Symbol Name	TcpData	
	Symbol Namespace	TCPIP	
	Symbol Filter	Variable	
Static Text 6	Text	Send data:	标签
	Font Size	8	
	Background Color	224,224,224	

控 件	属 性	属性设定	说 明
Input/Output Box 6	Control Name	TcpClientData	输入需要发送的数据
	Description	TcpClientData:	
	Display Description	Hide	
	Value Interpretation	Text	
	Symbol Name	TcpClientData	
	Symbol Namespace	TCPIP	
Input/Output Box 6	Symbol Filter	Variable	输入需要发送的数据
Button 1	Name	TcpListen	连接服务器按钮
	Text	Connect to server	
	Switch Value 'Pressed'	1	
	Switch Value 'Released'	0	
	Symbol Name	TcpConnect	
	Symbol Namespace	TCPIP	
	Symbol Filter	Variable	
Button 2	Name	TcpDisconnect	断开服务器按钮
	Text	Disconnect from server	
	Switch Value 'Pressed'	1	
	Switch Value 'Released'	0	
	Symbol Name	TcpDisconnect	
	Symbol Namespace	TCPIP	
	Symbol Filter	Variable	
Button 3	Name	TcpSend	发送数据按钮
	Text	Send data to server	
	Switch Value 'Pressed'	1	
	Switch Value 'Released'	0	
	Symbol Name	TcpSend	
	Symbol Namespace	TCPIP	
	Symbol Filter	Variable	

所有控件添加设置完毕后，TCP/IP 客户端面板效果如图 21.6 所示。

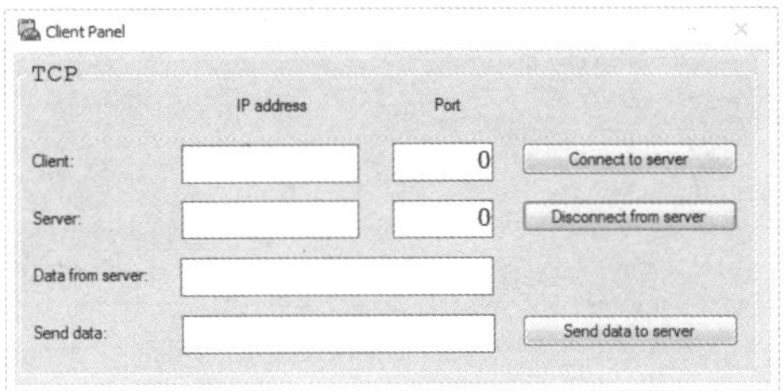

图 21.6　TCP/IP 客户端面板

437

21.6.4 CAPL 实现

TCP/IP 的 CAPL 实现主要通过调用 CANoe 提供的相关 CAPL 函数。为了方便调用 CAPL 的 Socket 接口，Vector 提供了一个 IPCommon.can 头文件。

1. 头文件 IPCommon

该文件对相关 Socket 操作的参数和状态做了定义，同时提供了 UdpRecv 和 TcpRecv 函数用于将绑定的 Socket 数据保存到指定缓存区，并检查目前的状态。

```
variables
{
  const long  INVALID_SOCKET =    ~0;
  const long  WSA_IO_PENDING =   997;
  const long  WSAEWOULDBLOCK = 10035;
  const dword INVALID_IP     = 0xffffffff;

  dword       gIpAddress          = INVALID_IP;
  char        gIpLastErrStr[1024] = "";
  char        gIpAddressStr[32]   = "";
  int         gIpLastErr          = 0;

  dword       gUdpPort    = 0;
  long        gUdpSocket  = INVALID_SOCKET;
  char        gUdpRxBuffer[4096];

  dword       gTcpPort      = 0;
  long        gTcpSocket    = INVALID_SOCKET;
  long        gTcpDataSocket = INVALID_SOCKET;
  char        gTcpRxBuffer[8192];

  // status
  int       gStatus = 0;
  const int  gkSTATUS_UNINITIALISED = 0;
  const int  gkSTATUS_INITIALISED   = 1;
}

long UdpRecv( dword socket)
{
  int result = 0;

  result = UdpReceiveFrom( socket, gUdpRxBuffer, elcount( gUdpRxBuffer));

  if ( 0 != result)
  {
    gIpLastErr = IpGetLastSocketError( socket);
```

```
    if ( WSA_IO_PENDING != gIpLastErr)
    {
      IpGetLastSocketErrorAsString( socket, gIpLastErrStr, elcount(gIpLastErrStr));

      writelineex( 0, 2, "UdpReceive error (%d): %s", gIpLastErr, gIpLastErrStr);
    }
  }

  return result;
}

long TcpRecv( dword socket)
{
  int result = 0;

  result = TcpReceive( socket, gTcpRxBuffer,elcount( gTcpRxBuffer));
  if ( 0 != result)
  {
    gIpLastErr = IpGetLastSocketError( socket);

    if ( WSA_IO_PENDING != gIpLastErr)
    {
      IpGetLastSocketErrorAsString( socket, gIpLastErrStr, elcount(gIpLastErrStr));

      writelineex( 0, 2, "TcpReceive error (%d): %s", gIpLastErr, gIpLastErrStr);
    }
  }

  return result;
}
```

2. 主程序

在 TcpClient.can 中，CANoe 作为客户端实现检索本机 IP，并处理 TCP/IP 的连接、数据发送、数据接收及连接断开等操作。

```
@!includes
{
  #include "IPCommon.can"
}

variables
{
}
```

```
// 检索本机 IP 信息，更新面板，并输出到 Write 窗口
void SetupIp()
{
  int   adapt4erIndex = 1; // 定义选择第一个网络接口作为默认接口
  char  text[512] = "";
  char  info[512] = "";
  int   size = 512;
  long  result = 0;
  dword addresses[1];

  writeClear(0);
  // 检查网络接口的数量
  if (1 > IpGetAdapterCount())
  {
    writelineex(0, 3, "Error: There is no network interface available!");

    stop();
  }
  // 检索指定的网络接口所有的 IP 地址
  if (0 != IpGetAdapterAddress(adapterIndex, addresses, 1))
  {
    // 检查第二个硬件接口
    adapterIndex ++;
    if (0 != IpGetAdapterAddress(adapterIndex, addresses, 1))
    {
      writelineex(0, 3, "Error: Could not retrieve ip address!");
      stop();
    }
  }

  gIpAddress = addresses[0]; // 取第一个有效地址

  if (INVALID_IP == gIpAddress)
  {
    writelineex(0, 3, "Error: ip address to be used is invalid!");

    stop();
  }

  // 检索与指定的网络硬件接口相关的描述
  IpGetAdapterDescription(adapterIndex, text, size);
  snprintf(info, size, "Interface: %s", text);
  writelineex(0, 1, info);

  // 将 IP 地址的对应的整数转换为点符号分隔的字符串
```

```
    IpGetAdapterAddressAsString(adapterIndex, text, size);
    snprintf(info, size, "Ip address: %s", text);
    writelineex(0, 1, info);

    // 更新面板中客户端 IP 栏信息
    SysSetVariableString(sysvar::TCPIP::TcpClientIp, text);


    IpGetAdapterMaskAsString(adapterIndex, text, size);
    snprintf(info, size, "Subnet mask: %s", text);
    writelineex(0, 1, info);

    IpGetAdapterGatewayAsString(adapterIndex, text, size);
    snprintf(info, size, "Gateway address: %s", text);
    writelineex(0, 1, info);

    // 设置服务器端和客户端的端口默认值
    @TCPIP::TcpClientPort=6566;
    @TCPIP::TcpServerPort =6565;

    gStatus = gkSTATUS_INITIALISED;
}

on start
{
    SetupIp();
}


on stopMeasurement
{
    ResetIp();
}

// 当 TCP Socket 完成异步数据接收时, 这个回调函数将被自动调用
void OnTcpReceive( dword socket, long result, dword address, dword port,
char buffer[], dword size)
{
    char  addressString[64] = "";

    if ( gTcpDataSocket != socket)
    {
        writelineex(0, 2, "OnTcpReceive called for unknown socket 0x%X", socket);

        return;
    }
```

```
  if (0 != result)
  {
     // 检索该 socket 上一次操作时出现的错误消息
     IpGetLastSocketErrorAsString( socket, gIpLastErrStr, elcount
     ( gIpLastErrStr));

     writelineex( 0, 2, "OnTcpReceive error (%d): %s", IpGetLastSocketError
     ( socket), gIpLastErrStr);

     return;
  }
  // 将 IP 地址的对应的整数转换为点号分隔的字符串
  IpGetAddressAsString(address, addressString, elcount(addressString));

  // 更新面板上的接收数据
  SysSetVariableString(sysvar::TCPIP::TcpData, buffer);

  // 将接收数据存放到指定的缓存区，并检测 Socket 状态
  TcpRecv( socket);
}

// 当 TCP Socket 端异步数据发送完成后，这个回调函数将被自动调用
void OnTcpSend( dword socket, long result, char buffer[], dword size)
{
  if ( gTcpDataSocket != socket)
  {
    writelineex(0, 2, "OnTcpSend called for unknown socket 0x%X", socket);
  }

  if (0 != result)
  {
    IpGetLastSocketErrorAsString( socket, gIpLastErrStr, elcount
    ( gIpLastErrStr));

    writelineex( 0, 2, "OnTcpSend error (%d): %s", IpGetLastSocketError
    ( socket), gIpLastErrStr);
  }
}

// 连接到远程的 TCP 服务器端
void ConnectTcp()
{
  char buffer[64];
  dword serverIp;
```

```
// 读取与面板关联的系统变量 TcpServerIp,作为 IP 地址字符串
SysGetVariableString(sysvar::TCPIP::TcpServerIp, buffer, elcount(buffer));

// 将 IP 地址的对应的整数转换为点符号分隔的字符串
serverIp = IpGetAddressAsNumber(buffer);

if (INVALID_IP == serverIp)
{
  writelineex(0, 1, "Error: invalid server Ip address!");

  return;
}

// 获取服务器端端口
gTcpPort = @sysvar::TCPIP::TcpClientPort;

// 为基于 TCP 的连接创建新的 socket
gTcpDataSocket = TcpOpen(gIpAddress, gTcpPort);

if ( INVALID_SOCKET == gTcpDataSocket)
{
  writelineex(0, 1, "Error: could not open Tcp socket!");

  return;
}
else
{
  writelineex(0, 1, "Tcp socket opened.");
}

// 建立与指定的终结点的连接
if (0 == TcpConnect(gTcpDataSocket, serverIp, @sysvar::TCPIP::TcpServerPort))
{
  writelineex(0, 1, "Successfully connected to server %s:%d", buffer,
  @sysvar::TCPIP::TcpServerPort);

  TcpRecv( gTcpDataSocket);
}
}

// 关闭 TCP 的 socket 连接并释放所有相关的资源
void DisconnectTcp()
{
  if (INVALID_SOCKET != gTcpDataSocket)
  {
```

```
    TcpClose(gTcpDataSocket);

    gTcpDataSocket = INVALID_SOCKET;
  }

  writelineex(0, 1, "Tcp socket is closed.");
}

// 通过 TCP Socket 发送数据
void SendTcpData()
{
  char buffer[8192];
  // 读取系统变量需要发送的字符串，赋值给 buffer
  SysGetVariableString(sysvar::TCPIP::TcpClientData, buffer, elcount(buffer));

  // 检查当前 Socket 是否有效
  if (INVALID_SOCKET == gTcpDataSocket)
  {
    writelineex( 0, 2, "Tcp socket is invalid!");
    return;
  }

  // 发送数据并检查状态
  if (0 != TcpSend( gTcpDataSocket, buffer, elcount(buffer)))
  {
    // 检查发送过程中是否出错
    gIpLastErr = IpGetLastSocketError( gTcpDataSocket);

    if ( WSA_IO_PENDING != gIpLastErr)
    {
      IpGetLastSocketErrorAsString( gTcpDataSocket, gIpLastErrStr, elcount
      ( gIpLastErrStr));

      writelineex( 0, 2, "Tcp send error (%d): %s", gIpLastErr, gIpLastErrStr);
    }
  }
  else
  {
    writelineex( 0, 1, "Tcp data sent successfully!");
  }
}

// 关闭 TCP Socket，释放 IP 资源
void ResetIp()
{
```

```
  if (INVALID_SOCKET != gTcpDataSocket)
  {
    TcpClose(gTcpDataSocket);

    gTcpDataSocket = INVALID_SOCKET;
  }

  if (INVALID_SOCKET != gUdpSocket)
  {
    UdpClose(gUdpSocket);

    gUdpSocket = INVALID_SOCKET;
  }

}

// 当 Socket 异步连接完成后，这个回调函数将被自动调用
void OnTcpConnect( dword socket, long result)
{
  if ( gTcpDataSocket != socket)
  {
    writelineex(0, 2, "OnTcpConnect called for unknown socket 0x%X", socket);

    return;
  }

  if (0 != result)
  {
    IpGetLastSocketErrorAsString( socket, gIpLastErrStr, elcount
    ( gIpLastErrStr));

    writelineex( 0, 2, "OnTcpConnect error (%d): %s", IpGetLastSocketError
    ( socket), gIpLastErrStr);

    return;
  }
  else
  {
    writelineex(0, 1, "Successfully connected to server via Tcp");

    TcpRecv( socket);
  }
}

// 面板操作 - 连接 TCP Server 操作
on sysvar_update sysvar::TCPIP::TcpConnect
{
  if (@this)
  {
```

```
        ConnectTcp();
    }
}

// 面板操作 - 断开 TCP Server 操作
on sysvar_update sysvar::TCPIP::TcpDisconnect
{
    if (@this)
    {
        DisconnectTcp();
    }
}

// 面板操作 - 发送数据到 TCP Socket
on sysvar_update sysvar::TCPIP::TcpSend
{
    if (@this)
    {
        SendTcpData();
    }
}
```

21.7　工程运行测试

先运行 TCP/IP 服务器端应用，服务器的 IP 地址为本机的 IP 地址，端口 6565 是程序的默认端口，读者也可以输入一个其他的端口号。单击"开始"按钮，服务器端应用将进入接入监听状态。

这时运行 CANoe 的 Tcp_Client 仿真工程，Client Panel 的客户端 IP 地址也将自动设置为本机的 IP 地址，端口 6566 为默认端口，读者也可修改该端口号。在服务器 IP 地址栏和端口栏可以输入对应的服务器 IP 和端口。单击 Connect to server 按钮，服务器端将收到接入请求，这时服务器端将显示来自客户端的 IP 信息和端口号。成功连接以后，服务器端和客户端之间可以相互发送信息。

作为演示，可以允许服务器端应用和 CANoe 仿真工程运行在同一台计算机上，图 21.7 为同一台计算机上演示 TCP 服务器端与客户端之间通信的效果图。

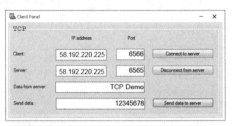

图 21.7　TCP 服务器端与客户端之间通信的效果

这里需要指出的是，为了演示方便，CANoe 例程中采用自动识别 IP 地址，如果使用的计算机上有多个网络接口或蓝牙接口，建议在测试过程中将没有使用到的硬件禁掉，否则 CANoe 可能无法找到有效的 IP 地址。当然，读者可以修改 CANoe 端的代码，去除自动识别本机 IP 地址的功能。

读者可以在本书提供的资源压缩包中找到本章例程的工程文件（CANoe 工程文件路径为：\Chapter_21\Source\ TCP_Client_CANoe\；C#工程文件路径为：\Chapter_21 \Source\ TCP_Server_CSharp\）。

21.8 扩展话题——UDP Socket 通信

UDP 是 User Datagram Protocol 的简称，中文一般翻译为用户数据报协议，是 OSI 参考模型中一种无连接的传输层协议，提供面向事务的简单不可靠的信息传送服务，IETF RFC 768 是 UDP 的正式规范。

UDP 在网络中与 TCP 一样用于处理数据包，是一种无连接的协议。在 OSI 模型中在第四层——传输层，处于 IP 的上一层。UDP 有不提供数据包分组、组装和不能对数据包进行排序的缺点，也就是说，当报文发送之后，是无法得知其是否安全完整到达的。UDP 用来支持那些需要在计算机之间传输数据的网络应用。包括网络视频会议系统在内的众多的客户端/服务器模式的网络应用都需要使用 UDP。UDP 从问世至今已经被使用了很多年，虽然其最初的光彩已经被一些类似协议所掩盖，但是即使是在今天 UDP 仍然不失为一项非常实用和可行的网络传输层协议。

UDP 的主要作用是将网络数据流量压缩成数据包的形式。一个典型的数据包就是一个二进制数据的传输单位。每一个数据包的前 8 个字节用来包含报头信息，剩余字节则用来包含具体传输的数据。

1. 报文格式

每个 UDP 报文分为 UDP 报头和 UDP 数据区两部分。报头由 4 个 16 位（2B）字段组成，分别说明该报文的源端口、目的端口、报文长度以及校验值。图 21.8 为 UDP 报文数据格式。

16 位源端口号	16 位目的端口号
16 位 UDP 长度	16 位 UDP 检验和
数据（如果有）	

图 21.8 UDP 报文数据格式

2. CANoe 中相关 UDP API 函数

UDP API 用于 UDP 通信，它提供一个上层接口，用于实现无连接、基于数据报（datagram）的通信。表 21.13 为 CANoe UDP API 函数接口及描述。

447

表 21.13　CANoe UDP API 函数接口及描述

函　　数	描　　述
UdpClose	关闭 UDP 的 Socket 连接
UdpOpen	为新建的基于 UDP 的连接创建新的 Sockct
UdpReceiveFrom	接收来自绑定的 Socket 的数据到指定的缓存区
UdpSendTo	将数据发送到指定的终结点
UDP API 支持以下 CAPL 回调函数：	
OnUdpReceiveFrom	当异步接收操作完成后，这个函数将被自动回调
OnUdpSendTo	当异步发送操作完成后，这个函数将被自动回调

　　CANoe 的官方实例中提供了 UDP/IP 通信的 CANoe 客户端和服务器端的实例（Vector 官方例程路径：C:\Users\Public\Documents\Vector\CANoe\Sample Configurations 11.0.42\IO_HIL\TCP_IP），读者可以自行研究。

第22章 CANoe 高级编程——FDX 协议与 HIL 系统通信

本章内容:

- FDX 协议;
- 工程实例简介;
- CANoe 项目设置和 VC.NET 编程实现;
- 工程运行测试;
- 扩展话题——硬件在环。

第 21 章已经介绍了一些网络通信的基础知识,以及基于 TCP 的 Socket 编程技术。本章将讲解 CANoe 中基于 FDX 协议的通信技术,及如何编程实现。FDX 协议可以广泛应用于硬件在环(Hardware-In-the-Loop,HIL)的测试系统中。

22.1 FDX 协议

CANoe FDX(Fast Data eXchange,快速数据交换协议)是一种简单、快速又实时的数据交换协议,通过以太网连接实现 CANoe 与其他系统的通信。这个协议允许其他系统读写 CANoe 的系统变量、环境变量和总线信号。同时,通过 FDX 也可以实现对 CANoe 发送控制命令(如 Measurement 开始和结束,以及按键事件),或者接收状态信息。FDX 协议是基于广泛应用的网络标准协议 UDP(基于 IPv4),所以用户可以很便捷地利用测试台架或者普通 PC 来监控 CANoe 数据。这里需要指出的是,本章下文中所提到的 HIL 系统主要指支持 FDX 协议的测试台架或用于监控的 PC。

HIL 系统跟 CANoe 之间通信是通过 UDP 的 Datagram(数据报)来实现数据交互的,Datagram 的报头由一个或多个命令组成。

每一个命令以 commandSize 和 commandCode 开始,如表 22.1 所示。通过定义命令的大小,可以插入额外的字段而不会导致与协议不兼容。commandCode 表示被调用的命令类型(如 Measurement 开始、数据交换等)。

表 22.1 FDX 命令编码和字节大小

偏 移	大小/B	类 型	字 段	描 述
0	2	uint16	commandSize	命令的大小(字节数)
2	2	uint16	commandCode	命令编码

为了清楚描述相关的命令,本节中 Datagram(数据报)和 Measurement(测量)直接

采用英文说法。

22.1.1　Datagram

按照规则，HIL 系统需要先发送一个 Datagram，需要配置 CANoe 的 IP 地址和所使用的 FDX 协议端口号。CANoe 会验证每个传入的 Datagram 来确定发送者的 IP 地址和端口号，再将请求的数据返回给请求的发送方。

1. Datagram 报头定义

Datagram 报头有以下组成部分：一个签名，两位协议的版本号（主/次版本），命令的数目和序列号。Datagram 报头的定义及描述如表 22.2 所示。

表 22.2　Datagram 报头的定义及描述

偏　　移	大小/B	类　　型	字　　段	描　　述
0	8	uint64	fdxSignature	FDX 签名，数值保持不变：0x584446656F4E4143 错误的签名将被 CANoe 拒绝访问
8	1	uint8	fdxMajorVersion	协议主版本 kFdxMajorVersion = 1
9	1	uint8	fdxMinorVersion	协议次版本 kFdxMinorVersion = 1
10	2	uint16	numberOfCommands	Datagram 中的命令数目
12	2	uint16	sequenceNumber	FDX 进程中的 Datagram 序列号（0x0000～0x7FFF）。可以帮助用户识别是否有丢失的 Datagram。不需要计数时，可以使用 0x8000 作为序列号
14	2	uint16	reserved	两个保留字节，可以初始化为 0

2. Start 命令

HIL 系统可以通过发送 Start 命令给 CANoe 来开始 Measurement。如果 Measurement 已经开始，此命令将被忽略。Start 命令的定义及描述如表 22.3 所示。

表 22.3　Start 命令的定义及描述

偏　　移	大小/B	类　　型	字　　段	描　　述
0	2	uint16	commandSize	命令大小（4B）
2	2	uint16	commandCode	kCommandCode_Start = 0x0001

3. Stop 命令

HIL 系统可以通过发送 Stop 命令到 CANoe 来停止 Measurement。如果 Measurement 已经停止，此命令将被忽略。Stop 命令的定义及描述如表 22.4 所示。

表 22.4　Stop 命令的定义及描述

偏移	大小/B	类型	字　　段	描　　述
0	2	uint16	commandSize	命令大小（4B）
2	2	uint16	commandCode	kCommandCode_Stop = 0x0002

4. Key 命令

HIL 系统可以通过发送 Key 命令给 CANoe 来实现按键的效果，此时 CANoe 的 CAPL 程序中 On Key 事件会被调用。CANoe 的一些功能模块也可以配置成响应按键事件。Key 命令的定义及描述如表 22.5 所示。

表 22.5　Key 命令的定义及描述

偏　移	大小/B	类　型	字　段	描　述
0	2	uint16	commandSize	命令大小（8B）
2	2	uint16	commandCode	kCommandCode_Key = 0x0003
4	4	uint32	canoeKeyCode	键码值（Key code）

5. DataRequest 命令

HIL 系统可以通过发送 DataRequest 命令给 CANoe 实现一次查询一组信号或变量的数值。CANoe 会使用 DataExchange 命令来响应，或者用 DataError 命令来响应出错情况。DataRequest 命令的定义及描述如表 22.6 所示。

表 22.6　DataRequest 命令的定义及描述

偏　移	大小/B	类　型	字　段	描　述
0	2	uint16	commandSize	命令大小（6B）
2	2	uint16	commandCode	kCommandCode_DataRequest = 0x0006
4	2	uint16	groupID	此 ID 与 FDX description 文件中的 Datagroup 的编号对应，用于识别不同的 Datagroup

6. DataExchange 命令

DataExchange 的命令是用于 CANoe 和 HIL 系统之间交换一组信号或变量。HIL 系统可以发送此命令给 CANoe，来设定 CANoe 中的变量和信号的数值。CANoe 也可以发送此命令给 HIL 系统来通知目前的变量和信号变化。DataExchange 命令的定义及描述，如表 22.7 所示。

表 22.7　DataExchange 命令的定义及描述

偏　移	大小/B	类　型	字　段	描　述
0	2	uint16	commandSize	命令大小（（8+dataSize）B）
2	2	uint16	commandCode	kCommandCode_DataExchange = 0x0005
4	2	uint16	groupID	此 ID 与 FDX description 文件中的 Datagroup 的编号对应，用于识别不同的 Datagroup
6	2	uint16	dataSize	表示后接的数组的字节数
8	data Size	uint8[]	dataBytes	包含 FDX description 文件中 Datagroup 定义的信号和变量

7. DataError 命令

如果 CANoe 遇到无法处理的 DataRequest 命令，可以通过发送 DataError 命令响应给 HIL 系统。DataErrorCode 字段的定义如表 22.8 所示。

表 22.8　**DataErrorCode 字段的定义**

DataErrorCode	描　　述
kDataErrorCode_MeasurmentNotRunning	Measurement 不在运行：数据交换只能发生在 Measurement 运行时
kDataErrorCode_GroupIdInvalid	无效的 groupID：无法在 FDX description 文件中查找到对应的 groupID
kDataErrorCode_DataSizeToLarge	指定的 Datagroup 数据交换命令及 Datagram 报头，无法放入一个单独的 UDPDatagram

DataError 命令的定义及描述如表 22.9 所示。

表 22.9　**DataError 命令的定义及描述**

偏　　移	大小/B	类　　型	字　　段	描　　述
0	2	uint16	commandSize	命令大小（8B）
2	2	uint16	commandCode	kCommandCode_Dataerror = 0x0007
4	2	uint16	groupID	此 ID 与 FDX description 文件中的 Datagroup 的编号对应，用于识别不同的 Datagroup
6	2	uint16	dataErrorCode	错误发生原因，提供 CANoe 不能处理数据请求命令的原因

8．FreeRunningRequest 命令

FreeRunningRequest 命令将在 Measurement 开始前，由 HIL 系统发送给 CANoe，用于开启 FreeRunning 模式的数据分组交换。

在 FreeRunning 模式下，CANoe 独立发送数据到 HIL 系统。数据的交换可以在 PreStart 阶段、Measurement 结束时、Measurement 过程中周期性地运行或由 CAPL 函数的调用来触发，由 Free Running 的 Flags 定义决定，如表 22.10 所示。FreeRunningRequest 命令的定义及描述如表 22.11 所示。

表 22.10　**Free Running Flags 字段的定义及描述**

Free Running Flags	描　　述
1：kFreeRunningFlag_TransmitAtPreStart	Datagram 传输在 CANoe Measurement 的 PreStart 阶段
2：kFreeRunningFlag_TransmitAtStop	Datagram 传输在 CANoe Measurement 的结束阶段
4：kFreeRunningFlag_TransmitCyclic	Datagram 在 Measurement 运行过程中周期性传输，传输时间周期和传输时间间隔由参数 cycleTime 和 firstDuration 定义
8：kFreeRunningFlag_TransmitAtTrigger	Datagram 传输由调用 CAPL 函数 FDXTriggerDataGroup 触发

对于周期性传输，firstDuration 参数决定了首次发送数据分组的时间。如果在 Measurement 之前已经配置成了 FreeRunning 模式，firstDuration 的定义为从 Measurement 开始到首组数据分组开始传输的这段时间间隔。如果在 Measurement 运行中收到 FreeRunningRequest 命令，firstDuration 的延迟将从此时开始。在 Measurement 结束以后，所有 FreeRunningRequests 将被删除。此外，在 Measurement 运行中，可以使用 FreeRunningCancel 命令来结束数据分组的 FreeRunning 模式。如果一个数据分组已经开启 FreeRunning 模式，CANoe 又收到一个额外的 FreeRunningRequest 请求命令，这个命令也将被单独处理。

表 22.11　FreeRunningRequest 命令的定义及描述

偏移	大小/B	类　型	字　段	描　述
0	2	uint16	commandSize	命令大小（16B）
2	2	uint16	commandCode	kCommandCode_FreeRunningRequest = 0x0008
4	2	uint16	groupID	此 ID 与 FDX description 文件中的 Datagroup 的编号对应，用于识别不同的 Datagroup
6	2	uint16	flags	用来定义 Datagram 传输的发生时间
8	4	uint32	cycleTime	定义 Measurement 运行过中 Datagram 周期性传输的时间周期（单位：ns）
12	4	uint32	firstDuration	定义 Measurement 运行过中 Datagram 周期性传输的第一次传输的时间间隔（单位：ns）

9. FreeRunningCancel 命令

HIL 系统可以通过发送 FreeRunningCancel 命令给 CANoe 来停止数据分组的 FreeRunning 模式。FreeRunningCancel 命令的定义及描述如表 22.12 所示。

表 22.12　FreeRunningCancel 命令的定义及描述

偏移	大小/B	类　型	字　段	描　述
0	2	uint16	commandSize	命令大小（6B）
2	2	uint16	commandCode	kCommandCode_FreeRunningCancel = 0x0009
4	2	uint16	groupID	将被禁止的数据分组 groupID

10. Status 命令

Status 命令是由 CANoe 发送给 HIL 系统的。它包含当前 Measurement 运行的时间和状态。如果当前 Measurement 处于停止状态，则当前时间为 0。CANoe 通过 DataExchange 发送数据给 HIL 系统时，状态命令会加入进 Datagram。Status 命令的定义及描述如表 22.13 所示。表 22.14 为 State 字段的定义及描述。

表 22.13　Status 命令的定义及描述

偏移	大小/B	类　型	字　段	描　述
0	2	uint16	commandSize	命令大小（16B）
2	2	uint16	commandCode	kCommandCode_Status = 0x0004
4	1	uint8	measurement State	当前 Measurement 状态
5	3			三个保留字节，用于数据对齐
8	8	int64	timestamps	Measurement 运行时间戳（单位：ns）

表 22.14　Measurement State 字段的定义及描述

Measurement State 字段	描　述
1：kMeasurementState_NotRunning	Measurement 不在运行
2：kMeasurementState_PreStart	Measurement 处于 PreStart
3：kMeasurementState_Running	Measurement 运行中
4：kMeasurementState_Stop	Measurement 停止运行中

11. Status Request 命令

HIL 系统通过发送 Status Request 命令给 CANoe 去要求传输一个 Status 命令过来。Status Request 命令不会要求配置数据分组。Status Request 命令的定义及描述如表 22.15 所示。

表 22.15　Status Request 命令的定义及描述

偏移	大小/B	类　型	字　段	描　述
0	2	uint16	commandSize	命令大小（4B）
2	2	uint16	commandCode	kCommandCode_StatusRequest = 0x000A

12. Sequence Number Error 命令

如果 CANoe 发现收到的 Datagram 的头部的序列号不正确，会发送 Sequence Number Error 命令给 HIL 系统。这是一种通知 HIL 一个或多个 Datagram 丢失的有效方式。Sequence Number Error 命令的定义及描述如表 22.16 所示。

表 22.16　Sequence Number Error 命令的定义及描述

偏移	大小/B	类型	字段	描述
0	2	uint16	commandSize	命令大小（8B）
2	2	uint16	commandCode	kCommandCode_StatusRequest = 0x000B
4	2	uint16	receivedSeqNr	收到的 datagram 的序列号
6	2	uint16	expectedSeqNr	CANoe 期望收到的 datagram 的序列号

13. Increment Time 命令

Increment Time（时间增加）命令是由 HIL 系统发送到 CANoe 的，为了在 Simulate 测试模式中延长系统时间。该命令仅适用于 CANoe 的 Measurement 运行在 Slave 模式下。Increment Time 命令的定义及描述如表 22.17 所示。

表 22.17　Increment Time 命令的定义及描述

偏移	大小/B	类　型	字　段	描　述
0	2	uint16	commandSize	命令大小（12B）
2	2	uint16	commandCode	kCommandCode_IncrementTime = 0x0011
4	4	—	—	4 个保留字节，用于数据对齐
8	8	uint64	timestep	仿真步骤时间（单位：ns）

22.1.2　创建 Data Groups 和 Items

CANoe 在使用 FDX 传输数据前，必须对 Data Group（数据分组）和 Items 预先定义。下面对 Data Group 及 Items 的数据类型做简单介绍。

1. Data Group

CANoe 与 HIL 系统之间是以数据分组来交换的，其中的 Message 内容和变量在数据分组中预定义。因为数据打包时不需要提供每一项的标识，所以可以实现高效的传输，使数据被更有效地打包。多个数据分组可以定义在一个单独的 FDX Description 文件中，实际的数据交换是通过 DataExchange 命令来实现的。

2. 数据类型

Data Group 中的数据类型列表及描述如表 22.18 所示。

表 22.18　**Data Group** 中的数据类型列表及描述

整　　型	长　　度	描　　述
int8	1B	字节，8 位
uint8	1B	字节，8 位，无符号
int16	2B	字，16 位
uint16	2B	字，16 位，无符号
int32	4B	双字，32 位
uint32	4B	双字，32 位，无符号
int64	8B	整型，64 位
uint64	8B	整型，64 位，无符号
float	4B	浮点数，32 位
double	8B	浮点数，64 位
string	—	ASCII 字符串，"\0" 结尾
bytearray	—	字节数组
floatarray	—	单精度浮点数数组
doublearray	—	双精度浮点数数组
int32array	—	双字整型数组

22.1.3　FreeRunning 模式

当 CANoe 收到 HIL 系统的明确请求（参看 22.1.1 节的 DataRequest 命令）或被配置成 FreeRunning 模式时，CANoe 会发送一个数据分组来响应给 HIL 系统。在 FreeRunning 模式下，数据分组周期性发送或通过调用 fdxtriggerdatagroup CAPL 函数来触发。此外，数据传输可以在 Measurement 开始之前或者结束时进行。FreeRunning 模式是通过 FreeRunningRequest 命令来配置的（参看 22.1.1 节的 FreeRunningRequest 命令），CANoe 总是将数据发送到提出请求命令的 UDP 地址。

22.2　工程实例简介

本章实例将在第 12 章实例的基础上，添加 FDX 支持功能，同时在 VC.NET 工程中实现以下功能。

（1）对 CANoe 仿真工程控制：开始测量和停止测量操作。

（2）读取 CANoe 发送过来的 Datagram 中的信号值或系统变量值。

（3）修改 Datagram 中的信号值或系统变量值，发送给 CANoe。

（4）读取 CANoe 发送过来的 Datagram 中的报文，提取信号值。

（5）修改 Datagram 中的报文中的信号值，发送给 CANoe。

22.3　工程实现——CANoe 项目

本章实例同样基于第 12 章实例，这里必须强调的是，本实例的 VC.NET 源代码只支持报文 Intel 的字节顺序（Byte Order），所以相关的报文须遵照此规则，否则无法解析出正确的信号数值。

22.3.1　创建 FDX Description 文件

要实现 FDX 功能必须创建一个 FDX Description（FDX 描述）文件。在 CANoe 中配备了一个图形化的 FDX Editor 工具，可以轻松实现 FDX Description 文件创建和编辑。在 CANoe 界面中单击 Tools→FDX Editor 可以打开 FDX 编辑器。

在 FDX Editor 中，单击 File→New FDX Description 可以新建一个 FDX 描述文件，如图 22.1 所示，这里将该文件保存为 FDXDescription_Demo.xml。

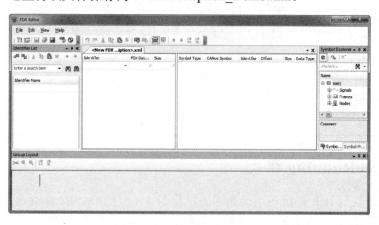

图 22.1　新建 FDX 描述文件

因为编辑器已经与 CANoe 的数据库关联起来，可以轻松定义和显示 FDXDatagram 的有效载荷。

增加一个名为 FDXDataRead 的 Group（分组），用于 VC.NET 端应用的数据读取操作。该 Group 中包含三个来自报文的信号和三个系统变量，具体定义如表 22.19 所示。由表 22.19 可以看出该 Group 的大小为 8B。

表 22.19　FDXDataRead 分组定义

Symbol Type	CANoe Symbol	Identifier	Offset/B	Size/B	Data Type
Signal	EngSpeed	SigEngSpeed	0	2	unit16
Signal	VehicleSpeed	SigVehicleSpeed	2	2	unit16
Signal	KeyState	SigKeyState	4	1	unit8
System Variable	Hazards	VarHazards	5	1	unit8
System Variable	Gear	VarGear	6	1	unit8
System Variable	Unlock_Car	VarUnlockCar	7	1	unit8

在 Group Layout 窗口可以图形化查看该分组的布局，方便发现分组中的重叠错误，FDXDataRead 的布局如图 22.2 所示。

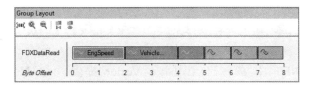

图 22.2　DataGroup 的 Layout

按照同样的办法，可以创建另一个名为 FDXDataWrite 的 Group，其中的信号和系统变量与 FDXDataRead 完全相同。该 Group 将用于 FDX 实例中的数据修改演示。

接下来再创建一个名为 FDXFrameAccess 的 Group，该 Group 由两个报文组成，定义如表 22.20 所示。该 Group 将用于 FDX 实例中的报文数据读取和修改演示。

表 22.20　FDXFrameAccess 分组定义

Symbol Type	CANoe Symbol	Identifier	Offset/B	Size/B	Data Type
Message	EngineData	FrameEngineData	0	12	unit16
Message	VehicleData	FrameVehicleData	12	12	unit16

至此 FDX Description 文件已经编辑完成，单击 File→Add to Configuration 可以将该 FDX Description 文件添加到当前 CANoe 仿真工程中。

22.3.2　配置 FDX

为了支持 FDX 功能，必须在 Measurement 开始之前，通过 File→Options→Extensions→XIL API & FDX Protocol 设置 FDX。CANoe 把端口 2809 作为 FDX 协议默认设置，用户也可以在 Options 对话框中修改，如图 22.3 所示。

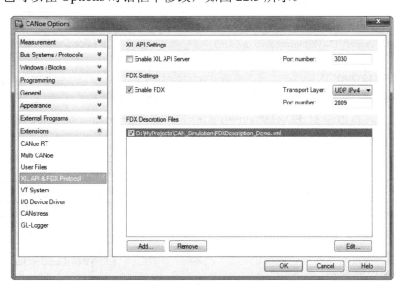

图 22.3　CANoe 端 FDX 的 UDP 端口设置

如果该 PC 中安装多个版本的 CANoe，请确保已注册的 CANoe COM Server 是所期望使用的这个 CANoe 版本。如何更改注册 CANoe COM Server，请参看 16.2 节。

22.4　工程实现——VC.NET 项目

对于如何在 VC.NET 中实现 FDX 协议，Vector 提供了 CANoeFDX 定义的头文件 CANoeFDX.h，以及供用户调用的三个类定义。用户在创建自己的应用时，需要添加以下文件：CANoeFDX.h、FDXSocket.h、FDXSocket.cpp、FDXDatagram.h、FDXDatagram.cpp、FDXDispatch.h 和 FDXDispatch.cpp。读者可以在本书提供的资源压缩包中找到上述文件（路径为：\Chapter_22\Additional\Material\FDX_Classes.zip）。

在 Visual C++ 模板中选择模板"MFC 应用程序"创建一个基于对话框的项目，命名为 FDX_Demo，方法与 VB 和 C# 类似，具体步骤这里不做详细讲解。

22.4.1　VC.NET 中 FDX 相关类简介

下面简单介绍一下前面所提到的三个 FDX 相关类。

1. FDXSocket 类

FDXSocket 类主要对 WinSock 进行封装，更加便捷地实现 FDX 协议的数据发送和接收。该类的具体定义和实现方式，可以参看 FDXSocket.h 和 FDXSocket.cpp 文件。FDXSocket 类函数列表及功能描述如表 22.21 所示。

表 22.21　FDXSocket 类函数列表及功能描述

函　　数	功 能 描 述
void FDXSocket::SetCANoeAddr(const char* hostaddr, unsigned short port)	设置 Socket 的 IP 和端口函数
void FDXSocket::Open()	打开 Socket 函数
void FDXSocket::Close()	关闭 Socket 函数
int FDXSocket::Send(FDXDatagram& datagram)	发送 Datagram 函数
int FDXSocket::Receive(FDXDatagram& datagram)	接收 Datagram 函数

2. FDXDatagram 类

FDXDatagram 类主要用于 FDX 协议 Datagram 的创建和相关命令的处理。该类的具体定义和实现方式，可以参看 FDXDatagram.h 和 FDXDatagram.cpp 文件。FDXDatagram 类函数列表及功能描述如表 22.22 所示。

表 22.22　FDXDatagram 类函数列表及功能描述

函　　数	功 能 描 述
void FDXDatagram::InitWithHeader()	初始化 Datagram 的报头
void FDXDatagram::AddDataRequest(CANoeFDX::uint16 groupID)	添加 DataRequest 命令
void* FDXDatagram::AddDataExchange(CANoeFDX::uint16 groupID, CANoeFDX::uint16 dataSize)	添加 DataExchange 命令
CANoeFDX::CommandHeader* FDXDatagram::AddCommand (CANoeFDX:: uint16 commandCode, CANoeFDX::uint16 commandSize)	添加命令

函　　数	功 能 描 述
void FDXDatagram::AddFreeRunningRequest(CANoeFDX::uint16 groupID, CANoeFDX::uint16 flags, CANoeFDX::uint32 cycleTime, CANoeFDX::uint32 firstDuration)	添加 FreeRunningRequest 命令
void FDXDatagram::AddStart()	添加 Measurement Start 命令
void FDXDatagram::AddStop()	添加 Measurement Stop 命令

3. FDXDispatch 类

FDXDispatch 类主要用于处理 FDX 协议的 Datagram。该类的具体定义和实现方式，可以参看 FDXDispatch.h 和 FDXDispatch.cpp 文件。FDXDispatch 类函数列表及功能描述如表 22.23 所示。

表 22.23　FDXDispatch 类函数列表及功能描述

函　　数	功 能 描 述
void FDXDispatcher::DispatchDatagram (FDXDatagram& datagram)	用于处理 Datagram 的主函数
virtual void OnFormatError()	虚函数，用户需要定义如何处理错误帧
virtual void OnSequenceNumberError(CANoeFDX:: DatagramHeader* header, CANoeFDX::uint16 expectedSeqNr)	虚函数，用户需要定义如何处理 SequenceNumber 错误
virtual void OnStatus(CANoeFDX::DatagramHeader* header, CANoeFDX::StatusCommand* command)	虚函数，用户需要定义如何处理测量状态变化
virtual void OnDataError(CANoeFDX::DatagramHeader* header, CANoeFDX::DataErrorCommand* command)	虚函数，用户需要定义如何处理数据传输错误
virtual void OnDataExchange(CANoeFDX::DatagramHeader* header, CANoeFDX::DataExchangeCommand* command)	虚函数，用户需要定义如何处理数据中的数据

22.4.2　Datagram 结构体定义

读者在定义自己的结构体（struct）之前需要理解：结构体中的成员可以是不同的数据类型，成员按照定义时的顺序依次存储在连续的内存空间。和数组不一样的是，结构体的大小不是所有成员大小简单的相加，需要考虑到系统在存储结构体变量时的地址对齐问题。

```
struct stu1
{
    int i;
    char c;
    int j;
}
```

先介绍一个相关的概念——偏移量。偏移量指的是结构体变量中成员的地址和结构体变量地址的差。结构体大小等于最后一个成员的偏移量加上最后一个成员的大小。显然，结构体变量中第一个成员的地址就是结构体变量的首地址。从表面上来说，第一个成员 i 的偏移量为 0；第二个成员 c 的偏移量是第一个成员的偏移量加上第一个成员的大小（0+4），

459

第 22 章

其值为 4；第三个成员 j 的偏移量是第二个成员的偏移量加上第二个成员的大小（4+1），其值为 5。

实际上，由于存储变量时地址对齐的要求，编译器在编译程序时会遵循以下两条原则。

（1）结构体变量中成员的偏移量必须是成员大小的整数倍（0 被认为是任何数的整数倍）；

（2）结构体大小必须是所有成员大小的整数倍。

对照第一条，上面的例子中前两个成员的偏移量都满足要求，但第三个成员的偏移量为 5，并不是自身（int）大小的整数倍。编译器在处理时会在第二个成员后面补上 3 个空字节，使得第三个成员的偏移量变成 8。对照第二条，结构体大小等于最后一个成员的偏移量加上其大小，上面的例子中计算出来的大小为 12，满足要求。

CANoe 中的数据变量与 VC.NET 的数据类型有所差异，所以在 CANoeFDX.h 文件中针对 CANoe 的数据类型做了单独定义，具体参看表 22.24。这样用户可以根据 FDX Description 文件来直接定义 Datagram 结构体。

表 22.24 CANoe 的数据类型在 CANoeFDX.h 中的定义

数 据 类 型	类 型 定 义	长 度	备 注
int8	signed char	1B	字节，8 位
uint8	unsigned char	1B	字节，8 位，无符号
int16	signed short	2B	字，16 位
uint16	unsigned short	2B	字，16 位，无符号
int32	signed long	4B	双字，32 位
uint32	unsigned long	4B	双字，32 位，无符号
int64	signed long long	8B	整型，64 位
uint64	unsigned long long	8B	整型，64 位，无符号
float	float	4B	浮点数，32 位
double	double	8B	浮点数，64 位
string	—	—	ASCII 字符串
bytearray	—	—	字节数组
floatarray	—	—	单精度浮点数数组
doublearray	—	—	双精度浮点数数组
int32array	—	—	双字整型数组

现在以 FDXDataRead 为例，该结构体可以定义如下。

```
// 定义数据写结构体，需要严格按照 FDX Description 中的定义
struct FDXDataRead
{
    static const CANoeFDX::uint16 cGroupID = 1;
    static const CANoeFDX::uint16 cSize = 8;

    CANoeFDX::uint16 SigEngSpeed;                // offset 0
    CANoeFDX::uint16 SigVehicleSpeed;            // offset 2
```

```
    CANoeFDX::uint8  SigKeyState;                    // offset 4
    CANoeFDX::uint8  VarHazards;                     // offset 5
    CANoeFDX::uint8  VarGear;                        // offset 6
    CANoeFDX::uint8  VarUnlockCar;                   // offset 7
};

// 检查结构体 FDXDataRead 的成员在内存布局中是否规范
static_assert(FDXDataRead::cSize == sizeof(FDXDataRead), "Invalid size of
struct FDXDataRead");
static_assert(0 == offsetof(FDXDataRead, SigEngSpeed), "Invalid offset of
FDXDataRead::SigEngSpeed");
static_assert(2 == offsetof(FDXDataRead, SigVehicleSpeed), "Invalid offset
of FDXDataRead::SigVehicleSpeed");
static_assert(4 == offsetof(FDXDataRead, SigKeyState), "Invalid offset of
FDXDataRead::SigKeyState");
static_assert(5 == offsetof(FDXDataRead, VarHazards), "Invalid offset of
FDXDataRead::VarHazards");
static_assert(6 == offsetof(FDXDataRead, VarGear), "Invalid offset of
FDXDataRead::VarGear");
static_assert(7 == offsetof(FDXDataRead, VarUnlockCar), "Invalid offset of
FDXDataRead::VarOpenCar");
```

22.4.3　界面设计

添加一个对话框,用于 FDX 的相关功能的演示,控件列表及属性设定如表 22.25 所示。控件添加设置完毕,FDX_Demo 界面效果如图 22.4 所示。

表 22.25　界面的控件列表及属性设定

控　件	属　性	属　性　设　定	说　明
对话框	ID	IDD_FDX_DEMO_DIALOG	FDX Demo 界面
	Caption	FDX_Demo	
组合框	ID	IDC_STATIC1	用于存放数据交换模式切换控件
	Caption	Exchange Mode	
组合框	ID	IDC_STATIC2	用于存放数据控制和显示控件
	Caption	Control / Display	
单选按钮	ID	IDC_RADIO_DATAREAD	数据读取模式
	Caption	Data Read	
单选按钮	ID	IDC_RADIO_DATAWRITE	数据修改模式
	Caption	Data Write	
单选按钮	ID	IDC_RADIO_ACCESSREAD	帧读取模式
	Caption	Frame Access Read	
单选按钮	ID	IDC_RADIO_ACCESSWRITE	帧修改模式
	Caption	Frame Access Write	
按钮	ID	IDC_EXCHANGE	开始数据交换
	Caption	Start Exchange	

控　件	属　性	属 性 设 定	说　明
按钮	ID	IDC_START	开始 CANoe 测量
	Caption	Start Measurement	
按钮	ID	IDCCANCEL	退出测量和数据交换
	Caption	Exit	
编辑控件	ID	IDC_EDIT_STATUS	显示程序运行状态
	Read Only	True	
复选按钮	ID	IDC_CHECK_HAZARDS	显示或控制 Hazards 状态
	Caption	Hazards	
滑动条	ID	IDC_SLIDER_VEH_SPEED	显示或控制车速信号
滑动条	ID	IDC_SLIDER_ENG_SPEED	显示或控制引擎速度信号
静态文本控件	Caption	Vehicle Speed	标签
静态文本控件	Caption	Engine Speed	标签
编辑控件	ID	IDC_EDIT_VEH_SPEED	显示车速信号
	Read Only	True	
编辑控件	ID	IDC_EDIT_ENG_SPEED	显示引擎速度信号
	Read Only	True	
静态文本控件	Caption	km/h	标签
静态文本控件	Caption	r.p.m.	标签

图 22.4　FDX_Demo 界面效果图

为了方便 VC 中的代码实现，本章实例为其中的一些控件添加了成员变量，请参看表 22.26。

表 22.26　成员变量列表

控件 ID	数 据 类 型	成 员 变 量
IDC_EDIT_STATUS	CEdit	m_status
IDC_EDIT_VEH_SPEED	int	m_vehspeed
IDC_EDIT_ENG_SPEED	int	m_engspeed
IDC_EXCHANGE	CButton	m_btnExchange
IDC_CHECK_HAZARDS	Cbutton	m_chkHazards
IDC_SLIDER_ENG_SPEED	CSliderCtrl	m_Eng_Speed
IDC_SLIDER_VEH_SPEED	CSliderCtrl	m_Veh_Speed

22.4.4 代码实现

用户所要实现的 FDX 数据交换功能基本上都在 FDX_DemoDlg.cpp 中实现，这里需要对相关控件添加消息响应函数，具体参看表 22.27。

表 22.27　添加控件响应函数

控件 ID	通知消息	消息响应函数
IDCCANCEL	BL_CLICKED	OnBnClickedCancel()
IDC_EXCHANGE	BL_CLICKED	OnBnClickedExchange()
IDC_CHECK_HAZARDS	BL_CLICKED	OnBnClickedCheckHazards()
IDC_START	BL_CLICKED	OnBnClickedStart()
IDC_SLIDER_ENG_SPEED	NM_CUSTOMDRAW	OnCustomerdrawSliderEngSpeed()
IDC_SLIDER_VEH_SPEED	NM_CUSTOMDRAW	OnCustomerdrawSliderVehSpeed()
IDC_RADIO_DATAREAD	COMMAND	OnRadioDataread()
IDC_RADIO_DATAWRITE	COMMAND	OnRadioDatawrite()
IDC_RADIO_ACCESSREAD	COMMAND	OnRadioAccessread()
IDC_RADIO_ACCESSWRITE	COMMAND	OnRadioAccesswrite()

以下是完整的 FDX_DemoDlg.cpp 代码，供读者参考。

```cpp
// FDX_DemoDlg.cpp : implementation file
//

#include "stdafx.h"
#include "FDX_Demo.h"
#include "FDX_DemoDlg.h"
#include "afxdialogex.h"

#ifdef _DEBUG
#define new DEBUG_NEW
#endif

#include "CANoeFDX.h"
#include "FDXDatagram.h"
#include "FDXSocket.h"
#include "FDXDispatcher.h"
#include <iostream>
using namespace std;

// 数据交换状态: false - stopped; true - running
bool exchange_flag;

// 数据交换模式: 0 -data read ; 1 -data write; 2 - frame access read; 3 - frame
// access write
int exchange_mode;
```

```
// Measurement 的运行状态，初始为-1无效值其他定义如下
// kMeasurementState_NotRunning = 1;
// kMeasurementState_PreStart = 2;
// kMeasurementState_Running = 3;
// kMeasurementState_Stop = 4;
int measure_status = -1;


// FDX 数据接收的状态
// 0- no error; 1 - format error; 2- sequence number error ; 3- measurement
// is stopped
int dispacth_status = 0;

int engSpeed = 0;              // engine speed 变量
int vehSpeed = 0;              // vehicle speed 变量
int hazards_status = 0;        // hazards 状态

// 定义一个MyDispatcher类，用于接收和处理FDX协议的数据报，及错误处理
class MyDispatcher : public FDXDispatcher
{
public:
    int status; // 0- no error; 1 - format error; 2- sequence number error ;
    3- measurement is stopped
    virtual void OnFormatError();
    virtual void OnSequenceNumberError(CANoeFDX::DatagramHeader* header,
    CANoeFDX::uint16 expectedSeqNr);
    virtual void OnStatus(CANoeFDX::DatagramHeader* header, CANoeFDX::
    StatusCommand* command);
    virtual void OnDataError(CANoeFDX::DatagramHeader* header,
CANoeFDX::DataErrorCommand* command);
    virtual void OnDataExchange(CANoeFDX::DatagramHeader* header,
    CANoeFDX::DataExchangeCommand* command);
};

// 定义数据写结构体，需要严格按照FDX Description中的定义
struct FDXDataRead
{
    static const CANoeFDX::uint16 cGroupID = 1;
    static const CANoeFDX::uint16 cSize = 8;

    CANoeFDX::uint16  SigEngSpeed;              // offset 0
    CANoeFDX::uint16  SigVehicleSpeed;          // offset 2
    CANoeFDX::uint8  SigKeyState;               // offset 4
    CANoeFDX::uint8  VarHazards;                // offset 5
    CANoeFDX::uint8  VarGear;                   // offset 6
    CANoeFDX::uint8  VarUnlockCar;              // offset 7
```

```
};

// 检查结构体 FDXDataRead 的成员在内存布局中是否规范
static_assert(FDXDataRead::cSize == sizeof(FDXDataRead), "Invalid size of
struct FDXDataRead");
static_assert(0 == offsetof(FDXDataRead, SigEngSpeed), "Invalid offset of
FDXDataRead::SigEngSpeed");
static_assert(2 == offsetof(FDXDataRead, SigVehicleSpeed), "Invalid offset
of FDXDataRead::SigVehicleSpeed");
static_assert(4 == offsetof(FDXDataRead, SigKeyState), "Invalid offset of
FDXDataRead::SigKeyState");
static_assert(5 == offsetof(FDXDataRead, VarHazards), "Invalid offset of
FDXDataRead::VarHazards");
static_assert(6 == offsetof(FDXDataRead, VarGear), "Invalid offset of
FDXDataRead::VarGear");
static_assert(7 == offsetof(FDXDataRead, VarUnlockCar), "Invalid offset of
FDXDataRead::VarOpenCar");

// 定义数据写结构体，需要严格按照 FDX Description 中的定义
struct FDXDataWrite
{
    static const CANoeFDX::uint16 cGroupID = 2;
    static const CANoeFDX::uint16 cSize = 8;

    CANoeFDX::uint16  SigVehicleSpeed;       // offset 0
    CANoeFDX::uint16  SigEngSpeed;           // offset 2
    CANoeFDX::uint8 SigKeyState;             // offset 4
    CANoeFDX::uint8 VarHazards;              // offset 5
    CANoeFDX::uint8 VarGear;                 // offset 6
    CANoeFDX::uint8 VarUnlockCar;            // offset 7
};

// 检查结构体 FDXDataWrite 的成员在内存布局中是否规范
static_assert(FDXDataWrite::cSize == sizeof(FDXDataWrite), "Invalid size
of struct FDXDataWrite");
static_assert(0 == offsetof(FDXDataWrite, SigVehicleSpeed), "Invalid
offset of FDXDataWrite::SigVehicleSpeed");
static_assert(2 == offsetof(FDXDataWrite, SigEngSpeed), "Invalid offset of
FDXDataWrite::SigEngSpeed");
static_assert(4 == offsetof(FDXDataWrite, SigKeyState), "Invalid offset of
FDXDataWrite::SigKeyState");
static_assert(5 == offsetof(FDXDataWrite, VarHazards), "Invalid offset of
FDXDataWrite::VarHazards");
static_assert(6 == offsetof(FDXDataWrite, VarGear), "Invalid offset of
FDXDataWrite::VarGear");
static_assert(7 == offsetof(FDXDataWrite, VarUnlockCar), "Invalid offset
of FDXDataWrite::VarOpenCar");
```

```
// 定义报文读写结构体，需要严格按照 FDX Description 中的定义
struct FDXFrameAccess
{
    static const CANoeFDX::uint16 cGroupID = 3;
    static const CANoeFDX::uint16 cSize = 24;

    CANoeFDX::uint32 EngineData_byteArraySize;
    struct FrameEngineData
    {
        static const CANoeFDX::uint16 cSize = 8;

        CANoeFDX::uint16  EngTemp : 7;
        CANoeFDX::uint16  _no_data_1 : 1;
        CANoeFDX::uint16  PetrolLevel : 8;
        CANoeFDX::uint16  EngSpeed : 16;
        CANoeFDX::uint16  _no_data_2 : 16;
        CANoeFDX::uint16  _no_data_3 : 16;
    } enginedata;

    CANoeFDX::uint32 VehihcleData_byteArraySize;
    struct FrameVehihcleData
    {
        static const CANoeFDX::uint16 cSize = 6;

        CANoeFDX::uint16  VehicleSpeed : 10;
        CANoeFDX::uint16  _no_data_1 : 6;
        CANoeFDX::uint16  Diagnostics : 8;
        CANoeFDX::uint16  _no_data_2 : 8;
        CANoeFDX::uint16  _no_data_3 : 16;
    } vehihcledata;
};

// 检查结构体 FDXFrameAccess 的成员在内存布局中是否规范
static_assert(FDXFrameAccess::cSize == sizeof(FDXFrameAccess), "Invalid
size of struct FDXFrameAccess");
static_assert(FDXFrameAccess::FrameEngineData::cSize == sizeof(FDXFrameAccess::
FrameEngineData), "Invalid size of struct EngineStateFrame");
static_assert(FDXFrameAccess::FrameVehihcleData::cSize == sizeof
(FDXFrameAccess::FrameVehihcleData), "Invalid size of struct
VehihcleDataFrame");
static_assert(0 == offsetof(FDXFrameAccess, EngineData_byteArraySize),
"Invalid offset of FDXFrameAccess::EngineState_byteArraySize");
static_assert(4 == offsetof(FDXFrameAccess, enginedata), "Invalid offset
of FDXFrameAccess::engineState");
static_assert(12 == offsetof(FDXFrameAccess, VehihcleData_byteArraySize),
"Invalid offset of FDXFrameAccess::LightState_byteArraySize");
```

```
static_assert(16 == offsetof(FDXFrameAccess, vehihcledata), "Invalid
offset of FDXFrameAccess::lightState");


CANoeFDX::uint8 gCANoeMeasurementState = CANoeFDX::kMeasurementState_
NotRunning;

FDXSocket        gFDXSocket;
FDXDatagram      gFDXDatagram;
MyDispatcher     gFDXDispatcher;


void MyDispatcher::OnFormatError()
{
    status = 1; // Format Error
}

void MyDispatcher::OnSequenceNumberError(CANoeFDX::DatagramHeader* header,
CANoeFDX::uint16 expectedSeqNr)
{
    status = 2; // Sequence Number Error
}

void MyDispatcher::OnStatus(CANoeFDX::DatagramHeader* header, CANoeFDX::
StatusCommand* command)
{
    if (command->measurementState == CANoeFDX::kMeasurementState_NotRunning)
    {
        status = 3; // CANoe measurement is not running
    }
    else
    {
        status = 0;
    }
    gCANoeMeasurementState = command->measurementState;
}

void MyDispatcher::OnDataError(CANoeFDX::DatagramHeader* header,
CANoeFDX::DataErrorCommand* command)
{

    if (command->dataErrorCode != CANoeFDX::kDataErrorCode_
    MeasurementNotRunning)
    {
        status = 4; // Data error
    }
}
```

```cpp
// 该函数将处理来自 CANoe 中的数据报，并提取出信号、变量
void MyDispatcher::OnDataExchange(CANoeFDX::DatagramHeader* header,
CANoeFDX::DataExchangeCommand* command)
{
    // 数据读取模式
    if (command->groupID == FDXDataRead::cGroupID)
    {
        FDXDataRead * readData = reinterpret_cast<FDXDataRead*>(command->
        dataBytes);

        engSpeed= readData->SigEngSpeed;
        vehSpeed= readData->SigVehicleSpeed;
        hazards_status = readData->VarHazards;

    }
    // 报文读取模式
    else if (command->groupID == FDXFrameAccess::cGroupID)
    {
        FDXFrameAccess* readData = reinterpret_cast<FDXFrameAccess*>
        (command->dataBytes);
        engSpeed = readData->enginedata.EngSpeed;
        vehSpeed = readData->vehihcledata.VehicleSpeed;
    }

}



// CAboutDlg dialog used for App About

class CAboutDlg : public CDialogEx
{
public:
    CAboutDlg();

// Dialog Data
    enum { IDD = IDD_ABOUTBOX };

    protected:
    virtual void DoDataExchange(CDataExchange* pDX);    // DDX/DDV support

// Implementation
protected:
    DECLARE_MESSAGE_MAP()
};
```

468

```
CAboutDlg::CAboutDlg() : CDialogEx(CAboutDlg::IDD)
{
}

void CAboutDlg::DoDataExchange(CDataExchange* pDX)
{
    CDialogEx::DoDataExchange(pDX);
}

BEGIN_MESSAGE_MAP(CAboutDlg, CDialogEx)
END_MESSAGE_MAP()


// CFDX_DemoDlg dialog



CFDX_DemoDlg::CFDX_DemoDlg(CWnd* pParent /*=NULL*/)
    : CDialogEx(CFDX_DemoDlg::IDD, pParent)
    , m_status(_T(""))
{
    m_hIcon = AfxGetApp()->LoadIcon(IDR_MAINFRAME);
}

void CFDX_DemoDlg::DoDataExchange(CDataExchange* pDX)
{
    CDialogEx::DoDataExchange(pDX);
    DDX_Control(pDX, IDC_SLIDER_ENG_SPEED, m_Eng_Speed);
    DDX_Control(pDX, IDC_SLIDER_VEH_SPEED, m_Veh_Speed);
    DDX_Control(pDX, IDC_EXCHANGE, m_btnExchange);
    DDX_Text(pDX, IDC_EDIT_STATUS, m_status);
    DDX_Control(pDX, IDSTART, m_btnStart);
    DDX_Control(pDX, IDC_CHECK_HAZARDS, m_chkHazards);
}

BEGIN_MESSAGE_MAP(CFDX_DemoDlg, CDialogEx)
    ON_WM_SYSCOMMAND()
    ON_WM_PAINT()
    ON_WM_QUERYDRAGICON()
    ON_WM_TIMER()
    ON_BN_CLICKED(IDCANCEL, &CFDX_DemoDlg::OnBnClickedCancel)
    ON_NOTIFY(NM_CUSTOMDRAW, IDC_SLIDER_ENG_SPEED, &CFDX_DemoDlg::
    OnCustomdrawSliderEngSpeed)
    ON_NOTIFY(NM_CUSTOMDRAW, IDC_SLIDER_VEH_SPEED, &CFDX_DemoDlg::
    OnCustomdrawSliderVehSpeed)
    ON_BN_CLICKED(IDC_EXCHANGE, &CFDX_DemoDlg::OnBnClickedExchange)
    ON_COMMAND(IDC_RADIO_ACCESSWRITE, &CFDX_DemoDlg::OnRadioAccesswrite)
```

```
        ON_COMMAND(IDC_RADIO_ACCESSREAD, &CFDX_DemoDlg::OnRadioAccessread)
        ON_COMMAND(IDC_RADIO_DATAREAD, &CFDX_DemoDlg::OnRadioDataread)
        ON_COMMAND(IDC_RADIO_DATAWRITE, &CFDX_DemoDlg::OnRadioDatawrite)
        ON_BN_CLICKED(IDSTART, &CFDX_DemoDlg::OnBnClickedStart)
        ON_BN_CLICKED(IDC_CHECK_HAZARDS, &CFDX_DemoDlg::OnBnClickedCheckHazards)
        ON_BN_CLICKED(IDC_START, &CFDX_DemoDlg::OnBnClickedStart)
END_MESSAGE_MAP()


// 初始化 FDX_Demo 对话框

BOOL CFDX_DemoDlg::OnInitDialog()
{
    CDialogEx::OnInitDialog();

    // Add "About..." menu item to system menu.

    // IDM_ABOUTBOX must be in the system command range.
    ASSERT((IDM_ABOUTBOX & 0xFFF0) == IDM_ABOUTBOX);
    ASSERT(IDM_ABOUTBOX < 0xF000);

    CMenu* pSysMenu = GetSystemMenu(FALSE);
    if (pSysMenu != NULL)
    {
        BOOL bNameValid;
        CString strAboutMenu;
        bNameValid = strAboutMenu.LoadString(IDS_ABOUTBOX);
        ASSERT(bNameValid);
        if (!strAboutMenu.IsEmpty())
        {
            pSysMenu->AppendMenu(MF_SEPARATOR);
            pSysMenu->AppendMenu(MF_STRING, IDM_ABOUTBOX, strAboutMenu);
        }
    }

    // Set the icon for this dialog.  The framework does this automatically
    // when the application's main window is not a dialog
    SetIcon(m_hIcon, TRUE);         // Set big icon
    SetIcon(m_hIcon, FALSE);        // Set small icon

    CButton *Btn = (CButton *)GetDlgItem(IDC_RADIO_DATAREAD);
    Btn->SetCheck(true); // 数据读取为初始模式
    m_btnStart.EnableWindow(FALSE);
    m_Eng_Speed.EnableWindow(FALSE); // 数据读取模式时，滑动条只显示不可操作
    m_Veh_Speed.EnableWindow(FALSE); // 数据读取模式时，滑动条只显示不可操作

    // 初始化 Engine Speed 滑动条的最小值、最大值和初始位置
```

```
    m_Eng_Speed.SetRangeMin(0);
    m_Eng_Speed.SetRangeMax(8000);
    m_Eng_Speed.SetPos(0);
    m_engspeed = 0;

    // 初始化 Vehicle Speed 滑动条的最小值、最大值和初始位置
    m_Veh_Speed.SetRangeMin(0);
    m_Veh_Speed.SetRangeMax(600);
    m_Veh_Speed.SetPos(0);
    m_vehspeed = 0;

    exchange_mode = 0;              // 数据读取为初始模式
    exchange_flag = false;          // 数据交换未开启

    // 在状态栏输出时间和状态信息
    CTime tm;
    CString str;
    tm = CTime::GetCurrentTime();
    str = tm.Format("%X: ");
    m_status = str + _T("Data Exchange is stopped!\r\n");
    m_status = str + _T("Data Read Mode is selected!\r\n") + m_status;
    UpdateData(false);
    // TODO: Add extra initialization here

    return TRUE;  // return TRUE  unless you set the focus to a control
}

void CFDX_DemoDlg::OnSysCommand(UINT nID, LPARAM lParam)
{
    if ((nID & 0xFFF0) == IDM_ABOUTBOX)
    {
        CAboutDlg dlgAbout;
        dlgAbout.DoModal();
    }
    else
    {
        CDialogEx::OnSysCommand(nID, lParam);
    }
}

// If you add a minimize button to your dialog, you will need the code below
//  to draw the icon.  For MFC applications using the document/view model,
//  this is automatically done for you by the framework.

void CFDX_DemoDlg::OnPaint()
{
    if (IsIconic())
```

```cpp
    {
        CPaintDC dc(this); // device context for painting

        SendMessage(WM_ICONERASEBKGND, reinterpret_cast<WPARAM>
(dc.GetSafeHdc()), 0);

        // Center icon in client rectangle
        int cxIcon = GetSystemMetrics(SM_CXICON);
        int cyIcon = GetSystemMetrics(SM_CYICON);
        CRect rect;
        GetClientRect(&rect);
        int x = (rect.Width() - cxIcon + 1) / 2;
        int y = (rect.Height() - cyIcon + 1) / 2;

        // Draw the icon
        dc.DrawIcon(x, y, m_hIcon);
    }
    else
    {
        CDialogEx::OnPaint();
    }
}


// The system calls this function to obtain the cursor to display while the
// user drags
//  the minimized window.
HCURSOR CFDX_DemoDlg::OnQueryDragIcon()
{
    return static_cast<HCURSOR>(m_hIcon);
}


// 在定时器事件中处理数据处理和显示
void CFDX_DemoDlg::OnTimer(UINT_PTR nIDEvent)
{
    // TODO: Add your message handler code here and/or call default
    int curr_measure_status;        // 临时变量用于表示测量运行状态
    int curr_dispatch_status = 1;   // 临时变量用于表示数据接收状态

    curr_measure_status = gCANoeMeasurementState; // 获取测量状态


    // 数据读操作模式
    if (exchange_mode == 0)
    {
        // build datagram using individual signal and variable access

            gFDXDatagram.InitWithHeader();
```

```
                    gFDXDatagram.AddDataRequest(FDXDataRead::cGroupID);

                    if (hazards_status)
                        m_chkHazards.SetCheck(1);
                    else
                        m_chkHazards.SetCheck(0);

                    m_Eng_Speed.SetPos(engSpeed);
                    m_Veh_Speed.SetPos(vehSpeed);

                    m_engspeed = m_Eng_Speed.GetPos();
                    m_vehspeed = m_Veh_Speed.GetPos()/2;
}
// 数据写操作模式
if (exchange_mode==1)
{
    // build datagram using individual signal and variable access

    gFDXDatagram.InitWithHeader();
    gFDXDatagram.AddDataRequest(FDXDataRead::cGroupID);
    void* dataBytes;
    dataBytes = gFDXDatagram.AddDataExchange(FDXDataWrite::cGroupID,
    FDXDataWrite::cSize);
    FDXDataWrite* writeData = reinterpret_cast<FDXDataWrite*>(dataBytes);


    writeData->VarGear = 3;
    writeData->SigKeyState = 2;
    writeData->VarUnlockCar = 1;

    writeData->VarHazards = hazards_status;
    writeData->SigVehicleSpeed = m_Veh_Speed.GetPos();
    writeData->SigEngSpeed = m_Eng_Speed.GetPos();

    m_engspeed = m_Eng_Speed.GetPos();
    m_vehspeed = m_Veh_Speed.GetPos()/2;

}


// 报文读操作模式
if (exchange_mode==2)
{
    // build datagram using full frame access (byte array)
    gFDXDatagram.InitWithHeader();
    gFDXDatagram.AddDataRequest(FDXDataRead::cGroupID);
    gFDXDatagram.AddDataRequest(FDXFrameAccess::cGroupID);
```

```
        m_Eng_Speed.SetPos(engSpeed);
        m_Veh_Speed.SetPos(vehSpeed);

        m_engspeed = m_Eng_Speed.GetPos();
        m_vehspeed = m_Veh_Speed.GetPos()/2;

    }

    // 报文写操作模式
    if (exchange_mode == 3)
    {
        // build datagram using full frame access (byte array)
        gFDXDatagram.InitWithHeader();
        gFDXDatagram.AddDataRequest(FDXDataRead::cGroupID);
        gFDXDatagram.AddDataRequest(FDXFrameAccess::cGroupID);

        void* dataBytes;
        dataBytes = gFDXDatagram.AddDataExchange(FDXFrameAccess::cGroupID,
        FDXFrameAccess::cSize);
        FDXFrameAccess* writeData = reinterpret_cast<FDXFrameAccess*>
        (dataBytes);


        writeData->EngineData_byteArraySize = FDXFrameAccess::
        FrameEngineData::cSize;
        writeData->enginedata.EngSpeed = m_Eng_Speed.GetPos();
        writeData->enginedata.EngTemp = 16;
        writeData->enginedata.PetrolLevel = 255;

        writeData->VehihcleData_byteArraySize = FDXFrameAccess::
        FrameVehihcleData::cSize;
        writeData->vehihcledata.VehicleSpeed =m_Veh_Speed.GetPos();
        writeData->vehihcledata.Diagnostics = 0;

        m_engspeed = m_Eng_Speed.GetPos();
        m_vehspeed = m_Veh_Speed.GetPos()/2;
    }

    UpdateData(FALSE);
    // 发送数据报到 CANoe
    gFDXSocket.Send(gFDXDatagram);

    // 接收和处理来自 CANoe 的数据报
    int rc = gFDXSocket.Receive(gFDXDatagram);
    if (rc == FDXSocket::OK)
    {

        gFDXDispatcher.DispatchDatagram(gFDXDatagram);
```

```
        curr_dispatch_status = gFDXDispatcher.status; // 数据报状态
    }

    // 判断 measurement 状态是否有变化
    // kMeasurementState_NotRunning = 1;
    // kMeasurementState_PreStart = 2;
    // kMeasurementState_Running = 3;
    // kMeasurementState_Stop = 4;
    if (measure_status != curr_measure_status)
    {
        CTime tm;
        CString str;
        tm = CTime::GetCurrentTime();
        str = tm.Format("%X: ");
        switch (curr_measure_status)
        {
        case 1:
            m_status = str + _T("Measurement is not running!\r\n") +
            m_status ;
            m_btnStart.SetWindowTextW(_T("Start Measurement"));
            break;
        case 2:
            m_status = str + _T("Measurement is at PreStart!\r\n") +
            m_status;
            break;
        case 3:
            m_status = str + _T("Measurement is running!\r\n") + m_status;
            m_btnStart.SetWindowTextW(_T("Stop Measurement"));
            break;
        case 4:
            m_status = str + _T("Measurement is stopped!\r\n") + m_status;
            m_btnStart.SetWindowTextW(_T("Start Measurement"));
            break;
        }
        measure_status = curr_measure_status;
        UpdateData(false);
    }

    if (dispacth_status != curr_dispatch_status)
    {
        CTime tm;
        CString str;
        tm = CTime::GetCurrentTime();
        str = tm.Format("%X: ");
        switch (curr_dispatch_status)
        {
        case 1:
```

```cpp
                m_status = str + _T("Format Error!\r\n") + m_status;
                break;
            case 2:
                m_status = str + _T("Sequence Number Error!\r\n") + m_status;
                break;
            case 3:
                 m_status = str + _T("Measurement is stopped!\r\n") + m_status;
                break;
            case 4:
                m_status = str + _T("Data error!\r\n") + m_status;
                break;
            default:
                break;
            }
        dispacth_status = curr_dispatch_status;
        UpdateData(false);
    }
    CDialogEx::OnTimer(nIDEvent);
}


void CFDX_DemoDlg::OnBnClickedCancel()
{
    // TODO: Add your control notification handler code here
    gFDXDatagram.AddStop();
    gFDXSocket.Send(gFDXDatagram);
    gFDXSocket.Close();
    CDialogEx::OnCancel();
}



void  CFDX_DemoDlg::OnCustomdrawSliderEngSpeed(NMHDR  *pNMHDR,  LRESULT
*pResult)
{
    LPNMCUSTOMDRAW pNMCD = reinterpret_cast<LPNMCUSTOMDRAW>(pNMHDR);
    // TODO: Add your control notification handler code here
    *pResult = 0;
}



void CFDX_DemoDlg::OnCustomdrawSliderVehSpeed(NMHDR *pNMHDR, LRESULT
*pResult)
{
    LPNMCUSTOMDRAW pNMCD = reinterpret_cast<LPNMCUSTOMDRAW>(pNMHDR);
    // TODO: Add your control notification handler code here
    *pResult = 0;
}
```

```cpp
void CFDX_DemoDlg::OnBnClickedStart()
{
    // TODO: Add your control notification handler code here
    if (measure_status != 3)
    {
        m_btnStart.SetWindowTextW(_T("Start Measurement"));
        gFDXDatagram.AddStart();
        gFDXSocket.Send(gFDXDatagram);
        if (exchange_mode % 2 != 0)
        {
            m_Eng_Speed.EnableWindow(TRUE);
            m_Veh_Speed.EnableWindow(TRUE);
        }
    }
    else
    {
        m_btnStart.SetWindowTextW(_T("Stop Measurement"));
        gFDXDatagram.AddStop();
        gFDXSocket.Send(gFDXDatagram);
        m_Eng_Speed.EnableWindow(FALSE);
        m_Veh_Speed.EnableWindow(FALSE);
    }
}

// 打开或关闭数据交换
void CFDX_DemoDlg::OnBnClickedExchange()
{
    // TODO: Add your control notification handler code here
    const char* addr = "127.0.0.1";// 本机回送地址（Loopback Address）
    CTime tm;
    CString str;
    tm = CTime::GetCurrentTime();
    str = tm.Format("%X: ");

    if (!exchange_flag)
    {
        gFDXSocket.SetCANoeAddr(addr, 2809);// 设置Socket的IP和端口
        gFDXSocket.Open(); // 打开Socket
        SetTimer(1, 200, NULL); // 设置并开启定时器1
        m_status = str + _T("Data Exchange Running!\r\n") + m_status;
        m_btnExchange.SetWindowTextW(_T("Stop Exchange"));
        m_btnStart.EnableWindow(TRUE);
    }
    else
    {
        gFDXSocket.Close(); // 关闭Socket
        KillTimer(1); // 关闭定时器1
```

```
        m_status = str + _T("Data Exchange is stopped!\r\n") + m_status;
        m_btnExchange.SetWindowTextW(_T("Start Exchange"));
        m_btnStart.EnableWindow(FALSE);
    }
    exchange_flag = !exchange_flag;
    UpdateData(false);
}


// 开启数据读模式
void CFDX_DemoDlg::OnRadioDataread()
{
    // TODO: Add your command handler code here
    CTime tm;
    CString str;
    tm = CTime::GetCurrentTime();
    str = tm.Format("%X: ");
    m_status = str + _T("Data Read Mode is selected!\r\n") + m_status;
    exchange_mode = 0;
    m_Eng_Speed.EnableWindow(FALSE);
    m_Veh_Speed.EnableWindow(FALSE);
    m_chkHazards.ShowWindow(TRUE);
    UpdateData(false);
}


// 开启数据写模式
void CFDX_DemoDlg::OnRadioDatawrite()
{
    // TODO: Add your command handler code here
    CTime tm;
    CString str;
    tm = CTime::GetCurrentTime();
    str = tm.Format("%X: ");
    m_status = str + _T("Data Write Mode is selected!\r\n") + m_status;
    exchange_mode = 1;
    if (measure_status == 3)
    {
        m_Eng_Speed.EnableWindow(TRUE);
        m_Veh_Speed.EnableWindow(TRUE);
    }
    m_chkHazards.ShowWindow(TRUE);
    UpdateData(false);
}


// 开启报文读模式
void CFDX_DemoDlg::OnRadioAccessread()
{
    // TODO: Add your command handler code here
    CTime tm;
```

```
        CString str;
        tm = CTime::GetCurrentTime();
        str = tm.Format("%X: ");
        m_status = str + _T("Frame Access Read Mode is selected!\r\n") + m_status;

        exchange_mode = 2;
        m_Eng_Speed.EnableWindow(FALSE);
        m_Veh_Speed.EnableWindow(FALSE);
        m_chkHazards.ShowWindow(FALSE);
        UpdateData(false);
}
// 开启报文写模式
void CFDX_DemoDlg::OnRadioAccesswrite()
{
        // TODO: Add your command handler code here
        CTime tm;
        CString str;
        tm = CTime::GetCurrentTime();
        str = tm.Format("%X: ");
        m_status = str + _T("Frame Access Write Mode is selected!\r\n") +
        m_status;

        exchange_mode = 3;
        if (measure_status == 3)
        {
            m_Eng_Speed.EnableWindow(TRUE);
            m_Veh_Speed.EnableWindow(TRUE);
        }
        m_chkHazards.ShowWindow(FALSE);
        UpdateData(false);
}


// 修改数据写分组中 Hazards 系统变量
void CFDX_DemoDlg::OnBnClickedCheckHazards()
{
        // TODO: Add your control notification handler code here
        if ((exchange_mode == 1) && (measure_status == 3))
        {
            UpdateData(FALSE);
            if (m_chkHazards.GetCheck())
                hazards_status = 1;
            else
                hazards_status = 0;
        }
        else
        {
            UpdateData(TRUE);
        }
}
```

22.5　工程运行测试

首先将 CANoe 仿真工程打开，等待来自 FDX_Demo 的 FDX 命令。运行 FDX_Demo 程序，单击 Start Exchange 按钮开启数据交换功能，此时默认数据交换模式是 Data Read（数据读取）。单击 Start Measurement 按钮，可以发现 CANoe 的测量被开启。

（1）Data Read 模式：在该模式下，FDX_Demo 界面中 Vehicle Speed 和 Engine Speed 两个滑动条数值与 CANoe 的 IPC 面板上的仪表显示值一致，Hazards 复选框的状态也与 IPC 面板的危险警示灯状态相一致。操作 CANoe 面板控件，FDX_Demo 界面中的控件数值也随之变化。

（2）Data Write 模式：在该模式下，调整 FDX_Demo 界面中 Vehicle Speed 和 Engine Speed 两个滑动条数值，会使 CANoe 的 IPC 面板上的仪表显示同步变化。操作 Hazards 复选框将改变 IPC 面板的危险警示灯状态。

（3）Frame Access Read 模式：在该模式下，Vehicle Speed 和 Engine Speed 两个滑动条数值与 CANoe 的 IPC 面板上的仪表显示值一致，效果与第 1 种模式相似。

（4）Frame Access Write 模式：在该模式下，调整 Vehicle Speed 和 Engine Speed 两个滑动条数值，会使 CANoe 的 IPC 面板上的仪表显示同步变化，效果与第二种模式相似。

由于 Frame Access 数据报分组中无法包含系统变量，所以在后两种模式中，将 Hazards 的状态隐藏了。图 22.5 给出了 Data Write 模式下的数据交换效果图，供读者参考。

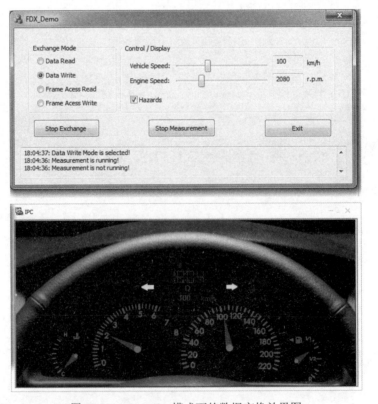

图 22.5　Data Write 模式下的数据交换效果图

读者可以在本书提供的资源压缩包中找到本章例程的工程文件（CANoe 工程文件路径为：\Chapter_22\Source\ CAN_Simulation\；VC.NET 工程文件路径为：\Chapter_22 \Source\ VC.NET\）。

22.6　扩展话题——硬件在环

硬件在环（Hardware-In-the-Loop，HIL）测试是一项被整车厂和 ECU 供应商公认的嵌入式 ECU 系统关键测试技术。在测试过程中，考虑到 ECU 与环境模型形成一个闭环系统，ECU 就运行在这个虚拟的环境中。其中的关键环境仿真模型和实时仿真系统是硬件在环中极其复杂的部分，实现起来也比较困难。该技术能确保在开发周期早期就完成嵌入式软件的测试，到系统整合阶段开始时，嵌入式软件测试就要比传统方法做得更彻底更全面。这样可以及早地发现问题，因此降低了解决问题的成本。

硬件在环仿真测试系统是以实时处理器运行仿真模型来模拟受控对象的运行状态，通过 I/O 接口与被测的 ECU 连接，对被测 ECU 进行全方面的、系统的测试。从安全性、可行性和合理的成本上考虑，硬件在环仿真测试已经成为 ECU 开发流程中非常重要的一环，减少了实车路试的次数，并在缩短开发时间和降低成本的同时提高了 ECU 的软件质量，降低了整车厂的风险。

目前，Vector 和 NI 等著名公司都推出了一些 ECU 测试相关的硬件平台及解决方案。硬件平台主要组成部分：实时处理器、I/O 接口、故障注入单元、车载网络接口、负载模拟单元、信号调理单元、可编程电源、机柜和分线箱等。图 22.6 为 Vector 公司基于 CANoe 和 VT System 的 HIL 解决方案。

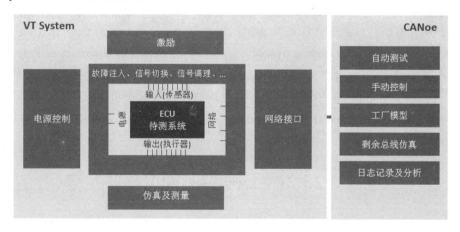

图 22.6　基于 CANoe 和 VT System 的 HIL 解决方案

第 23 章 | CANoe 高级编程——调用 LabVIEW

本章内容：

- LabVIEW Integration 系统设置要求；
- 工程实例简介；
- 工程实现——LabVIEW；
- 工程实现——CANoe；
- 工程运行测试；
- 扩展话题——LabVIEW 调用 CANoe。

LabVIEW 作为测试界家喻户晓的测试开发利器，提供了图形化的开发界面，即使没有编程基础的用户，也可以快速上手，开发出专业的测试工具。考虑到用户可能需要使用不同的解决方案，CANoe 允许将 LabVIEW 软件作为扩展接口，大大增强了 CANoe 对硬件的控制和数据处理的能力。

23.1 LabVIEW Integration 系统设置要求

本章以 LabVIEW 2014 开发环境为例，同时需要确保 LabWindows/CVI Runtime 引擎或者 LabVIEW 开发软件已经成功安装。若用户只是使用 CANoe 调用 LabVIEW 生成的应用程序，只需安装 LabWindows/CVI Runtime 引擎，若要进行 LabVIEW 程序开发，需安装 LabVIEW 开发软件。当安装 LabVIEW 开发软件时，系统会默认安装该引擎。最新 LabWindows/CVI Runtime 引擎和 LabVIEW 试用版软件安装包可以从 NI 官网免费下载。CANoe 利用它可以支持 LabVIEW Integration，实现 CANoe 和 LabVIEW 软件之间的数据通信。

23.2 工程实例简介

本例程中，将 LabVIEW 模块整合进 CANoe，CANoe 将产生一个正弦波信号给 LabVIEW 中的共享变量。LabVIEW 收到 CANoe 发来的信号，将根据正弦波信号的正负极性来产生方波，再将方波信号传给 CANoe，如图 23.1 所示。

图 23.1　LabVIEW 与 CANoe 之间的数据交换

为了演示 CANoe 仿真工程访问 LabVIEW 工程中的共享变量，本章将基于第 7 章的实例，用方波信号（LabVIEW_CANoe）来关联 SWITCH 面板的开关，实现控制 LIGHT 面板的 LED 指示灯点亮和熄灭。

23.3　工程实现——LabVIEW

新建一个 LabVIEW 工程，将此项目命名为 CANoe_LabVIEW_Demo.lvproj，并保存在文件夹 LabVIEW_Project 下。

23.3.1　创建共享变量

LabVIEW 包含三种类型的共享变量：单进程、网络发布以及时间触发的共享变量，本章创建的是网络发布型共享变量。用户可以在以太网上对共享变量进行读写操作，实现不同开发环境或者不同计算机之间的通信。

用户必须在一个打开的 LabVIEW 项目中创建共享变量。在项目中添加共享变量时，需要在项目浏览窗口中右击"我的电脑"，在快捷菜单中选择"新建"→"变量"来打开共享变量属性窗口，或者通过"文件"→"新建"选择共享变量。在"共享变量属性"对话框中，创建名为 CANoe_LabVIEW 的共享变量，"变量类型"选择"网络发布"，"数据类型"选择"双精度"型，如图 23.2 所示。

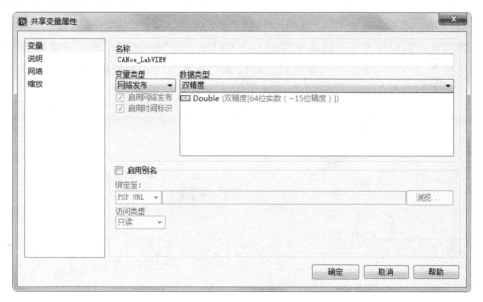

图 23.2　创建共享变量

用同样的方法创建另一个名为 LabVIEW_CANoe 的共享变量。LabVIEW 的共享变量会保存在项目库文件（.lvlib）中，保存共享变量时需要同时保存项目库文件，此处将项目库文件保存为 VariablesLibrary.lvlib。创建完成后的效果如图 23.3 所示。

图 23.3　在项目浏览器中添加共享变量节点

23.3.2　创建 DemoVI

现在，可以在 CANoe_LabVIEW_Demo.lvproj 项目中添加一个 VI，并命名为 DemoVI。当一个共享变量添加到 LabVIEW 项目后，可以将其拖曳至 VI 的程序框图中来进行读写操作。程序框图中读写节点被称为共享变量节点，本实例中 CANoe_LabVIEW 节点用于读取 CANoe 发出的正弦波信号的当前值。LabVIEW_CANoe 节点用于将 LabVIEW 处理过的方波信号赋值给共享变量，再传递给 CANoe。本实例中，LabVIEW 利用"符号"运算函数将正弦波信号转换为方波信号。同时使用"刷新共享变量数据"函数实时刷新网络发布共享变量缓冲区，最后在 While 循环里添加一个"时间延迟"函数避免刷新过快导致 CPU 过载，为了便于与 CANoe 端信号做对比，将收到的正弦波信号和处理过的方波信号用波形图表显示出来。完整的程序框图如图 23.4 所示，前面板的效果如图 23.5 所示。

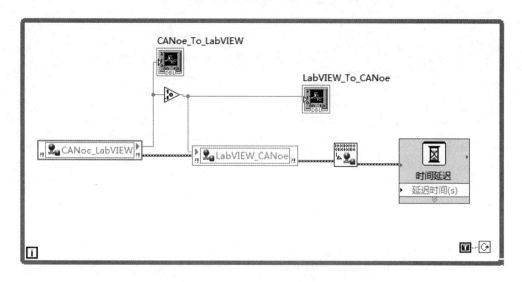

图 23.4　LabVIEW 端程序框图设计

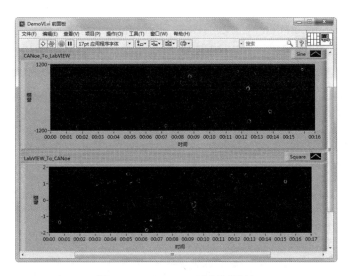

图 23.5　LabVIEW 端面板设计

23.4　工程实现——CANoe

为了重点突出本章 LabVIEW Integration 内容，现将第 7 章的 FirstDemo 工程另存为一个新的 CANoe 工程，命名为 LabVIEW_Integration.cfg，并保存在 CANoe_Project 文件下。下面，将在此基础上做一些设置和添加一段简单代码，来演示 LabVIEW 和 CANoe 之间的数据交换。

23.4.1　启用 LabVIEW Integration 设置

启用 LabVIEW Integration 设置，在 CANoe 主界面中可以通过 Environment 功能区 Environment→Tool Couplings→LabVIEW Integration，也可以通过 File→Options→External Programs→LabVIEW 进入设置界面。在设置界面中，选中 LabVIEW integration 复选框即可，如图 23.6 所示。

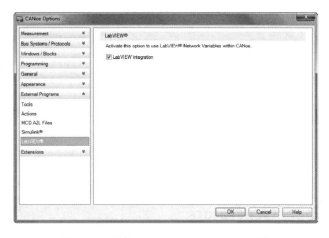

图 23.6　设置 LabVIEW Integration 开关

启用 LabVIEW Integration 设置以后，在 Environment 功能区中将出现一个 LabVIEW 组件，单击 Configuration 可以进入 LabVIEW Integration 设置界面，配置 LabVIEW 端的 IP 地址和使用的变量，如图 23.7 所示。IP 地址需与运行 LabVIEW 程序的计算机一致，并且确保两台计算机在同一局域网下。设置完 IP 地址后单击 Scan for Variables 按钮扫描变量，可以发现前面设置的两个共享变量，选中后单击 OK 按钮。

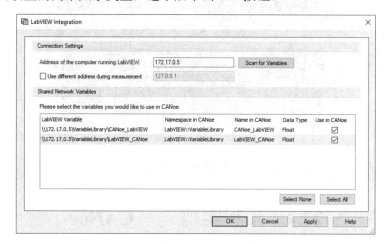

图 23.7　在 CANoe 中设置共享变量

共享变量设置完毕后，这两个共享变量就成为 CANoe 中系统变量的一部分，与用户自定义的系统变量不同之处在于它们属于系统定义变量。可以在 System Variables Configuration 对话框的 System-Defined 下面查看刚才的两个共享变量，如图 23.8 所示。

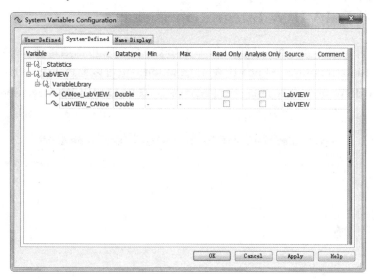

图 23.8　查看系统变量中的 LabVIEW 共享变量

23.4.2　设置 Signal Generators

在 CANoe 中添加一个正弦信号给共享变量，可以通过 Simulation 功能区的 Signal

Generators（信号发生器）来设置。在 Signal Generators 中添加系统变量 LabVIEW::VariableLibrary::CANoe_LabVIEW，如图 23.9 所示。

图 23.9　添加系统变量到 Signal Generators

为了让 LED 闪烁频率为每两秒一次，这里需要单击图 23.9 中的 Settings 图标進入该信号的设置对话框。将 sin 波形的产生周期（Period）设为 2000ms，采样时间（Sampling Time）设为 5ms，其他设置保持默认值，如图 23.10 所示。

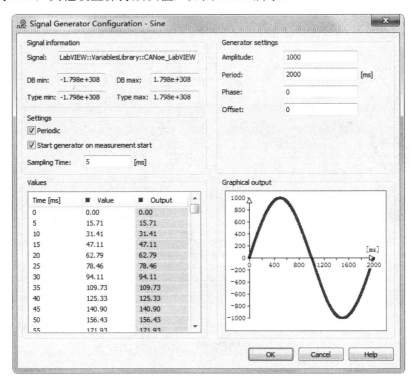

图 23.10　sin 信号生成设置

23.4.3　CAPL 调用 LabVIEW 共享变量

在 CAPL 中，LabVIEW Integration 的共享变量的访问与普通系统变量一样处理。在 Switch.can 添加如下代码，可以将原先的系统变量 svSwitch 与共享变量 LabVIEW_CANoe

关联起来。

```
// for LabVIEW Integration demo
on sysvar_update LabVIEW::VariablesLibrary::LabVIEW_CANoe
{
  if(@this > 0)
  {
  @sysvar::MyNamespace::svSwitch = 1;
  }
  else
  {
    @sysvar::MyNamespace::svSwitch = 0;
  }
}
```

23.4.4 添加一个 Desktop 布局

添加一个名为 LabVIEW 的 Desktop，可以便于观察 LabVIEW 返回的方波信号，以及开关和 LED 随之变化的状况，如图 23.11 所示。

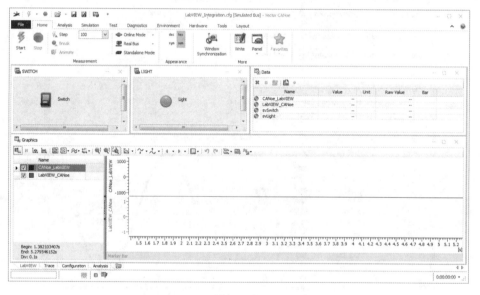

图 23.11 为 LabVIEW 测试添加一个 Desktop

23.5 工程运行测试

先运行 CANoe 工程，并确保 Signal Generators 中的信号发生器处于工作状态。接着在 CANoe_LabVIEW_Demo.lvproj 项目浏览器中鼠标右键单击 VariablesLibrary.lvlib，在弹出的菜单选中选择"全部部署"，双击 Demo.vi 打开 LabVIEW 程序，单击"运行"按钮开始运行 LabVIEW 程序。如果用户没有安装 LabVIEW 开发程序，也可以打开程序中文件夹

My Application 下的可执行文件 DemoVI.exe（路径为：\Chapter_23\Source\LabVIEW_ Project\My Application\DemoVI.exe）。运行前，需确保计算机服务中的 NI Variable Engine 处于运行状态，否则部署共享变量时会报错。

LabVIEW 和 CANoe 程序的运行效果分别如图 23.12 和图 23.13 所示，Light 面板的 LED 灯按两秒一次的频率闪烁（如使用 CANoe Demo 版，正弦可能会出现不平滑的波形，这是 由于 Demo 版某些功能的限制所致）。

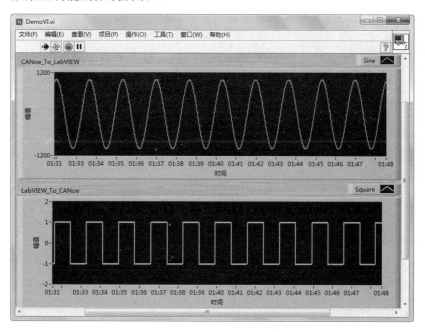

图 23.12　LabVIEW 运行效果图

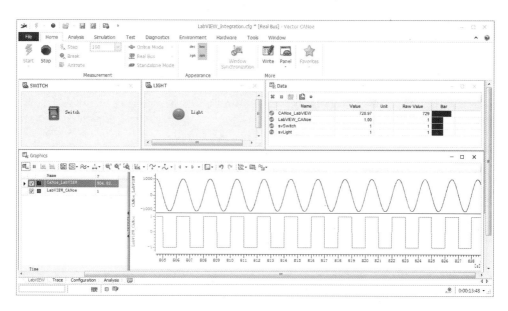

图 23.13　CANoe 端运行效果图

CANoe 高级编程——调用 LabVIEW

读者可以在本书提供的资源压缩包中找到本章例程的工程文件（CANoe 工程文件路径为：\Chapter_23\Source\ CANoe_Project\；LabVIEW 工程文件路径为：\Chapter_23 \Source\ LabVIEW_Project\）。

23.6　扩展话题——LabVIEW 调用 CANoe

由于 LabVIEW 在自动化测试系统的开发中得到广泛应用，实际应用中涉及 LabVIEW 调用 CANoe 的需求相对比较多。这样的需求可以通过 LabVIEW 调用 CANoe COM Server 来实现，其原理与第 16 章中 VB.NET 调用原理一样。读者可以参考本书提供的 Vector 官方安装包（路径：\Chapter_23\Additional\Example\Vector CANoe CANalyzer LabView COM Examples.msi），其中附带一些实例供读者参考。

附录 A 英文缩写对照表

英文缩写对照表如表 A.1 所示。

表 A.1 英文缩写对照表

缩 写	全 称	中 文 注 解
ABM	Air Bag Module	安全气囊单元
ABS	Anti-lock Brake System	制动防抱死系统
API	Application Programming Interface	应用程序编程接口
ASC	ASCII format	美国信息交换标准代码
AUTOSAR	AUTomotive Open System ARchitecture	汽车开放系统架构
AVM	Around View Monitor	360°环视模块
BCM	Body Control Module	车身控制模块
BLF	Binary Logging Format	CANoe 二进制 Log 格式
b/s	bit per second	b/s，波特率单位
CAN	Controller Area Network	控制器局域网络
CAN FD	CAN with a flexible data rate	CAN FD 协议
CANdela	CAN diagnostics environment for lean application	诊断描述文件创建和编辑工具
CANoe	CAN open environment	CAN 开放式开发环境
CAPL	Communication Access Programming Language	CANoe 支持类 C 的编程语言
CARB	California Air Resources Board	加州空气资源委员会
CBF	CAPL Binary Format	CAPL 编译出来的二进制文件
CCL	CANoe C Library	CANoe C 语言接口调用库
CDD	CANdela Studio Diagnostic Document	CANdela 生成的诊断文档
COM	Component Object Model	组件对象模型
CRC	Cyclic Redundancy Check	循环冗余校验
CSI	CMOS Sensor Interface	摄像头数据总线
DLL	Dynamic Link Library	动态链接库
DMA	Direct Memory Access	直接内存存取
DTC	Diagnostic Trouble Code	诊断故障码
ECU	Electronic Control Unit	电子控制单元
EMS	Engine Management System	引擎管理系统
EOL	End Of Line	下线测试
EPS	Electrical Power Steering	电子助力转向系统
ESP	Electronic Stable Program	车身稳定控制系统

缩　写	全　　称	中 文 注 解
FDX	Fast Data eXchange	快速数据交互
GPIB	General-Purpose Interface Bus	智能仪器通用接口总线
HIL	Hardware-In-the-Loop	硬件在环
HU	Head Unit	导航主机
HVAC	Heating,Ventilation and Air Conditioning	空调控制系统
IG	Interactive Generator	交互式发生器
IL	Interaction Layer	交互层
IP	Internet Protocol	网络协议
IPC	Instrument Panel Cluster	仪表盘
ISO	International Organization for Standardization	国际标准化组织
KWP2000	Keyword Protocol 2000	关键字协议
LDF	LIN Description File	LIN 数据库文件
LIN	Local Interconnect Network	低成本的串行通信网络
MBD	Model Based Development	基于模型的开发
MBTD	Model Based Test Design	基于模型的测试设计
MCU	Microcontroller Unit	微控制单元
MDF	Measurement Data Format	CANoe 测量信号格式，一种 log 文件
MDX	Multiplex Diagnostic Exchange	用于 OEM 整车厂诊断数据的特殊格式
MF4	MDF version 4.1	MDF 版本 4.1
MFC	Microsoft Foundation Classes	微软基础类库
MOST	Media Oriented Systems Transport	多媒体传输总线协议
NM	Network Management	网络管理
OBD	On-Board Diagnostics	车载诊断系统
ODX	Open Diagnostic Data Exchange	用来存储诊断相关信息的复杂的数据格式
OEM	Original Equipment Manufacturer	原始设备制造商
OSEK	Open Systems and their Interfaces for the Electronics in Motor Vehicles	直接网络管理规范
OSI/RM	Open System Interconnection/Reference Model	开放系统互连参考模型
PDX	Packed ODX	ODX 压缩格式
ppm	parts per million	百万分比,质量上用于描述不良率
PWM	Pulse Width Modulation	脉冲宽度调制
QoS	Quality of Service	服务质量
RAD	Rap Application Development	快速应用开发模型
SAE	Society of Automotive Engineers	美国汽车工程师协会
SCMM	Seat Control Memory Module	座椅记忆控制模块
SDRAM	Synchronous Dynamic Random Access Memory	同步动态随机存储器
SRAM	Static Random-Access Memory	静态随机存取存储器

缩　　写	全　　称	中 文 注 解
TCP	Transmission Control Protocol	传输控制协议
TCU	Transmission Control Unit	变速箱控制
TPMS	Tire Pressure Monitoring System	胎压检测系统
UART	Universal Asynchronous Receiver/Transmitter	通用异步收发传输器
UDP	User Datagram Protocol	面向数据报的传输层协议
UDS	Unified Diagnostic Services	统一诊断服务
UTP	Unshielded Twisted Pair	非屏蔽双绞线
VBS	Visual Basic script	Visual Basic 脚本
VI	Virtual Instrument	虚拟仪器
XML	eXtensible Markup Language	可扩展标记语言

参 考 文 献

[1] Road vehicles·Controller area network (CAN) Part 1: Data link layer and physical signalling：ISO 11898-1:2015[S/OL].[2018-06-10]，2018. https:// www.iso.org/standard/63648.html.

[2] Road vehicles—Local Interconnect Network (LIN)—Part 1: General information and use case definition：ISO 17987-1:2016[S/OL].[2018-06-10]. https:// www.iso.org/standard/61222.html.

[3] Road vehicles—Unified diagnostic services (UDS)—Part 1: Specification and requirements：ISO 14229-1:2013[S/OL]. [2018-06-10]. https:// www.iso.org/standard/55283.html.

[4] Road vehicles—Diagnostic communication over Controller Area Network (DoCAN)—Part 1: General information and use case definition：ISO 15765-1:2011[S/OL].[2018-06-10]. https:// www.iso.org/standard/ 54498.html.

[5] Karl-Heinz Dietsche. Automotive Networking[M].Germany：Robert Bosch GmbH，2017.

[6] Vector. Application Note AN-IND-1-001:CANoe and CANalyzer as Diagnostic Tool：Version 1.5[EB/OL]. https://vector.com/portal/medien/cmc/application_notes/AN-IND-1-001_CANoe_CANalyzer_as_Diagnostic_ Tools.pdf2017.

[7] Vector. Application Note AN-IND-1-011:Using CANoe.NET API：Version 2.7[EB/OL].2017. https:// vector.com/portal/medien/cmc/application_notes/AN-IND-1-011_Using_CANoe_NET_API.pdf.

[8] Vector. Application Note AN-IND-1-012:CAPL Callback Interface in CANoe：Version 1.3[EB/OL].2017. https:// vector.com/portal/medien/cmc/application_notes/AN-IND-1-012_CAPL_Callback_Interface.pdf.

[9] Vector. Application Note AN-AND-1-117:CANalyzer/CANoe as a COM Server：Version 4.1[EB/OL].2017. https:// vector.com/portal/medien/cmc/application_notes/AN-AND-1-117_CANoe_CANalyzer_as_a_COM_ Server. pdf.

[10] Vector. Application Note AN-AND-1-119:Fast Data Exchange with CANoe：version 1.0[EB/OL]. 2015. https:// vector.com/portal/medien/cmc/application_notes/AN-AND-1-119_Fast_Data_Exchange_with_CANoe. pdf.

[11] Intrepid Control Systems. Automotive Ethernet: The Definitive Guide：Edition 1.2[M]. Booknook.biz，2014.

[12] 罗峰，孙泽昌. 汽车 CAN 总线系统原理、设计与应用[M]. 北京：电子工业出版社，2010.

[13] 邱仲潘，宋智军. Visual Basic 2010 中文版从入门到精通[M]. 北京：电子工业出版社，2011.

[14] 张晓民. VC++ 2010 应用开发技术[M]. 北京：机械工业出版社，2013.

[15] 明日科技. C#从入门到精通[M]. 5 版.北京：清华大学出版社，2012.

[16] 陈树学. LabVIEW 宝典[M]. 2 版.北京：电子工业出版社，2017.

图 书 资 源 支 持

感谢您一直以来对清华版图书的支持和爱护。为了配合本书的使用，本书提供配套的资源，有需求的读者请扫描下方的"书圈"微信公众号二维码，在图书专区下载，也可以拨打电话或发送电子邮件咨询。

如果您在使用本书的过程中遇到了什么问题，或者有相关图书出版计划，也请您发邮件告诉我们，以便我们更好地为您服务。

我们的联系方式：

地　　址：北京市海淀区双清路学研大厦 A 座 707

邮　　编：100084

资源下载、样书申请

电　　话：010－62770175－4520

资源下载：http：//www.tup.com.cn

书 圈

电子邮件：huangzh@tup.tsinghua.edu.cn

QQ：81283175(请写明您的单位和姓名)

用微信扫一扫右边的二维码，即可关注清华大学出版社公众号"书圈"。